普通高等院校"新工科"创新教育精品课程系列教材
教育部高等学校机械类专业教学指导委员会推荐教材

工程训练创新设计
——中国大学生工程实践与创新能力大赛参考用书

主　编　刘　杨
副主编　李　爽　赵月　杨雪峰　王殿宽

华中科技大学出版社
中国·武汉

内 容 简 介

　　本书是高等院校本科生参加中国大学生工程实践与创新能力大赛(简称工创大赛)的指导教材,主要应用于工程基础赛道中的驱动车赛项。本书共分为14个章节,分别是绪论、平面机构的分析、平面连杆机构及其设计、凸轮机构及其设计、齿轮机构及其设计、轮系及其设计、机械系统的运转及速度波动的调节、机械系统设计基础、机构创新设计概念、基于势能车的 SOLIDWORKS 建模仿真、基于势能车的 MATLAB 凸轮设计、基于小车绕桩轨迹反求转向控制凸轮轮廓、3D 打印技术及应用、激光切割技术及应用。本书既涵盖参加工创大赛所需的机械原理、机械设计等基础理论,又注重 SOLIDWORKS、MATLAB 等设计软件在工创大赛驱动车建模设计中的应用,还包含对 3D 打印、激光切割等设备在驱动车加工制造过程中实际操作的讲解。

　　本书可作为机械工程等工科类专业本科生的教材和参考书,也可作为工创大赛驱动车赛项的参考资料。

图书在版编目(CIP)数据

工程训练创新设计:中国大学生工程实践与创新能力大赛参考用书/刘杨主编.—武汉:华中科技大学出版社,2022.5
ISBN 978-7-5680-8140-5

Ⅰ.①工⋯ Ⅱ.①刘⋯ Ⅲ.①工程设计 Ⅳ.①TB21

中国版本图书馆 CIP 数据核字(2022)第 072006 号

工程训练创新设计——中国大学生工程实践与创新能力大赛参考用书　　　　刘　杨　主编
Gongcheng Xunlian Chuangxin Sheji
——Zhongguo Daxuesheng Gongcheng Shijian yu Chuangxin Nengli Dasai Cankao Yongshu

---

策划编辑:张少奇
责任编辑:李梦阳
封面设计:杨玉凡　廖亚萍
责任监印:周治超
出版发行:华中科技大学出版社(中国·武汉)　　　　电话:(027)81321913
　　　　　武汉市东湖新技术开发区华工科技园　　　　邮编:430223
录　　排:武汉市洪山区佳年华文印部
印　　刷:武汉科源印刷设计有限公司
开　　本:787mm×1092mm　1/16
印　　张:23
字　　数:596千字
版　　次:2022 年 5 月第 1 版第 1 次印刷
定　　价:68.00 元

普通高等院校"新工科"创新教育精品课程系列教材
教育部高等学校机械类专业教学指导委员会推荐教材

编审委员会

出版说明

为深化工程教育改革,推进"新工科"建设与发展,教育部于 2017 年发布了《教育部高等教育司关于开展新工科研究与实践的通知》,其中指出"新工科"要体现五个"新",即工程教育的新理念、学科专业的新结构、人才培养的新模式、教育教学的新质量、分类发展的新体系。教育部高等学校机械类专业教学指导委员会也发出了将"新"落实在教材和教学方法上的呼吁。

我社积极响应号召,组织策划了本套"普通高等院校'新工科'创新教育精品课程系列教材",本套教材均由全国各高校处于"新工科"教育一线的专家和老师编写,是全国各高校探索"新工科"建设的最新成果,反映了国内"新工科"教育改革的前沿动向。同时,本套教材也是"教育部高等学校机械类专业教学指导委员会推荐教材"。我社成立了以李培根院士、段宝岩院士、杨华勇院士、赵继教授、顾佩华教授为顾问,奚立峰教授、刘宏教授、吴波教授、陈雪峰教授为主任的"'新工科'视域下的课程与教材建设小组",为本套教材构建了阵容强大的编审委员会,编审委员会对教材进行审核认定,使得本套教材从形式到内容上保证了高质量。

本套教材包含了机械类专业传统课程的新编教材,以及培养学生大工程观和创新思维的新课程教材等,并且紧贴专业教学改革的新要求,着眼于专业和课程的边界再设计、课程重构及多学科的交叉融合,同时配套了精品数字化教学资源,综合利用各种资源灵活地为教学服务,打造工程教育的新模式。希望借由本套教材,能将"新工科"的"新"落地在教材和教学方法上,为培养适应和引领未来工程需求的人才提供助力。

感谢积极参与本套教材编写的老师们,感谢关心、支持和帮助本套教材编写与出版的单位和同志们,也欢迎更多对"新工科"建设有热情、有想法的专家和老师加入本套教材的编写中来。

华中科技大学出版社

2018 年 7 月

序

中国大学生工程实践与创新能力大赛(简称工创大赛)是由教育部高等教育司主办的三大赛事之一,是列入《教育部评审评估和竞赛清单(2021年版)》(教政法厅函〔2021〕2号)的重要赛事,是全国大学生工程训练综合能力竞赛的升级和完善。工创大赛重点考查学生利用跨学科基本理论、基本知识,解决面向实际问题的设计、制造与创新能力,强调工程思维、工程创新、工程伦理与团队合作等综合素质,重视挑战性和综合性。

工创大赛按照"大工程基础→学科综合创新→跨学科交叉创新"的构架,以"需求驱动"和"技术应用场景创新设置"为导向,紧贴国家工程领域发展前沿,是深化新工科建设、推进工程教育改革的重要载体。工创大赛凸显了"育、实、创",即坚持育人为本、强调工程实践、鼓励工程创新的核心要素。工创大赛每两年举办一届,做到了"以赛促学"——服务学生成长成才,"以赛促改"——服务新工科综合改革,"以赛促建"——服务制造强国建设。

本书是由东北大学工程训练中心的刘杨、李爽、赵月、杨雪峰、王殿宽等教师基于工程训练课程及工创大赛中的工程基础赛项命题编写的。本书介绍了工创大赛发展史、机械原理、机械设计、SOLIDWORKS建模仿真、基于MATLAB的机械结构设计、3D打印技术和激光切割技术及应用等内容。本书既涵盖参加工创大赛所需的机械原理、机械设计等基础理论,又注重SOLIDWORKS、MATLAB等设计软件在工创大赛驱动车建模设计中的应用,还包含对3D打印、激光切割等设备在驱动车加工制造过程中实际操作的讲解。

本书注重培养学生的工程实践技能,强调大学生思创融合与团队合作等综合素质能力,夯实后备人才的工程基础。本书可作为机械工程等工科类专业本科生的教材和参考书,也可作为工创大赛驱动车赛项的参考资料。

我国正处于从教育大国迈进教育强国、从制造大国走向制造强国的关键时期,需要当代大学生勇敢地肩负起艰巨而光荣的历史使命,让个人理想与国家发展紧密相连。工创大赛坚持立德树人,在工程"训练"的基础上,突出"实践"和"创新",增强工科学生的使命担当,引导学生爱国爱民、实学实干。希望青年才俊们坚定理想信念,树立远大志向,牢记初心使命,扛起历史责任,不断学习、不断实践、不断创新,努力成为国家和社会需要的、德智体美劳全面发展的、堪当民族复兴重任的时代新人。

中国科学院院士
东北大学教授

闻邦椿

2022年4月

前　言

中国大学生工程实践与创新能力大赛是列入《教育部评审评估和竞赛清单（2021 年版）》（教政法厅函〔2021〕2 号）的重要赛事，是全国大学生工程训练综合能力竞赛的升级和完善。该大赛，以下简称工创大赛，服务于国家创新驱动发展与制造强国战略，强化工程伦理意识，坚持基础创新并举、理论实践融通、学科专业交叉、校企协同创新、理工人文结合，力求成为具有鲜明中国特色的高端工程创新赛事，建设引领世界工程实践教育发展方向的精品工程，构建面向工程实际、服务社会需求、校企协同创新的实践育人平台，助力工程技术后备人才的培养，开启中国大学生工程实践与创新教育新征程。

为了更好地帮助大学生夯实基础工程知识，锻炼基本实践技能，参与工创大赛，本书围绕工程基础赛道中的驱动车赛项——自主设计并制作一台具有方向控制功能的自行走势能（或热能）驱动车展开，主要讲解小车设计和制作过程中所用到的一般理论知识与设计制作过程，主要内容包括：竞赛命题介绍、机械原理基础、机械设计基础、机械创新设计、SOLIDWORKS 建模仿真、基于 MATLAB 的凸轮结构设计、3D 打印技术及应用、激光切割技术及应用。

本书力图从以下几个方面体现编写特点。

（1）用案例引导教学、丰富教学，理论联系实际，便于学生理解、记忆和使用。

（2）本书将比赛过程中运用的机械基础知识进行了提炼，便于机械类及近机械类工科学生的学习，从而为他们参与相关竞赛打下良好的理论基础，本书第 9 章介绍的机构创新设计概念，涉及机械设计理论与方法的创新、机械结构的创新等，更加注重学生创新思维和创新能力的培养。

（3）本书根据工创大赛带队的指导教师的实践经历做了进一步完善，增添了运用 SOLID-WORKS、MATLAB 软件进行势能小车设计的案例分析，理论与实践紧密结合，方便学生更快地进行实战。

（4）本书在工程训练课程的基础上详细讲解了 3D 打印技术和激光切割技术在相关竞赛中的应用，因赛施教、个性培养，将理论与实践相结合，能有效开发学生的创新思维。

本书由刘杨、李爽、赵月、杨雪峰和王殿宽负责编写，其中第 1 章由赵月编写，第 2 章至第 7 章及第 9 章由刘杨编写，第 8 章由李爽编写，第 10 章和第 11 章由杨雪峰编写，第 12 章至第 14 章由王殿宽编写。全书由刘杨负责统稿。特别感谢闻邦椿院士在百忙之中对全书进行了仔细审阅，提出了宝贵的意见和建议，并为本书作序。在编写过程中，编者还得到了同事们及东北大学机械工程与自动化学院 2020 级研究生蔡小雨、陈云高、赵晨诚、黄勇等同学的支持和帮助，向他们表示衷心的感谢。

本书得到了东北大学"百种优质教材建设"的资助，特此感谢。

限于编者水平，书中难免存在不妥与疏漏之处，恳请读者批评指正。

编　者
2022 年 4 月

目　录

第1章 绪 论

1.1 中国大学生工程实践与创新能力大赛简介

中国大学生工程实践与创新能力大赛是列入《教育部评审评估和竞赛清单（2021 年版）》（教政法厅函〔2021〕2 号）的重要赛事,是全国大学生工程训练综合能力竞赛的升级和完善。首届全国大学生工程训练综合能力竞赛全国总决赛于 2009 年 10 月 17 日至 19 日在大连理工大学隆重举行,来自全国 58 所高校的代表队参加了首届竞赛。经过多年的发展,竞赛的规模在不断壮大,竞赛的赛项在不断增加,竞赛的影响也在不断加深。从第七届起,竞赛的名称变更为中国大学生工程实践与创新能力大赛。在本书中,主要对各届竞赛势能驱动车赛项的命题及规则进行了介绍。

1.2 中国大学生工程实践与创新能力大赛发展历程

1.2.1 首届全国大学生工程训练综合能力竞赛命题及规则

本届竞赛命题为完成一套带底阀的圆筒形容器的设计、加工、检测、机器人组装及方案分析。

本题目的设计,旨在较充分地体现出综合性工程训练的教学特点和培养目标,即通过此题目的各个阶段的比赛,考核参赛学生在机电产品设计制造、工艺和成本分析及工程管理等方面的综合能力和创新精神。

本题目要求由参赛学生设计并加工制作出一个阀体与一个阀芯,圆筒形容器设计要求如图 1.1 所示。材料为普通铝,材料牌号自行选定。阀体的内径为 70 mm±0.1 mm,阀体内壁高度为 68 mm±0.1 mm,外廓形状不限,但最小壁厚不小于 4 mm;阀体内部底面平坦,中间开有透孔,孔的形状为非圆形柱面,其正截面轮廓的内切圆直径不小于 30 mm,外接圆直径不大于 40 mm;孔的廓线由多段圆弧和直线组成,圆弧和直线均不少于 4 段,且每段圆弧和直线的长度都不小于 8 mm,总长度不小于 120 mm。此孔与阀芯的结合方式为柱面间隙配合。圆柱面沿轴向配合长度为 9 mm±0.5 mm;配合部位的形状、配合公差及阀体和阀芯表面粗糙度等各项技术要求由参赛选手自行设计并标注在设计图纸上。在阀芯的顶部,设计出直径为 20 mm、高为 10 mm 的凸台,用作机器人装配时的夹持部位。凸台中心应制有 M5 攻深 10 mm 的螺纹盲孔,供检测时安装拉杆用。在阀体外侧全圆周范围内要求制有参赛队自主设计的本届竞赛标识和全国大学生工程训练综合能力竞赛徽标。标识统一规定为"2009 全国大学生工程训练综合能力竞赛"字样,其字体、大小及做法不限;徽标属于自主创意设计内容,要求反映全国大学生工程训练综合能力竞赛主题。以上内容均作为评分点。允许在阀体底面制作参赛学校的标识,形式不限,但不作为评分点。

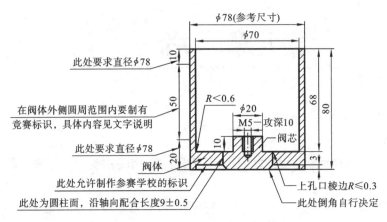

图 1.1　圆筒形容器设计要求

1.2.2　第二届全国大学生工程训练综合能力竞赛命题及规则

本届竞赛命题为以重力势能驱动的具有方向控制功能的自行小车。

(1) 功能设计要求。

给定一重力势能,根据能量转换原理,设计一种可将该重力势能转换为机械能并可用来驱动小车行走的装置。该自行小车在前行时能够自动避开赛道上设置的障碍物(每间隔 1 m,放置一个直径 20 mm、高 200 mm 的弹性障碍圆棒)。以小车前行的距离、避开障碍物的数量来综合评定成绩。

给定重力势能为 5 J(取 $g=10$ m/s²),竞赛时统一用质量为 1 kg 的重块(ϕ50 mm×65 mm,普通碳钢)铅垂下降来获得,落差为 500 mm±2 mm,重块落下后,必须被小车承载并同小车一起运动,不允许掉落。要求小车在前行过程中完成所有动作所需的能量均由此能量转换获得,不可使用任何其他来源的能量。

要求小车采用三轮结构(1 个转向轮,2 个驱动轮),具体结构造型及材料选用均由参赛者自主设计完成。要求满足:小车上面要装载一个外形尺寸为 ϕ60 mm×20 mm 的实心圆柱形钢制质量块作为载荷,其质量应不小于 400 g;在小车行走过程中,载荷不允许掉落;转向轮最大外径应不小于 30 mm。图 1.2 所示为第二届竞赛无碳小车示意图。图 1.3 所示为第二届竞赛无碳小车在重力势能作用下自动行走示意图。

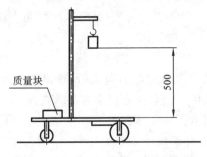

图 1.2　第二届竞赛无碳小车示意图

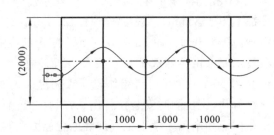

图 1.3　第二届竞赛无碳小车在重力势能
作用下自动行走示意图

参赛者需要提交关于作品的设计说明书和工程管理方案、加工工艺方案及成本分析方案报告。

要求参赛者在自制的载荷质量块上自主设计并加工出反映本届竞赛主题的徽标。参赛队参赛时同时提交徽标设计说明(篇幅限制为 A4 纸一页,文字部分的字数不超过 300 字,内容包括创意、材料、制作说明),该内容作为评分点之一。

(2) 作品制作。

以参赛小组为单位,每组不多于 3 人。按照竞赛命题要求,自主设计并制作出全部零件。

(3) 竞赛内容。

第一竞赛环节:携带制作完成并调试好的作品,在集中比赛现场,使用符合命题要求的重力势能,加载预赛组委会提供的重块,在光滑的水磨石地面的指定赛道上进行比赛,赛道宽度为 2 m,小车应在此宽度内行进。每个参赛队只能出一辆小车参加比赛,每队有两次机会,以小车前行的距离和越过障碍物的数量作为评分依据来评定成绩,取两次成绩中最高分作为此项最终得分。按成绩由高到低进行排序。比赛过程中,凡将障碍圆棒碰倒者,属违规,成绩不算,重新回到起跑线进行比赛。若违规三次,则取消比赛资格。

第二竞赛环节:参赛队在集中比赛现场,需取下小车原有的转向轮,重新制作小车的转向轮。转向轮的制作根据原设计图纸和竞赛组委会的指定要求,使用车床加工及钳工方法完成,最终完成小车转向轮的组装和调试,总加工时间为 2 h 左右。以加工出的转向轮是否符合图纸要求、现场加工质量及调试后的小车能否运动作为该环节的评分依据,由专家评定成绩。

第三竞赛环节:答辩。选手就设计及工程管理方案等问题进行现场答辩,由评委进行现场评分。

(4) 总成绩评定。

总成绩共 120 分。评定以方案文件(含工程管理方案、设计方案、加工工艺方案、成本分析方案、小车徽标设计 5 个文件)、小车外观及徽标、赛道比赛、加工装配、答辩五个环节为准,各环节所占分数为:方案文件 20 分、小车外观及徽标 20 分、赛道比赛 50 分、加工装配 20 分、答辩 10 分。根据具体评分细则进行评分,计算最终得分。

1.2.3　第三届全国大学生工程训练综合能力竞赛命题及规则

1. 竞赛主题

本届竞赛主题为无碳小车越障竞赛。要求经过一定的前期准备后,在比赛现场完成一套符合命题要求的可运行装置,并进行现场竞争性运行考核。每个参赛作品要提交相关的设计、工艺、成本分析和工程管理 4 项报告。

2. 竞赛命题

本届竞赛命题为以重力势能驱动的具有方向控制功能的自行小车。

设计一种小车,根据能量转换原理,驱动其行走及转向的能量要由给定重力势能转换而来。给定重力势能为 4 J(取 $g = 10$ m/s²),竞赛时统一用质量为 1 kg 的重块(ϕ50 mm×65 mm,普通碳钢)铅垂下降来获得,落差为 400 mm±2 mm,重块落下后,必须被小车承载并同小车一起运动,不允许从小车上掉落。图 1.4 所示为第三届竞赛无碳小车示意图。

要求小车在行走过程中完成所有动作所需的能量均由此重力势能转换获得,不可使用任何其他来源的能量。

要求小车有转向控制机构,且此转向控制机构具有可调节功能,以适应放有不同间距障碍物的竞赛场地。

要求小车为三轮结构,具体设计、材料选用及加工制作均由参赛学生自主完成。

3. 竞赛项目Ⅰ

要求竞赛小车在前行过程中能够自动交错绕过赛道上设置的障碍物。障碍物是直径20 mm、高200 mm的多个圆棒,沿直线等距离摆放。以小车前行的距离和成功绕障数量来综合评定成绩。图1.5所示为第三届竞赛无碳小车在重力势能作用下自动行走示意图。

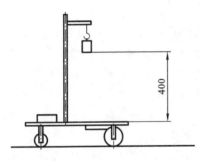

图1.4 第三届竞赛无碳小车示意图

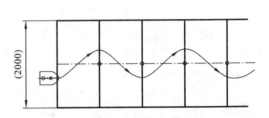

图1.5 第三届竞赛无碳小车在重力势能作用下自动行走示意图

1) 第一竞赛环节

携带在本校制作完成好的作品,在集中比赛现场,加载由竞赛组委会统一提供的势能重块(φ50 mm×65 mm,普通碳钢,质量为1 kg),在指定的赛道上(体育馆木质地板)进行比赛,赛道宽度为2 m,赛道边界线是40 mm×60 mm矩形钢管。出发端线与第一个障碍物之间及障碍物与障碍物之间的距离均为1 m。小车出发时不准超过出发端线和赛道边界线,小车位置及角度自定,每队有2次机会,计算时取2次成绩中的最好成绩。

小车有效的绕障方法为:小车从赛道一侧越过一个障碍物后,整体穿过赛道中线且障碍物不被撞倒(擦碰障碍物,但没碰倒者,视为通过);重复上述动作,直至小车停止。小车有效的前行距离为:停止时小车最远端与出发端线之间的垂直距离。测量此距离,每米得2分,测量读数精确到毫米;每绕过一个障碍物得8分(以小车整体越过赛道中线为准),一次绕过2个或2个以上障碍物时只算1个;多次绕过同1个障碍物时只算1次,障碍物被撞倒不得分;障碍物未倒,但被完全推出定位圆区域(φ20 mm)也不得分。

根据各队的阶段成绩,按从高到低的顺序排列名次,将项目Ⅰ全部参赛队分为Ⅰ-A和Ⅰ-B两个组,Ⅰ-A组队数约占本组参赛队数的50%,Ⅰ-A组参赛队获得一等奖的竞争权利;Ⅰ-B组参赛队获得二等奖的竞争权利。

2) Ⅰ-A组第二竞赛环节

经抽签确定一个徽标方案,本组每队派出一名队员,进行该徽标方案的快速成型加工制作,规定加工时间为60 min,起评分为20分;超过60 min后完成的,每延长5 min,扣1分;延时超过1 h还没有完成任务的,不得分。选手在加工竞赛过程中违规,每发现一处扣罚1分,情节严重者加罚,直至停止其比赛;制作质量不符合要求者,每发现一处扣罚1分。

按新的障碍物间距调整小车后,进行小车运行比赛,具体步骤如下。

(1)经现场公开抽签,在1 m±100 mm范围内产生一个新的障碍物间距。

(2)本组各队根据新的障碍物间距对自己的小车进行调整装配或修配。组委会在现场提供普通车床、钳工台及调试场地。在规定的时间内,各队应完成调整装配或修配内容。无法完成者,不能进入后续比赛。

（3）本组各队携带调整装配或修配后的小车,在调整障碍物间距后的竞赛场地上进行比赛。

3）Ⅰ-A组第三竞赛环节

根据Ⅰ-A组参赛队数量,经各队自愿申请或通过抽签产生参加答辩环节的参赛队,各队需准备关于本队参赛作品的工艺成本和管理对策等相关知识的答辩。

4）Ⅰ-B组第二竞赛环节

按新的障碍物间距调整小车后,进行小车运行比赛,具体步骤如下。

（1）经现场公开抽签,在 1 m±100 mm 范围内产生一个新的障碍物间距。

（2）本组各队根据新的障碍物间距对自己的小车进行调整装配或修配。组委会在现场提供普通车床、钳工台及调试场地。在规定的时间内,各队应完成调整装配或修配内容。无法完成者,不能进入后续比赛。

（3）本组各队携带调整装配或修配后的小车,在调整障碍物间距后的竞赛场地上进行比赛。

4. 竞赛项目Ⅱ

小车在半张标准乒乓球台（长 1525 mm、宽 1370 mm）上,绕相距一定长度的两个障碍物沿"8"字形轨迹绕行,绕行时不可以撞倒障碍物,也不可以掉下球台。障碍物为直径 20 mm、长 200 mm 的 2 个圆棒,相距一定长度放置在半张标准乒乓球台的中线上,以小车完成"8"字绕行的圈数来综合评定成绩。图 1.6 所示为竞赛项目Ⅱ所用乒乓球台及障碍物设置图。

图 1.6　竞赛项目Ⅱ所用乒乓球台及障碍物设置图

参赛者参赛时,需要提交关于作品的设计说明书、工程管理方案、加工工艺方案、成本分析方案报告。

1）第一竞赛环节

携带在本校制作完成好的作品,在集中比赛现场,使用竞赛组委会统一提供的势能重块,（φ50 mm×65 mm,普通碳钢,质量为 1 kg）,在半张标准乒乓球台（长 1525 mm、宽 1370 mm）上,绕放置在中线上相距不小于 300 mm（具体距离自定）的 2 个障碍物沿"8"字形轨迹绕行,出发点自定,绕行时不可以撞倒障碍物,也不可以掉下球台,势能重块在整个绕行过程中不允许掉落。每队有 3 次机会,计算时,采用 3 次成绩中的最好成绩。

一个成功的"8"字绕障方式为:小车在没撞倒障碍物、没掉下球台的情况下,行走轨迹为绕过两个障碍物的封闭"8"字形,两个障碍物分别在"8"字形的一个封闭环内。比赛中,小车应重复上述动作,直至小车停止,障碍物被撞倒后,裁判会扶起。小车在绕障过程中每成功完成一个"8"字绕障得 12 分;完成"8"字绕行,只绕过 1 个障碍物,得 6 分;完成"8"字绕行,没有绕过障碍物,得 2 分;绕障过程中,一次绕过 2 个障碍物,按只绕过 1 个障碍物计分;没有完成"8"字绕行,不论是否绕过障碍物,均不得分。障碍物被撞倒或被完全推出定位圆区域（φ20 mm）,视为没有绕过障碍物;小车擦碰障碍物,障碍物未倒,也没将障碍物推出定位圆区域,视为通过。势能重块脱离小车、小车停止或小车掉下球台,比赛结束。

根据各队的阶段成绩,按从高到低的顺序排列名次,将项目Ⅱ全部参赛队分为Ⅱ-A和Ⅱ-B两个组,Ⅱ-A组队数约占本组参赛队数的50%,Ⅱ-A组参赛队获得一等奖的竞争权利;Ⅱ-B组参赛队获得二等奖的竞争权利。

2)Ⅱ-A组第二竞赛环节

经抽签确定一个徽标方案,本组每队派出一名队员,进行该徽标方案的快速成型加工制作,规定加工时间为60 min,起评分为20分;超过60 min后完成的,每延长5 min,扣1分;延时超过1 h还没有完成任务的,不得分。选手在加工竞赛过程中违规,每发现一处扣罚1分,情节严重者加罚,直至停止其比赛;制作质量不符合要求者,每发现一处扣罚1分。

按新的障碍物间距调整小车后,进行小车运行比赛,具体步骤如下。

(1)经现场公开抽签,在300~500 mm范围内产生一个新的障碍物间距。

(2)本组各队根据调整后的障碍间距,对自己的小车进行调整装配或修配。组委会在现场提供普通车床、钳工台及调试场地。在规定的时间内,各队应完成调整装配或修配内容。无法完成者,不能进入后续比赛。

(3)本组各队携带调整装配或修配后小车,在调整障碍物间距后的竞赛场地上进行比赛。竞赛计分规则同第一竞赛环节。

3)Ⅱ-A组第三竞赛环节

根据Ⅱ-A组参赛队数量,经各队自愿申请或通过抽签产生参加答辩环节的参赛队,各队需准备关于本队参赛作品的工艺成本和管理对策等相关知识的答辩。

4)Ⅱ-B组第二竞赛环节

按新的障碍物间距调整小车后,进行小车运行比赛,具体步骤如下。

(1)经现场公开抽签,在300~500 mm范围内产生一个新的障碍物间距。

(2)本组各队根据调整后的障碍物间距,对自己的小车进行调整装配或修配。组委会在现场提供普通车床、钳工台及调试场地。在规定的时间内,各队应完成调整装配或修配内容。无法完成者,不能进入后续比赛。

(3)本组各队携带调整装配或修配后的小车,在调整障碍物间距后的竞赛场地上进行比赛。

1.2.4　第四届全国大学生工程训练综合能力竞赛命题及规则

1. 竞赛主题

本届竞赛主题为无碳小车越障竞赛。

要求在经过一定的前期准备后,在比赛现场完成一台符合命题要求的可运行的机械装置,并进行现场竞争性运行考核。每个参赛作品需要提交相关的设计、工艺、成本分析和工程管理4项报告及时间长度为3 min的关于参赛作品设计和制作过程的汇报视频。

2. 竞赛命题

本届竞赛命题为以重力势能驱动的具有方向控制功能的自行小车。

设计一种小车,根据能量转换原理,驱动其行走及转向的能量由给定重力势能转换而来。该给定重力势能由竞赛时统一使用质量为1 kg的标准砝码(ϕ50 mm×65 mm,碳钢)来获得,要求标准砝码的可下降高度为400 mm±2 mm。标准砝码始终由小车承载,不允许从小车上掉落。图1.7所示为第四届竞赛无碳小车示意图。

要求小车在行走过程中完成所有动作所需的能量均由此给定重力势能转换而得，不可以使用任何其他来源的能量。

要求小车有转向控制机构，且此转向控制机构具有可调节功能，以适应放有不同间距障碍物的竞赛场地。

要求小车为三轮结构。具体设计、材料选用及加工制作均由参赛学生自主完成。

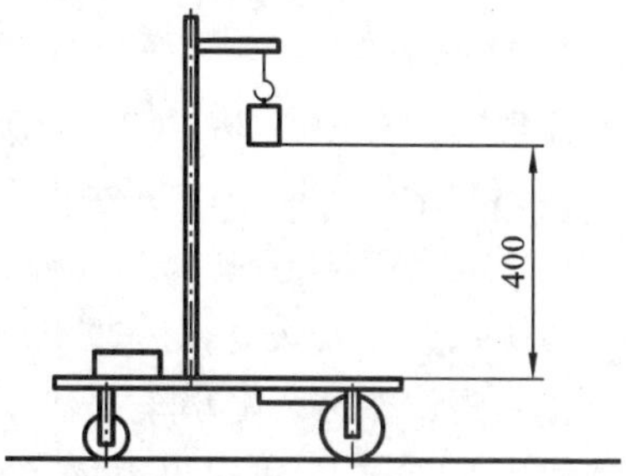

图1.7 第四届竞赛无碳小车示意图

3. 竞赛安排

每个参赛队由3名在校本科大学生、1名指导教师及1名领队组成，参加校级、省级及全国竞赛。

1）本校制作

参赛队按本竞赛命题的要求，在各自所在的学校内自主设计、独立制作出一台参赛小车。允许为参赛小车命名，并在参赛小车上制作标识。

2）集中参赛

（1）携带在本校制作完成好的小车作品参赛。

（2）报到时提交参赛作品的结构设计方案、工程管理方案、加工工艺方案及成本分析方案共4个文件（分别提交纸质版文件一式2份、电子版文件1份），文件按本竞赛秘书处发布的统一格式编写。

（3）提交1份3 min的视频（格式要求：MPEG文件，DVD-PAL 4∶3，24位，720×576，25 fps，音频数据速率448 kbps杜比数码音频48 kHz），视频的内容是关于本队参赛作品赛前设计及制作过程的汇报及说明。

（4）提交PPT文件1份，内容是阐述小车的设计、制作方案说明及体会。

3）方案文件要求

（1）结构设计方案文件。

① 完整性要求：小车装配图1幅、要求标注所有小车零件（A3纸1页）；装配爆炸图1幅（三维软件自行选用，A3纸1页）；传动机构展开图1幅（A3纸1页）；设计说明书1~2页（A4纸）。

② 正确性要求：传动原理与机构设计计算正确，选材和工艺合理。

③ 创新性要求：有独立见解及创新点。

④ 规范性要求：图纸表达完整，标注规范；文字描述准确、清晰。

（2）加工工艺方案文件。

按照中批量（500台/年）的生产纲领，自选作品小车上一个较复杂的零件，完成并提交加工工艺方案报告（A4纸，2~3页）。要求采用统一的方案文件格式（网上下载）。

（3）成本分析方案文件。

分别按照单台小批量和中批量（500台/年）的生产纲领对作品小车产品做成本分析。内容应包含材料成本、加工制造成本两方面（A4纸，2~3页）。要求采用统一的方案文件格式（网上下载）。

（4）工程管理方案文件。

按照中批量（500台/年）的生产纲领对作品小车产品做工程管理方案设计（A4纸，2~3页）。要求目标明确，文件完整，计划合理，表达清楚。要求采用统一的方案文件格式（网上下载）。

4. 竞赛项目

经现场公开抽签，在700～1300 mm范围内产生一个"S"形赛道障碍物间距值，在300～500 mm范围内产生一个"8"字形赛道障碍物间距值。

1）参赛小车拆装调试

各队选派2名队员，对本队参赛小车上的所有零件进行拆卸，然后，根据公开抽签产生的障碍物间距调整并装配小车。裁判根据爆炸图进行检查。拆装工具自带，现场将提供钳工台。如需使用机床加工，可提出申请，经裁判批准，可到车间进行普车、普铣、钻孔等常规加工作业，所需刀具和量具自备。对违反规定的行为按减分法处理。

本项竞赛内容应在规定时间内完成，逾时不能进入后续比赛。

2）3D设计及打印制作

在比赛现场以公开抽签的方式从题库（不提前发布）中抽取一个题目，各队的第三名队员根据此题目独立进行3D设计及打印制作。本项竞赛内容应在规定时间内完成，违规减分，逾时不能进入后续比赛。

3）"S"形赛道场地常规赛

无碳小车在前行时能够自动绕过赛道上设置的障碍物，如图1.8所示。障碍物为直径20 mm、高200 mm的圆棒，沿赛道中线等距离摆放。以小车前行的距离和成功绕障数量来评定成绩。

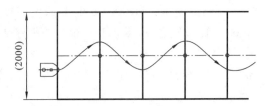

图1.8　第四届竞赛无碳小车在重力势能作用下自动行走示意图

参加"S"形赛道竞赛的参赛队，用在现场调整并装配好的小车，加载由竞赛组委会统一提供的标准砝码，在指定的赛道上进行比赛。赛道宽度为2 m，出发端线与第一个障碍物之间及障碍物与障碍物之间的间距均相同，具体数值由竞赛项目开始时的抽签产生。小车出发位置自定，但不得超过出发端线和赛道边界线。每队小车运行2次，取2次成绩中的最好成绩。

小车有效的绕障方法为：小车从赛道一侧越过一个障碍物后，整体越过赛道中线且障碍物未被撞倒或未被推出障碍物定位圆区域；连续运行，直至小车停止。小车有效的前行距离为：停止时小车最远端与出发端线之间的垂直距离。

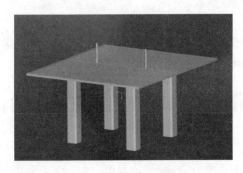

图1.9　第四届竞赛中"8"字形赛道竞赛所用乒乓球台及障碍物设置图

4）"8"字形赛道场地常规赛

小车在半张标准乒乓球台（长1525 mm、宽1370 mm）上，绕两个障碍物按"8"字形轨迹运行。障碍物为直径20 mm、长200 mm的2个圆棒，相距一定距离放置在半张标准乒乓球台的中线上，该距离由竞赛项目开始时的抽签产生，以小车完成"8"字绕行的圈数来评定成绩，如图1.9所示。

参加"8"字形赛道竞赛的参赛队,使用在现场调整并装配好的小车及组委会统一提供的标准砝码参赛。出发点自定,每队小车运行 2 次,取 2 次成绩中的最好成绩。

一个成功的"8"字绕障轨迹为:两个封闭图形轨迹和轨迹的两次变向交替出现。变向指的是:轨迹的曲率中心从轨迹的一侧变化到另一侧。

比赛中,小车需连续运行,直至停止。小车没有绕过障碍物、碰倒障碍物、将障碍物推出定位圆区域,砝码脱离小车,小车停止或小车掉下球台均视为本次比赛结束。

5)场地挑战赛

场地挑战赛为最小障碍物间距挑战赛,有"S"形和"8"字形两种赛道。"S"形赛道,要求完成连续 10 个障碍物成功绕行,"8"字形赛道,要求完成连续 10 个完整"8"字绕行。

每个参赛队可以报名参加一项挑战赛,挑战赛需提前报名,并提交挑战的最小障碍物间距和按报名最小障碍物间距成功运行的视频记录资料。根据报名成绩排序,按"S"赛项和"8"赛项分别选出 10 个队进入挑战赛。

挑战赛可以使用与常规赛不同的小车,但所用小车应符合本命题要求。

完成 10 个障碍物成功绕行或 10 个完整"8"字绕行的参赛队,按最小障碍物间距的数值计算成绩,数值相同时,按完成时间的长短计算成绩。间距越小,时间越短,成绩越高。

6)现场问辩

根据参赛队数量,经各队自愿申请或通过抽签产生参加答辩环节的参赛队。答辩问题涉及本队参赛作品的设计、工艺、成本分析及工程管理等相关知识。参与答辩的参赛队按答辩得分由高到低排序,得分高于答辩平均分的队将获得总分加分,得分低于答辩平均分的队将得到总分减分。

1.2.5 第五届全国大学生工程训练综合能力竞赛命题及规则

1.2.5.1 第五届全国大学生工程训练综合能力竞赛(沈阳赛)命题及规则

1. 无碳小车越障竞赛

设计一种小车,根据能量转换原理,驱动其行走及转向的能量由给定重力势能转换而来。该给定重力势能由竞赛时统一使用质量为 1 kg 的标准砝码(ϕ50 mm×65 mm,碳钢)来获得,要求标准砝码的可下降高度为 400 mm±2 mm。标准砝码始终由小车承载,不允许从小车上掉落。图 1.10 所示为第五届竞赛(沈阳赛)无碳小车示意图。

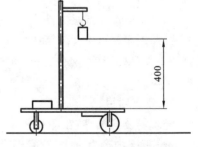

要求小车在行走过程中完成所有动作所需的能量均由此给定重力势能转换而得,不可以使用任何其他来源的能量。

要求小车有转向控制机构,且此转向控制机构具有可调节功能,以适应放有不同间距障碍物的竞赛场地。

图 1.10 第五届竞赛(沈阳赛) 无碳小车示意图

要求小车为三轮结构。具体设计、材料选用及加工制作均由参赛学生自主完成。

2. 竞赛安排

每个参赛队由 3 名在校本科大学生、1 名指导教师及 1 名领队组成,参加校级、省级及全国竞赛。

1) 本校制作

参赛队按本竞赛命题的要求,在各自所在的学校内自主设计、独立制作出一台参赛小车。允许为参赛小车命名,并在参赛小车上制作标识。

2) 集中参赛

(1) 携带在本校制作完成好的小车作品参赛。

(2) 报到时提交参赛作品的结构设计方案、工程管理方案、加工工艺方案及成本分析方案共 4 个文件(分别提交纸质版文件一式 2 份、电子版文件 1 份),文件按本竞赛秘书处发布的统一格式编写。

(3) 提交 1 份 3 min 的视频(格式要求:MPEG 文件,DVD-PAL 4∶3,24 位,720×576,25 fps,音频数据速率 448 kbps 杜比数码音频 48 kHz),视频的内容是关于本队参赛作品赛前设计及制作过程的汇报及说明。

(4) 提交 PPT 文件 1 份,内容是阐述小车的设计、制作方案说明及体会。

3) 方案文件要求

(1) 结构设计方案文件。

① 完整性要求:小车装配图 1 幅、要求标注所有小车零件(A3 纸 1 页);装配爆炸图 1 幅(三维软件自行选用,A3 纸 1 页);传动机构展开图 1 幅(A3 纸 1 页);设计说明书 1～2 页(A4 纸)。

② 正确性要求:传动原理与机构设计计算正确,选材和工艺合理。

③ 创新性要求:有独立见解及创新点。

④ 规范性要求:图纸表达完整,标注规范;文字描述准确、清晰。

(2) 加工工艺方案文件。

按照中批量(500 台/年)的生产纲领,自选作品小车上一个较复杂的零件,完成并提交加工工艺方案报告(A4 纸,2～3 页)。要求采用统一的方案文件格式(网上下载)。

(3) 成本分析方案文件。

分别按照单台小批量和中批量(500 台/年)的生产纲领对作品小车产品做成本分析。内容应包含材料成本、加工制造成本两方面(A4 纸,2～3 页)。要求采用统一的方案文件格式(网上下载)。

(4) 工程管理方案文件。

按照中批量(500 台/年)的生产纲领对作品小车产品做工程管理方案设计(A4 纸,2～3 页)。要求目标明确,文件完整,计划合理,表达清楚。要求采用统一的方案文件格式(网上下载)。

3. 竞赛项目

经现场公开抽签,在 700～1300 mm 范围内产生一个"S"形赛道障碍物间距值,在 300～500 mm 范围内产生一个"8"字形赛道障碍物间距值。

1) 参赛小车拆装调试

各队选派 2 名队员,对本队参赛小车上的所有零件进行拆卸,然后,根据公开抽签产生的障碍物间距调整并装配小车。裁判根据爆炸图进行检查。拆装工具自带,现场将提供钳工台。如需使用机床加工,可提出申请,经裁判批准,可到车间进行普车、普铣、钻孔等常规加工作业,所需刀具和量具自备。对违反规定的行为按减分法处理。

本项竞赛内容应在规定时间内完成,逾时不能进入后续比赛。

2) 3D 设计及打印制作

在比赛现场以公开抽签的方式从题库(不提前发布)中抽取一个题目,各队的第三名队员根据此题目独立进行 3D 设计及打印制作。本项竞赛内容应在规定时间内完成,违规减分,逾时不能进入后续比赛。

3) "S"形赛道场地常规赛

无碳小车在前行时能够自动绕过赛道上设置的障碍物,如图 1.11 所示。障碍物为直径 20 mm、高 200 mm 的圆棒,沿赛道中线等距离摆放。以小车前行的距离和成功绕障数量来评定成绩。

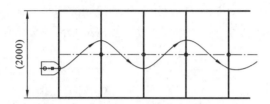

图 1.11　第五届竞赛(沈阳赛)无碳小车在重力势能作用下自动行走示意图

参加"S"形赛道竞赛的参赛队,用在现场调整并装配好的小车,加载由竞赛组委会统一提供的标准砝码,在指定的赛道上进行比赛。赛道宽度为 2 m,出发端线与第一个障碍物之间及障碍物与障碍物之间的间距均相同,具体数值由竞赛项目开始时的抽签产生。小车出发位置自定,但不得超过出发端线和赛道边界线。每队小车运行 2 次,取 2 次成绩中的最好成绩。

小车有效的绕障方法为:小车从赛道一侧越过一个障碍物后,整体越过赛道中线且障碍物未被撞倒或未被推出障碍物定位圆区域;连续运行,直至小车停止。小车有效的前行距离为:停止时小车最远端与出发端线之间的垂直距离。

4) "8"字形赛道场地常规赛

小车在半张标准乒乓球台(长 1525 mm、宽 1370 mm)上,绕两个障碍物按"8"字形轨迹运行。障碍物为直径 20 mm、长 200 mm 的 2 个圆棒,相距一定距离放置在半张标准乒乓球台的中线上,该距离由竞赛项目开始时的抽签产生,以小车完成"8"字绕行的圈数来评定成绩,如图 1.12 所示。

参加"8"字形赛道竞赛的参赛队,使用在现场调整并装配好的小车及组委会统一提供的标准砝码参赛。出发点自定,每队小车运行 2 次,取 2 次成绩中的最好成绩。

图 1.12　第五届竞赛(沈阳赛)"8"字形赛道竞赛所用乒乓球台及障碍物设置图

一个成功的"8"字绕障轨迹为:两个封闭图形轨迹和轨迹的两次变向交替出现。变向指的是:轨迹的曲率中心从轨迹的一侧变化到另一侧。

比赛中,小车需连续运行,直至停止。小车没有绕过障碍物、碰倒障碍物、将障碍物推出定位圆区域,砝码脱离小车,小车停止或小车掉下球台均视为本次比赛结束。

5) 场地挑战赛

场地挑战赛为最小障碍物间距挑战赛,有"S"形和"8"字形两种赛道。"S"形赛道,要求完成连续 10 个障碍物成功绕行,"8"字形赛道,要求完成连续 10 个完整"8"字绕行。

每个参赛队可以报名参加一项挑战赛,挑战赛需提前报名,并提交挑战的最小障碍物间距和按报名最小障碍物间距成功运行的视频记录资料。根据报名成绩排序,按"S"赛项和"8"赛项分别选出 10 个队进入挑战赛。

挑战赛可以使用与常规赛不同的小车,但所用小车应符合本命题要求。

完成 10 个障碍物成功绕行或 10 个完整"8"字绕行的参赛队,按最小障碍物间距的数值计算成绩,数值相同时,按完成时间的长短计算成绩。间距越小,时间越短,成绩越高。

6)现场问辩

根据参赛队数量,经各队自愿申请或通过抽签产生参加答辩环节的参赛队。答辩问题涉及本队参赛作品的设计、工艺、成本分析及工程管理等相关知识。参与答辩的参赛队按答辩得分由高到低排序,得分高于答辩平均分的队将获得总分加分,得分低于答辩平均分的队将得到总分减分。

1.2.5.2 第五届全国大学生工程训练综合能力竞赛(合肥赛)命题及规则

1. 竞赛命题

本届竞赛命题为重力势能驱动的自控行走小车越障竞赛。

自主设计一种符合本命题要求的小车,经赛场内外分步制作完成,并进行现场竞争性运行考核。

本题目是在往届全国大学生工程训练综合能力竞赛无碳小车命题基础上修改而来的,保留了重力势能驱动行进的特点,增加了自主寻迹避障转向控制功能,因此赛道也有所变化。

2. 命题要求

小车为三轮结构,其中一个轮为转向轮,另外两个轮为行进轮(要求两个行进轮用 1.5 mm 厚度的钢板或激光切割加工且由不超过 8 mm 厚度的非金属板制作,要求行进轮轮毂与轮外缘之间至少有 40 mm 的环形范围,这个范围将用于进行统一要求的设计和激光切割),允许两个行进轮中的一个轮为从动轮。小车应具有赛道障碍识别、轨迹判断、自动转向和制动功能,这些功能可由机械或电控装置自动实现,不允许使用人工交互遥控。图 1.13 所示为第五届竞赛(合肥赛)无碳小车示意图。

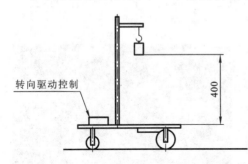

转向驱动控制

400

图 1.13 第五届竞赛(合肥赛)无碳小车示意图

小车行进所需能量:只能来自给定的重力势能,小车出发初始势能为 400 mm 高度×1 kg 砝码质量,竞赛时使用同一规格标准砝码(ϕ50 mm×65 mm,钢制)。若使用机械控制转向或刹车,其能量也须来自上述给定的重力势能。

电控装置:主控电路必须采用带单片机的电路,电路的设计及制作、检测元器件、电机(允许用舵机)及驱动电路自行选定。电控装置所用电源为 5 号碱性电池,电池自备,比赛时须安装到车上并随车行走。必须确保小车上安装的电控装置不能增加小车的行进能量。

赛道:赛道宽度为 1.2 m,形成长约为 15.4 m,宽约为 2.4 m(不计赛道边缘道牙厚度)的环形赛道,其中两直线段长度为 13 m,两端外缘为曲率半径为 1.2 m 的半圆形,中心线总长度约为 30 m,如图 1.14 所示。

赛道边缘设有高度为 80 mm 的道牙挡板。赛道上间隔不等(随机)交错设置多个障碍墙,障碍墙高度约为 80 mm,相邻障碍墙之间最小间距为 1 m,每个障碍墙从赛道一侧边缘延伸至

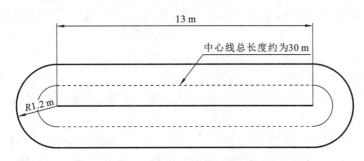

图 1.14　赛道示意图

超过中线 100～150 mm。

在直赛道段设置 1 段坡道，坡道由上坡道、坡顶平道和下坡道组成，上坡道的坡度为 3°± 1°，下坡道的坡度为 1.5°±0.5°；坡顶高度为 40 mm±2 mm，坡顶长度为 250 mm±2 mm。坡道位置将事先公布，出发线在平赛道上，距离坡道起始位置大于 1 m，具体位置抽签决定。

3. 竞赛安排

每个参赛队由 3 名在校本科大学生、1 名指导教师及 1 名领队组成，参加校级、省级及全国竞赛。

1）本校制作

参赛队按本竞赛命题的要求，在各自所在的学校内自主设计、独立制作出一台参赛小车。

2）集中参赛

（1）携带在本校制作完成好的小车作品参赛。

（2）报到时提交参赛作品的设计制作说明书，说明书分为上、中、下三册，上册包括结构设计方案和加工工艺方案；中册包括电路设计方案；下册包括创业企划书。每册分别提交纸质版文件一式 2 份、电子版文件 1 份。文件按本竞赛秘书处发布的统一格式编写。

（3）提交 1 份 3 min 的视频（格式要求：MPEG 文件，DVD-PAL 4：3，24 位，720×576，25 fps，音频数据速率 448 kbps 杜比数码音频 48 kHz），视频的内容是关于本队参赛作品赛前设计及制作过程的汇报及说明。

（4）提交 PPT 文件 1 份，内容是阐述小车的设计、制作方案、创业企划及体会。

3）方案文件要求

（1）结构设计方案文件。

① 完整性要求：小车装配图 1 幅、要求标注所有小车零件（A3 纸 1 页）；装配爆炸图 1 幅（三维软件自行选用，A3 纸 1 页）；传动机构展开图 1 幅（A3 纸 1 页）；设计说明书 1～2 页（A4 纸）。

② 正确性要求：传动原理与机构设计计算正确，选材和工艺合理。

③ 创新性要求：有独立见解及创新点。

④ 规范性要求：图纸表达完整，标注规范；文字描述准确、清晰。

（2）加工工艺方案文件。

按照中批量（5000 台/年）的生产纲领，自选作品小车上一个较复杂的零件，完成并提交加工工艺方案报告（A4 纸，2～3 页）。要求采用统一的方案文件格式（网上下载）。

（3）电路设计方案。

① 完整性要求：程序流程图 1 幅（A4 纸 1 页）；电路图 1 幅，要求标注所有电子元器件（A4

纸 1 页);印制电路板(printed-circuit board,PCB)图 1 幅(A4 纸 1 页);电路设计说明书 1~2 页(A4 纸)。

② 正确性要求:控制原理与电路设计正确,器件选择合理。

③ 创新性要求:有独立见解及创新点。

④ 规范性要求:图纸表达完整,标注规范;文字描述准确、清晰。

(4) 创业企划书。

按照中批量(5000 台/年)的生产纲领对作品小车产品做创业企划书(A4 纸,3~4 页),内容包括工艺成本核算、生产成本分析及综合成本分析,还包括市场预测分析、人力资源和工程管理可行性综合分析等。要求创业企划设计目标明确,文件完整,测算合理,表达清楚。要求采用统一的方案文件格式(网上下载)。

4. 竞赛项目

1) 第一轮小车避障行驶竞赛

在赛道上按照相邻障碍墙之间最小间距为 1 m 的规则,抽签确定障碍墙的摆放位置,摆放后划线以确定各障碍墙的具体位置;由抽签决定出发线的位置。

参赛队携带在本校制作完成好的小车,在集中比赛现场,加载由竞赛组委会统一提供的势能重块,在指定的赛道上进行避障行驶竞赛,小车出发时不准超过出发线,小车位置及角度自定,至小车自行停止为止。每队有 2 次机会,计算时取 2 次成绩中的最好成绩。

评分标准:小车有效的运行距离为从出发线开始沿前进方向所走过的中心线长度,至停止线(停止线是过小车停止点且垂直于中心线的直线)为止,每米得 2 分,测量读数精确到毫米;每成功避过 1 个障碍物得 8 分,以车体投影全部越过障碍物为判据。多次避过同 1 个障碍物只算 1 个;障碍物被撞倒或被推开均不得分。

2) 主控电路板焊接及调试

第一轮竞赛结束后,上交主控电路板。

由 1 名参赛队员参与竞赛;在事先准备好的(主控电路)PCB 上焊接所有元器件,并完成调试。本项竞赛内容在规定时间内完成得满分,违规减分。

3) 小车行进轮的设计及激光切割

由 1 名参赛队员参与竞赛;根据各队 2 个行进轮的具体尺寸,按照大赛规定的轮毂图样要求,在计算机上设计出行进轮的激光切割图样,绘制出行进轮的零件图,零件图上须标识配合尺寸公差,并在激光切割机上,用 1.5 mm 厚金属板或者非金属板加工出 2 个行进轮。本项竞赛内容应在规定时间内完成,违规减分,逾时不能进入后续比赛。本项竞赛内容在规定时间内完成得满分,违规或延时完成者减分,不能完成者不得分。

4) 参赛小车机械拆卸

由 1 名参赛队员参与竞赛;对本队参赛小车上的所有零件进行拆卸,裁判根据爆炸图进行检查,完成后,上交 2 个行进轮。拆装工具自带,对违反规定的行为按减分法处理。本项竞赛内容在规定时间内完成得满分,违规或延时完成者减分,不能完成者不得分。

5) 小车机电联合调试

各队 3 名队员一起,将 2 个新加工的行进轮和主控电路板安装到小车上,并完成调试。本项竞赛内容在规定时间内完成得满分,违规或延时完成者减分,如果新制作的行进轮有问题,可申请使用原来的行进轮,每个扣 3 分,同时后续行驶竞赛得分扣除 20%;如果主控电路板有问题,可申请使用原来的主控电路板,扣 5 分,同时后续行驶竞赛得分扣除 20%;联合调试无法完成者不能进入后续比赛。

6）第二轮小车避障行驶竞赛

用机电联合调试完成的小车,再次进行避障行驶竞赛,规则同上。

7）现场问辩

根据参赛队数量,经各队自愿申请或通过抽签产生参加答辩环节的参赛队。答辩问题涉及本队参赛作品的设计、工艺、成本分析及工程管理等相关知识。参与答辩的参赛队按答辩得分由高到低排序,得分高于答辩平均分的队将获得总分加分,得分低于答辩平均分的队将得到总分减分。

8）方案评审

由方案评审组对每个参赛队提交的方案文件进行评阅,此环节满分为 50 分,其中说明书上册 20 分,说明书中册 15 分,说明书下册 15 分。

1.2.6　第六届全国大学生工程训练综合能力竞赛命题及规则（势能车竞赛）

本届竞赛命题为以重力势能驱动的具有方向控制功能的自行小车。

自主设计并制作一种具有方向控制功能的自行小车,要求其行走过程中完成所有动作所需的能量均由给定重力势能转换而来,不可以使用任何其他来源的能量。该给定重力势能由竞赛时统一使用质量为 1 kg 的标准砝码(ϕ50 mm×65 mm,碳钢)来获得,要求砝码的可下降高度为 400 mm±2 mm。标准砝码始终由小车承载,不允许从小车上掉落,如图 1.15 所示。

要求小车有转向控制机构,且此转向控制机构具有可调节装置,以适应放有不同间距障碍物的竞赛场地。

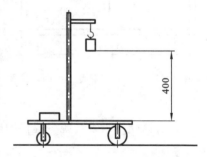

图 1.15　第六届竞赛无碳小车示意图

要求小车为三轮结构。其中一个轮为转向轮,另外两个轮为行进轮,允许两个行进轮中的一个轮为从动轮。具体设计、选材及加工制作均由参赛学生自主完成。

1. 无碳小车常规竞赛项目

1）"S"形赛道避障行驶常规赛项第一轮竞赛

"S"形赛道宽度为 2 m,沿直线方向水平铺设。按"隔桩变距"的规则设置赛道障碍物（桩）,障碍物（桩）为直径 20 mm、高 200 mm 的塑料圆棒,无碳小车在前行时能够自动绕过赛道上设置的障碍物。沿赛道中线从距出发线 1 m 处开始按平均间距 1 m 摆放障碍桩,奇数桩位置不变,根据经现场公开抽签的结果,第一偶数桩位置在±（200～300）mm 范围内做调整（相对于出发线,正值远离,负值移近）,随后的偶数桩依次按照与前一个偶数桩调整的相反方向做相同距离的调整。以小车前行的距离和成功绕障数量来评定成绩。每绕过一个桩得 8 分（以小车整体越过赛道中线为准）,一次绕过多个桩或多次绕过同一个桩均算作绕过一个桩,障碍桩被推出定位圆区域或被撞倒均不得分;小车前行的距离每延长 1 m 得 2 分,在中心线上测量。图 1.16 所示为第六届竞赛无碳小车在重力势能作用下自动行走("S"形赛道)示意图。

各队使用竞赛组委会统一提供的标准砝码给参赛小车加载,并在指定的赛道上进行比赛。小车在出发线前的位置自行决定,不得越线。每队小车运行 2 次,取 2 次成绩中的最好成绩。

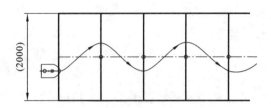

图 1.16　第六届竞赛无碳小车在重力势能作用下自动行走("S"形赛道)示意图

小车绕障有效的判定为:小车从赛道一侧越过一个障碍物后,整体越过赛道中线且障碍物未被撞倒或未被推出定位圆区域;小车连续运行,直至停止。小车有效的前行距离为:停止时小车最远端与出发线之间的垂直距离。

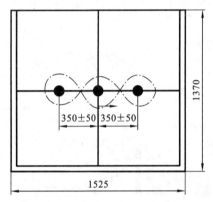

图 1.17　"双 8"字形赛道平面示意图

2)"8"字形赛道避障行驶常规赛项第一轮竞赛

如图 1.17 所示,竞赛场地为半张标准乒乓球台(长 1525 mm、宽 1370 mm),有 3 个障碍桩沿中线放置,障碍桩为直径 20 mm、长 200 mm 的 3 个圆棒,两端的桩至中心桩的距离为 350 mm±50 mm,具体数值由现场公开抽签决定。

小车需绕中线上的三个障碍桩按"双 8"字形轨迹循环运行,以小车成功完成"双 8"字绕行的圈数来评定成绩。

参赛时,要求小车以"双 8"字轨迹交替绕过中线上的 3 个障碍桩,保证每个障碍桩在"8"字形的一个封闭圈内。每完成 1 个"双 8"字且成功绕过 3 个障碍桩,得 12 分。各队使用组委会统一提供的标准砝码参赛。每队小车运行 2 次,取 2 次成绩中的最好成绩。

一个成功的"8"字绕障轨迹为:3 个封闭圈轨迹和轨迹的 4 次变向交替出现。变向指的是:轨迹的曲率中心从轨迹的一侧变化到另一侧。

比赛中,小车需连续运行,直至停止。小车没有绕过障碍物、碰倒障碍物、将障碍物推出定位圆区域,砝码脱离小车,小车停止或小车掉下球台均视为本次比赛结束。

3)三维设计及 3D 打印制作环节

由 1 名参赛队员参与竞赛;经抽签,按照大赛统一规定要求,在计算机上设计 3D 打印图样,绘制出图样的零件图,零件图上需标识出配合尺寸公差,并用 3D 打印制作出来。本项竞赛内容应在规定时间内完成,违规或延时完成者减分,不能完成者或延时超限者不得分,不能进入后面环节的竞赛。

4)参赛小车机械拆卸及重装竞赛环节

再次抽签,确定新的"S"形和"8"字形赛道的障碍物间距。

每队派出 2 名参赛队员对本队参赛小车零件进行拆卸,裁判根据爆炸图进行对照检查。拆卸完成后,按照新产生的抽签数据,装配并调节小车。拆装工具自带,除了标准件及轴承以外,不允许自带任何备用零件入场,对违反规定的行为按减分法处理。现场将提供钳工台。如需使用机床加工,可提出申请,经裁判批准,可到车间进行普车、普铣、钻孔等常规加工作业,所需刀具和量具自备。本项竞赛内容在规定时间内完成得满分,违规或延时完成者减分,不能完成者不得分。

5）无碳小车避障行驶常规赛第二轮竞赛

用装配调试完成的小车，再次进行避障行驶竞赛，规则同上。

2. 无碳小车挑战赛项目

1）"S"环形赛道挑战赛第一轮竞赛

"S"环形赛道示意图如图 1.18 所示，其为封闭环形赛道，由直线段和圆弧段组合而成，沿赛道中线放置 12 个障碍物（桩），障碍桩为直径 20 mm、高 200 mm 的塑料圆棒。无碳小车能够在环形赛道上以"S"环形路线依次绕过赛道上的障碍桩，自动前行直至停止。赛道水平铺设，直线段宽度为 1200 mm，两侧直线段赛道之间设有隔墙；沿赛道中线平均摆放 5 个障碍桩，奇数桩位置不变，偶数桩位置根据经现场公开抽签结果，在 ±（200～300）mm 范围内相对于中心桩做调整（相对于中心桩，正值远离，负值移近）。

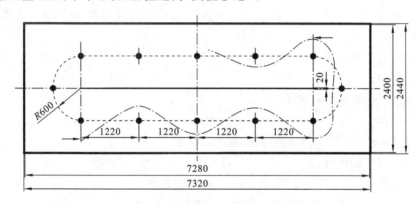

图 1.18 "S"环形赛道示意图

以小车前行的距离和成功绕障数量来评定成绩。每绕过一个桩得 8 分（以小车整体越过赛道中线为准），一次绕过多个桩或多次绕过同一个桩均算作绕过一个桩，障碍桩被推出定位圆区域或被撞倒均不得分；小车前行的距离每延长 1 m 得 2 分，在中心线上测量。

各队使用竞赛组委会统一提供的标准砝码给参赛小车加载，并在指定的赛道上进行比赛。小车在出发线前的位置自行决定，不得越线。每队小车运行 2 次，取 2 次成绩中的最好成绩。

2）三维设计及 3D 打印制作环节

要求同上。

3）参赛小车机械拆卸及重装竞赛环节

要求同上。

4）第二轮小车避障行驶竞赛

用装配调试完成的小车，再次进行避障行驶竞赛，规则同上。

3. 现场问辩环节

根据参赛队数量，经各队自愿申请或通过抽签产生参加答辩环节的参赛队。答辩问题涉及本队参赛作品的设计、工艺、成本分析及工程管理等相关知识。参与答辩的参赛队按答辩得分由高到低排序，得分高于答辩平均分的队将获得总分加分，得分低于答辩平均分的队将得到总分减分。

4. 工程设计方案评审

各参赛队需做出针对参赛项目的工程设计方案文件并在参赛报到时提交，共 3 种文件，每种文件纸质版一式 2 份,电子版 1 份;三种文件总分为 50 分,分别为:结构设计方案,15 分;加工工艺设计方案,15 分;工程项目创业企划书,20 分。所提交的文件均应由参赛队员自主完成,格式及装订均须符合技术规范和竞赛要求,具体规定及要求由竞赛秘书处另行发布。

各参赛队在报到时还须提交与设计制作有关的三分钟视频 1 份和 PPT 文件 1 份,具体规定及要求由竞赛秘书处另行发布。

竞赛评审组对每个参赛队提交的设计方案文件按减分法进行评阅。各队该项得分计入其竞赛总成绩。

1.2.7 中国大学生工程实践与创新能力大赛命题及规则 (工程基础赛道)

工程基础赛道重点考察大学生的基础工程知识与基本实践技能,强调大学生思创融合与团队合作等综合素质能力,夯实后备人才的工程基础。

本赛道主要包括势能驱动车、热能驱动车、工程文化三个赛项。下面主要介绍势能驱动车和热能驱动车赛项。

1. 对参赛作品/内容的要求

1) 势能驱动车

自主设计并制作一台具有方向控制功能的自行走势能驱动车,该车在行走过程中必须在指定竞赛场地上与地面接触运行,且完成所有动作所用能量均由重力势能转换而来,不允许使用任何其他来源的能量。重力势能通过自主设计制造的 1 kg±10 g 重物下降 300 mm±2 mm 高度获得。在势能驱动车行走过程中,重物不允许从势能驱动车上掉落。重物的形状、结构、材料、下降方式及轨迹不限,要求重物可方便快捷拆装,以便现场校核重量。势能驱动车的结构、设计、选材及加工制作均由参赛学生自主完成。

2) 热能驱动车

自主设计并制作一台具有方向控制功能的自行走热能驱动车,该车在行走过程中必须在指定竞赛场地上与地面接触运行,且完成所有动作所用能量均由热能转换而得,不允许使用任何其他来源的能量。热能通过液态乙醇(体积分数 95%)燃料燃烧获得。竞赛时,给每个参赛队配发相同量的液态乙醇燃料,产生热能装置的结构不限,由参赛学生自主完成,但必须保证安全。

热能驱动车的设计、结构、选材及加工制作均由参赛学生自主完成。以下势能驱动车、热能驱动车均简称为驱动车。

2. 对运行环境的要求

1) 现场运行场地

驱动车场地为长方形平面区域(5200 mm×2200 mm),如图 1.19 所示,驱动车必须在规定的赛场内运行。图中粗实线为边界挡板和中间隔板,两块长 1000 mm 的中间隔板位于两条直线段赛道之间,且两块中间隔板之间有 1000 mm 的缺口,缺口处的隔板中心线上可以放一块活动隔板,如图 1.20 所示,活动隔板和中间隔板的厚度不超过 12 mm;赛道上的点画线为赛道中心线,用于计量运行成绩及判定有效成功绕桩;驱动车必须放置在发车区域内,并在发车线后按照规定的出发方向发车,前行方向为逆时针方向;在赛道中心线上放置障碍物(桩),如图 1.19 所示的圆点,障碍桩为直径 20 mm、高 200 mm 的圆棒,障碍桩间距是指两个障碍桩中心线之间的距离。

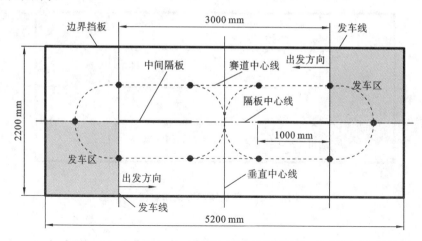

图 1.19 驱动车赛道示意图

注：赛道上无"发车区"字样和"剖面线"；5200 mm、2200 mm 均为内尺寸。

现场初赛时,缺口处放置活动隔板;沿赛道中心线放置 4 个障碍桩,如图 1.21 所示,最初障碍桩是从出发线开始按平均间距 1000 mm 摆放的。比赛时,第一根障碍桩和第四根障碍桩

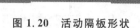

图 1.20 活动隔板形状

位置不变,中间两根障碍桩(第二根障碍桩和第三根障碍桩)的位置在 $-300\sim+300$ mm 范围内沿赛道同向调整(即"正"为沿赛道逆时针调整,"负"为沿赛道顺时针调整),其调整值由现场抽签决定。

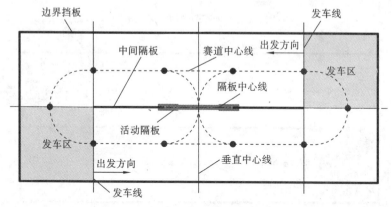

图 1.21 现场初赛赛道示意图

现场决赛时,障碍桩数量和间距均要改变,障碍桩沿直线赛道方向的垂直中心线对称分布并等间距放置,障碍桩间距不小于 600 mm,其障碍桩间距和障碍桩数量由现场抽签决定。现场决赛赛道示意图如图 1.22 所示。

2)竞赛社区提供的设备

竞赛社区将提供 220 V 交流电,以及 3D 打印、激光切割等设备,竞赛所需的笔记本电脑、相关软硬件,以及安装调试工具等需各参赛队自备。

3. 赛程安排

1)运行方式

驱动车有环形、"8"字和综合三种运行方式。环形为在赛道上走"S"轨迹,如图 1.23(a)所

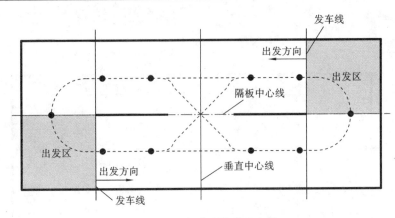

图 1.22　现场决赛赛道示意图

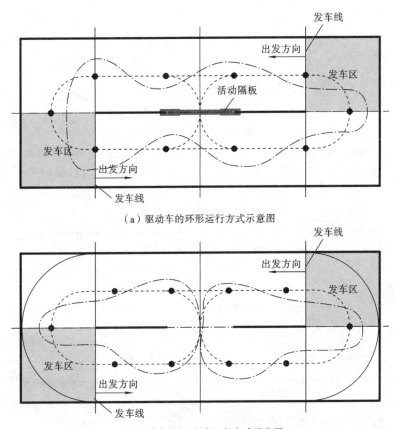

（a）驱动车的环形运行方式示意图

（b）驱动车的"8"字运行方式示意图

图 1.23　驱动车赛项运行方式示意图

示;"8"字为在赛道上走"8"字"S"轨迹,如图 1.23(b)所示;综合则为在赛道上交替完成环形和"8"字两种运行方式,次序不限。现场初赛只采用环形运行方式,缺口处放置活动隔板;现场决赛有环形、"8"字和综合三种运行方式,任选其中一种,不同的运行方式使用不同的难度系数,在一圈里不能出现两种运行方式。

驱动车没有按照实际运行方式、脱离赛道运行、停止运行,均视为比赛结束。

2) 驱动车赛程

驱动车赛项由驱动车初赛(简称初赛)和驱动车决赛(简称决赛)组成。驱动车初赛由场景设置与任务命题文档(简称任务命题文档)、现场拆装及调试、现场初赛三个环节组成。初赛取排名前60%的参赛队进入驱动车决赛。初赛成绩不带入决赛。决赛由现场实践与考评、现场决赛两个环节组成。

4. 驱动车赛项具体要求

1) 初赛

(1) 任务命题文档。

参赛队按照决赛的任务命题文档模版提交决赛任务命题方案。根据决赛的任务命题文档模版要求,在假设现场初赛障碍桩间距的前提下,给出本队拟选择的决赛运行方式,策划决赛场地及运行轨迹详细示意图,给出本队认为的决赛障碍桩间距和障碍桩数量,并对假设现场初赛与拟选现场决赛的方案进行详细分析,使现场初赛与现场决赛的场景有明显的区分度,保证在现场实践与考评环节必须进行相应传动机构的设计及制造;在此基础上,依据任务要求完成传动机构的设计,给出传动机构设计思路及原理图、主要传动零件或机构的设计依据及方法,对初赛和决赛的主要传动零件进行详细分析对比,给出两者有明显区别的结论;在此基础上,对竞赛过程(放车准备时间、放车要求、发车要求、运行路径、障碍桩间距、障碍桩数量、传动机构计算方法等)进行详细描述,各队的该项得分计入其初赛成绩。

决赛的任务命题文档成绩不仅考虑任务命题文档的内容质量符合命题规则的程度,还考虑任务命题文档的排版规范程度。

(2) 现场拆装及调试。

抽签产生现场初赛的障碍桩间距。

参赛队必须将本队参赛驱动车上装有齿轮、凸轮、链轮和皮带轮等传动构件的轴(驱动轴、变速轴和转向轴)从驱动车上拆下,以及将所有零件从轴上拆卸,拆卸完成后,按照抽签结果,装配并调试驱动车。

拆装工具自带,有安全操作隐患的不能带入。如需使用机床加工,可提出申请,经裁判批准,可到车间进行普车、普铣、钻孔等常规加工作业,所需刀具和量具自备,所用时间计入总时间。

(3) 现场初赛。

现场抽签决定各参赛队比赛场地和顺序。

势能驱动车采用规定重量和规定高度差的重物驱动,热能驱动车使用统一配置的质量相同的液态乙醇燃料燃烧产生的热能驱动,在赛场的出发区按环形运行方式沿逆时针方向布置赛道(活动隔板封闭缺口)。

参赛队在规定调试时间内将其驱动车放在出发区内的位置自行决定,不能压线,按统一指令启动驱动车,按环形运行方式沿逆时针方向自动前行,直至运行停止。

每个参赛队有两轮运行机会,取两次成绩中的最好成绩。

以初赛总成绩排名选出进入决赛的参赛队,若参赛队总成绩相同,则按现场初赛成绩排序,分高者优先,若仍旧无法排序,则抽签决定。

2) 决赛

(1) 现场实践与考评。

抽签产生障碍桩数量和障碍桩间距。

由各参赛队提交的任务命题文档优化整合出多套决赛任务命题方案,抽签产生现场决赛任务。

在竞赛社区环境下,秉持"创新、协调、绿色、开放、共享"五大发展理念,建立社区运行机制与规则。在规定时间内,通过竞赛社区信息化系统的支持,按照所产生的现场决赛任务和所选择的运行方式,完成驱动车的传动机构(可不含轴)的设计、材料采购、竞争与合作、服务与交易、宣传与交流等活动,采用现场提供的装备按照现场命题完成驱动车部分传动机构的零件制造,将加工好的零件安装在作品上并调试。

竞赛社区信息化系统以"财富值"(驱动车的传动机构制造成本)、"技术能力值"(技术服务能力与项目文档质量)和"综合素质分"(工程知识面与视野、安全意识、公益服务意识、宣传意识与能力等)作为现场实践与考评的依据,通过现场实践过程数据的采集、分析与比较,形成对参赛队知识、能力和素质的相对评价结果,从而最终形成参赛队在该环节的成绩。

现场实践与考评以参赛队学生现场解决突发问题、复杂问题、未知问题的能力作为重点。通过现场实践过程数据的采集、分析与比较,形成对参赛队知识、能力和素质的相对评价结果。在竞赛社区,每队自带拆装工具和调试工具等,但有安全操作隐患的物品不能带入竞赛社区。

(2)现场决赛。

参照现场初赛流程,参赛队经现场抽签确定比赛场地和顺序。

势能驱动车使用规定重量和规定高度差的重物驱动,热能驱动车使用统一配置的质量相同的液态乙醇燃料燃烧产生的热能驱动。

参赛队在规定调试时间内将其驱动车放在出发区内的位置自行决定,不能压线,按统一指令启动驱动车,按所选运行方式沿逆时针方向自动前行,直至不按其运行方式运行或运行停止。

每个参赛队有两轮运行机会,取两次成绩中的最好成绩。

以决赛总成绩对参加决赛的参赛队进行排名,若参赛队决赛总成绩相同,则按现场决赛成绩排序,分高者优先排序,若仍旧无法排序,则抽签决定。

1.3　无碳小车设计说明

我们以一台方向控制机构为"曲柄+连杆+摇杆"的无碳小车设计来说明,如图 1.24 所示。无碳小车的主要构件包括驱动后轮、传动齿轮、曲柄连杆+摇杆和转向前轮等。

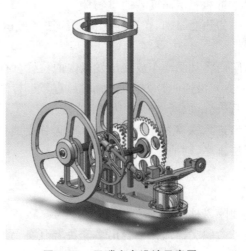

图 1.24　无碳小车设计示意图

当重物下落时,细绳绕过立杆滑轮带动驱动轴旋转,驱动轴旋转从而驱动后轮前进,同时通过齿轮啮合传动带动"曲柄"圆轮旋转,通过连杆传动推拉转向"摇杆"使其做间歇运动并带动转向前轮做周期性左右转向,从而使小车在前进过程中自动转向。这样小车便能在重力势能驱动下沿着"S"形路线前进,并能自动绕过障碍物。整个过程总结为:重力势能→驱动轴动能→驱动后轮→带动转向机构自动转向。

1.3.1 原动机构

原动机构的作用是将重块的重力势能转化为小车的驱动能,即重块通过滑轮和尼龙线与绕线轴相连,直线下降运动转化为小车车轮的旋转运动。在起始时原动轮的转动半径较大,起动转矩大,有利于启动。启动后,原动轮半径变小,转速提高,转矩变小,阻力平衡后小车做匀速运动。

1.3.2 转向机构

转向机构是无碳小车设计的关键部分,直接决定着小车的功能。转向机构也同样需要尽可能地减少摩擦耗能、结构简单、零部件已获得等基本条件,同时还需要有特殊的运动特性,能够调节前轮转动角度的大小,带动转向轮左右转动从而适应障碍物间距变化造成的路线改变。能实现该功能的机构有:凸轮机构+摇杆、曲柄连杆+摇杆、曲柄摇杆、差速转弯等。

凸轮机构:凸轮是具有一定曲线轮廓或凹槽的构件,它运动时,通过高副接触可以使从动件获得连续或不连续的任意预期往复运动。其优点是只需设计适当的凸轮轮廓,便可使从动件获得任意的预期运动,而且结构简单、紧凑、设计方便;缺点是凸轮轮廓加工比较困难,尺寸不能可逆变化,精度很难保证。

曲柄连杆+摇杆:优点是运动副单位面积所受压力较小,且面接触便于润滑,故磨损减小,制造方便,已获得较高精度,两构件之间的接触是靠本身的几何封闭来维系的,它不像凸轮机构有时需利用弹簧等力封闭来保持接触。缺点是一般情况下只能近似实现给定的运动规律或运动轨迹,且设计较为复杂;当给定的运动要求较多或较复杂时,需要的构件和运动副往往比较多,这样就使机构结构复杂,工作效率降低,不仅发生自锁的可能性增大,而且机构运动规律对制造、安装误差的敏感性增大;机构中做平面复杂运动和做往复运动的构件所产生的惯性力难以平衡,在高速时将引起较大的振动和动载荷,故连杆机构常应用于速度较小的场合。图1.25所示为曲柄连杆+摇杆示意图。

在本小车设计中由于小车转向频率和传递的力不大,故机构可以做得比较轻,可以忽略惯性力,机构并不复杂,通过软件辅助计算进行参数化设计并不困难,加上个链接就可以利用轴承大大减小摩擦损耗而提高效率。对于安装误差的敏感性问题,我们可以增加微调机构来解决。

曲柄摇杆:结构较为简单,但和凸轮一样有一个滑动的摩擦副,因此效率低。其具有的急回特性导致难以设计出较好的机构。

差速转弯:差速转弯利用两个偏心轮作为驱动轮,由于两个轮子的角速度一样而转动半径不一样,因此两个轮子的速度不一样,从而产生了差速。小车通过差速实现拐弯避障。差速转

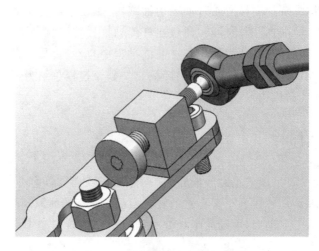

图 1. 25　曲柄连杆＋摇杆示意图

弯,是理论上小车能走得最远的设计方案。和凸轮一样,其对轮子的加工精度要求很高,加工和装配的误差是不可避免的,加工出来后也无法根据需要来调整轮子的尺寸。

1.3.3　行走机构

行走机构就是小车驱动轮和转向轮。实现小车行走的方案如下。

(1)双轮同步驱动,优点是行走比较稳定,但是转弯时容易打滑,滑动摩擦远比滚动摩擦大,会损失大量能量,同时小车前进时受到过多的约束,无法确定其轨迹,不能够有效避障。

(2)双轮差速驱动,优点是能够避免打滑,小车行走稳定,但转弯时两轮在主动轮与从动轮之间转换会出现误差,从而影响小车运动轨迹。

(3)单轮驱动,即只利用一个轮子作为驱动轮,一个为导向轮,另一个为从动轮,就如同一辆自行车外加一个车轮一样,优点是从动轮与驱动轮之间的差速依靠与地面的运动约束确定,转弯时不会影响小车的运行轨迹,其效率和传动精度都在一个比较适中的范围,行驶稳定,不易打滑。

1.3.4　微调机构

由于存在加工和装配的误差,小车按照理论尺寸加工、装配完成后还需精细调试,即将曲柄、线性导轨、摆杆及前轮角度的关系调整至最合适的状态,对小车轨迹偏差影响最大的因素是小车前轮的偏角,故需微调机构对前轮转角进行调节,对误差进行修正,调整小车的轨迹(幅值、周期、方向等),使小车走一条最优的轨迹。通过微调机构小车还可适应不同障碍物间距的运动要求。

在我们的设计中,选择了机构简单、制造简单并且调整方便的滑块式与螺杆式相结合的两个微调机构。滑块式微调机构是为了通过调整曲柄半径来改变小车的轨迹,使小车适应不同障碍物间距的运动要求,螺杆式微调机构只是为了辅助滑块式微调机构,来适应曲柄半径变化带来的连杆长度的变化。

1.3.5 传动机构

传动机构是小车的核心机构,它的功能是把动力和运动传递到转向机构和驱动轮上。要想使小车运行得更远并且按预定优化设计的轨迹精确运行,传动机构必须具有传递效率高、传动稳定、结构简单、重量轻等特点。常用的机械传动有齿轮传动、带轮传动、链传动、蜗轮蜗杆传动、摩擦传动等。齿轮传动具有效率高达 98%、能量利用率较高、结构紧凑、工作可靠、传动比稳定等特点,因此一般采用齿轮传动。

1.4 大学生科技创新活动的能力培养

李克强总理在 2014 年夏季达沃斯论坛上发表的讲话首次提出了"大众创业、万众创新"的新概念,他强调要在 960 万平方公里土地上掀起"大众创业""草根创业"的新浪潮,形成"万众创新""人人创新"的新势态。同时,随着科技的发展与社会的进步,当代大学生正面临着前所未有的就业压力和从业挑战,在传统教学模式下,学生仍处于被动学习的状态,缺乏独立自主学习环境,思维被严重束缚。开展大学生科技创新活动,能够充分挖掘大学生的创新思维和创造力,鼓励学生积极参加科技创新活动是对创新思维进行训练和开发的一种有效的途径,有利于学生创新能力的培养。大学生在科技创新活动中运用所学知识建立逻辑思维来解决问题,既培养了发散思维,又发展了创新思维。科技创新活动的大概流程主要为以下几个环节:活动报名,参赛者组队;分析、探讨竞赛题目;查找资料,寻求解决办法;设计方案;加工制作实物或者模型,并进行调试;撰写论文、专利、总结报告;现场演示答辩及评审等。

1.4.1 科技创新活动对大学生能力培养的必要性

(1)科技创新活动有利于大学生专业思想发展。

专业思想是指人们对自己所从事的专业的总体看法和观点。相关研究调查表明科技创新活动极大地促进了大学生专业思想的养成和发展。学生通过参加科技创新活动,提高了专业学习过程中的融合度,更加准确、客观地认识专业目标和内容,树立正确的人生观、学习观、专业观,专业思想更加成熟。

(2)科技创新活动可提高大学生学习能力。

在参加科技创新活动过程中,科技创意的产生、发展、检验与论证,由实践到认知,又由认知到实践,学生对知识的理解更加深刻,能够将自己所学知识融会贯通,逐步具备主动学习的兴趣和愿望,并形成比较持久、内在的学习动力,通过探究性学习过程,获得独立观察事物来发现问题、获取知识信息来解决问题的能力,从而更好地完成课程的学习。

(3)科技创新活动有利于大学生综合能力培养。

科技创新活动一般以团队或小组为一个单位,极大地提高了学生合作精神及组织管理水平、团队沟通能力,并且经过动手实践,掌握操作和理论知识,激发出学生的创造力和潜能,让学生从被动学习者转变为主动学习者,达到培养高素质应用型人才、服务社会经济建设的目的。

1.4.2 科技创新活动中遵循的基本原则

（1）科学性原则。

大学生在科技创新活动中解决问题时，首先，运用的知识和原理必须是科学的，一些弄虚作假、涉及抄袭的违反科学性原则的做法是严格禁止的；其次，所制定的相关决策应是科学的，面对当今时代庞大而又繁杂的信息库，要熟练地、科学地处理信息，这样才能顺利地进行决策工作；然后，所进行的计划安排应是科学的，一个好的方案如果没有科学的、具体的规划，将不可能得到实施；最后，实施过程必须是科学的，在执行计划时要有科学的工作态度，面对计划以外的问题要用理性的头脑进行分析和处理。对于高校而言，要以科学发展观为指导，科学、全面地认识创新与创新能力的培养，应统筹规划、科学运作，对教学模式、教学理念、教学内容、教学环境等诸多因素进行综合改革和优化，建立良好的创新素质教育运行保证机制与体制，用良好的条件保证创新能力的培养质量与水平。

（2）实践性原则。

坚持科技创新活动的实践性原则，就是让大学生走出课本、走出课堂、贴近自然、贴近生产、贴近高科技，结合现实和实际教学，让学生独立开展科学研究、自行查找资料、自主完成设计、自己动手操作、亲自体验调试、自我反思评价，从而培养大学生的观察与思考能力、想象与创造能力和发现问题、解决问题的能力。

（3）社会需求性原则。

科技创新活动的方向要跟随生产与生活的需要、社会与经济发展的需要。科技创新活动从设计、加工、制作、调试到产业化，要消耗大量的人力、物力、财力，所以，选定的课题要针对当今社会的迫切需求或者主流发展方向，这样才能获得所需的支持，从而保证活动的顺利开展，取得的研究成果能够迅速应用于生产实践，转化为直接生产力。善于发现社会对某种技术的需要，是科技研究工作取得成功的第一步。

（4）人类道德性原则。

在科技创新活动中，创新不能破坏人类的道德，创新者是人类的精英，其创新观念代表着人类的品德高度，因此有志于创新的人一定要有使命感和社会责任感，热爱祖国，热爱人民，热爱劳动，弘扬正能量，倡导真善美，反对假丑恶，使创新成果永远闪耀真理、正义和公益的光辉。

（5）科技伦理性原则。

科技伦理是指科技创新活动中人与社会、人与自然和人与人关系的思想与行为准则，它规定了科技工作者及其共同体应恪守的价值观念、社会责任和行为规范。科技是推动社会发展的第一生产力，也是建设物质文明和精神文明的重要社会行为，承担着社会责任和道德责任。从这点来说，在科技创新活动中遵守伦理规范是社会发展的需要，一切不符合伦理道德的科技创新活动必将遭到人们的异议、反对，被送上道德法庭甚至受到法律的制裁。

1.4.3 典型大学生科技创新活动

（1）中国"互联网＋"大学生创新创业大赛。

中国"互联网＋"大学生创新创业大赛已经成为覆盖全国所有高校、面向全体高校学生、影响最大的赛事活动之一。大赛主要采用校级初赛、省级复赛、全国总决赛三级赛制（不含萌芽赛道)。在校级初赛、省级复赛基础上,按照组委会配额择优遴选项目进入全国总决赛。本大赛以赛促学,培养创新创业生力军,旨在激发学生的创造力,激励广大青年扎根中国大地了解国情民情,锤炼意志品质,开拓国际视野,在创新创业中增长智慧才干,把激昂的青春梦融入伟大的中国梦,努力成长为德才兼备的有为人才;以赛促教,探索素质教育新途径,把大赛作为深化创新创业教育改革的重要抓手,引导各类学校主动服务国家战略和区域发展,深化人才培养综合改革,全面推进素质教育,切实提高学生的创新精神、创业意识和创新创业能力,推动人才培养范式深刻变革,形成新的人才质量观、教学质量观、质量文化观;以赛促创,搭建成果转化新平台,推动赛事成果转化和产学研用紧密结合,促进"互联网+"新业态形成,服务经济高质量发展,努力形成高校毕业生更高质量创业就业的新局面。

(2)"挑战杯"全国大学生课外学术科技作品竞赛。

"挑战杯"全国大学生课外学术科技作品竞赛是一项全国性的竞赛活动,简称"大挑"(与"挑战杯"中国大学生创业计划竞赛对应)。该竞赛由共青团中央、中国科学技术协会、教育部、中华全国学生联合会、省级人民政府主办,国内著名大学承办,"挑战杯"系列竞赛在促进青年创新人才成长、深化高校素质教育、推动经济社会发展等方面发挥了积极作用,在广大高校中乃至社会上产生了广泛而良好的影响,被誉为当代大学生科技创新的"奥林匹克"盛会。该竞赛每两年举办一次,旨在培养大学生勇于创新、迎接挑战的精神,培养跨世纪创新人才。

(3)"创青春"全国大学生创业大赛。

2013 年 11 月 8 日,习近平总书记向 2013 年全球创业周中国站活动组委会专门致贺信,特别强调了青年学生在创新创业中的重要作用,并指出全社会都应当重视和支持青年创新创业。党的十八届三中全会对"健全促进就业创业体制机制"作出了专门部署,指出了明确方向。为贯彻落实习近平总书记系列重要讲话和党中央有关指示精神,适应大学生创业发展的形势需要,在原有"挑战杯"中国大学生创业计划竞赛的基础上,共青团中央、教育部、人力资源和社会保障部、中国科学技术协会、中华全国学生联合会决定,自 2014 年起共同组织开展"创青春"全国大学生创业大赛,每两年举办一次。

(4)全国大学生机械创新设计大赛。

全国大学生机械创新设计大赛是经教育部高等教育司批准,由全国大学生机械创新设计大赛组织委员会和教育部高等学校机械基础课程教学指导分委员会主办,中国工程科技知识中心、全国机械原理教学研究会、全国机械设计教学研究会、北京中教仪人工智能科技有限公司等联合著名高校共同承办,是一项具有公益性的大学生科技活动,也将承担起一定的社会责任。该大赛加强教育与产业之间的联系,推进科学技术转化为生产力,促使更多青年学生投身于我国机械设计与机械制造事业之中,在我国从制造大国走向制造强国的进程中发挥积极的作用。该大赛每两年举办一次。

(5)全国大学生节能减排社会实践与科技竞赛。

全国大学生节能减排社会实践与科技竞赛是由教育部高等学校能源动力类专业教学指导委员会指导,全国大学生节能减排社会实践与科技竞赛委员会主办的学科竞赛。该竞赛充分体现了"节能减排,绿色能源"的主题,紧密围绕国家能源与环境政策,紧密结合国家重大需求,在教育部的直接领导和广大高校的积极协作下,起点高、规模大、精品多,覆盖面广,是一项具有导向性、示范性和群众性的全国大学生竞赛,得到了各省教育厅、各高校的高度重视。该竞赛旨在激发当代大学生的青春活力,培养他们的创新实践能力,承办单位一般为上届竞赛表现突出院校。

（6）"西门子杯"中国智能制造挑战赛。

"西门子杯"中国智能制造挑战赛原名有"西门子杯"全国大学生控制仿真挑战赛、"西门子杯"全国大学生工业自动化挑战赛，是在教育部与西门子（中国）有限公司签订战略合作框架下共同举办的。该大赛由教育部高等学校自动化类专业教学指导委员会、西门子（中国）有限公司和中国仿真学会联合主办。教育部原副部长吴启迪教授与赵沁平院士曾多次亲临竞赛现场指导工作，并为获奖师生颁发获奖证书。该大赛的全国竞赛秘书处设在北京化工大学。

第2章 平面机构的分析

2.1 结 构 分 析

2.1.1 运动链与机构

1. 构件

构件是组成机器的最小运动单元。单缸四冲程内燃机示意图如图 2.1(a)所示，机构运动简图如图 2.1(b)所示。其中，箱体 4 为固定件，活塞 3 做往复直线移动，连杆 2 做平面运动，曲轴 1 做定轴运动，它们都是单独的运动单元，因此都可称为构件。图 2.1(c)所示的内燃机中的连杆是一个构件，但该构件是由连杆体、连杆头、轴瓦、连接螺栓、螺母、垫圈等几个零件刚性组合在一起的。也就是说，构件可能仅包含一个零件，也可能是几个零件的刚性组合。零件为组成机器的最小制造单元。当不考虑构件的自身弹性变形时，构件视为刚性构件，在不做特殊说明时，本书构件均指刚性构件。

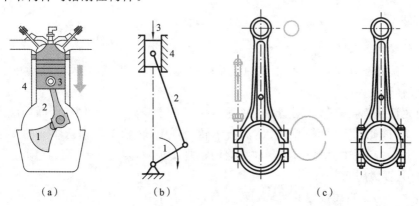

| （a） | （b） | （c） |

图 2.1　内燃机及其连杆

在机构运动简图中，常用简单直线或曲线表示构件。在图 2.1(b)中，曲柄、连杆用简单直线表示，活塞用方形滑块表示。

2. 运动副

单独的构件不能满足既定运动要求，必须把多个构件以某种形式连接起来，组成一个机构系统，才能实现既定运动。我们把两构件之间具有相对运动的连接称为运动副。典型的运动副有：转动副、移动副、齿轮副、凸轮副、螺旋副、球面副、球销副、圆柱副。

1）按两构件之间的相对运动方式分类

两构件之间的相对运动只有转动和移动，平面运动可以看作转动和移动的合成运动，因此可以按两构件的相对运动方式对运动副进行分类。

（1）转动副。

保持两构件之间的相对运动为转动的运动副称为转动副。

图2.2（a）所示为构件2固定，构件1转动的转动副，对应的简图如图2.2（b）所示。图2.2（c）所示为连接两运动构件的转动副，对应的简图如图2.2（d）所示。

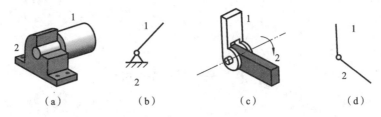

图2.2 转动副

（2）移动副。

保持两构件之间的相对运动为移动的运动副称为移动副。

图2.3（a）和图2.3（b）所示为构件1相对构件2移动的移动副。若两构件均是运动构件，其运动副简图如图2.3（c）所示，若其中某一构件固定，其运动简图如图2.3（d）所示。

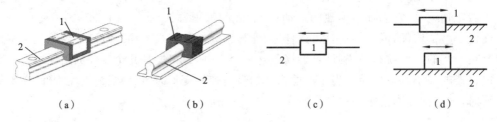

图2.3 移动副

2）按两构件的接触方式分类

两构件用运动副连接后，构件之间的接触形式共有三种，即面接触、点接触和线接触。

（1）低副（Ⅴ级副）。

两构件之间是面接触的运动副称为低副。由于在承受同等作用力时，面接触的运动副具有较小的压强，因此称为低副。图2.2（a）所示转动副中，转轴1与轴承座2的接触面是圆柱面，图2.3所示移动副中，滑块1与导轨2之间也是面接触，因此它们都是低副。

（2）高副（Ⅳ级副）。

两构件之间是点或线接触的运动副称为高副。由于在承受同等作用力时，点或线接触的运动副具有较大的压强，因此称为高副。图2.4（a）所示轮齿1与轮齿2接触时，从端面看是点接触，从空间看是线接触，该运动副称为齿轮高副，对应的简图如图2.4（b）所示。图2.4（c）所示滚子1与凸轮2接触时，从端面看是点接触，从空间看是线接触，该运动副称为凸轮高副，对应的简图如图2.4（d）所示。如图2.4（e）所示，一个滚子在槽面内移动，按相对运动其为移动副，按接触性质则其为高副。也就是说，移动副有时是低副接触，有时是高副接触。

3）运动副元素

在研究运动副时，经常涉及两构件在运动副处的接触形式，其接触形式可能是点接触、线接触或面接触。把两构件在运动副处的点、线、面接触部分称为运动副元素。

图2.2（a）所示转动副中，转轴1的外圆柱面是转轴1的运动副元素，轴承座2的内圆柱面

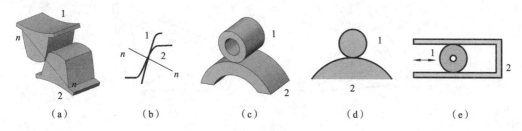

图 2.4　高副

是轴承座 2 的运动副元素。图 2.3(a)所示移动副中,运动副元素为接触平面,图 2.3(b)所示移动副中,运动副元素为圆柱面。图 2.4(a)所示轮齿 1 和轮齿 2 形成的运动副中,各自的轮廓曲线是轮齿的运动副元素。图 2.4(c)所示凸轮高副中,各自的轮廓线则是相应的运动副元素,因此,高副的运动简图一般用其对应的曲线表示。在机构的结构分析、力分析和机构设计过程中,单一构件的运动副连接处经常用运动副元素表示。

3. 运动链

　　若干个构件通过运动副连接起来可做相对运动的构件系统称为运动链。若运动链中的各构件形成了首尾相接的封闭系统,则该运动链称为闭链。闭链中每个构件上至少含有两个运动副元素。图 2.5(a)和图 2.5(b)所示运动链为闭链,图 2.5(c)所示为含有两个运动副元素的构件。

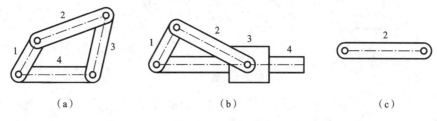

图 2.5　闭链与构件

　　若运动链中的各构件没有形成首尾相接的封闭系统,则该运动链称为开链。开链中,首、尾构件仅含有一个运动副元素。图 2.6(a)和图 2.6(b)所示运动链为开链。构件 3 和构件 4 只含有一个运动副元素。

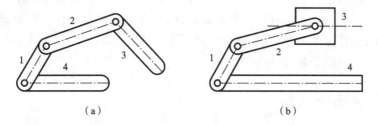

图 2.6　开链

　　图 2.7(a)和图 2.7(b)所示构件系统中,各构件之间均不能做相对运动,因此,它们不是运动链,而是桁架,这样的系统在运动中只相当于一个运动单元,即一个构件。

4. 机构

　　在运动链中,若选定某个构件为机架,则该运动链便成为机构。机构是执行机械运动的装置,由构件(机架,运动构件)和运动副组成。

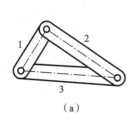 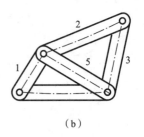

（a）　　　　　　　　　　　　（b）

图 2.7　桁架

机架是相对固定不动的构件,例如,安装在车辆、船舶、飞机等运动物体上的机构的机架相对于所属运动物体是固定不动的。

若机构中各构件的运动平面相互平行,则该机构称为平面机构;若机构中至少有一个构件不在相互平行的平面上运动,或至少有一个构件能在三维空间中运动,则该机构称为空间机构。

固定图 2.5(a)和图 2.5(b)所示运动链的构件 4,可得到图 2.8(a)和图 2.8(b)所示闭链机构,固定图 2.6(a)所示开链中的构件 4,可得到图 2.8(c)所示开链机构。开链机构广泛应用于机器人领域。

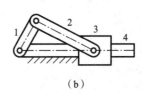 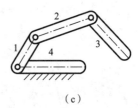

（a）　　　　　　　　（b）　　　　　　　　（c）

图 2.8　低副机构

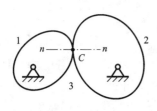

完全由低副连接而成的机构,称为低副机构。连杆机构是常用的低副机构。

机构中只要含有一个高副,就称为高副机构。图 2.9 所示机构在点 C 处用高副连接,故称为高副机构。齿轮机构、凸轮机构是常用的高副机构。

图 2.9　高副机构

运动链中各构件都可以运动,没有固定不动的机架,而机构则有机架和运动构件,二者差别仅仅如此。例如,平放在桌子上的剪刀,是运动链;拿在手中进行裁剪时,剪刀则为机构。图 2.5(a)所示为四杆运动链,手握其中任何一个构件为机架时,其将成为四杆机构。

2.1.2　机构运动简图

1. 机构运动简图概述

在机械设计与分析过程中,用简单的线条表示构件,用图形符号表示运动副,这样描述机构的组成和运动情况概念清晰,简单实用。这种用简单的线条和图形符号表示机构的组成情况的简单图形称为机构简图。若按长度比例尺画出,则称为机构运动简图;否则,称为机构示意图。机构运动简图所反映的主要信息是:机构中构件的数目、运动副的类型和数目、各运动副的相对位置(运动学尺寸)。而对于构件的外形、断面尺寸、组成构件的零件数目,在画机构运动简图时均不予考虑。

机构运动简图应与原机构具有相同的运动特性,因此须按一定的长度比例尺来画。长度比例尺 μ_l 采用如下定义:

$$\mu_l = \frac{\text{运动学尺寸的实际长度}}{\text{图上所画的长度}} \quad \left(\frac{\text{m}}{\text{mm}}或\frac{\text{mm}}{\text{mm}}\right)$$

严格按照长度比例尺正确画出的机构运动简图,可作为采用图解法进行运动分析、受力分析与机构设计的依据。

国家标准规定了机构运动简图的符号,常用机构构件、运动副的代表符号见表 2.1。

表 2.1　常用机构构件、运动副的代表符号

名称	两运动构件形成的运动副			两构件之一为机架时所形成的运动副		
转动副						
移动副						
构件	二副元素构件		三副元素构件		多副元素构件	
凸轮及其他机构	凸轮机构		棘轮机构		带传动	
齿轮机构	外齿轮	内齿轮		圆锥齿轮		蜗轮蜗杆

绘制机构运动简图的步骤如下。

(1)搞清楚机械的实际构造和运动情况。找出机构的机架和原动件,按照运动的传递路

线搞清楚机械原动部分的运动是如何传递到工作部分的。

（2）搞清楚机械由多少个构件组成，并根据两构件间的接触情况及相对运动的性质，确定各个运动副的类型。

（3）恰当地选择投影面，并将机构停留在适当的位置，避免构件重叠。一般选择与多数构件的运动平面相平行的面为投影面，必要时也可以就机械不同部分选择两个或两个以上投影面，然后展开到同一平面上。

（4）选择适当的长度比例尺 μ_1，确定各运动副之间的相对位置，用规定的符号表示各运动副，并将由同一构件构成的运动副符号用简单线条连接起来，即可绘制出机构运动简图。

总之，绘制机构运动简图要遵循正确、简单、清晰的原则。

如图 2.10(a)所示，固定不动的构件 4 称为机架，与机架相连接的构件 1 和构件 3 称为连架杆，不与机架相连接的构件 2 称为连杆。图 2.10(a)所示机架常用图 2.10(b)所示机架表现，二者相同。连杆是把一个连架杆的运动传递到另一个连架杆的传递构件，此类机构也称为连杆机构。

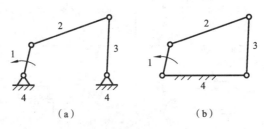

图 2.10　机构术语

施加驱动力的构件或已知运动规律的构件，称为原动件或主动件。原动件一般是某个连架杆，如图 2.10 所示机构的构件 1 为原动件，其运动方向可用图示箭头表示。原动件是设计人员根据机构运动要求自行确定的。原动件确定后，其余均为从动件。下面通过具体的例子来说明机构运动简图的绘制。

例 2.1　试绘制图 2.11(a)所示偏心轮传动机构的机构运动简图。

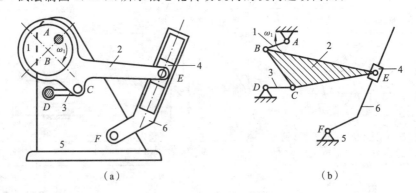

图 2.11　偏心轮传动机构

解　偏心轮传动机构由 6 个构件组成。由该机构的工作原理可知，构件 5 是机架，原动件为偏心轮 1，它与机架 5 组成转动副，其回转中心为 A 点。构件 2 是一个三副构件，它与构件 1、构件 3、构件 4 分别组成转动副，它们的回转中心分别为 B 点、C 点和 E 点。构件 3 与机架 5、构件 6 与机架 5 分别在 D 点、F 点组成转动副。构件 4 与构件 6 在 E 点组成移动副。在选定长度比例尺和投影面后，定出各转动副的回转中心点 A、B、C、D、E、F 的位置及移动副导路

E 的位置,并用运动副符号表示,用直线把各运动副连接起来,在机架上画上短斜线,即得图 2.11(b)所示的机构运动简图。

2. 机构自由度的计算

1) 构件自由度

构件自由度是指自由运动的构件所具有的独立运动的数目。

图 2.12(a)所示自由运动的构件在平面内有 3 个自由度,即沿 x 轴、y 轴方向的移动和绕 A 点的转动。n 个构件在平面内则有 $3n$ 个自由度。

2) 运动副的约束

构件之间用移动副连接后,其相对运动就会受到移动副的约束。这种运动副对构件运动产生的约束称为运动副约束。图 2.12(b)所示转动副中,沿 x 轴、y 轴方向的移动受到约束,图 2.12(c)所示移动副中,约束了沿 y 轴方向的移动和绕 z 轴的转动(z 轴垂直于纸面)。图 2.12(d)所示高副中,约束了沿两曲线公法线方向的移动。平面运动副提供的最大约束数目为 2。

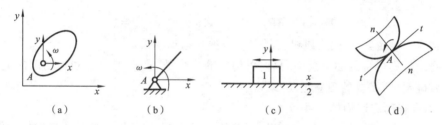

图 2.12 运动副的约束

综上所述,一个平面低副提供 2 个约束,一个平面高副提供 1 个约束。

3) 运动副自由度

连接两构件的运动副所具有的独立运动数目,称为运动副自由度。设平面运动副所提供的约束数目为 C,则该运动副的自由度数目为$(3-C)$。图 2.12(b)所示转动副中,约束了沿 x 轴、y 轴方向的移动,保留了 1 个绕 z 轴转动的自由度;图 2.12(c)所示移动副中,其自由度为 1,保留了沿 x 轴方向的移动;图 2.12(d)所示高副中,由于约束了 1 个沿其公法线方向的移动,其自由度为 2,即沿公切线 $t-t$ 的移动和绕切点 A 的转动。

4) 平面机构的自由度与计算

(1) 机构的自由度。机构只有实现确定的运动,才能完成特定的功能要求。机构具有确定运动时,所具有的独立运动参数的数目,称为机构的自由度。

(2) 机构自由度的计算。一个平面低副提供 2 个约束,设机构中有 P_l 个低副,则提供 $2P_l$ 个约束。一个平面高副提供 1 个约束,设机构中有 P_h 个高副,则提供 P_h 个约束。机构中各运动副提供的约束总数为 $2P_l+P_h$,因此,机构的自由度 F 可表示为

$$F=3n-2P_l-P_h \tag{2.1}$$

式中:n 为机构中活动构件的数目;P_l 为机构中低副的数目;P_h 为机构中高副的数目。

式(2.1)即为计算平面机构自由度的一般公式。

例 2.2 计算图 2.13(a)所示双曲线画规机构和图 2.13(b)所示牛头刨床机构的自由度。

解 图 2.13(a)所示机构上的 M 点运动轨迹为双曲线。

该机构的活动构件数 $n=5$,低副数 $P_l=7$,高副数 $P_h=0$,则自由度为

$$F=3n-2P_l-P_h=3\times5-2\times7-0=1$$

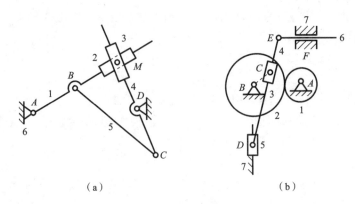

图 2.13   自由度计算

该机构自由度为 1,说明该机构具有 1 个独立运动参数。一般选择构件 1 为原动件。

图 2.13(b)所示机构的活动构件数 $n=6$,低副数 $P_1=8$,仅有一个齿轮高副,高副数 $P_h=1$,则自由度为

$$F=3n-2P_1-P_h=3\times6-2\times8-1=1$$

该机构自由度也是 1,说明该机构具有 1 个独立运动参数。

机构自由度是机构的固有属性,只要机构中的构件数、运动副数目和运动副的类型确定,其自由度就确定,所需要的独立运动参数也就确定。

3. 机构具有确定运动的条件

机构具有确定运动是指:当给定机构原动件的运动时,该机构中的其余运动构件也都随之做相应的确定运动。

如果机构中的自由度等于原动件的数目,则该机构具有确定运动。因此,机构是否具有确定运动,与机构的自由度和给定的原动件数目有关。

图 2.14(a)所示四杆机构中,机构自由度为 1,给定 1 个原动件,该机构有确定运动。若给定构件 1 的角位置 φ,则其余构件的位置都是完全确定的,原动件由位置 AB 运动到位置 AB',则该机构由位置 $ABCD$ 运动到唯一的位置 $AB'C'D$。

图 2.14(b)所示五杆机构中,机构自由度为 2。若原动件占据位置 AB,已知其角位置,其余构件的位置并不能确定。很明显,当原动件占据位置 AB 时,其余构件既可分别占据位置 BC、CD、DE,也可占据位置 BC'、$C'D'$、$D'E$,还可占据其他位置。但若再给定一个原动件(占据位置 DE),且已知其角位置,即同时给定 2 个原动件,则不难看出,该五杆机构中各构件的运动完全确定。

从以上两例中可看出,只有当给定的原动件数目与机构的自由度相等时,机构才具有确定的运动。

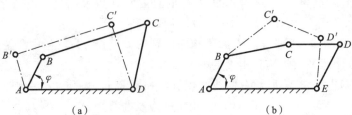

图 2.14   机构具有确定运动的条件

如果机构自由度大于或等于 1,机构是否具有确定运动,取决于原动件数目是否等于自由度。当自由度小于 1 时,该机构蜕变为桁架,此时已经不是机构了。

机构的自由度是机构所固有的属性,仅与组成机构的构件数目、运动副数目及运动副的类型有关,而机构的原动件是人为选定的,要使机构具有确定运动,在设计时必须保证其自由度与给定的原动件数目相等。

4. 计算机构自由度的注意事项

在计算平面机构自由度时,有时会出现计算出的自由度与机构的实际自由度不一致的现象,对其进行分析并寻求解决方法是必要的。

1) 冗余自由度

在某些机构中,某个构件所产生的相对运动并不影响其他构件的运动,这种不影响其他构件运动的自由度称为冗余自由度,或者称为局部自由度。

图 2.15(a)所示凸轮机构中,其自由度为

$$F = 3n - 2P_1 - P_h = 3 \times 3 - 2 \times 3 - 1 = 2$$

显然,该机构只需要一个主动件就具有确定运动,滚子绕自身轴线的转动与推杆的运动规律无关,其作用仅仅是把滑动摩擦转换为滚动摩擦。滚子 2 绕自身轴线的转动不影响机构运动,称为冗余自由度。处理方法是把滚子 2 固化在支承滚子的构件 3 上,去掉冗余自由度,如图 2.15(b)所示,其自由度为

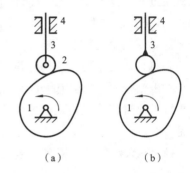

图 2.15　冗余自由度(局部自由度)

$$F = 3n - 2P_1 - P_h = 3 \times 2 - 2 \times 2 - 1 = 1$$

冗余自由度经常出现在用滚动摩擦代替滑动摩擦的场合,这样可以减小机构的磨损。

2) 复合铰链

两个以上的构件在同一处以转动副连接,则形成复合铰链。

当图 2.16(a)所示两个构件 1、2 在一处用转动副连接时,有 1 个转动副。当图 2.16(b)所示三个构件用转动副连接时,有 2 个转动副。当 m 个构件在一起用转动副连接时,则有 $m-1$ 个转动副。

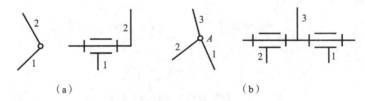

（a）　　　　　　　　　　　（b）

图 2.16　转动副及复合铰链

在计算机构自由度时,必须要正确判别复合铰链,否则会发生计算错误。典型的连接三个构件的复合铰链示意图如图 2.17 所示。

3) 冗余约束

对机构运动不起限制作用的约束称为冗余约束,也叫虚约束。图 2.18 中实线所示的平行四边形机构的自由度为 1。

若在构件 2 和机架 4 之间与构件 AB 或构件 CD 平行地存在铰链——构件 EF,且构件 EF 的尺寸等于构件 AB 和构件 CD 的尺寸,则机构自由度为

$$F = 3n - 2P_1 - P_h = 3 \times 4 - 2 \times 6 = 0$$

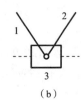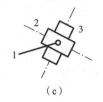　　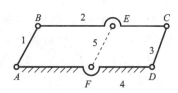

（a）　　　　　　（b）　　　　　　（c）

图 2.17　典型的连接三个构件的复合铰链示意图　　**图 2.18　平行四边形的冗余约束（虚约束）**

很明显，该计算结果与实际情况是不相符的。这是因为在连接构件 EF 之前，构件 2 上 E 点的轨迹是以点 F 为圆心、以 $\overline{EF}$（$\overline{EF}=\overline{AB}$）为半径的圆弧，构件 EF 没有起到对构件 2 的约束作用，是冗余约束。

这说明冗余约束会影响计算自由度的正确性。处理手段是将机构中的冗余约束去掉，其方法是将构成冗余约束的构件连同其所附带的运动副一概去掉不计。

一般情况下，机构中的冗余约束不会影响机构的运动情况，但会改善机构的受力情况并增大机构的刚度。从机构运动的角度看，冗余约束是多余的，但从机械结构的角度看，冗余约束又是必要的。

（1）冗余约束类型较多，比较复杂，在计算自由度时要特别注意。判断冗余约束的准则如下。

① 两个构件只能用一个运动副连接，若用多个运动副连接，可能会出现冗余约束。

② 机构采用对称布置或不起约束作用的布置可能会出现冗余约束。

（2）为便于判断，将常见的几种冗余约束形式简述如下。

① 两构件在多处用转动副连接，且各转动副的轴线重合，这时只有一处转动副起作用，其余转动副均为冗余约束。

图 2.19(a)所示齿轮机构中，每根轴处都有两个转动副。计算机构自由度时，每根轴上仅计一个转动副，余者为冗余约束，如图 2.19(b)所示。

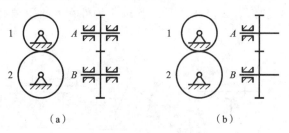

（a）　　　　　　　　　　　　（b）

图 2.19　转动副的冗余约束（虚约束）

② 两构件在多处用移动副连接，且各移动副的导路平行，这时只计一处移动副，其余为冗余约束。

图 2.20(a)所示机构中，构件 3 与机架 4 用两个移动副 D、D' 连接，且导路平行，计算机构自由度时，仅考虑一个移动副，余者为冗余约束，如图 2.20(b)所示。

③ 两构件在多处用高副连接，且各高副的公法线重合，这时只计一处高副约束，余者为冗余约束。

图 2.21 所示机构中，圆形构件与框架在点 A、B 两处形成两个高副，且各高副处的公法线重合，计算机构自由度时，仅考虑一个高副，余者为冗余约束。

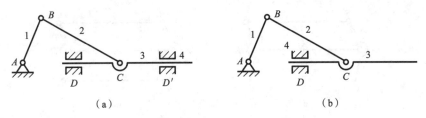

图 2.20 移动副的冗余约束(虚约束)

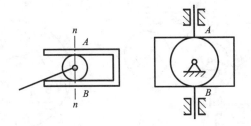

图 2.21 高副机构的冗余约束(虚约束)

④ 不起约束作用的构件将导致冗余约束,在计算机构自由度时要去掉该构件。

图 2.22(a)所示轮系机构中,齿轮 z_1、z_2、z_3、H 组成一个具有确定运动的轮系机构,为平衡行星齿轮 z_2 的惯性力,在其对称方向又安装一个行星轮,该行星轮连同支撑该齿轮的转动副为冗余约束,计算自由度时应该去掉。

图 2.22(b)所示机构中,$\overline{AB}=\overline{AC}=\overline{OA}$,没有构件 OA 之前,A 点的运动轨迹是以点 O 为圆心,$\overline{OA}$ 为半径的圆。加装构件 OA 后,A 点的轨迹没改变,因此构件 OA 为冗余约束。在计算自由度时应该去掉带有两个转动副元素的构件 OA。这类约束的判断比较复杂,一般要经过几何证明。

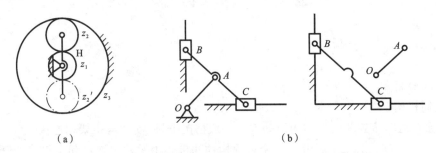

图 2.22 不起限制作用的约束

构件 OA 具有 3 个自由度,两端运动副具有 4 个约束,故带有两个转动副的构件 OA 引入了 1 个冗余约束。去掉构件 OA 时,必须连同两端的运动副一同去掉。

⑤ 若两构件上两点间距离在运动过程中始终保持不变,用运动副和构件连接该两点,则构成冗余约束。例如,图 2.23 所示机构中,B'、C' 两点之间的距离不随机构的运动而改变,杆件 $B'C'$ 连同转动副元素 B'、C' 为冗余约束,计算机构自由度时必须将其去掉。

正确处理冗余约束(虚约束)是计算机构自由度的难点。

例 2.3 计算图 2.24 所示机构的自由度。

解 图 2.24(a)中的弹簧 K 对计算机构自由度没有影响;滚子 $2'$ 有一个冗余自由度;构件

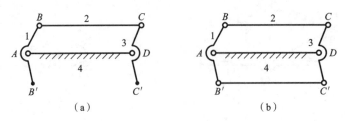

图 2.23　连接等距点时产生的冗余约束(虚约束)

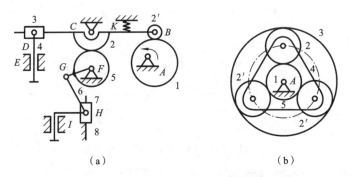

图 2.24　复杂机构及轮系机构的自由度

7 与机架 8 在平行的导路上组成两处移动副,其中之一为冗余约束。通过分析可知,运动构件 $n=7$,$P_1=9$,$P_h=2$,机构自由度为

$$F=3n-2P_1-P_h=3\times7-2\times9-2=1$$

图 2.24(b)所示轮系机构中,齿轮 $2'$ 为冗余约束;齿轮 1、3,系杆 4 及机架 5 共有 4 个构件在 A 点组成转动副,构成复合铰链,A 点的转动副实际数目为 3 个。通过分析可知,该轮系 $n=4$,$P_1=4$,$P_h=2$,机构自由度为

$$F=3n-2P_1-P_h=3\times4-2\times4-2=2$$

2.1.3　机构分析

1. 杆组分析

1)最简机构

具有独立运动参数的构件称为原动件。一般情况下,原动件与机架相连接。

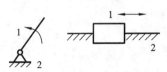

图 2.25　最简机构

一个可动构件和机架用运动副连接起来组成的开链系统,称为最简机构,其自由度为 1。最简机构常做定轴转动或往复移动,如图 2.25 所示。

但是,原动件有时也可不与机架相连接,在具有多个自由度的串联机器人机构中,经常出现这种情况。在机构结构分析中,原动件还指的是与机架相连接的构件。

2)杆组

由前述已知,当机构具有确定运动时,该机构自由度等于原动件数目。如果去掉最简机构(原动件及机架),则剩余部分杆件系统的自由度为零,称为杆组。本书仅考虑由低副连接而成的杆组。

自由度为零且不能再分割的杆组称为基本杆组。

图 2.26(a)所示机构中,其自由度为 1。去掉原动件 AB 及机架,相当于减少一个自由度,则图 2.26(b)所示剩余杆件系统 $BCDEF$ 的自由度一定为零。自由度为零的杆件系统 $BCDEF$ 还可以进一步拆分为图 2.26(c)所示自由度为零的杆组 BCD 和杆组 EF。这两个杆组都是由两个构件和三个低副组成的杆组,不能再进行拆分。

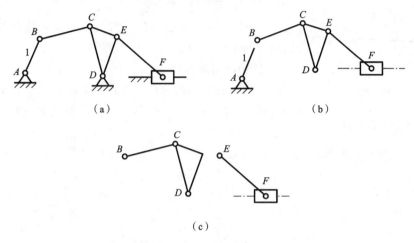

(a) (b)

(c)

图 2.26 拆分杆组示意图

由于杆组自由度为零,因此有

$$F=3n-2P_1=0$$

其中,n 和 P_1 都必须是整数。n 和 P_1 满足下列关系:

$$P_1=\frac{3}{2}n$$

其中,$n=2$,则 $P_1=3$;$n=4$,则 $P_1=6$;$n=6$,则 $P_1=9$;依此类推。

把 $n=2$,$P_1=3$ 的杆组称为Ⅱ级杆组。Ⅱ级杆组有一个内接副(连接杆组内部构件的运动副)和两个外接副(与杆组外部构件连接的运动副)。内接副和外接副可以是转动副,也可以是移动副。Ⅱ级杆组的常见形式如图 2.27 所示。

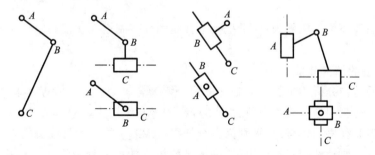

图 2.27 Ⅱ级杆组的常见形式

图 2.27 中运动副 B 为杆组的内接副,运动副 A、C 为外接副。

当 $n=4$,$P_1=6$ 时,如果杆组中含有三个内接副,则杆组称为Ⅲ级杆组;如果杆组中有四个内接副,则杆组称为Ⅳ级杆组。

图 2.28 所示为Ⅲ级杆组的常见形式。

图 2.28 中运动副 A、B、C 为内接副,运动副 D、E、F 为外接副。

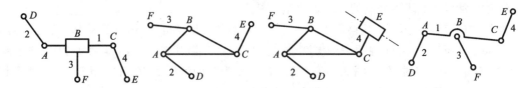

图 2.28　Ⅲ级杆组的常见形式

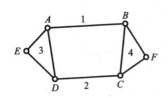

图 2.29　Ⅳ级杆组的常见形式

图 2.29 所示为Ⅳ级杆组的常见形式。Ⅳ级杆组中有四个内接副和两个外接副。

2. 机构的组成原理

任何复杂的平面机构都可看作把基本杆组连接到原动件和机架上而组成的，或者说，把基本杆组的外接副连接到原动件和机架上，可组成串联机构。

图 2.30(e)所示牛头刨床主运动机构就是在图 2.30(a)所示原动件上连接不同Ⅱ级杆组组成的。

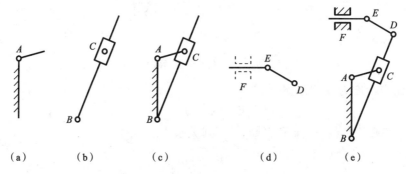

(a)　　　　(b)　　　　(c)　　　　(d)　　　　(e)

图 2.30　牛头刨床主运动机构的组成过程

把Ⅱ级杆组 BC[见图 2.30(b)]的外接副 C 连接到原动件上，把另一个外接副 B 连接到机架上，组成四杆机构 ABC[见图 2.30(c)]，把另一个Ⅱ级杆组 DEF[见图 2.30(d)]的外接副 D 连接到四杆机构 ABC 的摆杆 BC 上，另一个外接副 F 连接到机架上，则组成牛头刨床主运动机构。

机构组成原理还可以拓展为：如果把基本杆组的外接副全部连接到原动件上，可组成并联机构。

3. 平面机构的结构分析

平面机构的结构分析的主要任务是把机构分解为若干个原动件和基本杆组，然后判定机构的级别。机构的级别是由机构中所含基本杆组的最高级别决定的。由最高级别为Ⅱ级杆组组成的机构称为Ⅱ级机构；由最高级别为Ⅲ级杆组组成的机构称为Ⅲ级机构。

把机构分解为原动件和基本杆组，并确定机构级别的过程称为机构的结构分析。机构的结构分析与机构的组成过程相反，对比二者，可加深对机构组成原理的理解。

机构的结构分析的一般步骤如下。

(1) 计算机构的自由度并确定原动件。同一机构中，原动件不同，机构的级别可能不同。

(2) 高副低代，去掉冗余自由度和冗余约束。

(3) 从远离原动件的部位开始拆分杆组，首先考虑拆分Ⅱ级杆组，若无法拆下Ⅱ级杆组，则拆分更高级别杆组,拆下的杆组是自由度为零的基本杆组,最后剩下的原动件数目与自由度相等。

例 2.4　图 2.31(a)所示剪床机构中,凸轮 1 为原动件,对该机构进行结构分析。

解　该机构的自由度为 1。

高副低代,去掉冗余自由度(局部自由度)和冗余约束(虚约束),如图 2.31(b)所示。

如图 2.31(c)所示,从远离原动件的位置开始拆分杆组,共拆下四个Ⅱ级杆组,没有Ⅲ级杆组。最后剩下 1 个原动件。杆组的最高级别为Ⅱ级,则该机构为Ⅱ级机构。

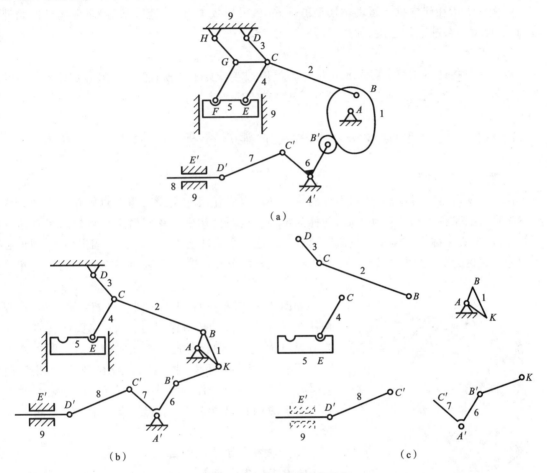

图 2.31　剪床机构的结构分析

2.2　运 动 分 析

2.2.1　平面机构的运动分析概述

平面机构的运动分析是根据给定的原动件运动规律,求解其他从动件上某些点的位置、速度和加速度,以及这些构件的角位置、角速度和角加速度的过程。

机构运动分析的方法主要有图解法、解析法及实验法。图解法又可分为速度瞬心法与相对运动图解法。在解析法中,矩阵法因简便实用而常被人们采用。

(1)图解法。

① 速度瞬心法　利用瞬心既是两个构件的瞬时转动中心,又是两构件绝对速度相等的重合点原理,求解从动件的角速度或某些点的速度。速度瞬心法只能用于进行速度分析。

② 相对运动图解法　利用理论力学中的相对运动原理,把速度方程和加速度方程转换为几何矢量方程,用作图的方法求解构件的角速度、角加速度或某些点的速度、加速度。

(2)解析法。

解析法是指在建立机构运动学模型的基础上,采用数学方法(矩阵法等)求解构件的角速度、角加速度或某些点的速度、加速度。

(3)实验法。

实验法是指通过位移、速度、加速度等各类传感器对实际机械的位移、速度、加速度等运动参数进行测量。实验法是研究已有机械运动性能的常用方法。

2.2.2　用速度瞬心法对机构进行速度分析

1. 瞬心的基本概念

在任一瞬时,两个做平面相对运动的构件都可以看作绕一个瞬时重合点做相对转动。这个瞬时重合点又称为瞬时转动中心,简称为瞬心。这两个构件在该瞬时重合点处的绝对速度相等,所以瞬心又称为等速重合点或同速点。若这两个构件之中有一个构件固定不动,则瞬心处的绝对速度为零,这时的瞬心称为绝对瞬心。若两个构件都在运动,则这时的瞬心称为相对瞬心。

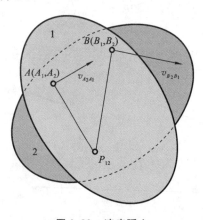

图 2.32　速度瞬心

如图 2.32 所示,构件 1 和构件 2 做相对平面运动,两构件在重合点 A 处的相对速度为 $v_{A_2A_1}$,在重合点 B 处的相对速度为 $v_{B_2B_1}$,两相对速度垂直线的交点为两构件的瞬心 P_{12}。若构件 1 和构件 2 都在运动,则 P_{12} 为相对速度瞬心。若有一个构件固定不动,则 P_{12} 为绝对速度瞬心。由于两构件做相对运动,故 P_{12} 与 P_{21} 代表同一个瞬心。

2. 平面机构瞬心的数目

假设机构中含有 k 个构件,其中既包含运动构件,又包含机架。每两个构件之间有一个瞬心,则全部瞬心的数目 N 为

$$N = C_k^2 = \frac{k(k-1)}{2}$$

当构件较多时,找出全部瞬心是一项比较烦琐的工作。所以,速度瞬心法通常用于构件较少的简单机构的运动分析。

3. 瞬心位置的确定

两个构件之间有一个瞬心,按两构件是否用运动副连接,可以把瞬心分为两类。其一是两个构件之间直接用运动副连接的瞬心,其二是两个构件之间没有用运动副连接的瞬心。下面分别讨论如何确定这两类瞬心的位置。

1) 两个构件之间直接用运动副连接的瞬心位置

（1）两个构件用转动副连接的瞬心位置。图 2.33(a)和图 2.33(b)所示构件 1 与构件 2 由转动副连接,显然,铰链中心点就是两个构件的瞬心 P_{12}。

（2）两个构件用移动副连接的瞬心位置。图 2.33(c)所示构件 1 与构件 2 的相对移动速度方向与导路方向平行,瞬心 P_{12} 位于垂直导路方向的无穷远点。

（3）两个构件用平面高副连接的瞬心位置。平面高副分为纯滚动高副和滚动兼滑动的高副。图 2.33(d)所示为纯滚动高副,两个构件在接触点处的相对速度为零。该接触点即为瞬心 P_{12}。图 2.33(e)中,构件 1 与构件 2 之间用高副连接,高副廓线在接触点处的相对速度为 v_{12},其方向为沿两高副廓线在接触点处的切线方向,瞬心则位于过接触点且与 v_{12} 方向垂直的法线 n—n 上。至于 P_{12} 位于法线上的哪一点,还需要由其他条件来确定。

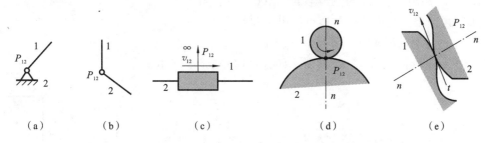

图 2.33 两个构件之间直接用运动副连接的瞬心位置

2) 两个构件之间没有用运动副连接的瞬心位置

两个构件之间没有用运动副连接时,仍有瞬心存在。其瞬心位置可用三心定理确定。做平面运动的三个构件之间有三个瞬心,它们位于同一直线上,这一结论称为三心定理。图 2.34 所示高副机构中,设构件 1、2、3 在同一平面内运动,由瞬心计算公式可知,该机构的瞬心数目为 3。

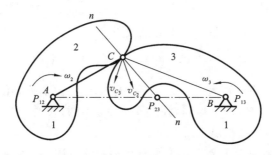

图 2.34 用三心定理确定瞬心位置

其中,构件 1、2 之间由转动副 A 连接,瞬心 P_{12} 位于转动副 A 的回转中心。构件 1、3 之间由转动副 B 连接,点 B 即为瞬心 P_{13} 的位置。按照三心定理,另外一个瞬心 P_{23} 必须在过高副接触点 C 处的公法线上,还必须位于瞬心 P_{12} 与瞬心 P_{13} 的连线上。

速度瞬心是两构件的绝对速度相等的重合点,也就是说两构件在该重合点处的速度大小与方向都必须相同,只有在图 2.34 所示重合点 P_{23} 处才能满足该条件。

如果 P_{23} 不在 P_{12} 与 P_{13} 的连线上,假定在图 2.34 所示的点 C,构件 2 上点 C_2 的速度为 v_{C_2},方向垂直于 P_{12} 与点 C 的连线方向。构件 3 上点 C_3 的速度为 v_{C_3},方向垂直于 P_{13} 与点 C 的连线方向。只要点 C 不在 P_{12} 与 P_{13} 的连线上,两构件在该点处的速度方向就永远不会相同,只有当点 C 落在 P_{12} 与 P_{13} 的连线上时,v_{C_2} 与 v_{C_3} 的方向才相同,点 C 才能成为瞬心。这就是说,瞬心 P_{23} 必定位于瞬心 P_{12} 与瞬心 P_{13} 的连线上。

应用三心定理求解没有用运动副连接的两构件的瞬心位置非常方便。但当机构的瞬心较多时,应用三心定理直接求解各个瞬心位置比较复杂,这里介绍求解各个瞬心位置的瞬心多边形法。

瞬心多边形法的应用步骤如下。

(1) 利用公式 $N=\dfrac{k(k-1)}{2}$,计算瞬心数目。

(2) 按构件数目画出正 k 边形的 k 个顶点,每个顶点代表一个构件,并按顺序标注阿拉伯数字,每两个顶点连线代表一个瞬心。

(3) 三个顶点连线构成的三角形的三条边表示三瞬心共线。

(4) 利用两个三角形的公共边可找出未知瞬心。

以下通过实例来说明瞬心多边形法的用法。

例 2.5　确定图 2.35、图 2.36 所示四杆机构的全部瞬心位置。

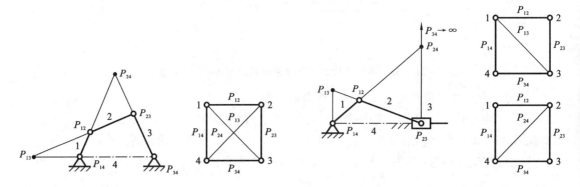

图 2.35　瞬心求法一　　　　　　　　　图 2.36　瞬心求法二

解　图 2.35 所示铰链四杆机构中,瞬心总数为

$$N=\frac{k(k-1)}{2}=\frac{4\times(4-1)}{2}=6$$

各构件之间的铰链中心分别为瞬心 P_{14}、P_{12}、P_{23}、P_{34}。由于瞬心位置与两构件次序无关,故瞬心 P_{14}、P_{41} 相同,瞬心 P_{12}、P_{21} 相同,瞬心 P_{23}、P_{32} 相同,瞬心 P_{34}、P_{43} 相同。未知瞬心为 P_{13}、P_{24},可利用瞬心多边形法找出来。

画出正四边形的四个顶点 1、2、3、4,它们分别表示该机构的四个构件 1、2、3、4。连接顶点 4、1,表示瞬心 P_{14};连接顶点 1、2,表示瞬心 P_{12};连接顶点 2、3,表示瞬心 P_{23};连接顶点 3、4,表示瞬心 P_{34}。

四边形的对角线 13 和对角线 24 分别表示未知瞬心 P_{13} 和瞬心 P_{24}。三心定理的直接应用是利用三角形 123 和三角形 143 的公共边找出 P_{13}。三角形 123 中,P_{12}、P_{23}、P_{13} 共线;三角形 143 中,P_{14}、P_{34}、P_{13} 共线。两线交点即为 P_{13}。

同理,三角形 124 中,P_{12}、P_{14}、P_{24} 共线;三角形 234 中,P_{23}、P_{34}、P_{24} 共线。两线交点即为 P_{24}。

图 2.36 所示铰链四杆机构中,瞬心总数为 6。

可直接找出的瞬心为 P_{14}、P_{12}、P_{23}、P_{34}。未知瞬心为 P_{13}、P_{24},可利用瞬心多边形法找出。

P_{13} 在 P_{12} 和 P_{23} 的连线上，又在 P_{14} 和 P_{34} 的连线上，其交点为 P_{13}。

P_{24} 在 P_{12} 和 P_{14} 的连线上，又在 P_{34} 和 P_{23} 的连线上，其交点为 P_{24}。

实际上，瞬心多边形法是三心定理的具体应用，只不过更加形象直观。

4. 用速度瞬心法进行机构的速度分析

利用速度瞬心法对机构进行速度分析时，要选择一个适当的长度比例尺 μ_l 画出机构运动简图，找出机构的全部瞬心并标注在机构运动简图上。利用瞬心是两构件重合点处的同速点和瞬时转动中心的概念，求解待求构件的速度。

例 2.6　已知图 2.37 所示铰链四杆机构 $ABCD$ 尺寸、位置，以及构件 1 的角速度 ω_1，用速度瞬心法求解构件 2、3 的角速度 ω_2、ω_3。

解　找出该机构的全部速度瞬心并标注在机构运动简图上。

因为已知构件 1 的角速度 ω_1，所以待求角速度的构件要同构件 1 联系起来。

若求解 ω_2，则应找出构件 1 和构件 2 的同速点，即瞬心 P_{12}。

P_{12} 在构件 1 上，$v_{P_{12}} = v_B = \omega_1 L_{P_{14}P_{12}}$，$P_{12}$ 在构件 2 上，$v_{P_{12}} = v_B = \omega_2 L_{P_{24}P_{12}}$，则有

$$\omega_1 L_{P_{14}P_{12}} = \omega_2 L_{P_{24}P_{12}}, \quad \omega_2 = \omega_1 \frac{L_{P_{14}P_{12}}}{L_{P_{24}P_{12}}}$$

若求解 ω_3，则应找出构件 1 和构件 3 的同速点，即瞬心 P_{13}。

扩大构件 1、3，其同速点为 P_{13}，利用瞬心 P_{13} 求解 ω_3：

$$v_{P_{13}} = \omega_1 L_{P_{13}P_{14}} = \omega_3 L_{P_{34}P_{13}}, \quad \omega_3 = \omega_1 \frac{L_{P_{13}P_{14}}}{L_{P_{13}P_{34}}}$$

其方向可由其速度方向判断。

当机构中的构件很多时，寻找全部瞬心很烦琐，只有当机构的构件较少时，应用速度瞬心法进行速度分析是比较简便快捷的。

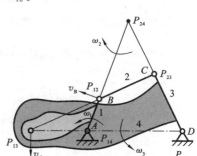

图 2.37　瞬心法在铰链四杆机构速度分析中的应用

2.2.3　用解析法对机构进行运动分析

解析法的实质是建立机构的位置方程 $s = s(\varphi)$、速度方程 $v = v(\varphi)$、加速度方程 $a = a(\varphi)$，并进行求解的过程。

解析法的一般步骤如下。

（1）引入长度比例尺 μ_l，画出机构运动简图。

（2）建立直角坐标系。一般情况下，坐标系的原点与原动件的转动中心重合，x 轴通过机架，y 轴按直角坐标系法则确定。

（3）建立机构运动分析的数学模型。把机构看成一个封闭矢量环，各构件看成矢量，连架杆的矢量方向指向其与连杆连接的铰链中心，其余杆件的矢量方向可任意选定。最后列出的机构封闭矢量之和应为零，即

$$\sum_{i=1}^{n} \boldsymbol{L}_i = \boldsymbol{0}$$

（4）各矢量与 x 轴的夹角以逆时针方向为正，把矢量方程中各矢量向 x 轴、y 轴投射，其投影方程即为机构的位置方程。该方程为非线性方程，可用牛顿法求解。

（5）位置方程中的各项对时间求一阶导数,可得到机构的速度方程(线性方程),从中解出待求的角速度或某些点的速度。

（6）速度方程中的各项对时间求导数,可得到机构的加速度方程(线性方程),从中解出待求的角加速度或某些点的加速度。

例 2.7　已知图 2.38 所示铰链四杆机构中各构件的尺寸和原动件 1 的角位置 φ_1 和角速度 ω_1,求解构件 2、3 的角速度 ω_2、ω_3 和角加速度 α_2、α_3。

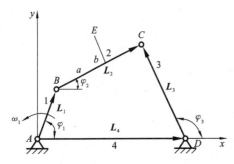

图 2.38　铰链四杆机构的数学模型

解　（1）建立直角坐标系 Axy,坐标原点通过 A 点,x 轴沿机架 AD 方向。

（2）封闭矢量环如图 2.38 所示,连架杆矢量外指(分别指向与连杆连接处的铰链中心),余者任意确定。封闭环矢量方程为

$$\boldsymbol{L}_1 + \boldsymbol{L}_2 - \boldsymbol{L}_3 - \boldsymbol{L}_4 = 0$$

（3）建立各矢量的投影方程。注意各矢量与 x 轴的夹角以逆时针方向为正。

$$l_1\cos\varphi_1 + l_2\cos\varphi_2 - l_3\cos\varphi_3 - l_4 = 0$$
$$l_1\sin\varphi_1 + l_2\sin\varphi_2 - l_3\sin\varphi_3 = 0$$

上述 2 个位移方程可组成非线性方程组,可用牛顿法解出构件 2、3 的角位置 φ_2、φ_3。

（4）位移方程对时间求导数,得到速度方程。两边求导并整理得

$$-l_2\omega_2\sin\varphi_2 + l_3\omega_3\sin\varphi_3 = l_1\omega_1\sin\varphi_1$$
$$l_2\omega_2\cos\varphi_2 - l_3\omega_3\cos\varphi_3 = -l_1\omega_1\cos\varphi_1$$

写成矩阵方程:

$$\begin{bmatrix} -l_2\sin\varphi_2 & l_3\sin\varphi_3 \\ l_2\cos\varphi_2 & -l_3\cos\varphi_3 \end{bmatrix} \begin{bmatrix} \omega_2 \\ \omega_3 \end{bmatrix} = \begin{bmatrix} l_1\omega_1\sin\varphi_1 \\ -l_1\omega_1\cos\varphi_1 \end{bmatrix}$$

此方程为线性方程组,可用消元法解出构件 2、3 的角速度 ω_2、ω_3。

（5）速度方程再对时间求一次导数,可得加速度方程:

$$\begin{bmatrix} -l_2\sin\varphi_2 & l_3\sin\varphi_3 \\ l_2\cos\varphi_2 & -l_3\cos\varphi_3 \end{bmatrix} \begin{bmatrix} \alpha_2 \\ \alpha_3 \end{bmatrix} = -\begin{bmatrix} -l_2\omega_2\cos\varphi_2 & l_3\omega_3\cos\varphi_3 \\ -l_2\omega_2\sin\varphi_2 & l_3\omega_3\sin\varphi_3 \end{bmatrix} \begin{bmatrix} \omega_2 \\ \omega_3 \end{bmatrix} + \begin{bmatrix} l_1\omega_1^2\cos\varphi_1 \\ l_1\omega_1^2\sin\varphi_1 \end{bmatrix}$$

此方程为线性方程组,可求解出构件 2、3 的角加速度 α_2、α_3。

求构件 2 上 E 点的速度或加速度,可写出 E 点的位置坐标,然后求导数:

$$x_E = l_1\cos\varphi_1 + a\cos\varphi_2 + b\cos(\varphi_2 + 90°)$$
$$y_E = l_1\sin\varphi_1 + a\sin\varphi_2 + b\sin(\varphi_2 + 90°)$$

$$v_E = \sqrt{x_E'^2 + y_E'^2}$$
$$a_E = \sqrt{x_E''^2 + y_E''^2}$$

2.3　力　分　析

2.3.1　平面机构力分析概述

图 2.39 所示为空气压缩机受力示意图,空气压缩机所受的力包含驱动力、生产阻力、重

力、运动副反力、摩擦力、惯性力、介质阻力等。

1. 平面机构力分析的目的

（1）确定运动副中的反力（运动副反力为运动副接触处正压力与摩擦力的合力），为研究构件强度、运动副中的摩擦、磨损、机械效率、机械动力性能等做准备。

（2）研究机械平衡力（或力偶）。平衡力为在已知外力作用下，机构按规律运转所需的外力。由生产阻力确定原动件的功率，或由原动件功率确定机构能承受的最大生产阻力。

图 2.39　空气压缩机受力示意图

2. 平面机构力分析的分类

（1）静力分析：低速机械，可忽略惯性力。

（2）动态静力分析：高速机械，需要考虑惯性力。

2.3.2　计入摩擦的机构受力分析

机械中的摩擦主要发生在运动副中，而运动副中的摩擦是一种有害阻力。它不仅降低机械效率，还使运动副的接触表面受到磨损，导致机械运转精度降低，引起机械振动，增大噪声，缩短机器的使用寿命。摩擦还会使运动副元素发热并膨胀，可能导致运动副卡死、机械运转不灵活，甚至发生损坏等。

工程中常用的运动副主要有移动副、转动副和螺旋副。

1. 移动副中的摩擦

根据移动副的具体结构，常把移动副分为平面移动副、斜面移动副和槽面移动副。

1）平面移动副中的摩擦

图 2.40 所示滑块 1 在驱动力 F 的作用下，相对平面 2 以速度 v_{12} 等速移动。平面 2 给滑块 1 的反作用力有法向反力 N_{21} 和摩擦力 F_{21}，二者的合力 R_{21} 为平面 2 给滑块 1 的总反力，合力 R_{21} 与法线方向的夹角为 φ。

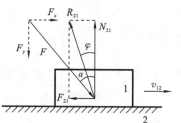

图 2.40　平面移动副中的摩擦

摩擦力 F_{21} 与法向反力 N_{21} 之间的关系为

$$\tan\varphi = \frac{F_{21}}{N_{21}}, \quad F_{21} = fN_{21}$$

$$\tan\varphi = \frac{fN_{21}}{N_{21}} = f, \quad \varphi = \arctan f$$

当滑块与平面的材料一定时，摩擦因数为定值，总反力与正压力之间的夹角 φ 为一恒定角度，称为摩擦角。构件 2 给构件 1 的总反力 R_{21} 与构件 1 相对构件 2 的运动方向 v_{12} 之间成 $(90° + \varphi)$ 角。

设外加驱动力 F 与法线之间夹角为 α，沿运动方向和法线方向的分量分别为 F_x 和 F_y，二者关系为

$$\tan\alpha = \frac{F_x}{F_y}$$

根据力平衡条件 $N_{21} = F_y$，联立求解上述方程后，可得

$$F_x = \frac{\tan\alpha}{\tan\varphi} F_{21}$$

当 $\alpha < \varphi$ 时,如果滑块处于静止状态,无论 F 力多大,驱动力 F_x 都小于最大静摩擦力 F_{21},滑块不能运动,这种现象称为自锁。如果滑块处于运动状态,则滑块将做减速运动直到静止不动。

当 $\alpha = \varphi$ 时,如果滑块处于静止状态,则滑块仍然处于自锁状态;如果滑块处于运动状态,则将做等速运动。

当 $\alpha > \varphi$ 时,滑块做加速运动。

因此,平面移动副的自锁条件可描述为:当外加驱动力作用在摩擦角之内时,该平面运动副处于自锁状态,即 $\alpha \leqslant \varphi$ 为其自锁条件。

2) 斜面移动副中的摩擦

如果把图 2.40 所示平面移动副导路倾斜一定角度 α 后,则平面移动副演化成图 2.41 所示斜面移动副。

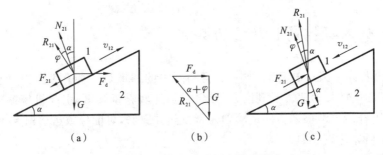

图 2.41 斜面移动副中的摩擦

图 2.41(a) 中,滑块受铅直载荷 G,在水平力 F_d 的作用下等速上升,斜面 2 给滑块 1 的正压力 N_{21} 和摩擦力 F_{21} 合成总反力 R_{21},滑块的平衡条件为

$$F_d + G + R_{21} = 0$$

作出图 2.41(b) 所示力矢量图后,可求出水平力 F_d 和铅直载荷 G 之间的关系:

$$F_d = G\tan(\alpha + \varphi)$$

若要求滑块在上升过程中不发生自锁,则该平面的斜角 α 必须满足下列条件:

$$\alpha < 90° - \varphi$$

图 2.41(c) 中,取消水平驱动力,则滑块本身的自重为下滑的驱动力。若使滑块等速下滑,有效驱动力为 $G\sin\alpha$,斜面给滑块的摩擦阻力为

$$F_{21} = G\cos\alpha f = G\cos\alpha\tan\varphi$$

滑块沿斜面下滑的力学条件为

$$G\sin\alpha \geqslant G\cos\alpha\tan\varphi$$
$$\tan\alpha \geqslant \tan\varphi$$
$$\alpha \geqslant \varphi$$

若要求滑块在铅直载荷 G 作用下不能运动,即发生自锁,则必须满足 $\alpha < \varphi$。

3) 槽面摩擦

如果将图 2.42(a) 所示滑块做成图 2.42(b) 所示夹角为 2θ 的楔形滑块,并置于相应的槽面中,楔形滑块 1 在外力 F 作用下沿槽面做等速运动。设两侧法向反力都为 N_{21},铅直载荷为 G,总摩擦力为 F_f。

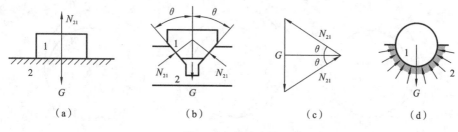

图 2.42　槽面摩擦

对图 2.42(a)所示平面摩擦，$F_f = fG$。

对图 2.42(b)所示槽面结构式的平面摩擦，$F_f = 2N_{21}f$。

对图 2.42(c)所示力多边形，可知：

$$N_{21} = \frac{G/2}{\sin\theta} = \frac{G}{2\sin\theta}$$

$$F_f = 2f\frac{G}{2\sin\theta} = \frac{f}{\sin\theta}G = f_v G$$

式中：$f_v = f/\sin\theta$，f_v 为当量摩擦因数。很明显，$f_v > f$。槽面摩擦产生的摩擦力大于平面摩擦产生的摩擦力。出现这种现象的原因不是摩擦因数增大，而是正压力增大。下式很容易证明楔形增压的理由。

$$F_f = f_v G = \frac{f}{\sin\theta}G = f\frac{G}{\sin\theta} > fG$$

如果将图 2.42(a)所示滑块转换为图 2.42(d)所示圆柱形滑块，其法向反力的总和为

$$N_{21} = kG$$

式中：k 为与接触性质有关的因数，$k \in [1, \pi/2]$。

总摩擦力 $F_f = kGf$，令 $f_v = kf$，$F_f = f_v G$，k 值的选择与接触精度有关。

2. 转动副中的摩擦

轴承是转动副的典型代表，可分为承受径向载荷的轴承和承受轴向载荷的轴承。

1）径向轴承中的摩擦

径向滚动轴承因为摩擦因数很小，而且是由多个零件组成的转动副，本书不予讨论，仅讨论滑动轴承的摩擦现象。

如图 2.43(a)所示径向轴承，将运动副的间隙加以放大。轴颈 1 在没有转动前，径向载荷 G 与 A 点的法向反力 N_{21} 相平衡。

在驱动力矩 M_d 作用下，图 2.43(a)所示轴颈 1 由于受到接触点 A 处的摩擦力，在驱动力矩的作用下，接触点爬行到图 2.43(b)所示 B 点。此时摩擦力矩与驱动力矩平衡，轴颈 1 开始转动。摩擦力 F_{21} 与法向反力 N_{21} 的合力 R_{21} 为轴承座 2 给轴颈 1 的总反力。总反力 R_{21} 到轴心的距离为 ρ。

如图 2.43(b)所示，径向载荷 G 与总反力 R_{21} 相平衡，摩擦力矩为

$$M_f = F_{21}r = R_{21}\rho = G\rho$$

由于径向轴承为曲线状接触面，可引入当量摩擦因数 f_v，因此摩擦力与径向载荷之间的关系为 $F_{21} = f_v G$，将其代入上式，可求出总反力 R_{21} 到轴心之间的距离：

$$\rho = f_v r$$

轴承尺寸与材料确定后，ρ 为常量。以 ρ 为半径的圆称为摩擦圆，当 $\omega_{12} \neq 0$ 且匀速转动

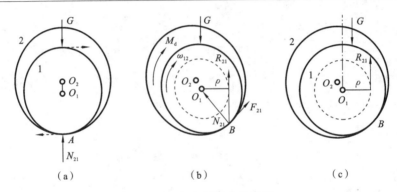

图 2.43　径向轴承中的摩擦

时,总反力 R_{21} 切于摩擦圆。

当量摩擦因数 f_v 的选取原则为:对于较大间隙的轴承,$f_v = f$;对于较小间隙的轴承,未经跑合时 $f_v = 1.57f$,经过跑合时 $f_v = 1.27f$。

总反力 R_{21} 方向的判别方法为:轴承座 2 给轴颈 1 的总反力 R_{21} 对轴心力矩的方向与轴颈 1 相对于轴承座 2 的角速度 ω_{12} 的方向相反并切于摩擦圆。

图 2.43(c)所示外力合力 G 作用在摩擦圆之内,由于力臂小于摩擦圆半径,其驱动力矩小于摩擦力矩。若轴颈原来静止,则发生自锁,若原来运动,则减速直到停止运动。外力合力与摩擦圆相切时,若轴颈原来静止,则发生自锁,若原来运动,则做等速运动。外力合力作用在摩擦圆之外时,轴颈做加速运动。转动副的自锁条件可以描述为:外力合力作用在摩擦圆之内,该转动副自锁。

2) 推力轴承中的摩擦

推力轴承是指外载荷通过轴线的轴承。

推力轴承中的摩擦如图 2.44(a)所示,G 为轴向载荷。未经跑合时,接触面压强 p 为常数,$p = c$。经过跑合时,压强 p 与半径 ρ 的乘积为常数,即 $p\rho = c$。

在图 2.44(b)所示底平面半径 ρ 处取微小圆环,其面积为 $\mathrm{d}s = 2\pi\rho\mathrm{d}\rho$。

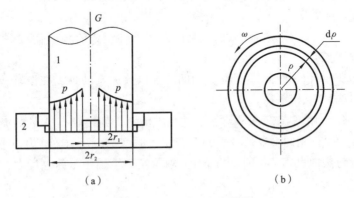

图 2.44　推力轴承中的摩擦

小圆环面积上的正压力为

$$\mathrm{d}N = p\mathrm{d}s = 2\pi p\rho\mathrm{d}\rho$$

小圆环面积上的摩擦力为

$$\mathrm{d}F = f\mathrm{d}N = 2\pi f p\rho\mathrm{d}\rho$$

小圆环面积上的摩擦力矩为

$$dM_f = \rho dF = 2\pi f p \rho^2 d\rho$$

整个圆环接触面积上的摩擦力矩为

$$M_f = \int_{r_1}^{r_2} dM_f = \int_{r_1}^{r_2} 2\pi f p \rho^2 d\rho$$

对于未经跑合的推力轴承，$p = c$，由此推出：

$$M_f = \frac{2}{3} fG \frac{r_2^3 - r_1^3}{r_2^2 - r_1^2}$$

对于经过跑合的推力轴承，$p\rho = c$，由此推出：

$$M_f = \frac{1}{2} fG(r_2 + r_1)$$

推力轴承在工程中有广泛应用，其摩擦原理是设计摩擦离合器的理论依据。

2.3.3　自锁机构分析与设计

1. 运动副的自锁

连接构件间的运动副中存在两种力，推动构件运动的驱动力和阻碍构件运动的摩擦力，如果驱动力无论多么大，都不能使其运动，则称这种现象为运动副的自锁。

对移动副而言，当外力合力作用在摩擦角之内，移动副发生自锁；对斜面移动副而言，经常用斜面倾角 α 与摩擦角 φ 的关系判断自锁。滑块沿斜面上升时的自锁条件为 $\alpha > 90° - \varphi$；滑块沿斜面下降时的自锁条件为 $\alpha \leqslant \varphi$。

对转动副而言，当外力合力作用在摩擦圆之内时，转动副发生自锁。

运动副的自锁条件是设计自锁机构的基础。

2. 自锁机构

1）机构的行程

（1）机构的正行程。当驱动力作用在图 2.45 所示原动件 A 上时，从动件 B 克服生产阻力 F 做功，该过程一般称为正行程或工作行程。

（2）机构的反行程。当正行程的生产阻力为驱动力，并作用在从动件 B 上时，原动件 A 则为从动件，该过程称为机构的反行程。

在图 2.45(a)所示螺旋传动中，螺杆转动，螺母移动为正行程。反行程则为用力推动螺母，而使螺杆转动的过程。

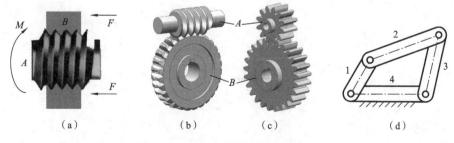

（a）　　　　　（b）　　　　　（c）　　　　　　　（d）

图 2.45　机构的正反行程

一般情况下，机构的正反行程的工作特性不同，但正反行程也不是绝对的。图 2.45(b)所示蜗杆机构中，蜗杆作主动件，蜗轮做减速转动；反之，蜗轮作主动件，蜗杆可能做增速转动，容易发生自锁,这取决于蜗杆螺纹升角的大小。图 2.45(c)所示齿轮机构中,小齿轮作主动件,大齿轮则减速输出;大齿轮作主动件,小齿轮则增速输出;图 2.45(d)所示铰链四杆机构中,曲柄 1 作主动件,摇杆 3 做往复摆动;摇杆 3 作主动件,曲柄 1 为从动件,则机构会出现死点位置。

机构的正反行程是依据机构的工作需要,由设计人员自行拟定的。

2) 自锁机构的定义

反行程发生自锁的机构,称为自锁机构,如蜗杆蜗轮传动机构、螺旋千斤顶。成因是机构的反行程中,组成机构的某个运动副发生自锁。自锁机构在机械工程领域中有广泛的应用。

例 2.8　在图 2.46 所示斜面压榨机中,设各接触平面之间的摩擦因数均为 f。若在滑块 2 上施加一定的力 F,可以将物体 4 压紧。F_r 为被压紧的物体对滑块 3 的反作用力。当力 F 撤去后,该机构在力 F_r 的作用下应具有自锁性,即滑块 2 不会因松脱而被挤出去。试分析其自锁条件。

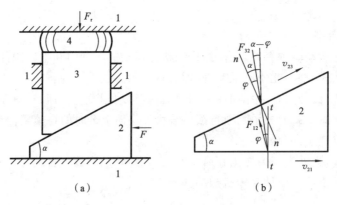

图 2.46　自锁机构的分析

解　取图 2.46(b)所示滑块 2 为示力体,当力 F 撤去后,滑块 2 可能松脱的运动方向为 v_{21}、v_{23}。若滑块自重忽略不计,构件 1 给滑块 2 的反力 F_{12} 及构件 3 给滑块 2 的反力 F_{32} 的判别方法为:F_{12} 与 v_{21} 成(90°+φ)角,F_{32} 与 v_{23} 成(90°+φ)角。F_{32} 是使构件 2 水平向右滑出的驱动力。当这个驱动力的作用线位于构件 2 与构件 1 所形成的摩擦角之内时,构件 1、2 组成的移动副发生自锁。由图 2.46(b)可以得出自锁条件,为

$$\alpha - \varphi \leqslant \varphi$$

即

$$\alpha \leqslant 2\varphi$$

第3章 平面连杆机构及其设计

3.1 平面连杆机构的特点与基本形式

铰链四杆机构是指运动副均为转动副的平面四杆机构。连杆为平面连杆机构中做平面运动的构件。

由于主动件的运动依靠中间连杆传递到从动件,因此这些机构称为连杆机构。

由低副(转动副、移动副)连接组成的各构件在同一平面内运动或在相互平行的平面内运动的连杆机构,称为平面连杆机构。由四个构件组成的连杆机构的结构最简单,应用最广泛,因此,平面四杆机构是平面连杆机构的基础,也是本章的研究重点。

3.1.1 平面连杆机构的特点

(1) 平面连杆机构结构简单、易于制造(高制造精度)、成本低廉。

(2) 平面连杆机构是用低副连接组成的机构,故承载能力大。

(3) 通过适当地设计各杆件尺寸,平面连杆机构可实现运动规律与运动轨迹的多样化。

(4) 平面连杆机构可进行较远距离的传动。

(5) 平面连杆机构产生的惯性力平衡难度较大,不宜应用在高速运转场合。

3.1.2 平面连杆机构的基本形式

图 3.1(a)所示连杆机构中,各构件均以转动副相连接,又称为铰链四杆机构。其中构件 4 为机架(相对固定不动的构件),能做整周转动的连架杆(与机架相连接的构件)称为曲柄,如构件 1。连架杆中只能做往复摆动的构件称为摇杆,如构件 3。不与机架相连接的构件 2 称为连杆(做平面运动的构件)。其中,转动副 A、B 能做 360°的整周转动,称为整转副。转动副 C、D 不能做 360°的整周转动,称为摆转副。在铰链四杆机构中,转动副的运动范围与机架选择无关。

常用四杆机构的基本形式如下。

(1) 曲柄摇杆机构 若四杆机构的两个连架杆中一个为曲柄,另一个为摇杆,则该铰链四杆机构称为曲柄摇杆机构,如图 3.1(a)所示。

(2) 双曲柄机构 若机构中的两个连架杆都能做 360°的整周转动,也就是说,两个连架杆均为曲柄,则该机构称为双曲柄机构,如图 3.1(b)所示。

(3) 双摇杆机构 若机构中的两个连架杆都不能做 360°的整周转动,也就是说,两个连架杆均为摇杆,则该机构称为双摇杆机构,如图 3.1(c)所示。

(4) 平行四边形机构 图 3.1(b)所示双曲柄机构中,若两曲柄平行且相等,则该机构演

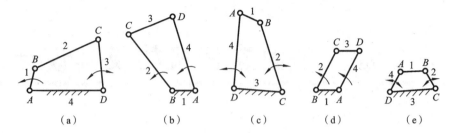

图 3.1　铰链四杆机构的型式

化为平行四边形机构,如图 3.1(d)所示。

(5) 等腰梯形机构　图 3.1(c)所示双摇杆机构中,若两摇杆长度相等,则该机构演化为等腰梯形机构,如图 3.1(e)所示。

(6) 曲柄滑块机构　图 3.2(a)所示四杆机构中,一个连架杆为曲柄,另一个连架杆为滑块,该机构称为曲柄滑块机构。其中,转动副 A、B 为整转副,转动副 C 为摆转副。

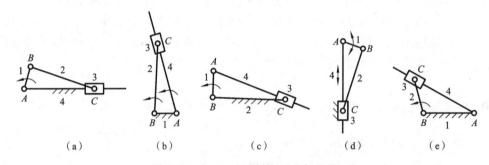

图 3.2　含有一个移动副的四杆机构

(7) 转动导杆机构　若将图 3.2(a)所示曲柄滑块机构的曲柄 1 设为机架,转动副 A、B 为整转副,则连架杆 2、4 均为曲柄,滑块 3 沿连架杆 4 移动,且随连架杆 4 转动,该机构称为转动导杆机构,如图 3.2(b)所示。

(8) 曲柄摇块机构　若将图 3.2(a)所示曲柄滑块机构的构件 2 设为机架,转动副 A、B 仍为整转副,连架杆 1 仍为曲柄,另一连架杆(滑块 3)只能绕 C 点往复摆动,该机构称为曲柄摇块机构,如图 3.2(c)所示。

(9) 移动导杆机构　若将图 3.2(a)所示曲柄滑块机构的滑块 3 设为机架,转动副 A、B 仍为整转副,连架杆 4 只能沿滑块做往复移动,该机构称为移动导杆机构,如图 3.2(d)所示。

(10) 摆动导杆机构　若将图 3.2(b)所示转动导杆机构的机架加长,使 $l_{BC} < l_{AB}$,转动副 A 演化为摆转副,连架杆 4 做往复摆动,该机构称为摆动导杆机构,如图 3.2(e)所示。

(11) 双滑块机构　在含有两个移动副的四杆机构中,若两个连架杆做成块状,且相对十字形机架做相对移动,则该机构称为双滑块机构,如图 3.3(a)所示。

(12) 双转块机构　若两个块状连架杆相对机架做定轴转动,此时连杆呈十字形,则该机构称为双转块机构,如图 3.3(b)所示。

(13) 正弦机构　图 3.3(c)中,曲柄 2 绕 A 点转动时,通过滑块 3 驱动构件 4 做水平移动,其位移量 $s = l_2 \sin\varphi$,位移量 s 与曲柄转角 φ 成正弦函数关系,该机构称为正弦机构。

(14) 正切机构　图 3.3(d)中,构件 2 摆动时,构件 4 做竖直移动,其位移量 $s = a\tan\varphi$,该机构称为正切机构。

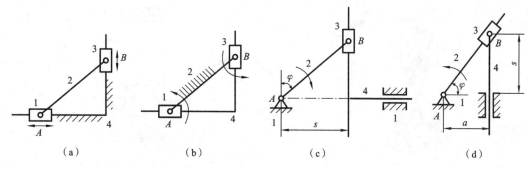

图 3.3　含有两个移动副的四杆机构

3.1.3　平面连杆机构的应用

平面连杆机构的应用非常普遍,这里仅进行简单介绍。

1. 全转动副四杆机构的应用

图 3.4 所示为曲柄摇杆机构的应用。其中,图 3.4(a)所示为矿石破碎机,图 3.4(b)所示为其主体机构——曲柄摇杆机构的机构简图。

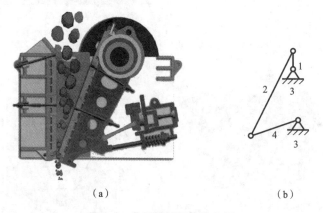

图 3.4　曲柄摇杆机构的应用

图 3.5 所示为双摇杆机构的应用。图 3.5(a)所示为鹤式起重机,当摇杆 CD 摆动时,另一摇杆 AB 随之摆动,使得悬挂在连杆 E 点上的重物在近似的水平直线上运动,避免重物平移时因不必要的升降而消耗能量。图 3.5(b)所示为其机构简图。图 3.5(c)所示为汽车和拖拉机前轮转向机构,该机构为等腰梯形双摇杆机构。

图 3.6 所示为双曲柄机构的应用。图 3.6(a)所示为双曲柄机构在惯性振动筛中的应用,图 3.6(b)所示为机车车轮中的平行四边形机构。

2. 曲柄滑块机构的应用

图 3.7 所示为曲柄滑块机构的应用。图 3.7(a)所示为曲柄滑块机构在多缸内燃机中的应用,图 3.7(b)所示为曲柄滑块机构在剪床中的应用。

3. 导杆机构的应用

导杆机构包括转动导杆机构、摆动导杆机构、移动导杆机构。图 3.8 所示为摆动导杆机构在牛头刨床中的应用。

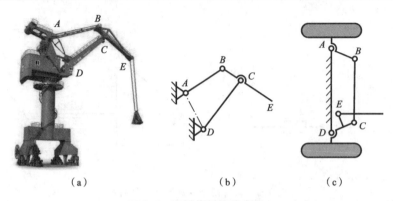

图 3.5　双摇杆机构的应用

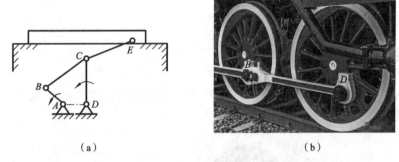

图 3.6　双曲柄机构的应用

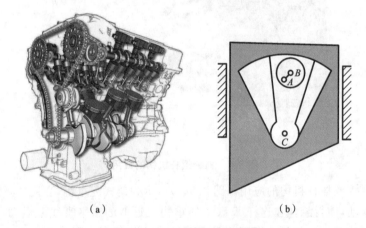

图 3.7　曲柄滑块机构的应用

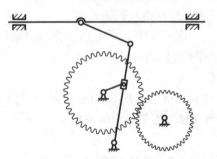

图 3.8　摆动导杆机构在牛头刨床中的应用

3.2　平面连杆机构的基本性质

了解四杆机构的基本特性是设计平面连杆机构的基础。

3.2.1　曲柄存在条件

在铰链四杆机构中,欲使曲柄做整周转动,各杆长度必须满足一定的条件,即所谓的曲柄存在条件。

图 3.9 所示铰链四杆机构中,设构件 1、构件 2、构件 3 和构件 4 的长度分别为 a、b、c 和 d,并取 $a<d$。若构件 1 能绕点 A 做整周转动,则构件 1 一定会通过与构件 4 共线的两个位置,即位置 AB_1 和位置 AB_2。

当构件 1 转至位置 AB_1 时形成 $\triangle B_1C_1D$,根据三角形任意两边长度之和必大于第三边长度的几何关系并考虑到极限情况,得

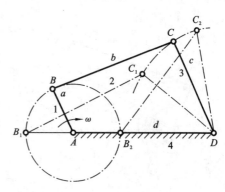

$$a+d \leqslant b+c \qquad (3.1)$$

当构件 1 转至 AB_2 时,形成 $\triangle B_2C_2D$,同理可得

$$b \leqslant (d-a)+c$$
$$c \leqslant (d-a)+b$$

图 3.9　曲柄存在条件

整理后可写成:

$$a+b \leqslant c+d \qquad (3.2)$$
$$a+c \leqslant b+d \qquad (3.3)$$

将式(3.1)、式(3.2)、式(3.3)两两相加,化简后得

$$a \leqslant b \qquad (3.4)$$
$$a \leqslant c \qquad (3.5)$$
$$a \leqslant d \qquad (3.6)$$

在铰链四杆机构中,要使构件 1 为曲柄,它必须是四杆中的最短杆,且最短杆与最长杆长度之和小于或等于其余两杆长度之和。若 $d<a$,读者可参照上述过程自行推导。考虑到更一般的情形,可将铰链四杆机构中曲柄存在条件概括为:

(1) 连架杆和机架中必有一杆是最短杆;

(2) 最短杆与最长杆长度之和必小于或等于其余两杆长度之和。

或概括为:

(1) 至少有一个周转副与机架连接;

(2) 存在周转副。

若转动副 A 为周转副,则四个杆的杆长需要满足杆长条件,且转动副 A 与最短杆连接。

周转副存在的条件为:四个杆满足杆长条件即可。由此可推出:与最短杆连接的两个转动副都是周转副。

当铰链四杆机构中最短杆与最长杆长度之和大于其余两杆长度之和时,不论以哪个构件为机架,都不存在曲柄而只能是双摇杆机构。该双摇杆机构中不存在能做整周转动的运动副。

上文提到的汽车前轮转向机构就是没有整转副的双摇杆机构。

3.2.2 急回特性

图 3.10 所示曲柄摇杆机构中，设曲柄 AB 为主动件，摇杆 CD 为从动件。主动曲柄 AB 以等角速度顺时针转动，当曲柄转至 AB_1 位置与连杆 B_1C_1 重叠共线时，摇杆 CD 处于左极限位置 C_1D；而当曲柄转至 AB_2 位置与连杆 B_2C_2 拉伸共线时，从动摇杆 CD 处于右极限位置 C_2D。摇杆处于左、右两极限位置时，对应曲柄两位置所夹的锐角 θ 称为极位夹角。摇杆两极限位置间的夹角 ψ 称为摇杆的摆角。

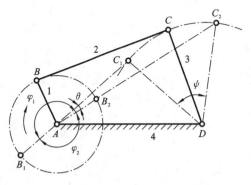

图 3.10 急回特性

当曲柄从 AB_1 位置转至 AB_2 位置时，对应曲柄转角为 $\varphi_1 = 180° + \theta$，而摇杆由 C_1D 位置摆至 C_2D 位置，摆角为 ψ，设所需时间为 t_1，C 点的平均速度为 v_1；当曲柄再继续从 AB_2 位置转至 AB_1 位置时，对应曲柄转角为 $\varphi_2 = 180° - \theta$，而摇杆则由 C_2D 位置摆回 C_1D 位置，摆角仍为 ψ，设所需时间为 t_2，C 点的平均速度为 v_2。摇杆往复摆动的角度虽然相等，但是对应的曲柄转角却不相等，$\varphi_1 > \varphi_2$；由于曲柄做等速转动，有 $t_1 > t_2$，故 $v_2 > v_1$。由此可见，当曲柄做等速转动时，摇杆往复摆动的平均速度是不同的，摇杆的这种运动

特性称为急回特性。通常用 v_2 与 v_1 的比值 K 来衡量，K 称为行程速度变化系数，即

$$K = \frac{v_2}{v_1} = \frac{\dfrac{\overset{\frown}{C_2C_1}}{t_2}}{\dfrac{\overset{\frown}{C_1C_2}}{t_1}} = \frac{t_1}{t_2} = \frac{\varphi_1}{\varphi_2} = \frac{180° + \theta}{180° - \theta} \tag{3.7}$$

当给定行程速度变化系数 K 后，机构的极位夹角可由式(3.8)计算：

$$\theta = 180° \frac{K-1}{K+1} \tag{3.8}$$

平面连杆机构有无急回特性取决于极位夹角 θ。只要极位夹角 θ 不为零，该机构就具有急回特性，其行程速度变化系数 K 可用式(3.7)计算。

四杆机构的这种急回特性，可以用来节省空回行程的时间，提高生产率。牛头刨床和摇摆式输送机都利用了这一特性。

当行程速度变化系数 $K=1$ 时，机构无急回特性。此时，$\theta = 0°$。

3.2.3 机构压力角与传动角

压力角和传动角是判断连杆机构传力性能优劣的重要参数。图 3.11 所示曲柄摇杆机构中，若忽略各杆的质量和运动副中的摩擦，连杆 BC 作用于从动摇杆 CD 上的力 F 沿连杆 BC 的方向。把从动摇杆 CD 所受力 F 与该力作用点(点 C)的速度 v 之间所夹的锐角 α 称为压力角。压力角 α 越小，传力性能越好。因此，压力角的大小可以作为判别连杆机构传力性能好坏

的一个依据。

由图 3.11 可知，$\alpha+\gamma=90°$，α 与 γ 互为余角。γ 是连杆与摇杆之间的夹角，称为传动角，通常用传动角 γ 来衡量机构的传力性能。α 越小，则 γ 越大，机构的传力性能越好，反之越差。当连杆 BC 与摇杆 CD 之间的夹角为锐角时，该角即为传动角；而当连杆 BC 与摇杆 CD 之间的夹角为钝角时，传动角 γ 则为其补角。

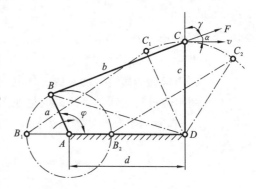

图 3.11　压力角和传动角分析

在机构运动过程中，传动角的大小随机构位置的变化而变化。为了确保连杆机构更好地工作，应使一个运动循环中的最小传动角 $\gamma_{min} > 40° \sim 50°$，具体数值可根据传递功率的大小确定。传动功率大时，γ_{min} 应取大些，如颚式破碎机、压力机等可取 $\gamma_{min} \geqslant 50°$，即 $\gamma_{min} \geqslant |\gamma|$，$|\gamma|$ 为许用传动角。

铰链四杆机构的最小传动角可按以下关系求得。在 $\triangle ABD$ 和 $\triangle BCD$ 中，分别有

$$(\overline{BD})^2 = a^2 + d^2 - 2ad\cos\varphi$$
$$(\overline{BD})^2 = b^2 + c^2 - 2bc\cos\gamma$$

联立两式，得

$$\cos\gamma = \frac{b^2 + c^2 - a^2 - d^2 + 2ad\cos\varphi}{2bc} \tag{3.9}$$

由式（3.9）可知，γ 仅取决于曲柄的转角 φ。当 $\varphi=0°$ 时，$\cos\varphi=1$，$\cos\gamma$ 最大，传动角 γ 最小，如图 3.11 中位置 AB_2C_2D；当 $\varphi=180°$ 时，$\cos\varphi=-1$，$\cos\gamma$ 最小，传动角 γ 最大，如图 3.11 中位置 AB_1C_1D。当 γ 大于 90° 时，取其补角即可。只要比较这两个位置的值，即可求得该机构的最小传动角 γ_{min}。

设 $\angle BCD = \delta$，由式（3.9）可知，当 $\varphi=0°$ 时，δ 最小（δ 是锐角），$\gamma=\delta$；当 $\varphi=180°$ 时，δ 最大，若 δ 是钝角，$\gamma=180°-\delta$，若 δ 是锐角，$\gamma=\delta$。可推导出 γ_{min} 位置出现在主动件与机架两次共线位置之一处。

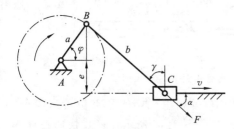

图 3.12　偏置曲柄滑块机构的传动角

机构的最小传动角 γ_{min} 可能出现在曲柄与机架两次共线位置之一处。进行连杆机构设计时，必须要检验最小传动角是否满足要求。

偏置曲柄滑块机构的传动角如图 3.12 所示。最小传动角可用式（3.10）求出：

$$\cos\gamma = \frac{a\sin\varphi + e}{b} \tag{3.10}$$

3.2.4　机构的死点位置

图 3.13 所示曲柄摇杆机构中，若摇杆 CD 为主动件，则当摇杆在两极限位置 C_1D、C_2D 时，连杆 BC 与从动曲柄 AB 将两次共线，出现传动角 $\gamma=0°$ 的情况。作用在摇杆 CD 上的力（使得摇杆 CD 为主动件）对 A 点的力矩为零，故曲柄 AB 不会转动。该位置称为机构的死点

位置。

就传动机构来说,存在死点是不利的,必须采取措施使机构能顺利通过死点位置。克服机构死点的常用方法如下。

(1) 利用构件的惯性运动来通过死点位置。

(2) 利用两机构的错位排列来通过死点位置。

图 3.14 所示的单缸四冲程内燃机就是借助于飞轮的惯性运动通过曲柄滑块机构的死点位置的。

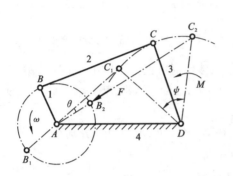

图 3.13　死点位置

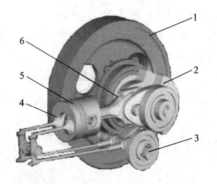

图 3.14　利用惯性克服死点实例

1—飞轮;2—曲轴;3—凸轮轴;4—气门;5—活塞;6—连杆

图 3.15 所示的机车驱动轮联动机构采用机构错位排列,使两组机构的位置相互错开,一组驱动轮驱动机构处于死点位置,另一组则处于正常工作状态,可使机构顺利通过死点位置。

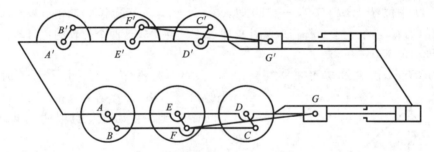

图 3.15　利用错位排列克服死点实例

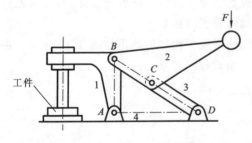

图 3.16　连杆式快速夹具

在工程中,可利用机构的死点位置来实现一定的工作要求。图 3.16 所示连杆式快速夹具,就是利用机构死点位置来夹紧工件的。在连杆 BC 的手柄处施以外力 F 后,连杆 BC 与连架杆 CD 成一直线。撤去外力 F 之后,在工件反弹力作用下,从动件 3 处于死点位置。即使此反弹力很大,工件也不会松脱。

尽管利用机构的死点位置和利用机构的自锁特性都能设计一些夹具,但机构的死点位置与机构的自锁特性是两个完全不同的概念,不能混淆在一起。机构的死点位置是指机构在运动过程中,瞬时出现的传动角为零的位置,通过死点位置后,机构可继续运动。机构的自锁特性是指无论驱动力多么大,机构始终不能运动。

3.3　平面连杆机构的设计

平面连杆机构的设计只针对机构运动简图中构件的尺寸,不涉及构件的强度、刚度、材料、结构、工艺、公差、热处理及运动副的具体结构等。本书仅讨论平面四杆机构的设计。

平面四杆机构的设计可分为两大类,其一是按照给定的运动规律设计四杆机构,其二是按照给定的运动轨迹设计四杆机构。

3.3.1　实现给定的运动规律

按照连杆的一系列位置设计四杆机构、按照两个连架杆的一系列对应位置设计四杆机构和按照行程速度变化系数设计四杆机构,是实现机构运动规律的基本途径。

图 3.17(a)所示铸造车间翻转台,是按照连杆的一系列位置设计四杆机构的示例。该机构是按照平台的两个位置 B_1C_1、B_2C_2 设计的。图 3.17(b)所示车床变速机构是按照主动件和从动件的转角位置 φ、ψ 之间的对应关系设计的。变速手柄位于位置 1、2、3 时,换挡齿轮对应 1、2、3 挡。按照主动件和从动件的对应转角位置,能实现这一系列的对应关系。

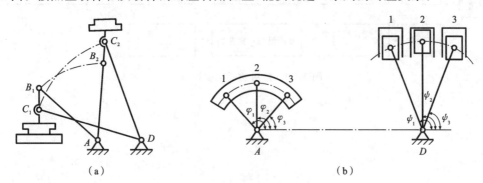

（a）　　　　　　　　　　　　（b）

图 3.17　四杆机构设计基本问题一

按照行程速度变化系数设计四杆机构,实际上是按照连架杆的两个极限位置 DC_1、DC_2,摆角 ψ 和反映机构急回特性的极位夹角 θ 来设计四杆机构的。

图 3.18 中,设曲柄、连杆、摇杆和机架的尺寸分别为 a、b、c 和 d,则有 $\overline{AC_1}=b+a$,$\overline{AC_2}=b-a$,联立求解,可得

$$a=\frac{\overline{AC_1}-\overline{AC_2}}{2} \tag{3.11}$$

求出曲柄尺寸后,其余尺寸可直接在图上求解。

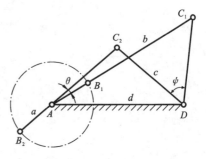

图 3.18　四杆机构设计基本问题二

3.3.2　实现给定的运动轨迹

连杆上各点能描绘出各种各样的高次曲线。图 3.19 所示机构中,连杆上不同点描绘出不同曲线,称为连杆曲线。寻求能再现这些点的连杆机构是实现按给定运动轨迹设计四杆机构的基本任务。

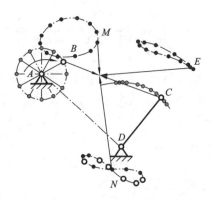

图 3.19　连杆曲线

图 3.20 所示为常用的机构设计方法。

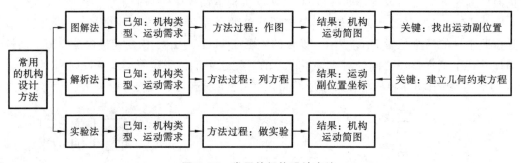

图 3.20　常用的机构设计方法

第4章 凸轮机构及其设计

4.1 凸轮机构概述

4.1.1 凸轮机构的组成及其特点

凸轮机构是一种由凸轮、从动件和机架组成的高副机构。其中,凸轮是具有曲线轮廓形状的构件,一般做定轴转动,从动件可做往复移动或往复摆动。

图4.1所示为两种最常用的盘形凸轮机构,图4.1(a)所示为直动从动件盘形凸轮机构,当凸轮1绕轴O旋转时,推动从动件2沿机架3做往复直线移动。图4.1(b)所示为摆动从动件盘形凸轮机构,凸轮1转动时,摆杆绕铰链A做往复摆动。通常,凸轮为机构的主动件连续回转,从动件连续移动或摆动。

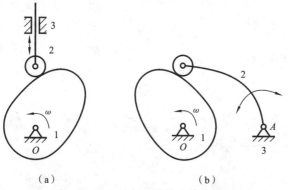

（a）　　　　　　　　（b）

图4.1　两种最常用的盘形凸轮机构

凸轮机构之所以能够得到广泛应用,主要是因为其具有以下优点:

(1) 曲线(面)轮廓决定从动件运动,从动件可实现复杂的运动规律;

(2) 结构简单、紧凑,从动件能准确实现预期运动,运动特性好;

(3) 性能稳定,故障少,维护保养方便;

(4) 设计简单。

凸轮机构的主要缺点是凸轮与从动件为高副接触,易于磨损,另外由于凸轮的轮廓曲线通常比较复杂,因此加工比较困难。

4.1.2 凸轮机构的分类

根据以下几种情况对凸轮机构进行分类。

1. 按凸轮的形状分类

（1）盘形凸轮　凸轮呈盘状，具有变化的向径，且做定轴转动。图 4.1 所示凸轮属于盘形凸轮。

（2）移动凸轮　凸轮做往复直线移动，称为移动凸轮。图 4.2(a)所示为直动从动件移动凸轮机构，图 4.2(b)所示为摆动从动件移动凸轮机构。

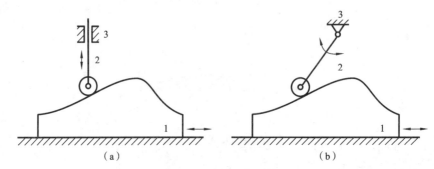

（a）　　　　　　　　　　　　　　　　（b）

图 4.2　移动凸轮机构

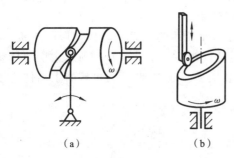

（a）　　　　　　（b）

图 4.3　圆柱凸轮机构

（3）圆柱凸轮　凸轮的圆柱面上开有曲线凹槽，或者端面上做出曲线轮廓，如图 4.3 所示。图 4.3(a)所示为摆动从动件圆柱凸轮机构，图 4.3(b)所示为端面具有曲线轮廓的直动从动件圆柱凸轮机构。由于圆柱凸轮与从动件不在同一平面内运动，因此，它属于空间凸轮机构。

2. 按从动件的形状分类

图 4.4 所示为常用从动件。其中，图 4.4(a)至图 4.4(d)所示为直动从动件，图 4.4(e)至图 4.4(h)所示为摆动从动件。

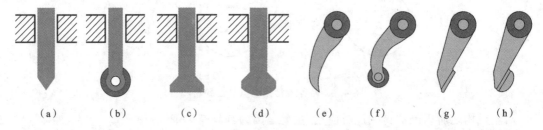

（a）　　　　（b）　　　　（c）　　　　（d）　　　　（e）　　　　（f）　　　　（g）　　　　（h）

图 4.4　常用从动件

（1）尖底从动件　如图 4.4(a)、图 4.4(e)所示，尖底从动件的结构非常简单，其尖底能与任意复杂形状的凸轮轮廓保持接触。但尖底容易磨损，一般适用于传力较小和速度较低的场合。

（2）滚子从动件　图 4.4(b)、图 4.4(f)所示为滚子从动件。滚子的存在使得凸轮与从动件之间的滑动摩擦转化为滚动摩擦，减少了凸轮机构的磨损，因此可以传递较大的动力，在工程中应用最为广泛。

（3）平底从动件　如图 4.4(c)、图 4.4(g)所示，平底从动件的优点是受力平稳，传动效率高。平底从动件常应用于高速场合。其缺点是要求相应的凸轮轮廓曲线必须全部外凸。

（4）曲底从动件　如图 4.4(d)、图 4.4(h)所示，曲底从动件端部为一曲面，兼有尖底与平底从动件的优点，在生产实际中的应用也较多。

3. 按从动件的运动形式分类

按从动件的运动形式分类,从动件可分为直动从动件和摆动从动件。当从动件的导路中心线通过凸轮的回转中心时,直动从动件凸轮机构称为对心直动从动件凸轮机构,反之则称为偏置直动从动件凸轮机构,偏置的距离称为偏距,常用 e 表示。例如,图 4.5(a)所示为对心直动尖底从动件盘形凸轮机构,而图 4.5(b)所示为偏置直动尖底从动件盘形凸轮机构,偏距为 e。

4. 按凸轮与从动件维持高副接触的方式分类

凸轮与从动件必须永远保持高副接触。把凸轮与从动件之间维持高副接触的方式称为封闭方式或锁合方式,工程中主要靠外力或特殊的几何形状来保证二者的接触。

(1) 力封闭方式　利用弹簧力、从动件本身的重力或其他外力来保证凸轮与从动件始终保持接触。例如,图 4.6(a)所示凸轮机构是利用弹簧的恢复力来保持高副接触的,而图 4.6(b)所示凸轮机构则是利用从动件的重力来保持高副接触的。

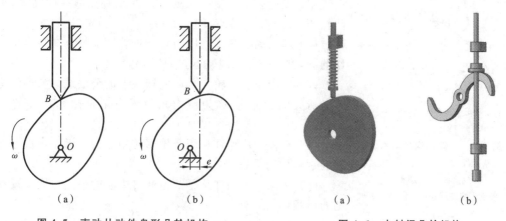

图 4.5　直动从动件盘形凸轮机构

图 4.6　力封闭凸轮机构

(2) 形封闭方式　依靠凸轮和从动件特殊的几何形状来保持凸轮机构的高副接触。图 4.7(a)所示端面凸轮机构利用凸轮端面上的沟槽和放于槽中的滚子使凸轮与从动件保持接触,这类凸轮又称为端面凸轮。图 4.7(b)所示凸轮机构中,凸轮与从动件的两个高副接触点之间的距离处处相等,且等于从动件方框的槽宽,凸轮和从动件始终保持接触,这种凸轮机构称为等宽凸轮机构。图 4.7(c)所示凸轮机构中,两滚子中心距离与对应凸轮径向距离处处相等,保证从动件上的两个滚子同时与凸轮接触,这种凸轮机构称为等径凸轮机构。图 4.7(d)所示凸轮机构中,安装在同一轴上的两个凸轮与摆杆上的两个滚子同时保持接触,一个凸轮推

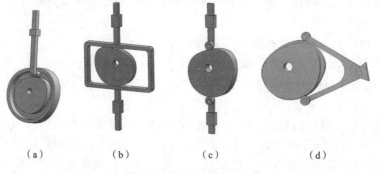

图 4.7　形封闭凸轮机构

动摆杆做正行程运动,而另一个凸轮推动摆杆做反行程运动。设计出其中一个凸轮的轮廓曲线后,另一个凸轮的轮廓曲线可根据共轭条件求出,这种凸轮机构称为共轭凸轮机构。形封闭凸轮机构,需要有较高的加工精度才能满足准确的形封闭条件。

4.1.3　凸轮机构的名词术语

(1) 实际廓线　图 4.8 所示凸轮机构中,与从动件直接接触的凸轮廓线称为实际廓线。

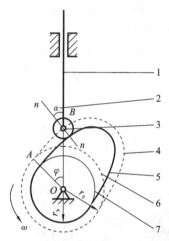

图 4.8　凸轮机构名词术语
1—从动件;2—压力角;3—基点;
4—理论廓线;5—实际廓线;
6—理论廓线基圆;7—实际廓线基圆

(2) 实际廓线基圆　以凸轮的回转中心为圆心,凸轮实际轮廓的最小向径为半径所作的圆,称为凸轮的基圆,基圆半径用 r_b 表示。

(3) 基点　从动件上的尖点、滚子的圆心点称为从动件上的基点。基点是廓线设计的基准点。

(4) 理论廓线　由一系列基点的轨迹点形成的曲线,称为凸轮节曲线或理论廓线。

(5) 理论廓线基圆　以凸轮理论轮廓的最小向径为半径所作的圆,称为理论廓线基圆,半径用 r_0 表示。

(6) 压力角　凸轮与从动件接触点的公法线与从动件运动方向所夹的锐角 α,称为压力角。压力角是凸轮设计的重要参数。

(7) 推程　从动件从距凸轮回转中心的最近点向最远点运动的过程称为推程。

(8) 回程　从动件从距凸轮回转中心的最远点向最近点运动的过程称为回程。

(9) 行程　从动件从距凸轮回转中心的最近点运动到最远点所通过的距离,或从最远点回到最近点所通过的距离称为行程。行程是指从动件的最大运动距离,常用 h 来表示。

(10) 推程运动角　从动件从距凸轮回转中心的最近点运动到最远点时,对应凸轮所转过的角度称为推程运动角,用 Φ 表示。

(11) 回程运动角　从动件从距凸轮回转中心的最远点运动到最近点时,对应凸轮所转过的角度称为回程运动角,用 Φ' 表示。

(12) 远休止角　从动件在距凸轮回转中心的最远点静止不动时,对应凸轮所转过的角度称为远休止角,用 Φ_s 表示。远休是指从动件在最高位置保持不动。

(13) 近休止角　从动件在距凸轮回转中心的最近点静止不动时,对应凸轮所转过的角度称为近休止角,用 Φ_s' 表示。

(14) 凸轮转角　凸轮绕自身轴线转过的角度,称为凸轮转角,用 φ 表示。一般情况下,凸轮转角从行程的起始点在基圆上开始度量,其值等于行程起点与从动件的导路中心线和基圆的交点所组成的圆弧对应的基圆圆心角。值得注意的是,对于滚子从动件,基圆是指理论廓线上的基圆。

(15) 从动件的位移　凸轮转过转角 φ 时,从动件所运动的距离称为从动件的位移。位移 s 从距凸轮回转中心的最近点开始度量。图 4.9(a) 所示为推程阶段的凸轮转角与对应的从动件位移,图 4.9(b) 所示为从动件位于推程终止点位置时凸轮转角示意图,图 4.9(c) 所示为回程阶段的凸轮转角与对应的从动件位移。对于摆动从动件,其位移为角位移。

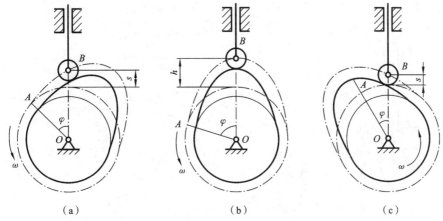

图 4.9　凸轮转角与从动件的位移

图 4.10 所示为凸轮机构的运动循环图。显然,在一个运动循环中,推程运动角、远休止角、回程运动角和近休止角之间应该满足以下关系:

$$\Phi+\Phi_s+\Phi'+\Phi'_s=360°$$

在设计凸轮机构时,凸轮的 Φ、Φ'、Φ_s 和 Φ'_s 应根据实际的工作要求选择,如果没有远休止和近休止过程,则其远休止角和近休止角均等于零。

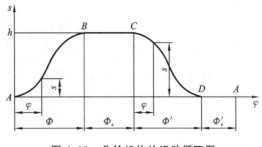

图 4.10　凸轮机构的运动循环图

通过上述运动循环图也可以理解凸轮转角与从动件位移的度量原则。

4.2　凸轮轮廓曲线的设计

凸轮轮廓曲线的设计方法有作图法和解析法,它们都以相对运动原理为基础。随着凸轮加工技术的进步,解析法的应用日益广泛。

4.2.1　凸轮机构的相对运动原理

如图 4.11(a)所示,在直动尖底从动件盘形凸轮机构中,当凸轮以等角速度 ω 沿逆时针方向转动时,从动件做往复直线移动。设想给整个凸轮机构加上一个绕凸轮回转中心 O 点的反向转动,使反转角速度等于凸轮的角速度,即反转角速度为 $-\omega$。此时,可设想凸轮处于静止不动状态,而从动件一方面随导路绕凸轮转动中心 O 点以角速度 $-\omega$ 转动,其尖点,也称为轨迹点分别在基圆上占据 B'_1、B'_2 位置,同时在凸轮廓线约束下又沿其导路方向做相对移动,分别占据 B_1、B_2 位置。因此,尖底从动件的反转和从动件相对导路移动的复合运动轨迹,便形成了凸轮的轮廓曲线,这就是凸轮机构的相对运动原理,也称为反转法原理。

图 4.11(b)所示为直动滚子从动件盘形凸轮机构的反转示意图,把滚子中心看作尖底从动件的尖顶或轨迹点,仍按图 4.11(a)所示过程反转,此时轨迹点(尖点)所产生的凸轮廓线称为理论廓线,也称为节曲线。以理论廓线各点为圆心,以滚子半径为半径画滚子圆,其包络线为凸轮的实际廓线。

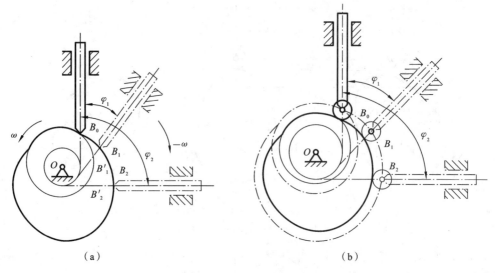

图 4.11　凸轮机构的相对运动原理一

设计直动平底从动件盘形凸轮机构时,把平底与导杆交点作为尖顶从动件的尖点或轨迹点,仍按上述方法反转,过各轨迹点(尖点)作平底线,其包络线为凸轮的实际廓线,图 4.12(a) 所示为反转过程。平底从动件的轨迹点(假想尖点)反转后产生的轨迹曲线不能称为理论廓线。

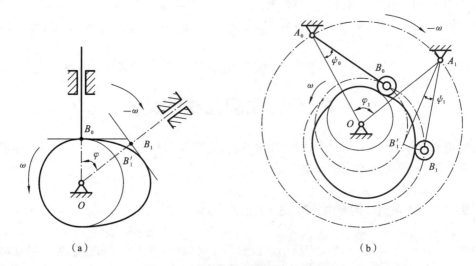

图 4.12　凸轮机构的相对运动原理二

同理,对图 4.12(b)所示的摆动滚子从动件盘形凸轮机构施加角速度为 $-\omega$ 的反转后,凸轮静止不动。从动件由初始位置 A_0B_0 反转 φ_1 角后到达位置 A_1B_1',再绕点 A_1 点摆动 ψ_1 角到达位置 A_1B_1。同样,从动件由初始位置 A_0B_0 反转到其他位置。因此,将点 $B_0,B_1,B_2,\cdots$ 光滑连接,即可得到凸轮的理论廓线,以理论廓线上各点为圆心,以滚子半径为半径画滚子圆,其包络线为实际廓线。

4.2.2　凸轮轮廓曲线的设计

用解析法进行凸轮轮廓曲线设计的主要任务是建立凸轮轮廓曲线方程。

1. 直动滚子从动件盘形凸轮廓线的设计

建立原点 O 位于凸轮转动中心的直角坐标系 Oxy,如图 4.13(a)所示。设初始位置时滚子中心 B_0 点为推程开始阶段凸轮廓线的起始点。凸轮机构反转 φ 角后,从动件上 B 点的运动可以看作由 B_0 点先绕 O 点反转 φ 角到达凸轮基圆上的 B' 点,然后,B' 点再沿导路移动位移 s 到达 B 点。此时,从动件的位移 $s=\overline{B'B}$。

设凸轮机构的偏距为 e,基圆半径为 r_0。由图 4.13(a)所示几何关系可求出 B 点坐标(x,y):

$$\begin{cases} x=(s_0+s)\sin\varphi+e\cos\varphi \\ y=(s_0+s)\cos\varphi-e\sin\varphi \end{cases} \tag{4.1}$$

式(4.1)为凸轮的理论廓线方程。

凸轮的实际廓线是圆心位于理论廓线上的一系列滚子圆族的包络线,如图 4.13(b)所示,而且,滚子圆族的包络线应该有两条,它们分别对应于外凸轮和内凸轮的实际廓线。

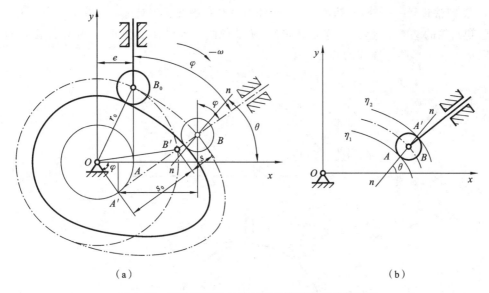

（a）　　　　　　　　　　　　　（b）

图 4.13　直动滚子从动件盘形凸轮的轮廓曲线设计

设过凸轮理论廓线上 B 点的公法线与滚子圆族的包络线交于 A、A' 点,则 A、A' 点也是凸轮实际廓线上的点。设 A 或 A' 点的坐标为(x_a,y_a),则凸轮的实际廓线方程为

$$\begin{cases} x_a=x\mp r_r\cos\theta \\ y_a=y\mp r_r\sin\theta \end{cases} \tag{4.2}$$

式中:r_r 为滚子半径;θ 为公法线与 x 轴的夹角;(x,y) 为滚子圆心位于理论廓线上的坐标;"$\mp$"上面一组符号用于求解外凸轮的实际廓线 η_1,下面一组符号用于求解内凸轮的实际廓线 η_2。

利用高等数学的知识,曲线上任意一点法线的斜率与该点切线斜率互为负倒数,所以有

$$\tan\theta=\frac{\sin\theta}{\cos\theta}=-\frac{\mathrm{d}x}{\mathrm{d}y}=\frac{\dfrac{\mathrm{d}x}{\mathrm{d}\varphi}}{-\dfrac{\mathrm{d}y}{\mathrm{d}\varphi}} \tag{4.3}$$

对式(4.1)求导得

$$\begin{cases} \dfrac{\mathrm{d}x}{\mathrm{d}\varphi} = (s_0 + s)\cos\varphi + \dfrac{\mathrm{d}s}{\mathrm{d}\varphi}\sin\varphi - e\sin\varphi \\ \dfrac{\mathrm{d}y}{\mathrm{d}\varphi} = -(s_0 + s)\sin\varphi + \dfrac{\mathrm{d}s}{\mathrm{d}\varphi}\cos\varphi - e\cos\varphi \end{cases} \tag{4.4}$$

整理后可得

$$\begin{cases} \sin\theta = \dfrac{\dfrac{\mathrm{d}x}{\mathrm{d}\varphi}}{\sqrt{\left(\dfrac{\mathrm{d}x}{\mathrm{d}\varphi}\right)^2 + \left(\dfrac{\mathrm{d}y}{\mathrm{d}\varphi}\right)^2}} \\ \cos\theta = \dfrac{-\dfrac{\mathrm{d}y}{\mathrm{d}\varphi}}{\sqrt{\left(\dfrac{\mathrm{d}x}{\mathrm{d}\varphi}\right)^2 + \left(\dfrac{\mathrm{d}y}{\mathrm{d}\varphi}\right)^2}} \end{cases} \tag{4.5}$$

若设计对心直动滚子从动件盘形凸轮机构,令上述公式中 $e=0$ 即可。

2. 图解法设计——对心直动尖底从动件盘形凸轮廓线的设计

已知凸轮的基圆半径,凸轮逆时针转动,从动件的运动规律如图 4.14 所示。设计对心直动尖底从动件盘形凸轮廓线的步骤如下。

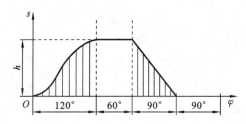

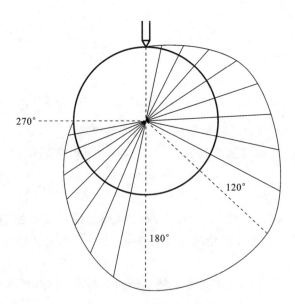

图 4.14 从动件的运动规律

(1)选比例尺 μ_l 作基圆,画出从动件初始位置;

(2)在基圆上按凸轮转向的反向划分各运动角;

(3)(不)等分推程、回程线图对应的运动角;

（4）作反转后从动件导路占据的位置线；

（5）在运动规律线图上量取位移 s，在对应的角度确定从动件尖底位置；

（6）将各尖底连接成一条光滑曲线，即得凸轮廓线。

4.3 凸轮机构基本尺寸的设计

设计凸轮的轮廓曲线时，不仅要求从动件能够实现预期的运动规律，还应该保证凸轮机构具有合理的结构尺寸和良好的运动、力学性能。因此，基圆半径、偏距和滚子半径、压力角等基本尺寸和参数的选择也是凸轮机构设计的重要内容。

4.3.1 凸轮机构的压力角

凸轮机构的压力角是指不计摩擦时，凸轮与从动件在某瞬时接触点处的公法线方向与从动件运动方向之间所夹的锐角，常用 α 表示。压力角是衡量凸轮机构受力情况好坏的一个重要参数。

1. 直动从动件凸轮机构的压力角

图 4.15 所示为直动从动件盘形凸轮机构的压力角示意图，接触点 B 处的压力角用 α 表示。P 点为从动件与凸轮的瞬心。压力角 α 可从几何关系中找出：

$$\tan\alpha = \frac{\overline{OP} \mp e}{s_0 + s} = \frac{\dfrac{\mathrm{d}s}{\mathrm{d}\varphi} \mp e}{\sqrt{r_0^2 - e^2} + s} \tag{4.6}$$

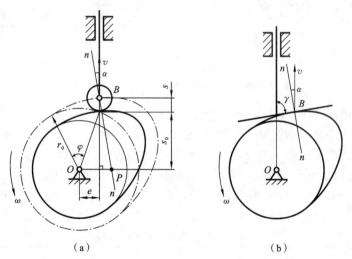

图 4.15 直动从动件盘形凸轮机构的压力角示意图

正确选择从动件的偏置方向有利于减小机构的压力角。此外，压力角还与凸轮的基圆半径和偏距等参数有关。

导路右偏置为"－"，导路左偏置为"＋"。该说法还可表述如下：

（1）"＋"，导路和瞬心位于凸轮回转中心的两侧；

（2）"－"，导路和瞬心位于凸轮回转中心的同侧。

当偏距 $e=0$ 时,代入式(4.6),即可得到对心直动从动件盘形凸轮机构的压力角计算公式:

$$\tan\alpha=\frac{\dfrac{ds}{d\varphi}}{r_0+s}\tag{4.7}$$

对于图 4.15(b)所示直动平底从动件盘形凸轮机构,根据图中的几何关系,其压力角为

$$\alpha=90°-\gamma$$

式中:γ 为从动件的平底与导路中心线之间的夹角。显然,直动平底从动件盘形凸轮机构的压力角为常数,机构的受力方向不变,运转平稳性能好。如果从动件的平底与导路中心线之间的夹角 $\gamma=90°$,则压力角 $\alpha=0°$。

2. 摆动从动件凸轮机构的压力角

图 4.16 所示为摆动从动件盘形凸轮机构的压力角示意图。其中,图 4.16(a)所示为滚子从动件的压力角示意图,摆杆 AB 在滚子中心 B 点的速度方向垂直于摆杆 AB 与过接触点的公法线之间的夹角为对应的压力角。摆杆 AB 的摆动弧与基圆交点和行程起始点在基圆上的圆心角为对应的凸轮转角。图 4.16(b)所示为平底从动件的压力角示意图。注意其中 B 点的速度方向和凸轮转角的标注。

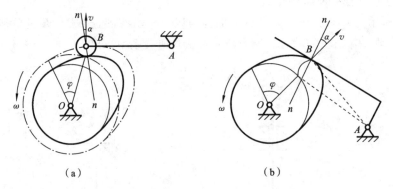

(a)   (b)

图 4.16　摆动从动件盘形凸轮机构的压力角示意图

3. 凸轮机构的许用压力角

凸轮机构的压力角与基圆半径、偏距和滚子半径等基本尺寸有直接的关系。这些参数往往互相制约。增大凸轮的基圆半径,可以获得较小的压力角,但凸轮尺寸增大。反之,减小凸轮的基圆半径,可以获得较为紧凑的结构,但同时凸轮机构的压力角增大。压力角过大会降低机械效率。因此,必须对凸轮机构的最大压力角加以限制,使其小于许用压力角,即 $\alpha_{max}<[\alpha]$。凸轮机构的许用压力角如表 4.1 所示。

表 4.1　凸轮机构的许用压力角

封 闭 形 式	从动件的运动方式	推　　程	回　　程
力封闭	直动	$[\alpha]=25°\sim35°$	$[\alpha']=70°\sim80°$
	摆动	$[\alpha]=35°\sim45°$	$[\alpha']=70°\sim80°$
形封闭	直动	$[\alpha]=25°\sim35°$	$[\alpha']=[\alpha]$
	摆动	$[\alpha]=35°\sim45°$	$[\alpha']=[\alpha]$

4.3.2　凸轮机构基本尺寸的设计

1. 基圆半径的设计

对于直动滚子从动件盘形凸轮机构,可利用式(4.6)求解凸轮的基圆半径,即

$$r_0 = \sqrt{\left(\frac{\frac{\mathrm{d}s}{\mathrm{d}\varphi} \mp e}{\tan\alpha} - s\right)^2 + e^2} \tag{4.8}$$

显然,压力角 α 越大,基圆半径越小,机构越紧凑。在其他参数不变的情况下,当 $\alpha = [\alpha]$,且凸轮机构满足压力角条件时,获得紧凑的结构。此时,最小基圆半径为

$$r_{0\min} = \sqrt{\left(\frac{\frac{\mathrm{d}s}{\mathrm{d}\varphi} - e}{\tan[\alpha]} - s\right)^2 + e^2} \tag{4.9}$$

对于直动平底从动件盘形凸轮机构,凸轮廓线上各点的曲率半径 $\rho > 0$。曲率半径的计算公式为

$$\rho = \frac{(1 + y'^2)^{3/2}}{y''} \tag{4.10}$$

式中: $y' = \dfrac{\mathrm{d}y}{\mathrm{d}x} = \dfrac{\frac{\mathrm{d}y}{\mathrm{d}\varphi}}{\frac{\mathrm{d}x}{\mathrm{d}\varphi}}$,代入式(4.10)并整理得

$$\rho = \frac{\left[\left(\frac{\mathrm{d}x}{\mathrm{d}\varphi}\right)^2 + \left(\frac{\mathrm{d}y}{\mathrm{d}\varphi}\right)^2\right]^{3/2}}{\frac{\mathrm{d}x}{\mathrm{d}\varphi}\frac{\mathrm{d}^2 y}{\mathrm{d}\varphi^2} - \frac{\mathrm{d}y}{\mathrm{d}\varphi}\frac{\mathrm{d}^2 x}{\mathrm{d}\varphi^2}} \tag{4.11}$$

令 $\rho > \rho_{\min}$,代入平底从动件盘形凸轮机构的廓线方程:

$$\begin{cases} x = (r_b + s)\sin\varphi + \dfrac{\mathrm{d}s}{\mathrm{d}\varphi}\cos\varphi \\[2mm] y = (r_b + s)\cos\varphi - \dfrac{\mathrm{d}s}{\mathrm{d}\varphi}\sin\varphi \end{cases}$$

可得

$$r_b > \rho_{\min} - s - \frac{\mathrm{d}^2 s}{\mathrm{d}\varphi^2} \tag{4.12}$$

基圆半径的设计如图 4.17 所示。安装结构方面的要求为:基圆越小,凸轮尺寸越小。r_0 为理论廓线基圆半径,r_b 为实际廓线基圆半径,r_r 为滚子半径,r 为安装孔半径。由于 $r_0 = r_b + r_r$,并且 $r_b \geqslant r$,可知 $r_0 \geqslant r + r_r$,考虑凸轮强度后可得 $r_0 = (1.6 \sim 2)r + r_r$。

2. 滚子半径的设计

在设计滚子尺寸时,必须保证滚子同时满足运动特性要求和强度要求。

图 4.18 所示为凸轮滚子尺寸与廓线的关系。设理论廓线上某点的曲率半径为 ρ,实际廓线在对应点的曲率半径

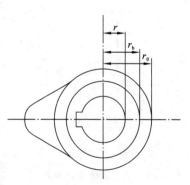

图 4.17　基圆半径的设计

为 ρ_a，滚子半径为 r_r，根据图中的几何关系有 $\rho_a = \rho - r_r$。

图 4.18(a)中，$\rho - r_r > 0$；图 4.18(b)中，若 $\rho - r_r = 0$，实际廓线的最小曲率半径为零，表明在该位置出现尖点（设计上不允许），机构在运动过程中容易磨损；图 4.18(c)中，$\rho - r_r < 0$，实际廓线的曲率半径为负值，说明在包络加工过程中，图中交叉的阴影部分将被切掉，从而导致机构运动失真（设计上不允许）。因此，为了避免出现这种现象，要对滚子的半径加以限制。通常情况下，应保证：

$$r_r \leqslant 0.8\rho_{min}$$

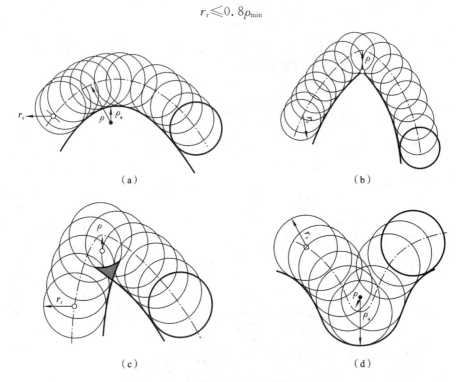

（a）　　　　　　　　　　　　　（b）

（c）　　　　　　　　　　　　　（d）

图 4.18　凸轮滚子尺寸与廓线的关系

对于图 4.18(d)所示内凹廓线滚子圆族的包络情况，由于 $\rho_a = \rho + r_r$，不会出现运动失真问题。

从强度要求考虑，滚子半径应满足以下条件：

$$r_r \geqslant (0.1 \sim 0.5)r_0$$

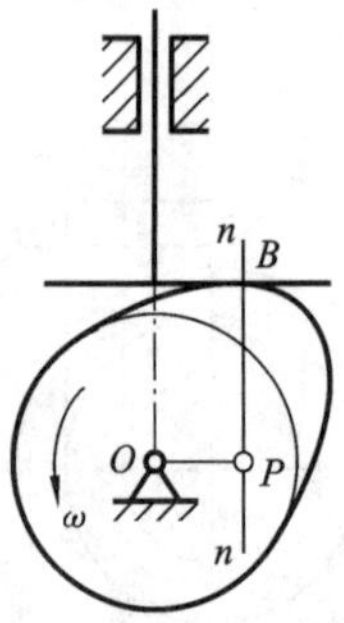

3. 平底长度的设计

如图 4.19 所示，在平底从动件盘形凸轮机构运动过程中，应能保证从动件的平底在任意时刻均与凸轮接触，因此，平底的长度 l 应满足以下条件：

$$l = 2\,\overline{OP}_{max} + \Delta l = 2\left(\frac{ds}{d\varphi}\right)_{max} + \Delta l$$

式中：Δl 为附加长度，由具体的结构而定，一般取 $\Delta l = 5 \sim 7$ mm。

由三心定理可知，P 为瞬心。

图 4.19　平底从动件的长度

4. 偏距的设计

从动件的偏置方向可直接影响凸轮机构压力角的大小，因此，在选择从动件的偏置方向时需要遵循的原则是：尽可能减小凸轮机构在推程阶段的压力

角,其偏置的距离可按式(4.13)计算:

$$\tan\alpha = \frac{\dfrac{\mathrm{d}s}{\mathrm{d}\varphi} - e}{\sqrt{r_0^2 - e^2} + s} = \frac{\dfrac{v}{\omega} - e}{s_0 + s} = \frac{v - e\omega}{(s_0 + s)\omega} \tag{4.13}$$

一般情况下,从动件运动速度的最大值发生在凸轮机构压力角最大的位置,则式(4.13)可改写为

$$\tan\alpha_{\max} = \frac{v_{\max} - e\omega}{(s_0 + s)\omega} \tag{4.14}$$

由于压力角为锐角,故 $v_{\max} - e\omega \geqslant 0$。

由式(4.14)可知,增大偏距,有利于减小凸轮机构的压力角,但偏距的增大也有限度,其最大值应满足:

$$e_{\max} \leqslant \frac{v_{\max}}{\omega}$$

因此,设计偏置式凸轮机构时,其从动件偏置方向的确定原则是:从动件应置于使该凸轮机构的压力角减小的位置(注意:用偏置法可减小推程压力角,但同时增大了回程压力角,故偏距 e 不能太大)。

前文讲过,"—"时,即导路和瞬心位于凸轮回转中心的同侧,此时压力角较小,故正确偏置为导路位于与凸轮旋转方向 ω 相反的位置,如图 4.20 所示。

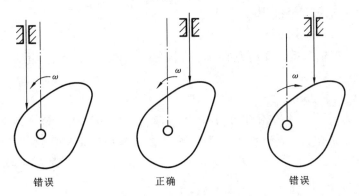

图 4.20　凸轮偏置示意图

综上所述,由于各参数之间有时是互相制约的,因此,在设计凸轮机构基本尺寸时,应该综合考虑各种因素,使其综合性能指标满足设计要求。

第5章 齿轮机构及其设计

5.1 齿轮机构的分类

齿轮是指一个有齿的机械构件。两个有齿构件通过其共轭齿面的相继啮合,以传递运动或改变运动形式。齿轮机构是指由两个相啮合的齿轮组成的基本机构。其优点有:传动准确、平稳、效率高,功率范围和速度范围广,使用寿命长。其缺点有:制造和安装精度要求高,成本较高,不宜用于远距离两轴间的传动。

齿轮机构是重要的机械传动机构,应用非常广泛,可以用来传递空间两任意轴之间的运动和动力。根据齿轮轴线的布置情况,齿轮机构可分为平面齿轮机构和空间齿轮机构。

5.1.1 平面齿轮机构

用于传递两平行轴间运动和动力的齿轮机构称为平面齿轮机构,其齿轮运动平面重合或平行。

(1) 直齿圆柱齿轮机构。

图 5.1 所示为直齿圆柱齿轮机构,各轮齿方向与齿轮的轴线平行。图 5.1(a)所示为外啮合直齿圆柱齿轮机构;图 5.1(b)所示为内啮合直齿圆柱齿轮机构;图 5.1(c)所示为齿轮齿条机构,其中齿条可看成直径为无穷大的齿轮的一部分,齿轮做回转运动,而齿条做直线移动。

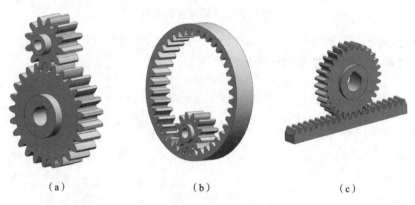

(a)　　　　　　　　　　(b)　　　　　　　　　　(c)

图 5.1　直齿圆柱齿轮机构

(2) 斜齿圆柱齿轮机构。

图 5.2 所示为斜齿圆柱齿轮机构,轮齿方向与其轴线方向有一倾斜角,该倾斜角称为斜齿圆柱齿轮的螺旋角。

（3）人字齿轮机构。

图 5.3 所示为人字齿轮机构。人字齿轮的齿形如人字,其可看成由两个螺旋方向相反的斜齿轮构成。

图 5.2　斜齿圆柱齿轮机构　　　图 5.3　人字齿轮机构

5.1.2　空间齿轮机构

用于传递相交轴或交错轴间运动和动力的齿轮机构称为空间齿轮机构,其齿轮运动平面不再平行(齿轮轴线不平行),故称为空间齿轮传动机构。

（1）锥齿轮机构。

锥齿轮的轮齿分布在截圆锥体的表面上,两齿轮的轴线相交。图 5.4(a)所示为直齿锥齿轮,图 5.4(b)所示为斜齿锥齿轮,图 5.4(c)所示为曲线齿锥齿轮。直齿锥齿轮制造较为简单,应用广泛;斜齿锥齿轮的轮齿倾斜于圆锥母线,这种锥齿轮制造困难,应用较少;曲线齿锥齿轮的轮齿为曲线形,这种锥齿轮传动平稳,适用于高速、重载传动,但制造成本较高。

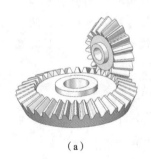

（a）　　　　　　　　　　（b）　　　　　　　　　　（c）

图 5.4　锥齿轮机构

（2）交错轴斜齿圆柱齿轮机构。

图 5.5 所示为交错轴斜齿圆柱齿轮机构,其中的每一个齿轮都是斜齿圆柱齿轮。

（3）蜗杆机构。

蜗杆机构通常用于两垂直交错轴之间的传动,如图 5.6 所示。蜗杆机构可获得大传动比,应用广泛。

图 5.5　交错轴斜齿圆柱齿轮机构

图 5.6　蜗杆机构

在类型众多的齿轮机构中,直齿圆柱齿轮机构是最简单、应用最广泛的一种齿轮机构。

5.2　齿廓啮合

5.2.1　齿廓啮合的基本定律

齿轮传动是靠主动齿轮的齿廓推动从动齿轮的齿廓来实现的。图 5.7 所示齿轮机构中,

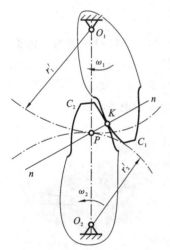

点 O_1、O_2 分别为两齿轮的转动中心。主动轮 1 与从动轮 2 的瞬时角速度比值称为瞬时传动比,用 i_{12} 表示,即 $i_{12}=\omega_1/\omega_2$,其中,ω_1 和 ω_2 分别为两轮的角速度。

瞬时传动比与齿廓的形状有关。齿廓啮合的基本定律揭示了齿廓曲线与两轮传动比之间的关系。

主动齿轮 1 的齿廓 C_1 与从动齿轮 2 的齿廓 C_2 在 K(啮合点)点接触,过 K 点作两齿廓的公法线 $n-n$,此公法线与连心线交于 P 点,P 点为两齿廓的速度瞬心。根据瞬心的概念,有:

$$v_P=\omega_1\,\overline{O_1P}=\omega_2\,\overline{O_2P}$$

故两轮的瞬时传动比为

$$i_{12}=\frac{\omega_1}{\omega_2}=\frac{\overline{O_2P}}{\overline{O_1P}} \tag{5.1}$$

图 5.7　齿廓啮合的基本定律

一对齿轮的瞬时传动比等于两齿廓接触点处的公法线分连心线 O_1O_2 所成的两段线段长度的反比。这一结论称为齿廓啮合的基本定律。

由式(5.1)可知,两轮的瞬时传动比与瞬心 P 的位置有关,而瞬心 P 的位置与齿廓曲线的形状有关。在齿轮传动机构中,瞬心 P 又称为节点(啮合节点)。

若两齿轮的瞬时传动比为常数,则 P 点必为定点,此时节点 P 随齿轮 1 的运动轨迹为以点 O_1 为圆心,以 $\overline{O_1P}$ 为半径的圆。同理,节点 P 在齿轮 2 的运动平面上的轨迹为以点 O_2 为圆心,以 $\overline{O_2P}$ 为半径的圆。这两个圆分别称为齿轮 1 和齿轮 2 的节圆(节点 P 在两转动齿轮上的

轨迹圆),其半径分别用 r_1' 和 r_2' 表示,这种齿轮机构称为圆形齿轮机构。两轮在节点 P 处的相对速度等于零,说明瞬时传动比为定值时,一对齿轮的啮合传动相当于两齿轮的节圆间做纯滚动。

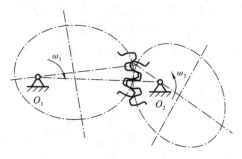

如果节点 P 的位置是变动的,则齿轮机构为变传动比齿轮机构。这时节点在两个齿轮的运动平面上的轨迹为非圆曲线,称为节线,这种齿轮机构称为非圆齿轮机构,图 5.8 所示的非圆齿轮机构为变传动比齿轮机构的示例。

图 5.8　非圆齿轮机构

5.2.2　共轭齿廓及齿廓曲线的选择

1. 共轭齿廓

能满足齿廓啮合的基本定律的一对齿廓称为共轭齿廓(能够按照预定传动比规律啮合传动的一对齿廓),共轭齿廓的齿廓曲线称为共轭曲线。一对共轭齿廓上相互啮合的点称为共轭点,共轭点的集合就是共轭曲线。

2. 齿廓曲线的选择

齿廓包含渐开线齿廓、摆线齿廓、圆弧齿廓、抛物线齿廓。

给出一个齿轮的齿廓曲线及传动比规律,可根据齿廓啮合的基本定律求出与之共轭的另一个齿轮的齿廓曲线。因此,可以作为共轭齿廓的曲线是很多的。工程中选择齿廓曲线时除了要考虑满足给定传动比的要求以外,还要考虑设计、制造、测量、安装、互换性和强度等方面的问题。渐开线齿廓能够较全面地满足上述几个方面的要求,因此渐开线是定传动比齿轮传动中最常用的齿廓曲线。此外,摆线和圆弧曲线也有应用。

5.3　渐开线齿廓及其啮合特点

5.3.1　渐开线的形成、特性及渐开线方程

1. 渐开线的形成

如图 5.9 所示,当一直线 L 沿半径为 r_b 的圆做纯滚动时,直线 L 上任意一点 K 的轨迹 AK 称为该圆的渐开线,简称渐开线。这个圆称为渐开线的基圆,其半径用 r_b 表示;直线 L 称为渐开线的发生线;A 为渐开线在基圆上的起始点;角 $\theta_K (\angle AOK)$ 称为渐开线 AK 段的展角。

2. 渐开线的特性

(1) 发生线沿基圆做纯滚动,因此发生线沿基圆滚过的长度 $\overline{KN}$ 等于基圆被滚过的弧长 $\overset{\frown}{AN}$:

$$\overline{KN} = \overset{\frown}{AN}$$

(2) 渐开线上任意一点的法线必是基圆的切线。如图 5.9 所示,当发生线 L 沿基圆做纯滚动时,N 为速度瞬心,因此发生线在 K 点的速度方向与渐开线在该点的切线方向重合,故发

生线 L 就是渐开线在 K 点的法线,也是基圆的切线。

(3) 发生线与基圆的切点 N 是渐开线在 K 点的曲率中心,N 点可看作固定不动的基圆与可动的发生线间的绝对瞬心,N 点速度为零,线段 $\overline{KN}$ 是渐开线在 K 点的曲率半径。显然,离基圆越远,曲率半径越大。渐开线在基圆上的 A 点的曲率半径为零,基圆内没有渐开线。

(4) 渐开线的形状取决于基圆的大小。如图 5.10 所示,在展角相同的情况下,基圆半径越小,渐开线的曲率半径越小,渐开线越弯曲;基圆半径越大,渐开线的曲率半径越大,渐开线越平直。当基圆半径为无穷大时,渐开线将变成垂直于 N_3K 的一条直线,同一基圆上任意两条渐开线的公法线均相等(长度相等),直线是特殊的渐开线。

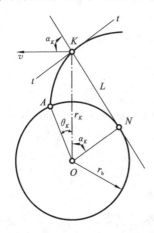

图 5.9 渐开线的形成及性质

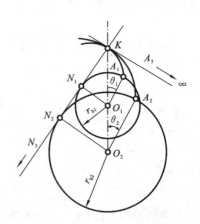

图 5.10 渐开线的形状与基圆半径

3. 渐开线方程

研究渐开线齿轮啮合传动和计算几何尺寸时,要用到渐开线方程及渐开线函数。下面就根据渐开线的形成原理进行推导。

如图 5.9 所示,以 OA 为极坐标轴,渐开线上的任意一点 K 的位置可用向径 r_K 和展角 θ_K 来确定。K 点受力来自另外一个啮合齿廓,沿法线 NK 方向与该点速度方向(垂直于直线 OK)所夹的锐角称为渐开线在 K 点的压力角,用 α_K 表示。

由图 5.9 所示几何关系可得渐开线上任意点 K 的向径 r_K、压力角 α_K、基圆半径 r_b 之间的关系,为

$$r_K = \frac{r_b}{\cos\alpha_K}$$

又因为

$$\tan\alpha_K = \frac{\overline{NK}}{\overline{ON}} = \frac{\widehat{AN}}{r_b} = \frac{r_b(\alpha_K + \theta_K)}{r_b} = \alpha_K + \theta_K$$

所以

$$\theta_K = \tan\alpha_K - \alpha_K$$

由此可知,展角 θ_K 是压力角 α_K 的函数,工程上常用 $\text{inv}\alpha_K$ 表示 θ_K,并称其为渐开线函数,即

$$\theta_K = \text{inv}\alpha_K = \tan\alpha_K - \alpha_K$$

综上所述,渐开线的极坐标方程为

$$\begin{cases} r_K = \dfrac{r_b}{\cos\alpha_K} \\[2mm] \theta_K = \mathrm{inv}\,\alpha_K = \tan\alpha_K - \alpha_K \end{cases} \tag{5.2}$$

5.3.2　渐开线齿廓啮合传动的特点

一对渐开线齿廓进行啮合传动时,有如下特点。

(1) 瞬时传动比恒定不变。

图 5.11 所示为一对渐开线齿廓啮合示意图。过啮合点 K 作两齿廓的公法线,其必与两齿轮的基圆相切且为其内公切线,点 N_1、N_2 为切点。同一个方向上的内公切线只有一条,因此它与连心线的交点只有一个,即节点 P 为定点,两轮的传动比 i_{12} 为常数,即:

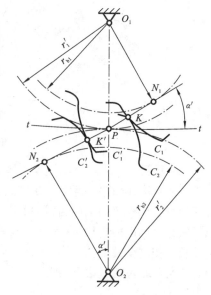

$$i_{12} = \frac{\omega_1}{\omega_2} = \frac{\overline{O_2 P}}{\overline{O_1 P}} = \frac{r_2'}{r_1'} = \frac{r_{b2}}{r_{b1}} = 常数 \tag{5.3}$$

(2) 渐开线齿廓传动中心距的可分性。

一对渐开线齿廓齿轮啮合,其传动比 i_{12} 恒等于两轮基圆半径的反比。齿轮加工完后,其基圆半径就已确定,如果两轮的实际安装中心距 a' 发生变化,其传动比不变。这种中心距改变而传动比不变的性质称为渐开线齿廓传动中心距的可分性。

(3) 轮齿受力方向不变。

如图 5.11 所示,当不计齿廓间的摩擦力时,齿廓间

图 5.11　一对渐开线齿廓啮合示意图

的作用力始终沿啮合点的公法线方向,即作用力方向始终保持不变。这是渐开线齿廓的重要特性之一,对齿轮传动的平稳性十分有利。

无论一对渐开线齿廓在何处啮合,其啮合点只能在线 N_1N_2 上,即线 N_1N_2 为啮合点的轨迹,故线 N_1N_2 又称为啮合线。啮合线 N_1N_2 与两轮节圆公切线 t—t 所夹的锐角 α' 称为啮合角,它等于渐开线在节圆上的压力角。

5.4　渐开线标准直齿圆柱齿轮基本参数和几何尺寸

5.4.1　渐开线齿轮各部分的名称

两条反向渐开线组成一个齿轮,若干轮齿均布于圆周上可组成一个齿轮。

图 5.12 所示为一渐开线直齿圆柱外齿轮的一部分,各部分名称如下。

(1) 齿顶圆　通过各轮齿顶部的圆,其半径和直径分别用 r_a 和 d_a 表示。

(2) 齿根圆　通过各齿槽底部的圆,其半径和直径分别用 r_f 和 d_f 表示。

(3) 分度圆　在齿顶圆和齿根圆之间规定(人为规定)的一个参考圆,此圆被作为计算齿轮各部分几何尺寸的基准。其半径和直径分别用 r 和 d 表示。

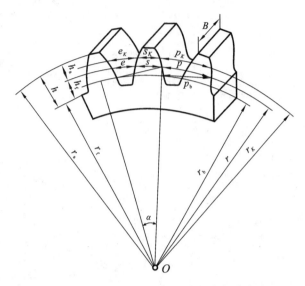

图 5.12　渐开线直齿圆柱外齿轮各部分名称

（4）基圆　生成轮齿渐开线齿廓的圆。其半径和直径分别用 r_b 和 d_b 表示。

（5）齿厚、齿槽宽、齿距　在以点 O 为圆心，以 r_K 为半径的任意圆周上，一个轮齿两侧齿廓间的弧长叫作该圆上的齿厚，用 s_K 表示，分度圆上的齿厚用 s 表示；一个齿槽两侧齿廓间的弧长叫作该圆上的齿槽宽，用 e_K 表示，分度圆上的齿槽宽用 e 表示；相邻两齿的同向齿廓之间的弧长叫作这个圆上的齿距，用 p_K 表示，分度圆上的齿距用 p 表示。显然，在同一圆周上，齿距等于齿厚与齿槽宽之和，即：

$$p_K = s_K + e_K$$

（6）齿顶高、齿根高、全齿高　齿轮上由分度圆至齿顶圆沿半径方向的高度叫作齿顶高，用 h_a 表示；由分度圆至齿根圆沿半径方向的高度叫作齿根高，用 h_f 表示；由齿根圆至齿顶圆沿半径方向的高度叫全齿高，用 h 表示。显然，有：

$$h = h_a + h_f$$

对于标准齿轮，若不考虑顶隙 c，$h_a = h_f$，均用 h_a 表示。

（7）法向齿距　相邻两齿同向齿廓沿公法线方向所量得的距离称为齿轮的法向齿距。根据渐开线的性质，法向齿距等于基圆齿距，都用 p_b 表示。

5.4.2　渐开线齿轮的基本参数

（1）齿数 z　圆周上分布的轮齿数目，用 z 表示，z 为整数。

（2）模数 m　设齿轮的分度圆周长等于 πd，也等于该圆上的齿距之和，因此有 $\pi d = pz$。分度圆直径为

$$d = \frac{p}{\pi} z$$

为了便于设计、计算、制造和检验，人为规定 $p/\pi = m$，且设定为标准值，m 称为齿轮分度圆模数，简称模数，单位为 mm。模数 m 已经标准化，设计时必须按照国家标准所规定的标准模数系列值选取。圆柱齿轮的标准模数系列见表 5.1。模数 m 是齿轮的一个基本参数。在其他参数不变的情况下，模数不同，齿轮的尺寸也不同，图 5.13 所示为齿数相同、模数不同的齿

轮对比图,由此可见,模数越大,轮齿越大。

表 5.1　圆柱齿轮的标准模数系列(GB/T 1357—2008)　　　　　单位:mm

第一系列	1	1.25	1.5	2	2.5	3	4	5	6	8	10	12	16	20	25	32	40	50
第二系列	1.125	1.375	1.75	2.25	2.75	3.5	4.5	5.5	(6.5)	7	9	11	14	18	22	28	36	45

注:设计时,优先选择第一系列,尽量不选用括号中的模数系列。

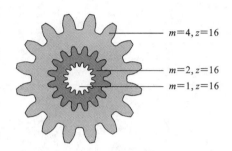

图 5.13　齿数相同、模数不同的
齿轮对比图

(3) 压力角 α　齿轮齿廓上各点的压力角不同,通常所说的压力角是指齿轮分度圆上的压力角。由图 5.12 可知,齿轮的分度圆压力角 α、基圆半径 r_b 和分度圆半径 r 之间的关系为

$$r_b = r\cos\alpha = \frac{mz}{2}\cos\alpha \qquad (5.4)$$

由式(5.4)可知,在分度圆半径 r 一定的情况下,α 决定基圆 r_b,进而决定渐开线齿廓形状。

模数已经标准化,齿数为整数。国家标准中规定分度圆压力角标准值 $\alpha = 20°$。在某些情况下分度圆压力角也可采用 $14.5°$、$15°$ 或 $22.5°$。此时可给分度圆进行完整的定义:齿轮上具有标准模数、标准压力角的圆称为分度圆。

(4) 齿顶高系数 h_a^*　齿轮的齿顶高 $h_a = h_a^* m$,h_a^* 称为齿顶高系数。国家标准规定:正常齿 $h_a^* = 1$,短齿 $h_a^* = 0.8$。

(5) 顶隙 c 与顶隙系数 c^*　在相互啮合的一对齿轮中,一个齿轮的齿顶圆和另一个齿轮的齿根圆之间的径向距离称为顶隙,用 c 表示,$c = c^* m$,c^* 称为顶隙系数。国家标准规定:正常齿 $c^* = 0.25$,短齿 $c^* = 0.3$。

5.4.3　渐开线标准直齿圆柱齿轮几何尺寸计算

具有标准模数 m、标准压力角 α、标准齿顶高系数 h_a^*、标准顶隙系数 c^*,并且分度圆上的齿厚 s 等于分度圆上的齿槽宽 e 的齿轮,称为标准齿轮。已知齿轮的基本参数,根据表 5.2 中的计算公式可计算出渐开线标准直齿圆柱齿轮各部分的几何尺寸。

表 5.2　渐开线标准直齿圆柱齿轮几何尺寸计算公式

名　　称	符　　号	计　算　公　式
分度圆直径	d	$d_1 = mz_1$,　$d_2 = mz_2$
基圆直径	d_b	$d_{b1} = d_1\cos\alpha$,　$d_{b2} = d_2\cos\alpha$
齿顶高	h_a	$h_a = h_a^* m$
齿根高	h_f	$h_f = (h_a^* + c^*)m$
全齿高	h	$h = h_a + h_f = (2h_a^* + c^*)m$
齿顶圆直径	d_a	$d_{a1} = d_1 + 2h_a$,　$d_{a2} = d_2 + 2h_a$
齿根圆直径	d_f	$d_{f1} = d_1 - 2h_f$,　$d_{f2} = d_2 - 2h_f$

续表

名　称	符　号	计算公式
齿距	p	$p=\pi m$
齿厚	s	$s=\pi m/2$
齿槽宽	e	$e=\pi m/2$
基圆齿距	p_b	$p_b=p\cos\alpha$
顶隙	c	$c=c^*m$
中心距	a	$a=m(z_1+z_2)/2$

5.4.4　齿条的结构及其特点

当标准齿轮的齿数为无穷多时,其分度圆、齿顶圆、齿根圆分别演变为分度线、齿顶线、齿根线,且相互平行,此时基圆半径为无穷大,渐开线演变为一条直线,齿轮则演变为图 5.14 所示做直线移动的齿条。

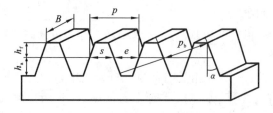

图 5.14　做直线移动的齿条

齿条有如下特点。

(1) 齿条齿廓为斜直线,齿廓上各点的压力角大小均为标准值,且等于齿条齿廓的齿形角大小。

(2) 在平行于齿条齿顶线的各条直线上,齿条的齿距均相等,其值为 $p=\pi m$,其基圆齿距 $p_b=\pi m\cos\alpha$;与齿顶线平行且齿厚等于齿槽宽的直线称为齿条分度线,它是计算齿条尺寸的基准线。

(3) 分度线至齿顶线的高度为齿顶高,$h_a=h_a^*m$,分度线至齿根线的高度为齿根高,$h_f=(h_a^*+c^*)m$。

5.5　渐开线直齿圆柱齿轮机构的啮合传动

5.5.1　渐开线齿轮的正确啮合条件

齿轮传动是靠主动轮齿依次拨动从动轮齿的啮合过程来实现的,如图 5.15 所示。要使啮合正确进行,应保证处于啮合线上的各对轮齿都处于啮合状态,即前一对轮齿在啮合线 N_1N_2 上的 K 点啮合,后一对轮齿应在啮合线 N_1N_2 上的 K' 点啮合。线段 KK' 的长度是齿轮 1 和齿轮 2 的法向齿距。保证两齿轮正确啮合的条件是两轮的法向齿距必须相等。

根据渐开线的性质,齿轮的法向齿距等于基圆齿距,因此,两齿轮正确啮合条件为

$$\overline{KK'} = p_{b1} = p_{b2}$$

因为

$$p_{b1} = \pi m_1 \cos\alpha_1, \quad p_{b2} = \pi m_2 \cos\alpha_2$$

所以

$$\pi m_1 \cos\alpha_1 = \pi m_2 \cos\alpha_2$$

由于齿轮的模数和压力角都已经标准化,因此满足上式的条件为

$$\begin{cases} m_1 = m_2 = m \\ \alpha_1 = \alpha_2 = \alpha \end{cases}$$

一对渐开线直齿圆柱齿轮传动的正确啮合条件为:两齿轮的模数和压力角分别相等,且均为标准值。

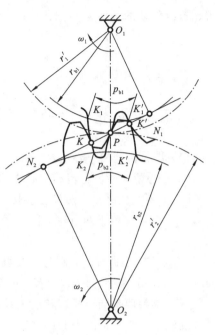

图 5.15 齿轮的啮合

5.5.2 渐开线齿轮的连续传动条件

1. 轮齿的啮合过程

图 5.16 所示齿轮机构中,齿轮 1 为主动轮,以角速度 ω_1 沿顺时针方向转动,齿轮 2 为从动轮,以角速度 ω_2 沿逆时针方向转动。当主动齿轮 1 的根部渐开线与从动齿轮 2 的顶部渐开线在啮合线 N_1N_2 上的 B_2 点接触时,这对轮齿开始进入啮合状态,B_2 点称为啮合开始点。随着传动的进行,两轮齿廓的啮合点沿啮合线向左下方移动,直到主动齿轮 1 的齿顶与从动齿轮 2 的齿根在啮合线上的 B_1 点接触,此时这对轮齿即将脱离啮合,B_1 点称为啮合终止点。因此,线段 B_1B_2 是啮合点实际走过的轨迹,称为实际啮合线。显然 B_1、B_2 点分别为齿轮 1 和齿轮 2 的齿顶圆与啮合线 N_1N_2 的交点。如果增大两轮的齿顶圆半径,B_1、B_2 点将分别逐渐接近 N_2、N_1 点,但由于基圆内没有渐开线,因此它们永远也不会越过 N_2、N_1 点,线段 N_1N_2 是理论上最长的啮合线,称为理论啮合线。

2. 连续传动条件

图 5.16 所示齿轮的啮合过程中,要想齿轮传动连续进行,那么在前一对轮齿在 B_1 点退出啮合之前,应使后一对轮齿从 B_2 点进入啮合。因此,要求实际啮合线段 B_1B_2 的长度大于或等于轮齿的法向齿距 $\overline{B_2K}$,$\overline{B_2K} = p_b$,即 $\overline{B_1B_2} \geqslant p_b$。

将实际啮合线段 B_1B_2 的长度与法向齿距 p_b 的比值称为齿轮传动的重合度,用 ε_a 表示。因此,

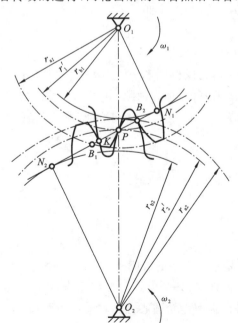

图 5.16 齿轮的啮合过程

齿轮连续传动的条件为

$$\varepsilon_a = \frac{\overline{B_1 B_2}}{p_b} \geq 1$$

在实际应用中,$\varepsilon_a > 1.2$。

5.5.3 齿轮传动的中心距及标准齿轮的安装

(1)齿轮传动的中心距。

① 中心距 两齿轮转动中心之间的距离,称为齿轮传动的中心距。

② 安装中心距 a' 两齿轮实际安装后的中心距,称为安装中心距,又称为实际中心距。实际中心距 a' 恒等于两齿轮节圆半径之和,即 $a' = r'_1 + r'_2$。由图 5.11 可知,$r_{b1} = r'_1 \cos\alpha'$,$r_{b2} = r'_2 \cos\alpha'$,$r_{b1} + r_{b2} = (r'_1 + r'_2)\cos\alpha'$。

③ 标准中心距 a 节圆与分度圆重合时的中心距,称为标准中心距,其值为 $a = r_1 + r_2$。而 $r_{b1} = r_1 \cos\alpha$,$r_{b2} = r_2 \cos\alpha$,则有 $r_{b1} + r_{b2} = (r_1 + r_2)\cos\alpha$。

联立求解两基圆半径之和的关系式,则有 $(r'_1 + r'_2)\cos\alpha' = (r_1 + r_2)\cos\alpha$,$a'\cos\alpha' = a\cos\alpha$。

安装中心距与标准中心距之间的关系式在齿轮机构设计中有重要应用。

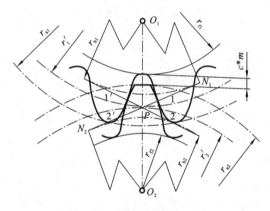

图 5.17 无侧隙啮合和顶隙

(2)齿侧间隙。

一齿轮节圆齿槽宽与另一齿轮节圆齿厚的差值,称为齿侧间隙。研究啮合原理时常忽略齿侧间隙,认为齿轮是无侧隙啮合。而齿侧间隙靠设计公差保证。为保证无齿侧间隙啮合,一个齿轮节圆上的齿厚 s'_1 应等于另一个齿轮节圆上的齿槽宽 e'_2,图 5.17 所示无侧隙啮合中,$e'_{11'} = s'_{22'}$,即

$$s'_1 = e'_2 \quad \text{或} \quad s'_2 = e'_1$$

(3)顶隙 c。

一齿轮齿根圆和另一齿轮齿顶圆之间径向距离的差值,称为顶隙,如图 5.17 所示。为避免一齿轮的齿顶与另一齿轮的齿槽底相接触,并能有一定的空隙存储润滑油,应使顶隙 $c = c^* m$,c^* 为顶隙系数。

(4)齿轮的标准安装。

一对标准齿轮应按标准中心距安装,做无侧隙啮合,具有标准顶隙。

5.5.4 齿轮和齿条传动

齿轮与齿条啮合时,啮合线与齿轮的基圆相切且垂直于齿条的齿廓。

当齿轮与齿条标准安装时,齿轮的分度圆与节圆重合,齿条分度线与节线重合,啮合角 α' 等于齿轮分度圆压力角 α。例如,将图 5.18 所示齿条向远离齿轮圆心方向移动一段距离 xm,由于齿条同向齿廓上各点法向方向相同,因此啮合线不变,节点 P 不变,齿轮的分度圆仍然与节圆重合,但齿条分度线与节线不再重合,而是相距 xm。

齿轮与齿条啮合传动时无论是标准安装,还是非标准安装,齿轮分度圆永远与节圆重合。但只有在标准安装时,齿条的分度线才与节线重合。

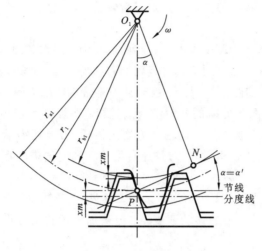

图 5.18　齿轮与齿条啮合

5.6　渐开线圆柱齿轮的加工及其根切现象

5.6.1　渐开线齿轮轮齿的加工

齿轮的加工方法很多,有铸造法、热压法、冲压法、粉末冶金法和切削法(线切割法)。最常用的是切削法,从加工原理上可将切削法分为仿形法和展成法两大类。

1. 仿形法

若要得到精确的齿廓,加工一种齿数的齿轮,就需要一种刀具,这样不现实。通常,相近齿数的齿轮加工用同一把刀具。

仿形法利用刀具的轴面齿形与所切制的渐开线齿轮的齿槽形状相同的特点,在轮坯上直接加工出齿轮的轮齿。常用刀具有盘形齿轮铣刀和指形齿轮铣刀两种。图 5.19(a)所示为盘形齿轮铣刀加工示意图,切齿时刀具绕自身轴线转动,同时轮坯沿自身轴线移动;每铣完一个

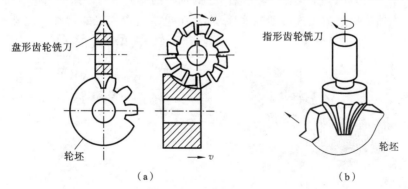

（a）　　　　　　　　　　　（b）

图 5.19　仿形法加工

齿槽后,轮坯退回原处,利用分度机构将齿轮轮坯旋转 $360°/z$,再铣下一个齿槽,直至铣出全部轮齿。图 5.19(b)所示为指形齿轮铣刀加工示意图。该方法简单,在普通铣床上即可进行加工,但精度低,目前已经很少使用该方法加工齿轮。

2. 展成法(范成法)

展成法是利用互相啮合的两个齿轮的齿廓曲线互为包络线的原理来加工齿轮的。展成法分为插齿法和滚齿法。插齿法所用刀具有齿轮插刀和齿条插刀,滚齿法所用刀具为齿轮滚刀。

(1)齿轮插刀插齿 如图 5.20 所示,齿轮插刀是带有切削刃的外齿轮。其模数和压力角与被切制齿轮的相同。插齿机床的传动系统使插齿刀和轮坯按传动比 i_{12}($i_{12} = \omega_1/\omega_2 = z_{被加工齿轮}/z_{刀具}$)转动,此运动称为展成运动。为切出齿槽,刀具还需沿轮坯轴线方向做往复运动,称为切削运动。另外,为切出齿高,刀具还有沿轮坯径向的进给运动及插刀每次回程时轮坯沿径向的让刀运动。

(2)齿条插刀插齿 图 5.21 所示为齿条插刀插齿,齿条插刀是带有切削刃的齿条。加工时,机床的传动系统使齿条插刀的移动速度 $v_刀$ 与被加工齿轮的分度圆线速度相等,即 $v_刀 = r\omega = \omega \cdot mz/2$。

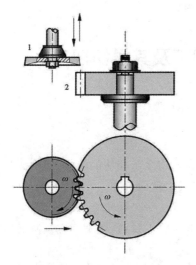

图 5.20 齿轮插刀插齿

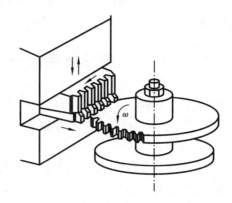

图 5.21 齿条插刀插齿

(3)滚齿加工 插齿加工存在不连续的缺点,为了克服这个缺点可以采用齿轮滚刀加工,如图 5.22 所示。滚刀的外形类似一个螺杆,它的轴向剖面齿形与齿条插刀的齿形类似。滚刀转动,相当于直线齿廓的齿条连续不断地移动,从而包络出待加工的齿廓。此外,为了切制出

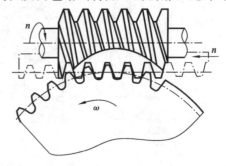

图 5.22 滚齿加工

具有一定宽度的齿轮,滚刀在转动的同时,还需沿轮坯轴线方向做进给运动。

滚齿刀加工齿轮时,能连续切削,故生产率高,适用于大批量生产齿轮。

5.6.2　渐开线齿廓的根切现象

用范成法加工渐开线齿轮时,在一定的条件下,齿条刀具的顶部会切入被加工齿轮轮齿的根部,将齿根部分的渐开线切去一部分,如图 5.23 所示,这种现象称为渐开线齿廓的根切。根切使得轮齿的弯曲强度和重合度都降低了,对齿轮的传动质量有较大的影响,所以应该避免根切。

结合图 5.24,渐开线齿廓发生根切的原因分析如下。图中,齿轮毛坯以角速度 ω 沿逆时针方向旋转,齿条刀具自左向右以速度 $v(v=r\omega)$ 移动,这里 r 为齿坯的分度圆半径。刀具的节线与轮坯的分度圆相切。根据齿轮齿条啮合原理,齿条刀具的切削刃将从 B_1 点开始切制被加工齿轮毛坯上的渐开线。随着啮合运动(即刀具与毛坯的范成运动)的进行,当刀具移动到图中位置 G 时,加工出轮坯的渐开线齿廓 Ne。如果此时刀具齿顶线在 N 点或 N 点以下,则当刀具继续向右进行范成运动时,由于刀具齿顶已脱离啮合线 B_1N,齿条刀具和轮坯上的齿廓不再啮合(即刀具不再切削轮坯),因此不发生根切;如果此时刀具齿顶线在 N 点以上,则当刀具继续向右进行范成运动时,便会发生根切,直至达到图中 B_2 点为止。证明如下。

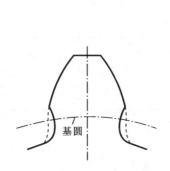

图 5.23　渐开线齿廓的根切

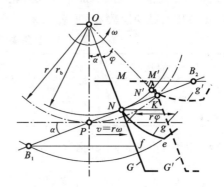

图 5.24　根切原因示意图

设刀具的移动距离为 $r\varphi$,因为刀具的节线与齿轮毛坯的分度圆做纯滚动,所以轮坯转过的角度为 φ。这时轮坯和刀具的齿廓位于位置 g' 和 G'。齿廓 G' 和啮合线垂直交于 K 点,所以有:

$$\overline{NK}=r\varphi\cos\varphi=r_b\varphi$$

此时轮坯上的 N 点转过的弧长为 $\widehat{NN'}=r_b\varphi$,因此得:

$$\widehat{NN'}=\overline{NK}$$

因为 $\overline{NK}$ 是 N 点到直线齿廓 G' 的垂直距离,而 $\widehat{NN'}$ 为弧长,$\widehat{NN'}$ 与 $\overline{NK}$ 相等,所以有 $\overline{NN'}<\overline{NK}$,$N'$ 点落在 G' 线的左边。这里 G' 点是齿条刀具的位置,N' 点是先前齿轮毛坯上被加工出的点,N' 点落在 G' 线的左边,说明两者互相干涉,结果 N' 点被切掉,即发生根切。

5.6.3　避免根切的条件

如前所述,用范成法加工齿轮时,如果刀具的齿顶线超过了啮合极限点 N_1 时,就会发生

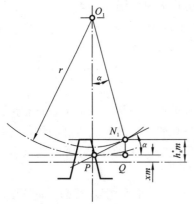

图 5.25 避免根切的条件

根切。要想避免根切，就应该使刀具的齿顶线不超过 N_1 点。由于加工中采用的是标准刀具，因此在一定的条件下，其齿顶高就为定值，即刀具的齿顶线位置一定。为避免根切，设刀具外移变位量为 xm，将刀具的齿顶线移至 N_1 点或 N_1 点以下，如图 5.25 所示，应使 $\overline{N_1Q} \geqslant h_a^* m - xm$，其中：

$$\overline{N_1Q} = \frac{mz}{2}\sin^2\alpha$$

故有：

$$\frac{z}{2}\sin^2\alpha \geqslant h_a^* - x \tag{5.5}$$

对于标准齿轮，由于 $x=0$，由式(5.5)得：

$$z \geqslant \frac{2h_a^*}{\sin^2\alpha}$$

因此，用范成法加工标准齿轮时，为保证无根切现象，被切齿轮的最少齿数为

$$z_{\min} = \frac{2h_a^*}{\sin^2\alpha} \tag{5.6}$$

最少齿数 $z_{\min}$ 是指用范成法加工标准齿轮时刚好不发生根切的齿数。对于各种标准齿条形刀具，避免根切的最少齿数 $z_{\min}$ 见表 5.3。

表 5.3 避免根切的最少齿数 $z_{\min}$

α	20°	20°	15°	15°
h_a^*	1	0.8	1	0.8
$z_{\min}$	17	14	30	24

对于变位齿轮，由于 $x \neq 0$，由式(5.5)得：

$$x \geqslant h_a^* - \frac{z}{2}\sin^2\alpha$$

由式(5.6)得 $\sin^2\alpha = 2h_a^*/z_{\min}$，代入上式有：

$$x \geqslant h_a^* \frac{z_{\min} - z}{z_{\min}} \tag{5.7}$$

若最小变位系数为

$$x_{\min} = h_a^* \frac{z_{\min} - z}{z_{\min}} \tag{5.8}$$

则避免根切的条件为

$$x \geqslant x_{\min}$$

由式(5.8)可知，当被切齿轮的齿数 $z < z_{\min}$ 时，最小变位系数 $x_{\min}$ 为正值。这表明，为了避免被切齿轮发生根切，刀具应由标准位置从轮坯中心向外移开一段距离 $x_{\min}m$，即进行正变位。当被切齿轮的齿数 $z > z_{\min}$ 时，由式(5.8)可知，最小变位系数 $x_{\min}$ 为负值，这表明在切制标准齿轮时，刀具的齿顶线在 N_1 点以下，其与 N_1 点的距离为 $|x_{\min}m|$，这时如果将刀具向轮坯中心移近，即进行负变位，只要移近的距离小于或等于 $|x_{\min}m|$，则刀具的齿顶线仍不超过 N_1 点，这样切出的齿轮仍不发生根切。

对于正常齿而言，$h_a^*=1$，$\alpha=20°$，则由式(5.6)可得 $z_{min}=17$；由式(5.8)可得 $x_{min}=(17-z)/17$。因此，用范成法加工齿轮时，为使轮齿不产生根切，对于标准齿轮，条件为 $z \geqslant 17$；对于变位齿轮，条件为 $x \geqslant x_{min}=(17-z)/17$。实际上，无论是标准齿轮，还是或非标准齿轮，均可由式(5.8)来判断该齿轮是否发生根切。

第6章 轮系及其设计

6.1 轮系及其分类

一系列互相啮合的齿轮所构成的系统称为轮系。轮系是机械工程领域中应用最为广泛的传动机构。图 6.1(a)所示为汽车中多级齿轮组成的变速器示意图;图 6.1(b)所示的手表示意图中,各组齿轮按传动比设计,使时针、分针和秒针获得具有一定比例关系的输出。

(a)

(b)

图 6.1 轮系应用

1—三轮(过轮);2—四轮(秒轮);3—擒纵叉;4—双圆盘;5—海丝;6—摆轮;7—擒纵轮;8—二轮;9—棘爪;10—跨轮;11—立轮;12—柄轴;13—条盒轮;14—条盒;15—条盒盖;16—发条;17—条轴;18—发条外钩;19—时针;20—分针;21—秒针

一个轮系中可以同时包含圆柱齿轮、锥齿轮和蜗杆蜗轮等各种类型的齿轮机构。若轮系中齿轮轴线全部平行,则该轮系称为平面轮系;若轮系包含空间齿轮,则该轮系称为空间轮系。根据轮系运转时各齿轮几何轴线在空间的相对位置关系是否变动,轮系可分为定轴轮系和周转轮系。

6.1.1　定轴轮系

轮系在运转过程中,每个齿轮的几何轴线位置相对于机架的位置均固定不动,则该轮系称为定轴轮系,图 6.2 所示轮系均为定轴轮系。

根据组成情况,定轴轮系可分为以下三种。

（1）单式轮系　每根轴上只安装一个齿轮所构成的简单轮系,图 6.2(a)所示为单式轮系。

（2）复式轮系　有的轴上安装 2 个以上齿轮的轮系,图 6.2(b)所示的二级齿轮减速器为复式轮系。复式轮系应用最为广泛。

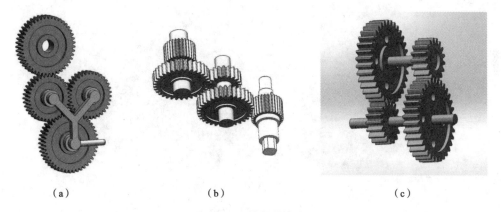

（a）　　　　　　　　　　　（b）　　　　　　　　　　　（c）

图 6.2　定轴轮系分类

（3）回归轮系　输出齿轮和输入齿轮共轴线的轮系,图 6.2(c)所示为典型的回归轮系。

6.1.2　周转轮系

轮系运转时,如果某齿轮的轴线位置相对于机架的位置是转动的,则该轮系称为周转轮系。在图 6.3(a)所示轮系中,齿轮 2 一方面绕其自身的轴线 O_2 自转,另一方面又随着构件 H

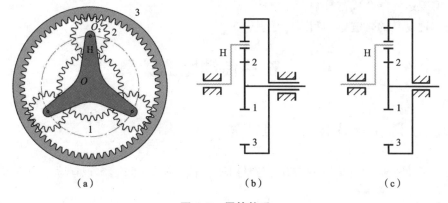

（a）　　　　　　　　　　　（b）　　　　　　　　　　　（c）

图 6.3　周转轮系

一起绕固定轴线 O 公转,这种既自转又公转的齿轮称为行星轮;支承并带动行星轮 2 公转的构件 H 称为系杆或转臂;齿轮 1 与齿轮 3 的轴线相对机架的位置固定不动,称为太阳轮。轴线相对不动的太阳轮和系杆称为周转轮系的基本构件。

根据周转轮系自由度的不同,周转轮系可进一步分为图 6.3(b)所示的差动轮系和图 6.3(c)所示的行星轮系。行星轮系的自由度为 1,差动轮系的自由度为 2。在周转轮系中,太阳轮用 K 表示,系杆用 H 表示。

6.1.3　混合轮系

工程中的轮系有时既包含定轴轮系,又包含周转轮系,或直接由几个周转轮系组合而成。由定轴轮系和周转轮系或由两个以上的周转轮系构成的复杂轮系称为混合轮系或复合轮系,图 6.4(a)所示为定轴轮系和行星轮系组成的混合轮系,图 6.4(b)所示为周转轮系组成的混合轮系。

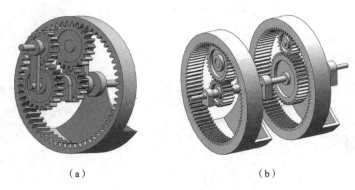

（a）　　　　　　　　　　　　　　　（b）

图 6.4　混合轮系

轮系作为机械系统中常用的传动机构,其功能可概括如下。

(1) 实现大传动比传动。

(2) 实现相距较远两轴之间的传动。

(3) 实现变速与换向传动。

(4) 实现分路传动。

(5) 实现结构紧凑且重量较轻的大功率传动。

(6) 实现运动的合成与分解。

(7) 实现复杂的轨迹运动和刚体导引。

6.2　轮系传动比的计算

6.2.1　定轴轮系传动比的计算

定轴轮系在机械中有广泛的应用,主要用于减速、增速、变速,实现运动和动力的传递与变换。

轮系中首、末两轮的转动速度之比,称为轮系的传动比,用 i_{io} 表示:

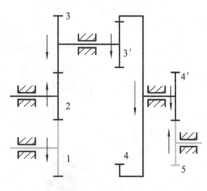

$$i_{io} = \frac{\omega_{in}}{\omega_{out}}$$

式中：ω_{in} 为轮系中首轮角速度；ω_{out} 为末轮角速度。由于角速度具有方向性，因此轮系的传动比涉及大小和方向两个方面。

1. 传动比大小的计算

以图 6.5 所示平面定轴轮系为例，讨论其传动比的计算方法。已知各轮齿数，且主动齿轮 1 为首轮，从动齿轮 5 为末轮，则该轮系的总传动比为

图 6.5　平面定轴轮系传动比

$$i_{15} = \frac{\omega_1}{\omega_5}$$

从首轮到末轮之间的传动，是通过一系列相互啮合的齿轮组合实现的，各对互相啮合齿轮传动比的大小如下：

$$i_{12} = \frac{\omega_1}{\omega_2} = \frac{z_2}{z_1}$$

$$i_{23} = \frac{\omega_2}{\omega_3} = \frac{z_3}{z_2}$$

$$i_{3'4} = \frac{\omega_{3'}}{\omega_4} = \frac{z_4}{z_{3'}}$$

$$i_{4'5} = \frac{\omega_{4'}}{\omega_5} = \frac{z_5}{z_{4'}}$$

由于齿轮 3 与齿轮 3′ 同轴，齿轮 4 与齿轮 4′ 同轴，因此 $\omega_3 = \omega_{3'}$，$\omega_4 = \omega_{4'}$。

将上述各式两边分别连乘，得

$$i_{12} i_{23} i_{3'4} i_{4'5} = \frac{\omega_1}{\omega_2} \frac{\omega_2}{\omega_3} \frac{\omega_{3'}}{\omega_4} \frac{\omega_{4'}}{\omega_5} = \frac{\omega_1}{\omega_5}$$

即

$$i_{15} = \frac{\omega_1}{\omega_5} = \frac{z_2 z_3 z_4 z_5}{z_1 z_2 z_{3'} z_{4'}} = \frac{z_3 z_4 z_5}{z_1 z_{3'} z_{4'}}$$

该轮系中，齿轮 2 既是前一对齿轮机构（齿轮 1 和齿轮 2）中的从动轮，又是后一对齿轮机构（齿轮 2 和齿轮 3）中的主动轮，齿轮 2 的作用仅仅是改变齿轮 3 的转向，并不影响传动比的大小，则该齿轮称为介轮或者惰轮，有时也称为过桥轮。

上式表明：定轴轮系的传动比等于组成该轮系的各对啮合齿轮传动比的连乘积，其大小等于轮系中所有从动轮齿数的连乘积与所有主动轮齿数的连乘积之比，其通式为

$$i_{1k} = \frac{\omega_1}{\omega_k} = \frac{n_1}{n_k} = \frac{z_2 \cdots z_k}{z_1 \cdots z_{k-1}} = \frac{\text{所有从动轮齿数的连乘积}}{\text{所有主动轮齿数的连乘积}} \qquad (6.1)$$

式(6.1)为计算定轴轮系传动比的公式。

2. 首、末轮转向关系的确定

平面轮系与空间轮系中，传动比大小的计算方法相同，但首、末轮的转向判别不同。

（1）平面轮系　当定轴轮系各轮几何轴线互相平行时，首、末两轮的转向不是相同就是相反，因此可在传动比数值前加上"＋""－"号来表示两轮的转向关系。由于一对内啮合圆柱齿轮的转向相同，一对外啮合圆柱齿轮的转向相反，因此每经过一次外啮合，末轮就改变一次方向，若用 m 表示轮系中外啮合齿轮对数，则可用 $(-1)^m$ 来确定轮系传动比的"＋""－"号，即

$$i_{1k} = \frac{\omega_1}{\omega_k} = (-1)^m \frac{z_2 \cdots z_k}{z_1 \cdots z_{k-1}} \tag{6.2}$$

式(6.2)为计算平面定轴轮系传动比的公式。

若计算结果为"+",则首、末轮的转向相同;反之,则转向相反。

(2) 空间轮系　空间轮系中,不能用外啮合的次数$(-1)^m$判别首、末轮的转向,只能用标注箭头法确定。例如,图6.6所示空间定轴轮系中,在图上按传动顺序用箭头逐一标出各轮转向,最后判断末轮转向。

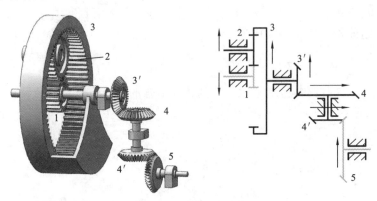

图6.6　空间定轴轮系

利用标注箭头法判断首、末轮的转向,不仅适合空间轮系,还适合平面轮系。用箭头标注齿轮转向时,要注意:一对外啮合齿轮传动转向相反,其箭头方向相向或相背;一对内啮合齿轮传动转向相同,其箭头方向同向;蜗杆传动可用速度分析的图解法判断蜗轮转向,再标注箭头。

图6.6所示空间定轴轮系中,轮1为主动轮,其传动比的大小为

$$i_{15} = \frac{n_1}{n_5} = \frac{z_3 z_4 z_5}{z_1 z_{3'} z_{4'}}$$

通过箭头可知,首、末轮转动方向相反。

综上所述,可得以下结论。

(1) 定轴轮系的传动比等于组成该轮系的所有从动轮齿数连乘积与所有主动轮齿数的连乘积之比。

(2) 定轴轮系的传动比还等于组成该轮系的各对齿轮传动比的连乘积。

(3) 轮系中的介轮不影响轮系传动比的大小,但影响末轮转向。

(4) 平面轮系可按外啮合的次数$(-1)^m$判断末轮转向,也可用标注箭头法判断末轮转向。空间轮系只能用标注箭头法判断末轮转向。

例6.1　图6.7所示空间定轴轮系中,已知各轮齿数,蜗杆1为主动轮,右旋,求传动比i_{15}。

解　蜗杆传动中,蜗轮转向可以用运动分析方法判别,也可把蜗杆看作螺杆,把蜗轮看作螺母,利用右手螺旋法则,即拇指伸直,其余四指握拳,令四指弯曲方向与蜗杆转动方向一致,则拇指所指方向为蜗杆受力方向,因此蜗轮反向受力,旋转。

该轮系传动比的大小为

$$i_{15} = \frac{n_1}{n_5} = \frac{z_2 z_3 z_5}{z_1 z_{2'} z_{3'}}$$

从主动蜗杆1起,依次在图中用箭头标出各轮转向,由此可知齿轮5沿逆时针方向转动。

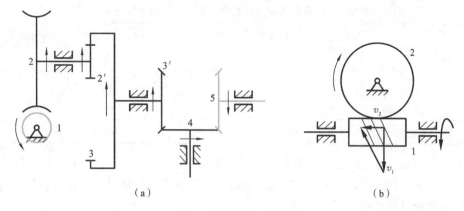

图 6.7 空间定轴轮系的传动比

如图 6.7(b)所示,在判断蜗轮转向时,要注意蜗杆的旋向和转向。如果给出图 6.7(b)所示蜗轮的正面图形,要注意其左视图和右视图中蜗轮转向的差别。

6.2.2 周转轮系传动比的计算

在周转轮系中,由于支承行星齿轮的系杆绕太阳轮轴线转动,行星轮既自转又公转,所以不能用计算定轴轮系传动比的方法来计算周转轮系的传动比。倘若将周转轮系中支承行星轮的系杆 H 固定,周转轮系便转化为定轴轮系,传动比的计算问题也就迎刃而解。如果给周转轮系施加一个反向转动,反向转动角速度等于系杆的角速度,则系杆静止不动,原周转轮系转化为一个假想的定轴轮系,该假想的定轴轮系是转动的轮系,其转动角速度大小与系杆的相同,方向相反,称为周转轮系的转化轮系。转化轮系是定轴轮系,可按定轴轮系的方法列出传动比公式。

图 6.8 所示轮系中,设 ω_1、ω_2、ω_3、ω_H 分别为太阳轮 1、行星轮 2、太阳轮 3 和系杆 H 的绝对角速度。给整个周转轮系施加一ω_H 的反转角速度后,系杆 H 相对固定不动,原周转轮系转化为假想的定轴轮系。这时转化轮系中各构件的角速度分别变为 ω_1^H、ω_2^H、ω_3^H、ω_H^H,它们与原周转轮系中各构件的角速度关系见表 6.1。

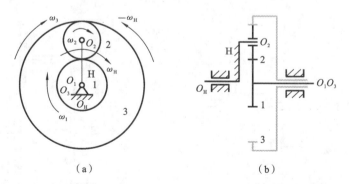

图 6.8 周转轮系传动比

根据定轴轮系传动比的计算公式,可写出转化轮系传动比计算公式:

$$i_{13}^H=\frac{\omega_1^H}{\omega_3^H}=\frac{\omega_1-\omega_H}{\omega_3-\omega_H}=-\frac{z_2z_3}{z_1z_2}=-\frac{z_3}{z_1}$$

表 6.1　周转轮系与转化轮系中各构件的角速度关系

构 件 代 号	原周转轮系各构件的角速度	转化轮系中各构件的角速度
1	ω_1	$\omega_1^H = \omega_1 - \omega_H$
2	ω_2	$\omega_2^H = \omega_2 - \omega_H$
3	ω_3	$\omega_3^H = \omega_3 - \omega_H$
H	ω_H	$\omega_H^H = \omega_H - \omega_H = 0$

式中:"—"表示在转化机构中 ω_1^H 和 ω_3^H 转向相反。

在转化轮系的传动比表达式中,包含着原周转轮系中各轮的绝对角速度,所以可利用转化轮系求解周转轮系的传动比。

对于周转轮系中任意两轴线平行的齿轮 1 和齿轮 k,它们在转化轮系中的传动比为

$$i_{1k}^H = \frac{\omega_1^H}{\omega_k^H} = \frac{\omega_1 - \omega_H}{\omega_k - \omega_H} = \pm \frac{\text{从动轮齿数的连乘积}}{\text{主动轮齿数的连乘积}} \tag{6.3}$$

式(6.3)为计算周转轮系传动比的公式。

在已知各轮齿数的情况下,只要给定 ω_1、ω_k、ω_H 中任意两项,即可求得第三项或对应传动比。

计算周转轮系传动比时应注意以下问题。

(1) 转化轮系的传动比表达式含有原周转轮系中的各轮绝对角速度,可从中找出待求值。

(2) 齿数比前的"+""—"按转化轮系的传动关系用一般判别方法确定。

(3) $i_{1k}^H \neq i_{1k}$,因为 $i_{1k}^H = \omega_1^H / \omega_k^H$,$\omega_1^H$ 和 ω_k^H 分别是轮 1 和轮 k 相对于系杆的角速度;其大小和转向按定轴轮系传动比的方法确定;ω_1 和 ω_k 分别是轮 1 和轮 k 在周转轮系中的绝对角速度,而 $i_{1k} = \omega_1 / \omega_k$,其大小和转向由计算结果确定。

(4) 式(6.3)仅适用于主、从动轴平行的情况,对于图6.9所示空间周转轮系,其转化轮系传动比可写为

$$i_{13}^H = \frac{\omega_1 - \omega_H}{\omega_3 - \omega_H} = -\frac{z_3}{z_1}$$

由于齿轮 1 和齿轮 2 的轴线不平行(应为矢量加减而不是代数加减),故

$$i_{12}^H \neq \frac{\omega_1 - \omega_H}{\omega_2 - \omega_H}$$

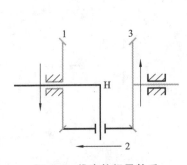

图 6.9　锥齿轮行星轮系

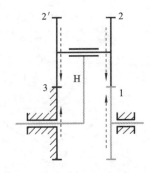

图 6.10　双排外啮合行星轮系

例 6.2　图 6.10 所示双排外啮合行星轮系中,已知 $z_1 = 100$,$z_2 = 101$,$z_{2'} = 100$,$z_3 = 99$,求传动比 i_{H1}。

解　施加 $-\omega_H$ 反转后,假想系杆 H 静止不动,则 z_1、z_2、$z_{2'}$、z_3 成为假想的定轴轮系,即转

化轮系,其假定转向用虚线箭头标出。该转化轮系的传动比为

$$i_{13}^{H}=\frac{\omega_{1}^{H}}{\omega_{3}^{H}}=\frac{\omega_{1}-\omega_{H}}{\omega_{3}-\omega_{H}}=+\frac{z_{2}z_{3}}{z_{1}z_{2'}}=+\frac{101\times99}{100\times100}$$

将 $\omega_{3}=0$ 代入上式,得

$$i_{13}^{H}=\frac{\omega_{1}-\omega_{H}}{0-\omega_{H}}=1-\frac{\omega_{1}}{\omega_{H}}=1-i_{1H}=+\frac{101\times99}{100\times100}$$

$$i_{1H}=1-\frac{101\times99}{100\times100}=\frac{1}{10000}, \quad i_{H1}=\frac{\omega_{H}}{\omega_{1}}=\frac{1}{i_{1H}}=+10000$$

i_{H1} 为"+",说明齿轮 1 的转向与系杆 H 转向相同。

此例表明:周转轮系中,仅用少数齿轮就能获得相当大的传动比。若将齿轮 2′ 减去一个齿,则 $i_{H1}=-100$。这说明同一结构类型的行星轮系,齿数仅做微小变动,对传动比的影响很大,输出构件的转向也随之改变,这是行星轮系与定轴轮系的显著区别。

6.2.3　混合轮系传动比的计算

混合轮系可以是定轴轮系与周转轮系的组合,也可以是周转轮系的组合。在计算混合轮系的传动比时,不能将其作为一个整体用反转法求解。应按以下原则求解:

(1) 分析混合轮系组成,分别找出其中的基本轮系,如定轴轮系、行星轮系或差动轮系;

(2) 列出各基本轮系单元的传动比计算式;

(3) 根据各基本轮系单元间的连接关系,联立各计算式求解。

先找出周转轮系,剩余为定轴轮系。

判别周转轮系时,要先找出轴线转动的行星轮及支承行星轮的系杆,与行星轮相啮合且轴线固定的齿轮为太阳轮,这些行星轮、太阳轮、系杆就构成了周转轮系。太阳轮一般可根据"几何轴线与系杆转轴重合"来寻找,如图 6.3 所示。最后再判别各轮系的连接方法,一般情况下,各轮系之间可用串联、封闭连接和叠加连接的方式组成混合轮系。

1. 串联组合的混合轮系

前一个单自由度轮系的输出构件与后一个单自由度轮系的输入构件连接,组成串联型混合轮系。其结构特点是前一个轮系的输出转速等于后一个轮系的输入转速。因此,整个混合轮系传动比等于所串联的基本轮系传动比的连乘积,分别列出各基本轮系的传动比关系式,可求出混合轮系的传动比。

例 6.3　图 6.11 中所示串联型混合轮系中,已知各轮齿数 $z_{1}=20,z_{2}=40,z_{2'}=20,z_{3}=30,z_{4}=80,n_{1}=300$ r/min,试求系杆 H 的转速 n_{H}。

解　该轮系中齿轮 1、2、2′、3 的几何轴线相对机架固定,但齿轮 1、2 相啮合,故齿轮 1、2 构成定轴轮系。齿轮 2′、3、4 啮合,但齿轮 3 既有自转,又有绕齿轮 2′ 轴线的公转,所以其是行星轮。齿轮 2′、4 与行星轮 3 啮合,支承齿轮 3 的构件 H 为系杆,因此,齿轮 2′、3、4 和系杆 H 组成行星轮系。

在行星轮系中,其传动比为

$$i_{2'4}^{H}=\frac{n_{2'}-n_{H}}{n_{4}-n_{H}}=-\frac{z_{4}}{z_{2'}}=-\frac{80}{20}=-4$$

在定轴轮系中,有

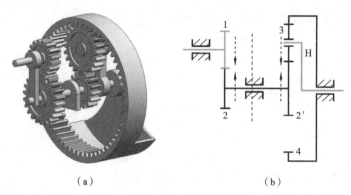

(a)　　　　　　　　　　(b)

图 6.11　串联型混合轮系

$$i_{12}=\frac{n_1}{n_2}=-\frac{z_2}{z_1}=-\frac{40}{20}=-2$$

$n_2=n_{2'}$，$n_4=0$，两式联立求解，得

$$n_H=-30\ r/min$$

式中："—"号说明 n_H 转向与 n_1 转向相反。

2. 封闭组合式混合轮系

差动轮系的两个构件被自由度为 1 的轮系封闭连接，形成一个自由度为 1 的混合轮系。称为封闭型混合轮系。其解法是分别列出差动轮系的传动比表达式和定轴轮系的传动比表达式，然后联立求解即可得到预期结果。

例 6.4　图 6.12 所示为电动卷扬机减速器的运动简图。已知各轮齿数 $z_1=24$，$z_2=52$，$z_{2'}=21$，$z_3=78$，$z_{3'}=18$，$z_4=30$，$z_5=78$。试求传动比 i_{15}。

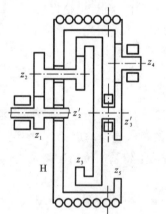

图 6.12　电动卷扬机减速器
的运动简图

解　该轮系中，双联齿轮 2—2′ 的几何轴线绕内齿轮 5（卷筒）的轴线转动，是行星轮；卷筒与内齿轮 5 连成一体，就是系杆 H。与行星轮相啮合的齿轮 1 和齿轮 3 是太阳轮。因此，齿轮 1、2—2′、3 和系杆 H 组成一个差动轮系。其余齿轮 3′、4、5 构成定轴轮系。差动轮系的两个输出构件，即齿轮 3 与系杆（卷筒）被齿轮 3′、4、5 组成的定轴轮系封闭连接，组成封闭型混合轮系。分别写出差动轮系和定轴轮系的传动比表达式，如下所示。

在差动轮系中，传动比表达式为

$$i_{13}^H=i_{13}^5=\frac{n_1-n_5}{n_3-n_5}=\frac{\dfrac{n_1}{n_5}-1}{\dfrac{n_3}{n_5}-1}=-\frac{z_2z_3}{z_1z_{2'}}=-\frac{52\times78}{24\times21}=-8.05$$

在定轴轮系中，传动比表达式为

$$i_{3'5}=\frac{n_{3'}}{n_5}=-\frac{z_5}{z_{3'}}=-\frac{78}{18}$$

$n_3=n_{3'}$，联立求解两式，得：

$$i_{13}^H=\frac{\dfrac{n_1}{n_5}-1}{\dfrac{n_3}{n_5}-1}=\frac{\dfrac{n_1}{n_5}-1}{-\dfrac{78}{18}-1}=-8.05$$

$$i_{15} = \frac{n_1}{n_5} = +43.9$$

式中："+"号说明 n_5 转向与 n_1 转向相同。

3. 叠加轮系的传动比计算

一个轮系安装在另一个轮系的活动构件上，一般安在系杆上，这种轮系称为叠加轮系或多重轮系。

例 6.5　图 6.13 所示叠加轮系中，各轮齿数已知，求该轮系的传动比。

解　该轮系中，由齿轮 3、4、5 和系杆 h 组成一个周转轮系，安装在前一轮系的系杆 H 上；齿轮 1、2 和系杆 H 组成一个差动轮系；齿轮 6、7 和系杆 H 组成一个行星轮系。该复合轮系包含三个基本轮系，可分别列出三个基本轮系的传动比表达式。

在齿轮 1、2 及系杆 H 组成的轮系中，有

$$i_{12}^{H} = \frac{n_1 - n_H}{n_2 - n_H} = -\frac{z_2}{z_1}$$

整理后有

$$i_{1H} = 1 - \frac{z_2}{z_1}\left(\frac{n_2}{n_H} - 1\right) \tag{6.4}$$

在齿轮 6、7 及系杆 H 组成的轮系中，有

$$i_{67}^{H} = \frac{n_6 - n_H}{n_7 - n_H} = \frac{z_7}{z_6} = \frac{n_6 - n_H}{0 - n_H}$$

整理后有

$$n_7 = 0, \quad n_6 = \left(1 - \frac{z_7}{z_6}\right)n_H \tag{6.5}$$

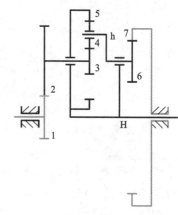

图 6.13　叠加轮系

在齿轮 3、4、5 及系杆 h 组成的差动轮系中，有

$$i_{35}^{h} = \frac{n_3 - n_h}{n_5 - n_h} = \frac{n_3 - n_6}{n_H - n_6} = -\frac{z_5}{z_3} \tag{6.6}$$

将式(6.5)代入式(6.6)中，得

$$\frac{n_2}{n_H} = \left(1 - \frac{z_7}{z_6}\right) - \frac{z_5 z_7}{z_3 z_6} \tag{6.7}$$

将式(6.7)代入式(6.4)中，整理得

$$i_{1H} = 1 + \frac{z_2 z_7}{z_1 z_6}\left(1 + \frac{z_5}{z_3}\right)$$

本题中，行星轮 4 同时绕三个轴线转动，组成双重周转轮系。这种混合轮系在基本轮系的系杆 H 上还有一个包含系杆 h 的周转轮系，称为双重系杆型混合轮系。在求解传动比时，可分别写出各轮系的传动比，然后联立求解即可。

6.3　行星轮系设计中的若干问题

传动比计算是行星轮系设计中的重要内容。除此以外，轮系中各齿轮的齿数选择、行星齿轮个数的选择以及安装条件、行星轮的效率与传动比关系等，都是行星轮系设计中最基本的问题。

6.3.1　行星轮系设计的基本问题

设计行星轮系时,为了平衡行星轮的惯性力,一般系杆上均匀分布着多个行星轮。因此,行星轮的个数与各轮齿数的选配必须满足下述条件。

(1) 传动比条件。

行星轮系必须能实现所要求的传动比 i_{1H},或者实际传动比在其允许误差的范围内。

由 $i_{13}^{H}=\dfrac{\omega_1-\omega_H}{\omega_3-\omega_H}=-\dfrac{z_3}{z_1}=\dfrac{\omega_1-\omega_H}{0-\omega_H}=1-i_{1H}$,得 $i_{1H}=1-i_{13}^{H}=1+\dfrac{z_3}{z_1}$,即 $\dfrac{z_3}{z_1}=i_{1H}-1$。因此太阳轮的齿数关系应满足 $z_3=(i_{1H}-1)z_1$,此即行星轮系设计时的传动比条件。

(2) 同心条件。

行星轮系中各基本构件的回转轴线应重合。因此,各轮的节圆半径之间必须符合一定的关系,即 $r_3'=r_1'+2r_2'$。如果行星轮和太阳轮均为标准齿轮或为等变位传动,则 $r_3=r_1+2r_2$。

因为 $z_3=z_1+2z_2$,考虑到传动比条件,可有

$$z_2=\frac{z_3-z_1}{2}=\frac{z_1(i_{1H}-2)}{2}$$

此式表明两个太阳轮的齿数应同时为奇数或偶数,此即行星轮系设计时的同心条件。

(3) 装配条件。

当轮系中有两个以上的行星轮时,每一个行星轮应均匀地装入两个太阳轮之间。因此,应使行星轮的数目和各齿轮的齿数之间满足一定的条件——装配条件。

如图 6.14 所示,设 k 为行星轮个数,相邻两行星轮所夹的中心角为 $2\pi/k$。先将第一个行星轮在位置 I 装入,这时太阳轮 1、3 的相对位置便已确定。为了能在位置 II 和位置 III 顺利地装入行星轮,应使系杆沿逆时针方向转动 $\varphi_H(\varphi_H=2\pi/k)$ 角度到达位置 II。这时太阳轮 1 将按传动比 i_{1H} 转过 φ_1 角度。

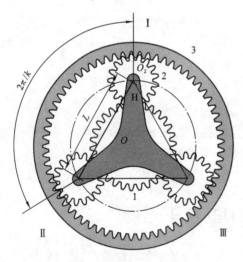

图 6.14　2K-H 型行星轮系

1,3—太阳轮;2—行星轮

由于

$$i_{1H}=\frac{\omega_1}{\omega_H}=\frac{\varphi_1}{\varphi_H}=\frac{\varphi_1}{2\pi/k}$$

则

$$\varphi_1=i_{1H}\frac{2\pi}{k}$$

如果在位置 I 再安装第二个行星轮,角 φ_1 必须是太阳轮 1 的 n 个轮齿所对的中心角,刚好包含 n 个齿距,故 $\varphi_1=2\pi n/z_1$。

联立求解得

$$\varphi_1=i_{1H}\frac{2\pi}{k}=\left(1+\frac{z_3}{z_1}\right)\frac{2\pi}{k}=\frac{2\pi}{z_1}n$$

整理后得

$$n=\frac{z_1+z_3}{k}$$

此式表明欲将 k 个行星轮均布安装的装配条件是:行星轮系中两个太阳轮的齿数之和应为行星轮个数的整数倍。

将前面公式中的 z_2、z_3 用 z_1 来表示,得到 2K-H 型行星轮系设计的配齿公式:

$$z_1 : z_2 : z_3 : n = z_1 : \frac{(i_{1H}-2)}{2}z_1 : (i_{1H}-1)z_1 : \frac{i_{1H}}{k}z_1$$

(4) 邻接条件。

相邻两行星轮顶部不发生碰撞的条件即邻接条件。行星轮的个数不能过多,否则会使相邻两轮的齿顶发生碰撞,为避免发生这种现象,需使两行星轮中心距 L 大于其齿顶圆半径之和。对于标准齿轮传动,根据图 6.14,有

$$L = 2(r_1 + r_2)\sin\frac{\pi}{k}, \quad 2(r_1 + r_2)\sin\frac{\pi}{k} > 2(r_2 + h_a^* m)$$

即

$$(z_1 + z_2)\sin\frac{\pi}{k} > z_2 + 2h_a^*$$

设计时先用配齿公式初步确定各轮齿数,再验算是否满足邻接条件,若不满足,则应通过增减行星轮数或齿轮齿数等方法重新设计。

6.3.2　轮系的机械效率

轮系的传动效率与轮齿啮合效率、轴承效率、搅油损失效率有关。本小节仅讨论轮齿间的啮合效率。

对于任何机械来说,输入功率 P_d 等于输出功率 P_r 和摩擦损失功率 P_f 之和,即 $P_d = P_r + P_f$,则机械效率 η 为

$$\eta = \frac{P_d - P_f}{P_d} = 1 - \frac{P_f}{P_d} \tag{6.8}$$

摩擦损失功率为

$$P_f = (1 - \eta)P_d \tag{6.9}$$

当已知机械中的输入功率 P_d 或输出功率 P_r 时,只要能求出摩擦损失功率 P_f,就可根据以上公式计算出机械效率 η。

轮系的传动效率与轮系中齿轮机构的组合形式有关,其中串联组合的定轴轮系应用最为广泛。

由 k 对齿轮传动组成的串联定轴轮系,如图 6.15 所示,设轮系输入功率为 P_d,输出功率为 P_k,则其总效率为

$$\eta = \frac{P_k}{P_d}$$

图 6.15　串联定轴轮系效率

设各对齿轮的啮合效率分别为 $\eta_1, \eta_2, \cdots, \eta_k$,则

$$\eta_1 = \frac{P_1}{P_d}, \eta_2 = \frac{P_2}{P_1}, \eta_3 = \frac{P_3}{P_2}, \cdots, \eta_k = \frac{P_k}{P_{k-1}}$$

各式两边分别相乘,得

$$\eta = \eta_1 \eta_2 \eta_3 \cdots \eta_k = \frac{P_k}{P_d} \tag{6.10}$$

式(6.10)为计算串联定轴轮系传动效率的公式。

串联轮系的效率等于各级齿轮传动效率的乘积。由于 $\eta_1, \eta_2, \cdots, \eta_k$ 均小于 1,故齿轮啮合对数越多,传动的总效率越低。

第7章 机械系统的运转及速度波动的调节

7.1 机械的运转过程

7.1.1 作用在机械上的力

机械的运转过程与作用在机械上的力有关。作用在机械上的力主要有工作阻力、驱动力、构件所受的重力及构件运动产生的惯性力。因为作用在机械上的重力和惯性力在机械运转的一个周期内做功为零,所以这里不予讨论。

1. 工作阻力

工作阻力是机械正常工作时必须克服的外载荷。对于不同的机械,其工作阻力的性质不同。

(1) 工作阻力是常量,即 $F_r = C$。例如,起重机、轧钢机等机械的工作阻力均为常量(重锤做驱动装置)。

(2) 工作阻力随位移而变化,即 $F_r = f(s)$。例如,内燃机活塞的工作阻力随位移而变化(弹簧做驱动装置)。

(3) 工作阻力随速度而变化,即 $F_r = f(\omega)$。例如,鼓风机、离心泵等机械的工作阻力均随叶片的转速而变化。

(4) 工作阻力随时间而变化,即 $F_r = f(t)$。例如,球磨机、揉面机等机械的工作阻力均随时间而变化。

工作阻力的特性要根据具体的机械来确定。

2. 驱动力

原动机不同,驱动力的特性不同,常用机械特性曲线表示驱动力与转速之间的关系。工程中常用内燃机、电动机作原动机,它们的驱动力特性不同。图 7.1(a)所示为内燃机的机械特性曲线,图 7.1(b)所示为三相交流异步电动机的机械特性曲线。

机械特性曲线为原动机的驱动力(矩)与运动参数之间的函数关系曲线。

许多机械在工作过程中要求满足高转速、小转矩,低转速、大转矩的工作条件。图 7.1(a)所示内燃机的机械特性曲线中,在功率保持一定的条件下,当工作负荷增大导致机械转速降低时,其驱动力(矩)不能相应大幅增大,不能自动平衡外载荷的变化,故内燃机无自调性。图 7.1(b)所示三相交流异步电动机的机械特性曲线中,BC 段曲线具有自调性,满足速度降低,力矩增大的条件,所以三相交流异步电动机的工作阶段必须在 BC 段。

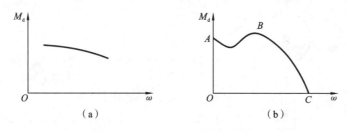

图 7.1　原动机的机械特性曲线

7.1.2　机械的运转过程分析

机械的运转过程一般包括启动、稳定运转和停车三个阶段。其中稳定运转阶段是机械的工作阶段,是机械工作性能优劣的具体表现阶段。

1. 机械的启动阶段

机械由零转速逐渐上升到正常工作转速的过程称为机械的启动阶段,该阶段中驱动力所做的功 W_d 大于阻力所做的功 W_r,二者之差为机械的启动阶段的动能增量 ΔE,即 $W_d = W_r + \Delta E$。

为缩短机械启动的时间,一般在空载下启动,即 $W_r = 0$。驱动力所做的功全部转换为启动阶段的动能增量,即 $W_d = \Delta E$。

2. 机械的稳定运转阶段

当驱动力所做的功 W_d 和阻力所做的功 W_r 相平衡时,动能增量 ΔE 为零。该过程平均运转角速度保持不变,称为等速稳定运转阶段,也是机械的工作阶段。

图 7.2(a)所示曲柄压力机在冲压过程中,阻力急剧增大,导致机械主轴的角速度迅速减小。在冲压完毕的返回行程中,阻力减小,机械主轴的角速度又恢复到原来的数值。周而复始,其瞬时角速度呈周期性波动,但其平均值 ω_m 保持不变。这种类型机械的稳定运转称为周期性变速稳定运转。对于内燃机、曲柄压力机、刨床等许多机械,在稳定运转过程中,其角速度呈周期性波动,但角速度的平均值为常量。在周期性变速稳定运转过程中,某一时刻驱动力所做的功不等于阻力所做的功。在图 7.2(b)中的 AB 工作段,角速度减小,驱动力所做的功小于阻力所做的功,即 $W_d < W_r$。在 BC 工作段,驱动力所做的功大于阻力所做的功,即 $W_d > W_r$,角速度增大。在一个运转周期的始末两点的角速度相等,即 $\omega_A = \omega_C$,说明在一个运转周期的始末两点的机械动能相等,或者在一个运转周期内驱动力所做的功 W_{dp} 等于阻力所做的功 W_{rp},即 $W_{dp} = W_{rp}$。

尽管周期性变速稳定运转过程中的平均角速度 ω_m 为常量,但过大的速度波动会影响机械的工作性能。因此,必须把周期性变速稳定运转过程中的速度波动调节到许用范围之内。

角速度的平均值 ω_m 可近似为

$$\omega_m = \frac{1}{2}(\omega_{max} + \omega_{min}) \tag{7.1}$$

角速度的差值($\omega_{max} - \omega_{min}$)可反映机械运转过程中速度波动的绝对量,但不能反映机械运转的不均匀程度。例如,速度波动的绝对量相等,均为 10 r/min,一个机器的平均转速为 100 r/min,另一个机器的平均转速为 1000 r/min,很明显,平均速度小者的速度波动要大,其运转不均匀程度要严重。因此,工程上用速度波动的绝对量与平均角速度的比值 δ 来表示机

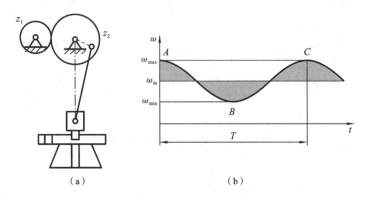

图 7.2　曲柄压力机

械运转的不均匀程度,其称为机械的运转不均匀系数:

$$\delta = \frac{\omega_{max} - \omega_{min}}{\omega_m} \tag{7.2}$$

由式(7.1)、式(7.2)可得

$$\omega_{max} = \omega_m \left(1 + \frac{\delta}{2}\right), \quad \omega_{min} = \omega_m \left(1 - \frac{\delta}{2}\right)$$

$$\omega_{max}^2 - \omega_{min}^2 = 2\delta\omega_m^2 \tag{7.3}$$

当 ω_m 一定时,机械的运转不均匀系数 δ 越小,ω_{max} 与 ω_{min} 的差值就越小,表明机械运转得越平稳。机械的运转不均匀系数的大小反映了机器运转过程中速度波动的大小,部分机械的许用运转不均匀系数 $[\delta]$ 见表 7.1。

表 7.1　部分机械的许用运转不均匀系数 $[\delta]$

机 械 名 称	许用运转不均匀系数 $[\delta]$	机 械 名 称	许用运转不均匀系数 $[\delta]$
石料破碎机	$\frac{1}{20} \sim \frac{1}{5}$	造纸机、织布机	$\frac{1}{50} \sim \frac{1}{40}$
农业机械	$\frac{1}{50} \sim \frac{1}{5}$	压缩机	$\frac{1}{100} \sim \frac{1}{50}$
压力机、剪床、锻床	$\frac{1}{10} \sim \frac{1}{7}$	纺纱机	$\frac{1}{100} \sim \frac{1}{60}$
轧钢机	$\frac{1}{25} \sim \frac{1}{10}$	内燃机	$\frac{1}{150} \sim \frac{1}{80}$
金属切削机床	$\frac{1}{50} \sim \frac{1}{20}$	直流发电机	$\frac{1}{200} \sim \frac{1}{100}$
汽车、拖拉机	$\frac{1}{60} \sim \frac{1}{20}$	交流发电机	$\frac{1}{300} \sim \frac{1}{200}$
水泵、鼓风机	$\frac{1}{50} \sim \frac{1}{30}$	汽轮发电机	$\leqslant \frac{1}{200}$

3. 机械的停车阶段

停车阶段是指机械的转速从稳定运转的工作转速下降到零转速的过程。想要机械停止运转,必须撤销机械的驱动力,即使 $W_d = 0$。这时阻力所做的功用于克服机械在稳定运转过程

中积累的惯性动能 ΔE,即

$$W_r = \Delta E$$

由于停车阶段一般要撤去阻力,仅靠摩擦力做功来克服惯性动能会导致停车时间过长。为了缩短停车时间,一般要在机械中安装制动器,加速消耗机械的惯性动能,缩短停车时间。如图 7.3 所示,无制动器的机械的停车时间在 C 点,有制动器的机械的停车时间在 B 点。很明显,安装制动器缩短了停车时间。

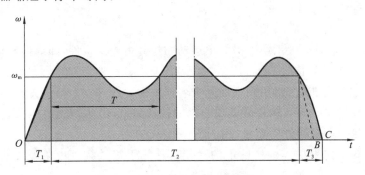

图 7.3　机械的运转过程

注:T_1—启动阶段;T_2—稳定运转阶段;T_3—停车阶段;T—运转周期。

7.2　机械系统的等效动力学模型

7.2.1　分析机械运转的方法

机械的运转与作用在机械上的力和各力做功的情况密切相关。例如,研究图 7.4 所示曲柄压力机的运转情况时,以滑块为分离体,可以建立 2 个平衡方程,以连杆为分离体,可以建立 3 个平衡方程,再以曲柄为分离体,可以建立 3 个平衡方程,共计 8 个平衡方程。而未知数有 7 个约束反力 F_{ij}(A、B、C 铰链处的约束反力和机架给滑块的约束反力)和作用在曲柄上的平衡力矩 M_1,共计 8 个未知数。在求解出作用在曲柄上的平衡力矩 M_1 后,根据功率 $P = M_1\omega_1$,

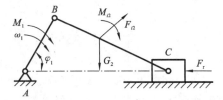

图 7.4　曲柄压力机的受力分析

可求解出曲柄的角速度 ω_1。每求解一个位置的角速度都要求解 8 个方程,十分烦琐,因此需要研究解决机械运转的有效方法。

对于单自由度的机械系统,给定一个构件的运动后,其余各构件的运动就随之确定,因此可以用机械中一个构件的运动代替整个机械系统的运动。把这个能代替整个机械系统运动的构件称为等效构件。为使等效构件的运动和机械系统的真实运动一致,等效构件具有的动能应和整个机械系统的动能相等。也就是说,作用在等效构件上的外力所做的功应和整个机械系统中各外力所做的功相等。另外,等效构件上的外力在单位时间内所做的功也应等于整个机械系统中各外力在单位时间内所做的功,即等效构件上的瞬时功率等于整个机械系统中的瞬时功率。这样就把研究复杂的机械系统的运转问题简化为研究一个简单的等效构件的运转问题。

等效原则为：

（1）等效力或等效力矩的瞬时功率与原系统所有外力和外力矩的瞬时功率相等，$P_e = \sum P_i$；

（2）等效构件所具有的动能应等于原系统所有运动构件的动能之和，$E_e = \sum E_i$。

7.2.2　等效构件

为使问题简化，常取机械系统中做简单运动的构件为等效构件，即取做定轴转动的构件或做往复移动的构件为等效构件。

对等效构件进行分析时，常用到下面几个名词术语。

（1）等效转动惯量　等效构件绕其质心轴的转动惯量，用 J_e 表示。

（2）等效质量　等效构件的质量，用 m_e 表示。

（3）等效力矩　作用在等效构件上的力矩。它等于等效构件上的驱动力矩和阻力矩之和，用 M_e 表示。

（4）等效力　作用在等效构件上的力。它等于等效构件上的驱动力和阻力之和，用 F_e 表示。

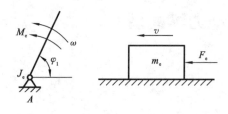

图 7.5　等效构件示意图

当选择做定轴转动的构件为等效构件时，常用到等效转动惯量和等效力矩。当选择做往复移动的构件为等效构件时，常用到等效质量和等效力。等效构件示意图如图 7.5 所示。

为建立等效构件的动力学方程，必须求解出等效构件的转动惯量或质量、作用在等效构件上的力或力矩。

7.2.3　等效参量的计算

为简化起见，这里把等效转动惯量、等效质量、等效力矩和等效力统称为等效参量。

等效转动惯量或等效质量可根据等效构件的动能与机械系统的动能相等的条件来求解。等效力矩或等效力可根据等效构件的瞬时功率与机械系统的瞬时功率相等来求解。

1. 做定轴转动的等效构件

如果等效构件以角速度 ω 做定轴转动，其动能为

$$E = \frac{1}{2} J_e \omega^2$$

组成机械系统的各构件或做定轴转动，或做往复移动，或做平面运动，各类不同形式的构件的动能如下。

做定轴转动的构件的动能为

$$E_i = \frac{1}{2} J_{si} \omega_i^2$$

做往复移动的构件的动能为

$$E_i = \frac{1}{2} m_i v_{si}^2$$

对于做平面运动的构件,其运动可看作绕质心的转动和移动的合成,其动能为

$$E_i = \frac{1}{2} J_{si} \omega_i^2 + \frac{1}{2} m_i v_{si}^2$$

整个机械系统的动能为

$$E = \sum_{i=1}^{n} \frac{1}{2} J_{si} \omega_i^2 + \sum_{i=1}^{n} \frac{1}{2} m_i v_{si}^2$$

式中:ω_i 为第 i 个构件的角速度;m_i 为第 i 个构件的质量;J_{si} 为第 i 个构件绕其质心轴的转动惯量;v_{si} 为第 i 个构件质心处的速度。

由于等效构件的动能与机械系统的动能相等,因此有

$$\frac{1}{2} J_e \omega^2 = \sum_{i=1}^{n} \frac{1}{2} J_{si} \omega_i^2 + \sum_{i=1}^{n} \frac{1}{2} m_i v_{si}^2$$

该方程两边同除以 $\omega^2 / 2$,可求解等效转动惯量:

$$J_e = \sum_{i=1}^{n} J_{si} \left(\frac{\omega_i}{\omega} \right)^2 + \sum_{i=1}^{n} m_i \left(\frac{v_{si}}{\omega} \right)^2 \tag{7.4}$$

根据等效构件的瞬时功率与机械系统的瞬时功率相等,可求解等效力矩。

做定轴转动的等效构件的瞬时功率为

$$P = M_e \omega$$

机械系统中各类不同运动形式的构件的瞬时功率分别如下。

做定轴转动的构件的瞬时功率为

$$P_i' = M_i \omega_i$$

做往复移动的构件的瞬时功率为

$$P_i'' = F_i v_{si} \cos\alpha_i$$

对于做平面运动的构件,其运动可看作绕质心的转动和移动的合成,其瞬时功率为

$$P_i''' = P_i' + P_i'' = M_i \omega_i + F_i v_{si} \cos\alpha_i$$

整个机械系统的瞬时功率为

$$P = \sum_{i=1}^{n} M_i \omega_i + \sum_{i=1}^{n} F_i v_{si} \cos\alpha_i$$

由于等效构件的瞬时功率与机械系统的瞬时功率相等,因此有

$$M_e \omega = \sum_{i=1}^{n} M_i \omega_i + \sum_{i=1}^{n} F_i v_{si} \cos\alpha_i$$

该方程两边同除以 ω,可求解等效力矩:

$$M_e = \sum_{i=1}^{n} M_i \left(\frac{\omega_i}{\omega} \right) + \sum_{i=1}^{n} F_i \left(\frac{v_{si}}{\omega} \right) \cos\alpha_i \tag{7.5}$$

式中:M_i 为第 i 个构件上的力矩;F_i 为第 i 个构件上的力;α_i 为第 i 个构件质心处的速度 v_{si} 与作用力 F_i 之间的夹角。

2. 做往复移动的等效构件

如果等效构件为移动件,则其动能为

$$E = \frac{1}{2} m_e v^2$$

由于等效构件的动能与机械系统的动能相等,因此有

$$\frac{1}{2}m_e v^2 = \sum_{i=1}^n \frac{1}{2}J_{si}\omega_i^2 + \sum_{i=1}^n \frac{1}{2}m_i v_{si}^2$$

该方程两边同除以 $v^2/2$，可求解等效质量：

$$m_e = \sum_{i=1}^n J_{si}\left(\frac{\omega_i}{v}\right)^2 + \sum_{i=1}^n m_i \left(\frac{v_{si}}{v}\right)^2 \tag{7.6}$$

同理，根据等效构件的瞬时功率与机械系统的瞬时功率相等，可求解等效力。

等效构件做往复移动，其瞬时功率为

$$P = F_e v$$

由于等效构件的瞬时功率与机械系统的瞬时功率相等，因此有

$$F_e v = \sum_{i=1}^n M_i\omega_i + \sum_{i=1}^n F_i v_{si}\cos\alpha_i$$

该方程两边同除以 v，可求解等效力：

$$F_e = \sum_{i=1}^n M_i\left(\frac{\omega_i}{v}\right) + \sum_{i=1}^n F_i\left(\frac{v_{si}}{v}\right)\cos\alpha_i \tag{7.7}$$

由以上计算可知，等效转动惯量、等效质量、等效力矩、等效力的大小均与构件的速度比值有关，而构件的速度又与机构位置有关，故等效转动惯量、等效质量、等效力矩、等效力均为机构位置的函数。

这里，等效力矩是指作用在等效构件上的等效驱动力矩 M_{ed} 和等效阻力矩 M_{er} 之和，等效力是指作用在等效构件上的等效驱动力 F_{ed} 与等效阻力 F_{er} 之和，即

$$M_e = M_{ed} - M_{er}, \quad F_e = F_{ed} - F_{er}$$

工程上有时需要仅求解某一个力的等效力或等效力矩。

求解驱动力的等效驱动力时，可按驱动力的瞬时功率等于等效驱动力的瞬时功率来求解。求解驱动力矩的等效驱动力矩时，可按驱动力矩的瞬时功率等于等效驱动力矩的瞬时功率来求解。

求解阻力的等效阻力时，可按阻力的瞬时功率等于等效阻力的瞬时功率来求解。求解阻力矩的等效阻力矩时，可按阻力矩的瞬时功率等于等效阻力矩的瞬时功率来求解。

例 7.1 图 7.6 所示行星轮系中，已知各齿轮的齿数分别为 z_1、z_2、z_3，各齿轮与系杆 H 的质心与其回转中心重合，绕质心的转动惯量分别为 J_1、J_2、J_3、J_H。有三个行星轮，每个行星轮的质量均为 m_2。若等效构件设置在齿轮 1 处，求其等效转动惯量 J_e。

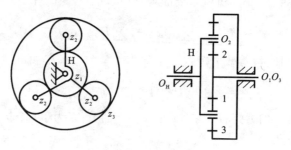

图 7.6 行星轮系

解 等效构件在齿轮 1 处，其动能为

$$E = \frac{1}{2}J_e\omega_1^2$$

机构系统的动能为

$$E = \frac{1}{2} J_1 \omega_1^2 + 3 \left(\frac{1}{2} J_2 \omega_2^2 + \frac{1}{2} m_2 v_{s2}^2 \right) + \frac{1}{2} J_H \omega_H^2$$

由于两者动能相等,两边同时除以 $\frac{1}{2} \omega_1^2$ 并整理,得

$$J_e = J_1 + 3 \left[J_2 \left(\frac{\omega_2}{\omega_1} \right)^2 + m_2 \left(\frac{v_{s2}}{\omega_1} \right)^2 \right] + J_H \left(\frac{\omega_H}{\omega_1} \right)^2$$

$$J_e = J_1 + 3 \left[J_2 \left(\frac{\omega_2}{\omega_1} \right)^2 + m_2 \left(\frac{\omega_H r_H}{\omega_1} \right)^2 \right] + J_H \left(\frac{\omega_H}{\omega_1} \right)^2$$

由轮系转动比,得

$$i_{13}^H = \frac{\omega_1^H}{\omega_3^H} = \frac{\omega_1 - \omega_H}{\omega_3 - \omega_H} = -\frac{z_2 z_3}{z_1 z_2}$$

因为

$$\omega_3 = 0$$

所以

$$\frac{\omega_H}{\omega_1} = \frac{z_1}{z_1 + z_3}$$

又因为

$$i_{12}^H = \frac{\omega_1^H}{\omega_2^H} = \frac{\omega_1 - \omega_H}{\omega_2 - \omega_H} = -\frac{z_2}{z_1}$$

所以

$$\frac{1 - \dfrac{\omega_H}{\omega_1}}{\dfrac{\omega_2}{\omega_1} - \dfrac{\omega_H}{\omega_1}} = -\frac{z_2}{z_1}$$

$$\frac{\omega_2}{\omega_1} = \frac{z_2 - z_3}{z_1 + z_3} \frac{z_1}{z_2}, \quad \frac{\omega_H}{\omega_1} = \frac{z_1}{z_1 + z_3}$$

整理可得

$$J_e = J_1 + 3 J_2 \left[\frac{z_1 (z_2 - z_3)}{z_2 (z_1 + z_3)} \right]^2 + (3 m_2 r_H^2 + J_H) \left(\frac{z_1}{z_1 + z_3} \right)^2$$

由例 7.1 可知,对于传动比为常量的机械系统,其等效转动惯量也为常量。

7.3 周期性速度波动及其调节

周期性变速稳定运转过程中,在一个运转周期内,等效驱动力矩做的功等于等效阻力矩做的功。但在运转周期内的任一时刻,等效驱动力矩做的功不等于等效阻力矩做的功,从而导致了机械运转过程中的速度波动。

图 7.7 所示为等效驱动力矩和等效阻力矩的变化线图。等效驱动力矩和等效阻力矩均为机构位置的函数,即 $M_d = M_d(\varphi)$,$M_r = M_r(\varphi)$。φ_a、φ_e 分别为运转周期的开始位置、终止位置,运转周期为 2π。

为方便起见,一般取等效驱动力矩和等效阻力矩的交点处作为时间间隔或角位置间隔。

在区间 (φ_a, φ_b),$M_d > M_r$,动能增量 $\Delta E_1 > 0$,机械动能增大,角速度增大。

在区间 (φ_b, φ_c),$M_d < M_r$,动能增量 $\Delta E_2 < 0$,机械动能减小,角速度减小。

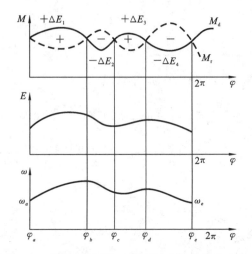

图 7.7　等效驱动力矩和等效阻力矩的变化线图

在区间 (φ_c, φ_d)，$M_d > M_r$，动能增量 $\Delta E_3 > 0$，机械动能增大，角速度增大。

在区间 (φ_d, φ_e)，$M_d < M_r$，动能增量 $\Delta E_4 < 0$，机械动能减小，角速度减小。

在一个运转周期内，等效驱动力矩所做的功 M_{dp} 等于等效阻力矩做的功 M_{rp}，故有

$$W_{dp} = \int_{\varphi_a}^{\varphi_e} M_d(\varphi) \,\mathrm{d}\varphi, \quad W_{rp} = \int_{\varphi_a}^{\varphi_e} M_r(\varphi) \,\mathrm{d}\varphi$$

$$\int_{\varphi_a}^{\varphi_e} M_d(\varphi) \,\mathrm{d}\varphi - \int_{\varphi_a}^{\varphi_e} M_r(\varphi) \,\mathrm{d}\varphi = \int_{\varphi_a}^{\varphi_e} [M_d(\varphi) - M_r(\varphi)] \,\mathrm{d}\varphi = 0 \tag{7.8}$$

式中：W_{dp} 为曲线 $M_d(\varphi)$ 所包围的面积；W_{rp} 为曲线 $M_r(\varphi)$ 所包围的面积。

由式(7.8)可知

$$\sum_{i=1}^{n} \Delta E_i = 0$$

$$\Delta E = \int_{\varphi_a}^{\varphi_{a'}} (M_d - M_r) \,\mathrm{d}\varphi = \frac{1}{2} J_{a'} \omega_e^2 - \frac{1}{2} J_a \omega_a^2 = 0$$

若 $J_{a'} = J_a$，则 $\omega_e = \omega_a$。

设机械系统在稳定运转周期开始位置的动能为 E_a，则图 7.7 所示各位置的动能为

$$E_b = E_a + \Delta E_1$$

$$E_c = E_b - \Delta E_2 = E_a + \Delta E_1 - \Delta E_2$$

$$E_d = E_c + \Delta E_3 = E_a + \Delta E_1 - \Delta E_2 + \Delta E_3$$

$$E_e = E_d - \Delta E_4 = E_a + \Delta E_1 - \Delta E_2 + \Delta E_3 - \Delta E_4$$

计算出各位置的动能后，可从中选出动能的最大值与最小值。

当等效转动惯量为常数，机械动能为最大值 E_{max} 时，其角速度 ω 也为最大值 ω_{max}。机械动能为最小值 E_{min} 时，其角速度 ω 也为最小值 ω_{min}。所以，可通过控制机械的最大动能 E_{max} 与最小动能 E_{min} 来限制角速度 ω 的波动。

第8章　机械系统设计基础

8.1　概　　述

8.1.1　本章研究的内容和任务

1. 本章讨论的具体内容

（1）概述部分——机器和零件设计的基本原则、设计计算理论、材料的选择、结构要求，以及摩擦、磨损、润滑等方面的基本知识。

（2）轴系部分——轴及滚动轴承。

（3）连接部分——螺纹连接，键、花键及无键连接，销连接等。

2. 本章的主要任务

本章的主要任务是通过理论教学和实践训练，培养学生的以下能力。

（1）具有正确的设计思想，提高创新思维和创新设计能力。

（2）掌握通用机械零件的设计原理、方法和机械设计的一般规律，进而具有综合运用所学知识，研究、改进或开发新的基础件及设计简单的机械的能力。

（3）具有运用标准、规范、手册、图册的能力和查阅有关技术资料的能力。

（4）掌握典型机械零件的实验方法，具备基本的实验技能。

（5）了解国家当前有关技术经济政策和机械设计的新发展。

8.1.2　机器设计的主要内容及一般程序

机器的质量基本上是由设计质量所决定的，而制造过程主要就是为了实现设计所规定的质量。机器设计是一项复杂的工作，必须按照科学的程序进行。机器设计的一般程序及主要内容可概括如下。

（1）计划阶段　这是机器设计整个过程中的准备阶段。

（2）方案设计阶段　方案设计的成败直接关系到整个机器设计的成败。按照设计任务书的要求，方案设计阶段的主要工作分为以下几个部分：

① 拟订执行机构方案；

② 拟订传动系统方案；

③ 设计传动系统运动尺寸；

④ 进行传动系统运动、动力分析；

⑤ 考虑总体布局并画出传动简图。

（3）技术设计阶段　技术设计的目标是给出正式的机器总装配图、部件装配图和零件图，主要工作有以下几个方面：

① 零部件工作能力设计和结构设计；

② 部件装配草图和总装配草图的设计；

③ 主要零件校核计算；

④ 零件图设计；

⑤ 部件装配图和总装配图设计。

（4）编制技术文件阶段　需要编制的技术文件有机器设计计算说明书、使用说明书、标准件明细表、易损件（或备用件）清单等。

上述机器的设计程序并不是一成不变的。在实际设计工作中，设计步骤往往是相互交叉或相互平行的。例如，计算和绘图、装配图和零件图的绘制，就常常相互交叉、互为补充。一些机器的继承性设计或改型设计，常常直接从技术设计开始，整个设计步骤大为简化。机器设计过程中还少不了各种审核环节，如方案设计与技术设计的审核、工艺审核和标准化审核等。

8.1.3　机械传动系统设计

1. 传动系统的功能和分类

如前所述，传动系统是把原动机的运动和动力传递给工作机的中间装置，是大多数机器中不可或缺的主要组成部分，其功能是实现运动和力的传递与变换，以适应工作机的需要。传动系统设计与制造的优劣在机械工业中具有极其重要的意义。

传动系统按其工作原理可以分为机械传动、流体传动（气压传动、液压传动和液力传动等）、电力传动（直流电力传动和交流电力传动）和磁力传动系统。本章仅介绍机械传动系统。

2. 机械传动系统的作用

机械传动系统是指将原动机产生的机械能或运动以机械的方式传送到工作机上的中间装置。机械传动系统能起到以下作用。

（1）改变原动机的输出速度（减速、增速或变速），以适应工作机的需要。

（2）改变原动机输出的转矩，以满足工作机的要求。

（3）把原动机输出的运动形式转变为工作机所需的运动形式（例如，将旋转运动改变为直线运动等）。

（4）将一个原动机的机械能传送到数个工作机或将数个原动机的机械能传递到一个工作机。

（5）其他特殊作用，如便于机器的装配、安装、维护和安全等。

3. 机械传动系统的组成和机械传动类型

机械传动系统主要由传动元件（齿轮、带、链等）、轴、联轴器、离合器、制动器、轴承和机体等组成。机械传动类型很多，可从不同角度分类，常用的机械传动分类如图 8.1 所示。

4. 机械传动的特性及参数

机械传动的运动特性通常用转速、传动比等参数表示。机械传动的动力特性常用效率、功率和转矩等参数表示。机械传动系统的常用参数及计算公式见表 8.1。

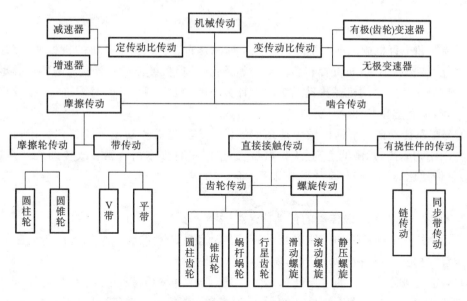

图 8.1　常用的机械传动分类

表 8.1　机械传动系统的常用参数及计算公式

参数	符号	单位	计算公式	说　明
转速	n	r/min	$n = \dfrac{30\omega}{\pi}$	ω 为角速度，单位为 rad/s
速度	v	m/s	$v = \dfrac{\pi dn}{60 \times 1000} = \dfrac{\omega d}{2000}$	d 为参考圆直径，单位为 mm
传动比	i		$i_{12} = \dfrac{n_1}{n_2} = \dfrac{\omega_1}{\omega_2}$	下标 1 表示主动轮参数，下标 2 表示从动轮参数
转矩	T	N·m	$T = \dfrac{1000P}{\omega} = \dfrac{9550P}{n} = \dfrac{Fd}{2000}$	
作用力	F	N	$F = \dfrac{1000P}{v} = \dfrac{2000T}{d}$	
功率	P	kW	$P = \dfrac{T\omega}{1000} = \dfrac{Fv}{1000} = \dfrac{Tn}{9550}$	
传动效率	η		$\eta = \dfrac{P_{\text{out}}}{P_{\text{in}}} \times 100\%$	
变速范围	R_b		$R_b = \dfrac{n_{cmax}}{n_{cmin}} = \dfrac{i_{max}}{i_{min}}$	用于变传动比传动，n_{cmax} 和 n_{cmin} 分别为变速装置输出轴的最高转速和最低转速

5. 机械传动系统的设计程序

机械传动系统的设计是机器总体设计的重要组成部分。在原动机选型和工作机运动设计完成后，机械传动系统的一般设计程序如下。

（1）确定机械传动系统的总传动比。在机械传动系统中，其输入轴转速 n_m 相当于原动机的输出转速，而它的输出轴转速 n_w 相当于工作机的输入转速。因此，可根据原动机和工作机的性能参数确定机械传动系统的总传动比：

$$i_a = \frac{n_m}{n_w} \tag{8.1}$$

（2）选择和拟订机械传动系统的设计方案和总体布置。根据原动机的机械特性和工作机的工艺性能、结构要求、空间位置和总传动比等条件，选择机械传动系统所需的传动类型，并拟订从原动机到工作机之间机械传动系统的设计方案和总体布置，必要时需进行技术经济分析与方案比较，最后选择最佳设计方案。

（3）分配总传动比。根据机械传动系统的设计方案把总传动比分配到各级传动上，并要求各级传动结构紧凑、承载能力高、工作可靠、制造经济且效率高。当各级传动之间采用串联结构时，总传动比等于各级传动比的连乘积，即

$$i_a = i_1 i_2 i_3 \cdots \tag{8.2}$$

式中：$i_1, i_2, i_3, \cdots$分别为各级传动的传动比。

（4）计算机械传动系统的性能参数。机械传动系统的性能参数包括各级传动的转速、效率和转矩等，这是评价机械传动系统方案优劣的重要指标，也是设计各级传动强度的依据。

（5）确定机械传动装置的主要几何尺寸。通过各级传动的强度设计和几何计算，确定基本参数和主要几何尺寸，如齿轮传动的中心距、齿数、模数及齿宽等，并绘制机械传动系统简图，必要时还可修改设计方案或重新设计。

8.1.4　机械零件设计的基本要求和一般步骤

1. 机械零件设计的基本要求

机械零件设计的基本要求是机械零件既要在预定的期限内工作可靠，又要成本低廉。

为满足机械零件工作可靠性要求，就应在设计时使零件在强度、刚度、寿命及振动稳定性等方面满足一定条件，这些条件是判断机械零件工作能力的准则；要使机械零件成本低廉，就必须从设计和制造两方面着手，设计时应正确选择零件的材料、尺寸和符合工艺要求的结构，并合理规定制造时的公差等级和技术条件等。设计机械零件时，往往需要拟订几种方案，认真比较后选用最佳方案。

2. 机械零件设计的一般步骤

由于机械零件种类不同，其具体的设计步骤也不一样，但一般可按下列步骤进行设计。

（1）根据机器的总体设计方案，针对零件的工作情况进行载荷分析，建立力学模型，考虑影响载荷的各项因素，并确定零件的计算载荷。

（2）分析零件在工作时可能出现的失效形式，确定零件工作能力的设计计算准则。

（3）根据零件的工作条件和对零件的特殊要求选择合适的材料，并确定必要的热处理或其他处理。

（4）分析零件的应力或变形，根据工作能力设计计算准则，建立或选定相应的计算公式，计算出零件的主要尺寸，并加以标准化或圆整。

（5）根据计算得出的主要尺寸并结合结构上和工艺上的要求，绘制零件工作图，并写出零件的计算说明书。

3. 机械零件设计的常规设计方法

常规设计方法是目前广泛采用的设计方法，也是本书中进行机械零件设计时主要采用的设计方法。常规设计方法有以下三种。

（1）理论设计。

理论设计是根据现有的设计理论和实验数据所进行的设计。按照设计顺序的不同，零件的理论设计可分为设计计算和校核计算。

① 设计计算　该计算方法是根据零件的工作情况和要求进行失效分析，确定零件工作能力的设计计算准则，并按其理论设计公式确定零件的形状和尺寸。

② 校核计算　该计算方法是先参照已有实物、图样和经验数据初步拟订零件的结构和尺寸，然后根据工作能力设计计算准则所确定的理论校核公式进行校核计算。

（2）经验设计。

经验设计是根据同类机器及零件已有的设计和长期使用累积的经验而归纳出的经验公式，或者是根据设计者的经验用类比法所进行的设计。经验设计简单方便，对于那些使用要求变动不大而结构形状已典型化的零件是比较实用且可行的设计方法。例如，普通减速器箱体、齿轮及带轮等传动零件的结构设计。

（3）模型试验设计。

对于尺寸特大、结构复杂且难以进行理论计算的重要零件可采用模型试验设计，即把初步设计的零部件或机器做成小模型或小样机，通过模型或样机试验对其性能进行检验，根据试验结果修改初步设计，从而使设计结果满足工作要求。

正确选择机械零件的材料是机械设计的一个重要问题，它对零件的性能、加工方法、经济性、可靠性、环保要求等都有很大的影响，设计者应根据实际经验、生产条件、手册资料，参照类似零件使用情况研究确定。

8.1.5　机械设计中的标准化、系列化和通用化

标准化、系列化和通用化简称为"三化"。"三化"是我国现行的一项很重要的技术政策，在机械设计中要认真贯彻执行。

标准化是指将产品（特别是零部件）的质量、规格、性能、结构等方面的技术指标加以统一规定并作为标准来执行。

系列化是指对于同一产品，在同一基本结构或基本条件下规定若干不同的尺寸系列。例如，对于相同结构和内径的滚动轴承，制造出不同外径及宽度的产品，形成滚动轴承的直径系列。

通用化是指在不同种类的产品或不同规格的同类产品中尽量采用同一结构和尺寸的零部件。例如，不同汽车可以采用相同的内燃机，不同的自行车可以采用相同的脚蹬，不同的机床可以采用相同的照明灯等。

贯彻"三化"的优越性主要体现在：

（1）减小设计工作量，有利于提高设计质量并缩短生产周期；

（2）减少刀具和量具的规格，便于设计与制造，从而降低成本；

（3）便于组织标准件的规模化、专门化生产，易于保证产品质量，节约材料，降低成本；

（4）提高互换性，便于维修；

（5）便于国家的宏观管理与调控，以及内、外贸易；

（6）便于评价产品质量，解决经济纠纷。

零部件的标准化就是通过对零部件的尺寸、结构要素、材料性能、检验方法、设计方法及制

图要求等,制定出被大家共同遵守的标准。在机械设计中,应尽可能采用有关标准。常用的标准有如下几种。

（1）各种零部件标准,如螺栓、螺母、垫圈、键、花键和滚动轴承标准。

（2）零件参数标准,如标准直径、齿轮模数、螺纹形状和各种机械零件的公差等。

（3）零件设计方法标准,如渐开线圆柱齿轮承载能力计算方法、普通 V 带传动设计等。

（4）材料标准,如各种材料的牌号、型钢的形状和尺寸等。

我国的标准已经形成一个庞大的体系。标准按照层次分为国家标准、行业标准、地方标准和企业标准四种；按照实施的强制程度,一般又分为强制性标准和推荐性标准两种。

为了增强产品在国际市场的竞争能力,我国鼓励积极采用国际标准和国外先进标准,特别是我国加入世界贸易组织（WTO）之后,现有标准已尽可能靠拢、符合国际标准化组织（ISO）标准。

8.1.6　机械设计方法及其发展

机械设计的方法通常可分为两类：一类是过去长期采用的传统（或常规）设计方法；另一类是近几十年发展起来的现代设计方法。

1. 传统设计方法

传统设计方法是综合运用与机械设计有关的基础学科,如理论力学、材料力学、弹性力学、流体力学、热力学、互换性与技术测量、机械制图等,逐渐形成的机械设计方法。传统设计方法是以经验总结为基础,运用力学和数学形成经验公式、图表、设计手册等,并以它们作为设计的依据,通过经验公式、近似系数或类比等方法进行设计的方法。这是一种以静态分析、近似计算、经验设计、人工劳动为特征的设计方法。目前,在我国的许多场合,传统设计方法仍被广泛使用。传统设计方法分为以下三种。

（1）理论设计。

根据长期研究和实践总结出来的传统设计理论及实验数据所进行的设计,称为理论设计。理论设计可得到比较精确且可靠的结果,对于重要的零部件,应该选择这种设计方法。

（2）经验设计。

根据对某类零件已有的设计与使用实践归纳出的经验公式或设计者本人的工作经验,用类比法进行的设计,称为经验设计。经验设计简单、方便,是比较实用的设计方法。

（3）模型实验设计。

将初步设计的零部件或机器制成小模型或小尺寸样机,经过实验手段对其各方面的特性进行检验,再根据实验结果对原设计逐步进行修改,从而获得尽可能完善的设计结果,这样的设计过程称为模型实验设计。该设计方法费时、昂贵,一般只用于特别重要的设计。

2. 设计方法的新发展

自 20 世纪 60 年代以来,随着科学技术的迅速发展及计算机技术的广泛应用,在传统设计方法的基础上出现了一系列新兴的设计理论与方法,如设计方法学设计、优化设计、可靠性设计、摩擦学设计、计算机辅助设计、有限元方法、动态设计、模块化设计、参数化设计、价值分析或价值工程、并行设计、虚拟产品设计、工业造型设计、反求工程设计、人机工程设计、智能设计、网上设计等。现代设计方法种类极多,内容十分丰富,这里仅简略介绍国内几种在机械设计中应用较为成熟、影响较大的方法,具体使用时应进一步参考有关资料。

（1）机械优化设计。

机械优化设计是将最优化数学理论（主要是数学规划理论）应用于机械设计领域而形成的一种设计方法。该方法先将设计问题的物理模型转化为数学模型，再选用适当的优化方法并借助计算机求解该数学模型，经过对优化方案的评价与决策后，从而求得最佳设计目标（如经济性最高、重量最轻、体积最小、寿命最长、刚度最大、速度最大等）下结构参数的最优解。

（2）机械可靠性设计。

机械可靠性设计是将概率论、数理统计、失效物理和机械学相结合而成的一种设计方法。其主要特点是将传统设计方法中视为单值而实际上具有多值性的设计变量（如载荷、应力、强度、寿命等），如实地作为服从某种分布规律的随机变量来对待，用概率统计方法定量设计出符合机械产品可靠性指标要求的零部件和整机的主要参数及结构尺寸。

（3）机械系统设计。

机械系统设计是应用系统的观点进行机械产品设计的一种设计方法。与传统设计相比，传统设计只注重机械内部系统设计，且以改善零部件的特性为重点，对各零部件之间、内部与外部系统之间的相互作用和影响考虑较少；机械系统设计则遵循系统的观点，研究内外系统和各子系统之间的相互关系，通过各子系统的协调工作和取长补短来实现整个系统最佳的总功能。

（4）有限元方法。

有限元方法是随着电子计算机的发展而迅速发展起来的一种现代设计计算方法。它的基本思想是：把连续的介质（如零件、结构等）看成由在有限个节点处连接起来的有限个小块（称为元素）的组合体，然后对每个元素通过取定的插值函数，如线性函数，将其内部每一点的位移（或应力）用元素节点的位移（或应力）来表示，再根据介质整体的协调关系，建立包括所有节点的未知量的联立方程组，最后用计算机求解该联立方程组，以获得所需要的解。当元素足够“小”时，可以得到十分精确的解。

（5）计算机辅助设计。

计算机辅助设计（CAD）是利用计算机运算快速、准确、存储量大、逻辑判断功能强等特点进行设计信息处理，并通过人机交互作用完成设计工作的一种设计方法。一个完备的 CAD 系统由科学计算、图形系统和数据库三方面组成。

现代设计方法的应用将弥补传统设计方法的不足，从而有效地提高设计质量，但它并不能离开或完全取代传统设计方法。现代设计方法还将随着科学技术的飞速发展而不断发展。

8.2　轴 的 设 计

8.2.1　概述

轴是机器中的重要零件之一，用来支承旋转的机械零件，如齿轮、蜗轮、带轮等，并传递运动和动力。机器的工作能力和工作质量在很大程度上与轴有关，轴一般都是非标准件，轴要用滑动轴承或滚动轴承来支承。常见的轴有直轴和曲轴，曲轴主要用于做往复运动的机械中。本章只讨论直轴。

1. 轴的分类

轴按所受载荷类型可分为心轴、传动轴和转轴三类,如表 8.2 所示。

表 8.2　轴按所受载荷类型分类

轴的类型	轴所受载荷	图　　例	
心轴	只受弯矩 M	(a) 火车轮轴	(b) 自行车前轴
传动轴	只受扭矩 T	汽车传动轴	
转轴	既受弯矩 M,又受扭矩 T	减速器转轴	

根据轴线形状的不同,轴可分为直轴(见图 8.2)、曲轴(见图 8.3)和挠性钢丝软轴(简称挠性轴,见图 8.4)。直轴应用最为广泛,根据外形又分为直径无变化的光轴[见图 8.2(a)]和直径有变化的阶梯轴[见图 8.2(b)]。光轴形状简单、加工方便,但轴上零件不易定位和装配;阶梯轴与光轴正好相反。直轴通常都制成实心的,但有时为了满足结构上的需要或为了提高轴的刚度、减小轴的质量,将其制成空心的[见图 8.2(c)]。曲轴主要应用于做往复运动的机械。挠性轴由几层紧贴在一起的钢丝层构成[见图 8.4(a)],可以把转矩和旋转运动灵活地传到任何位置[见图 8.4(b)],它能应用于受连续振动的场合,具有缓和冲击的作用。

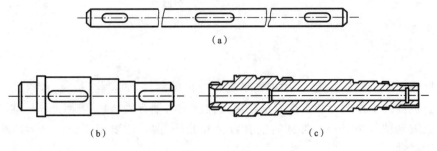

(a)

(b)　　　　　　　　　　　　　(c)

图 8.2　直轴

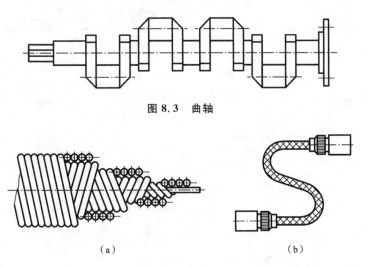

图 8.3 曲轴

（a）   （b）

图 8.4 挠性轴

2. 轴的材料

轴的材料主要是碳素钢和合金钢。碳素钢比合金钢价廉，对应力集中的敏感性较低，所以应用较为广泛。最常用的碳素钢是 45 钢。为保证其力学性能，应进行调质或正火处理。不重要的或受力较小的轴及一般传动轴可以使用 Q235 钢。

合金钢具有较高的机械强度，淬透性也较高，可以在传递大功率并要求减小质量和提高轴颈耐磨性时采用。常用的合金钢有 12CrNi2、12CrNi3、20Cr、40Cr 等。

轴的材料也可采用合金铸铁或球墨铸铁。轴的毛坯是铸造成形的，所以易于得到更合理的形状。这些材料吸振性较高，可用热处理方法获得所需的耐磨性，对应力集中的敏感性也较低。由于铸造品质不易控制，因此其可靠性不如钢制轴的可靠性。

轴的常用材料及其主要力学性能见表 8.3。

表 8.3 轴的常用材料及其主要力学性能

材料	牌　号	热处理	毛坯直径 /mm	硬度 /HBW	力学性能/MPa				备　　注
					抗拉强度 R_m	抗拉屈服强度 R_e	对称弯曲疲劳极限 σ_{-1}	对称扭转疲劳极限 τ_{-1}	
普通碳素钢	Q235A Q275	—	—	—	430 570	235 275	175 220	100 130	用于不重要的或载荷不大的轴
优质碳素钢	45	正火	25	≤241	600	360	260	150	应用最广泛
		正火 回火	≤100	170～217	600	300	275	140	
			>100～300	162～217	580	290	270	135	
		调质	≤200	217～255	650	360	300	155	
合金钢	40Cr	调质	25	—	1000	800	500	280	用于载荷较大且无很大冲击的重要轴
			≤100	241～266	750	550	350	200	
			>100～300	241～266	700	500	340	185	

续表

材料	牌号	热处理	毛坯直径/mm	硬度/HBW	力学性能/MPa				备注
					抗拉强度 R_{m}	抗拉屈服强度 R_{e}	对称弯曲疲劳极限 σ_{-1}	对称扭转疲劳极限 τ_{-1}	
合金钢	35SiMn (42SiMn)	调质	25	—	900	750	460	255	性能接近40Cr的性能,用于中小型轴
			≤100	229～286	800	520	400	205	
			>100～300	217～269	750	450	350	185	
	40MnB	调质	25	—	1000	800	485	280	性能接近40Cr的性能,用于重要的轴
			≤200	241～286	750	500	335	195	
	40CrNi	调质	25	—	1000	800	485	280	低温性能好,用于很重要的轴
	38SiMnMo	调质	≤100	229～286	750	600	360	210	性能接近40CrNi的性能,用于重载荷轴
			>100～300	217～269	700	550	335	195	
	20Cr	渗碳淬火回火	15	表面50～60 HRC	850	550	375	215	用于强度和韧性要求均较高的轴
			≤60		650	400	280	160	
	20CrMnTi		15	表面56～62 HRC	1100	850	525	300	
	1Cr18Ni9Ti	淬火	≤60	≤192	550	220	205	120	用于在高、低温及强腐蚀状况下工作的轴
			>60～100		540	200	205	115	
			>100～200		500	200	195	105	
球墨铸铁	QT400-17	—	—	130～180	400	250	145	125	用于结构形状复杂的轴
	QT600-2	—	—	190～270	600	370	215	185	

注:抗剪屈服强度 $\tau_{\mathrm{s}} = (0.55～0.62)R_{\mathrm{e}}$。

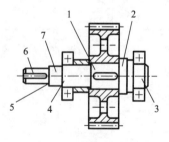

图 8.5 轴的组成

1,6—轴头;2—轴环;3—端轴颈;
4—中轴颈;5—轴肩;7—轴身

3. 轴的组成

轴主要由轴颈、轴头、轴身三部分组成(见图 8.5):轴上被支承部分称为轴颈,安装轮毂部分称为轴头,连接轴颈和轴头的部分称为轴身。轴颈和轴头的直径应该按规范取圆整尺寸,特别是安装滚动轴承的轴颈必须按轴承的内直径选取。

轴颈的结构随轴承的类型及其安装位置不同而有所不同。

轴颈、轴头与其相连接零件的配合要根据工作条件合理提出,同时还要规定这些部件的表面粗糙度,这些技术条件与轴的运转性能有很大关系。为使其运转平稳,必要时应对轴颈和轴头提出平行度和同轴度等要求。对于滑动轴承的轴颈,有时还需提出表面热处理的条件等。

从节省材料、减小质量的角度来看,轴的各横截面最好是等强度的(见图 8.6),轴的形状越简单越好。简单的轴制造省工,热处理不易变形,并有可能减少应力集中。当轴的外形确定时,在保证装配精度的前提下,既要考虑节约材料,又要考虑便于加工和装配。因此,实际的轴多做成阶梯形(阶梯轴),只有一些简单的心轴和一些有特殊要求的转轴,才做成具有同一公称直径的等直径轴。

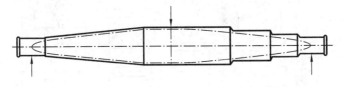

图 8.6　轴的等强度外形和实际外形

4. 轴设计过程中的主要问题

在一般情况下,轴的工作能力取决于它的强度和刚度,对于机床主轴,后者尤为重要。高速转轴的工作能力还取决于它的振动稳定性。在设计轴时,除了应按工作能力准则进行设计计算或校核计算以外,在结构设计上还需满足其他一系列要求,例如:

(1) 多数轴上零件不允许在轴上做轴向移动,需要用轴向固定的方法使它们在轴上有确定的位置;

(2) 传递转矩时,轴上零件还应做周向固定;

(3) 对于轴与其他零件(如滑动轴承、移动齿轮)之间有相对滑动的表面,应有耐磨性的要求;

(4) 轴的加工、热处理、装配、检验、维修等都应有良好的工艺性;

(5) 对于重型轴,还需考虑毛坯制造、探伤、起重等问题。

8.2.2　轴的结构设计

轴的结构设计包括定出轴的合理外形和全部结构尺寸。轴的结构主要取决于以下因素:

(1) 轴在机器中的安装位置及形式;

(2) 轴上安装的零件的类型、尺寸、数量,以及和轴连接的方法;

(3) 载荷的性质、大小、方向及分布情况;

(4) 轴的加工工艺等。

由于影响轴的结构的因素较多,且其结构形式随着具体情况的不同而不同,因此轴没有标准的结构形式。设计时,必须针对不同情况进行具体的分析。但是,不论何种条件,轴的结构都应满足:

(1) 轴和装在轴上的零件要有准确的工作位置;

(2) 轴上的零件应便于装拆和调整;

(3) 轴应具有良好的制造工艺性等。

下面讨论轴的结构设计中的几个主要问题。

1. 拟订轴上零件的装配方案

拟订轴上零件的装配方案是进行轴的结构设计的前提,它决定着轴的基本形式。所谓装配方案,就是预先定出轴上主要零件的装配方向、顺序和相互关系。为了方便轴上零件的装拆,常将轴做成阶梯形。例如,图8.7所示装配方案:依次将齿轮、套筒、左端滚动轴承、轴承端盖和带轮从轴的左端安装,另一滚动轴承从轴的右端安装。这样就对各轴段的粗细顺序做了初步安排。拟订装配方案时,一般应考虑几个方案,对它们进行分析、比较与选择。

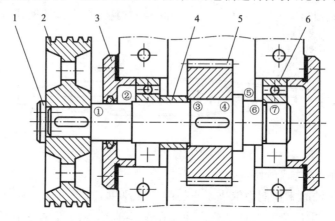

图8.7　某轴上零件的装配方案

1—轴端挡圈;2—带轮;3—轴承端盖;4—套筒;5—齿轮;6—滚动轴承

2. 零件的轴向和周向定位

为了防止轴上零件受力时发生沿轴向或周向的相对运动,轴上零件除了有游动或空转要求的以外,都必须进行必要的轴向和周向定位,以保证其正确的工作位置。

(1)轴上零件的轴向定位是以轴肩、套筒、圆螺母、轴端挡圈和轴承端盖等来保证的。

① **轴肩定位**　分为定位轴肩和非定位轴肩两类,利用轴肩定位方便、可靠,但采用轴肩就必然会使轴的直径加大,而且轴肩处将因截面突变而引起应力集中。另外,轴肩过多时也不利于加工。因此,轴肩定位多应用于轴向力较大的场合。定位轴肩的高度一般为 $h = (0.07 \sim 0.1)d$,其中 d 为与零件相配处的轴径尺寸。滚动轴承的定位轴肩高度必须低于轴承内圈端面的高度,以便拆卸轴承,轴肩的高度可通过查找手册中轴承的安装尺寸获得。为了使零件能靠紧轴肩而得到准确、可靠的定位,轴肩处的过渡圆角半径 r 必须小于与其相配的零件毂孔端部的圆角半径 R 或倒角尺寸 C。零件倒角尺寸 C 与圆角半径 R 的推荐值见表8.4。非定位轴肩是为了加工和装配方便而设置的,其高度没有严格的规定,一般取为 $1 \sim 2$ mm[见图8.8(a)、图8.8(d)、图8.8(e)]。

表8.4　零件倒角尺寸 C 与圆角半径 R 的推荐值　　　　单位:mm

直径 d	$6 \sim 10$		$10 \sim 18$	$18 \sim 30$	$30 \sim 50$		$50 \sim 80$	$80 \sim 120$	$120 \sim 180$
C 或 R	0.5	0.6	0.8	1.0	1.2	1.6	2.0	2.5	3.0

② **套筒定位**　套筒结构简单、定位可靠,轴上不需开槽、钻孔和切制螺纹,因此不影响轴的疲劳强度,一般用于轴上两个零件之间的定位。若两零件的间距较大时,不宜采用套筒定位,以免增大套筒的质量及材料用量。由于套筒与轴的配合较松,若轴的转速较高,也不宜采用套筒定位[见图8.8(d)]。

③ **圆螺母定位**　可承受大的轴向力,但轴上螺纹处有较大的应力集中,会降低轴的疲劳强度,故一般应用于固定轴端的零件,有双圆螺母和圆螺母与止动垫片两种形式。当轴上两零件距离较大、不宜使用套筒定位时,也常采用圆螺母定位[见图8.8(a)、图8.8(e)]。

④ **轴端挡圈定位**　适用于固定轴端零件,可以承受较大的轴向力[见图8.8(g)]。

⑤ 轴承端盖定位 用螺钉或榫槽与箱体连接而使滚动轴承的外圈得到轴向定位。在一般情况下,整个轴的轴向定位也常利用轴承端盖来实现。

利用弹性挡圈[见图 8.8(b)]、紧定螺钉[见图 8.8(f)]及锁紧挡圈[见图 8.8(c)]等进行轴向定位,只适用于零件上轴向力不大的位置。紧定螺钉和锁紧挡圈常用于光轴上零件的定位。此外,对于承受冲击载荷和同轴度要求较高的轴端零件,也可采用圆锥面定位[见图 8.8(h)]。

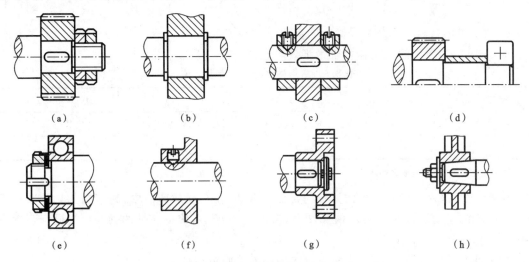

(a) (b) (c) (d)

(e) (f) (g) (h)

图 8.8 轴上零件的轴向定位方法

(2) 轴上零件的周向定位的目的是限制轴上零件与轴发生相对转动。

常用的周向定位零件有键、花键、销、紧定螺钉等,其中紧定螺钉只应用于传力不大的位置。轴上零件的周向定位方法如图 8.9 所示,图 8.9(a)~(f)所示分别为键连接、花键连接、成形连接、弹性环连接、销连接和过盈连接。

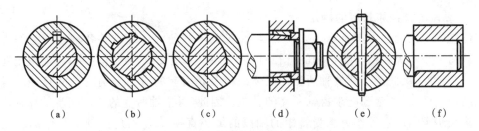

(a) (b) (c) (d) (e) (f)

图 8.9 轴上零件的周向定位方法

3. 轴最小直径的估算

转轴受弯扭组合作用,在进行轴的结构设计前,其长度、跨距、支反力及其作用点的位置等都未知,无法确定轴上弯矩的大小和分布情况,也无法按弯扭组合强度来确定转轴上各轴段的直径。因此,应先按扭转强度条件估算转轴上仅受扭矩作用的轴段的直径——轴的最小直径 d_{0min},再通过结构设计确定各轴段的直径。

对于传递转矩的圆截面轴,其强度条件为

$$\tau_T = \frac{T}{W_T} = \frac{9.55 \times 10^6 P}{0.2 d^3 n} \leqslant [\tau_T] \tag{8.3}$$

式中:τ_T 为转矩 T 在轴上产生的扭转剪切应力,单位为 MPa;$[\tau_T]$ 为材料的许用扭转剪切应力,单位为 MPa;W_T 为抗扭截面系数,单位为 mm^3,对于圆截面轴,$W_T = \frac{\pi d^3}{16} \approx 0.2 d^3$;$P$ 为轴所传递的功率,单位为 kW;n 为轴的转速,单位为 r/min;d 为轴的直径,单位为 mm。

对于既传递转矩又承受弯矩的轴,也可用式(8.3)初步估算轴的直径;但必须把轴的许用扭转剪切应力$[\tau_T]$(见表8.5)适当降低,以补偿弯矩对轴的影响。将降低后的许用应力代入式(8.3),并将式(8.3)改写为设计公式:

$$d \geqslant \sqrt[3]{\frac{9.55 \times 10^6}{0.2[\tau_T]}} \sqrt[3]{\frac{P}{n}} \geqslant c \sqrt[3]{\frac{P}{n}} \tag{8.4}$$

式中:c 为由轴的材料和承载情况确定的常数(见表8.5)。

应用式(8.4)求出的 d 值作为轴最细处的直径。

表 8.5　常用材料的$[\tau_T]$值和 c 值

轴的材料	Q235、20	35	45	40Cr、35SiMn
$[\tau_T]$/MPa	12～20	20～30	30～40	40～52
c	135～160	118～135	107～118	98～107

注:当作用在轴上的弯矩比转矩小或只传递转矩时,c 取最小值,否则取最大值。

此外,也可采用经验公式来估算轴的直径。例如,在一般减速器中,高速输入轴的直径可按与其相连的电动机轴的直径 D 估算,$d=(0.8～1.2)D$;各级低速轴的轴径可按同级齿轮中心距 a 估算,$d=(0.3～0.4)a$。

为了计及键槽对轴的削弱,可按表8.6中的方式修正轴径。

表 8.6　轴径修正

轴径 d	有一个键槽	有两个键槽
$d>100$ mm	轴径增大 3%	轴径增大 7%
$d \leqslant 100$ mm	轴径增大 5%～7%	轴径增大 10%～15%

4. 各轴段的直径和长度的确定

零件在轴上的装配方案及定位方式确定后,轴的形状便大体确定。各轴段所需的直径与轴上的载荷大小有关。初步确定轴的直径时,通常还不知道支反力的作用点,不能决定弯矩的大小和分布情况,因此还不能按轴所受的具体载荷及其引起的应力来确定轴的直径。但在进行轴的结构设计前,通常已能求得轴所受的转矩。因此,可按轴所受的转矩初步估算轴所需的直径。将初步求出的直径作为承受转矩的轴段的最小直径 $d_{\min}$,然后按轴上零件的装配方案和定位要求,从 $d_{\min}$ 处逐一确定各段的直径。在实际设计中,轴的直径也可凭设计者的经验确定,或者参考同类机器用类比的方法确定。

1) 各轴段的直径

阶梯轴各轴段直径的变化应遵循以下原则:

(1) 对于配合性质不同的表面(包括配合表面与非配合表面),直径应有所不同;

(2) 对于加工精度、表面粗糙度不同的表面,一般情况下,直径也应有所不同;

(3) 应便于轴上零件的装拆。

通常从初步估算的轴端最小直径 $d_{0\min}$ 开始,考虑轴上配合零部件的标准尺寸、结构特点,以及定位、固定、装拆、受力情况等对轴结构的要求,依次确定各轴段(包括轴肩、轴环等)的直径。具体操作时还应注意以下几个方面的问题。

(1) 对于与轴承配合的轴颈,其直径必须符合滚动轴承内径的标准系列。

（2）轴上螺纹部分必须符合螺纹标准。

（3）轴肩（或轴环）定位是对于轴上零部件最方便、可靠的定位方法。轴肩分为定位轴肩和非定位轴肩两类。定位轴肩通常应用于轴向力较大的场合，其高度 $h = (0.07 \sim 0.1)d$，其中 d 为轴颈尺寸，并应满足 $h \geqslant h_{\min}$，$h_{\min}$ 值可查表 8.7。滚动轴承定位轴肩的高度必须小于轴承内圈的高度，以便拆卸轴承，具体尺寸可查轴承标准或手册。非定位轴肩是为加工和装配方便而设置的，其高度没有严格的规定，一般取 $1 \sim 2$ mm。

表 8.7　定位轴肩或轴环的最小高度 $h_{\min}$、圆角半径 r、零件孔端圆角半径 R 或 C　　单位：mm

直径 d	>10～18	>18～30	>30～50	>50～80	>80～100
$h_{\min}$	2	2.5	3.5	4.5	5.5
r	0.8	1.0	1.6	2.0	2.5
R 或 C	1.6	2.0	3.0	4.0	5.0

（4）与轴上传动零件配合的轴头直径，应尽可能圆整成标准直径尺寸系列（见表 8.8）或以 0、2、5、8 mm 结尾的尺寸。

表 8.8　与轴上传动零件配合的轴头直径的标准直径尺寸系列　　单位：mm

10	12	14	16	18	20	22	24	25	26	28
30	32	34	36	38	40	42	45	48	50	53
56	60	63	67	71	75	80	85	90	95	100

（5）非配合的轴身直径，可不取标准值，但一般应取成整数。

2）各轴段的长度

各轴段的长度取决于轴上零件的宽度和零件固定的可靠性，设计时应注意以下几点。

（1）轴颈的长度通常与轴承的宽度相同，滚动轴承的宽度可查相关手册。

（2）轴头的长度取决于与其相配合的传动零件轮毂的宽度，若该零件需轴向固定，则应使轴头长度较零件轮毂宽度小 $2 \sim 3$ mm，以便将零件沿轴向夹紧，保证其固定的可靠性。

（3）轴身长度的确定应考虑轴上各零件之间的相互位置关系和装拆工艺要求，各零件间的间距可查《机械设计手册》。

（4）轴环宽度一般取 $b = (0.1 \sim 0.15)d$ 或 $b \approx 1.4h$，并圆整为整数。

5. 结构工艺性要求

轴的形状，从满足强度和节省材料考虑，最好是等强度的抛物线回转体。但这种形状的轴既不便于加工，又不便于轴上零件的固定。由于阶梯轴接近于等强度，而且便于加工和轴上零件的定位和装拆，因此实际上轴的形状多呈阶梯形。为了能选用合适的圆钢和减小切削加工量，阶梯轴各轴段的直径不宜相差太大，一般取 $5 \sim 10$ mm。

为了使轴上零件与轴肩端面紧密贴合，应保证轴的圆角半径 r、轮毂孔的倒角尺寸 C（或圆角半径 R）、轴肩高度 h 之间有下列关系：$r < C < h$ 和 $r < R < h$（见图 8.10）。与滚动轴承相配的轴肩尺寸应符合国家标准规定。

在采用套筒、螺母、轴端挡圈做轴向固定时，应把安装零件的轴段长度做得比零件轮毂短 $2 \sim 3$ mm，以确保套筒、螺母或轴端挡圈能靠紧零件端面。

为了便于切削加工，一根轴上的圆角应尽可能取相同的半径，退刀槽取相同的宽度，倒角尺寸相同；一根轴上各键槽应开在轴的同一素线上，当开有键槽的轴段直径相差不大时，尽可

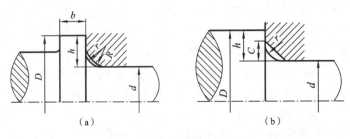

图 8.10　轴间的圆角和倒角

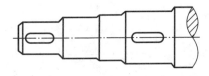

图 8.11　键槽应在同一素线上

能采用相同宽度的键槽（见图 8.11），以减少换刀的次数；需要磨削的轴段，应留有砂轮越程槽[见图 8.12(a)]，以便磨削时砂轮可以磨到轴肩的端部；需切削螺纹的轴段，应留有退刀槽，以保证螺牙均能达到预期的牙高[见图 8.12(b)]。为了便于加工和检验，轴的直径应取圆整值；与滚动轴承相配合的轴颈直径应符合滚动轴承内径标准；有螺纹的轴段直径应符合螺纹标准直径。为了便于装配，轴端应加工出倒角（一般为 45°），以免装配时把轴上零件的孔壁擦伤[见图 8.12(c)]；过盈配合零件装入端常加工出导向锥面[见图 8.12(d)]，以使零件能较顺利地压入。

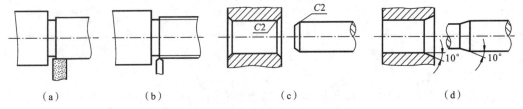

图 8.12　越程槽、退刀槽、倒角和导向锥面

6. 提高轴的强度、刚度和减轻重量的措施

（1）合理布置轴上零件以减小轴的载荷。

为了减小轴所承受的弯矩，传动件应尽量靠近轴承，并尽可能不采用悬臂的支承形式，力求减小支承跨距及悬臂长度等。图 8.13(a) 和图 8.13(c) 所示方案分别较图 8.13(b) 和图 8.13(d) 所示方案优。

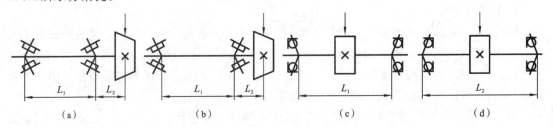

图 8.13　合理布置轴上零件以减小轴的载荷

（2）改进轴上零件的结构以减小轴的载荷。

进行结构设计时，还可以采取改善受力情况、改变轴上零件位置等措施提高轴的强度。

例如，在车轮轴中，把转动的心轴[见图 8.14(a)]改成不转动的心轴[见图 8.14(b)]，可使轴不承受交变应力；把轴毂配合面分为两段[见图 8.14(b)]，可以减小轴的弯矩，从而提高其强度和刚度。

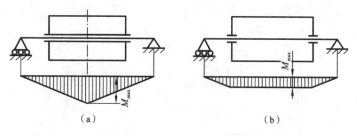

图 8.14　改进轴上零件的结构以减小轴的载荷

（3）改进轴的结构、减少应力集中。

在零件截面尺寸发生变化处会产生应力集中,从而削弱材料的强度。因此,进行结构设计时,应尽量减少应力集中,合金材料对应力集中比较敏感,应当特别注意。在阶梯轴的截面尺寸变化处应采用圆角过渡,且圆角半径不宜过小。另外,设计时尽量不要在轴上开横孔、切口或凹槽,若必须开横孔,则应将边倒圆。在重要轴的结构中,可采用卸载槽 B［见图 8.15(a)］、过渡肩环［见图 8.15(b)］或凹切圆角［见图 8.15(c)］增大轴肩圆角半径,以减小局部应力。在轮毂上做出卸载槽 B［见图 8.15(d)］,也能减小过盈配合处的局部应力。

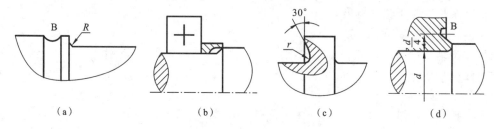

图 8.15　改进轴的结构、减小应力集中(一)

当轴上零件与轴为过盈配合时,也可采用各种结构,以减少轴在零件配合处的应力集中。图 8.16(a)所示为过盈配合处的应力集中,图 8.16(b)所示为在轴上开卸载槽,图 8.16(c)所示为在轮毂上开卸载槽,图 8.16(d)所示为增大配合处的直径。

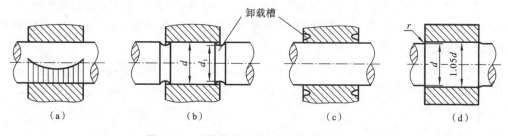

图 8.16　改进轴的结构、减小应力集中(二)

（4）改进轴的表面质量、提高轴的疲劳强度。

轴的表面粗糙度和表面强化处理方法也会对轴的疲劳强度产生影响。轴的表面越粗糙,疲劳强度越低。因此,应合理减小轴的表面及圆角处的表面粗糙度。当采用对应力集中甚为敏感的高强度材料制作轴时,表面质量应特别予以注意。

表面强化处理方法有:表面高频感应淬火等热处理,表面渗碳、碳氮共渗、渗氮等化学热处理,碾压、喷丸等强化处理。通过碾压、喷丸进行表面强化处理时,轴的表面产生压应力,轴的疲劳强度得以提高。

例 8.1　请用文字说明图 8.17 所示某轴的结构有哪些不合理的地方？

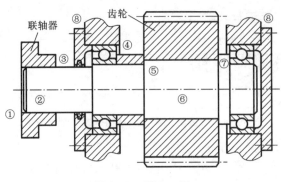

图 8.17　例 8.1 图

解　① 联轴器左端无轴端挡圈。

② 联轴器无周向固定(缺键)。

③ 联轴器右端无轴向固定。

④ 套筒过高。

⑤ 轴头长度等于轮毂宽度。

⑥ 齿轮无周向固定(缺键)。

⑦ 定位轴肩过高。

⑧ 缺调整垫片。

8.3　滚 动 轴 承

8.3.1　概述

滚动轴承是依靠主要元件间的滚动接触来支承转动零件的,其功能是在保证轴承有足够长寿命的条件下支承轴及轴上的零件,并与机座做相对旋转、摆动等运动,使转动副之间的摩擦尽量减少以获得较高的传动效率。

滚动轴承是标准件,由轴承厂大批量生产,在机械设计中只需根据工作条件熟悉标准,选用合适的滚动轴承类型和代号,并在综合考虑定位、配合、调整、装拆、润滑和密封等因素下进行组合结构设计即可。

1. 滚动轴承的工作特点

与滑动轴承相比,滚动轴承具有下列优点:

(1) 应用设计简单,产品已标准化,并由专业生产厂家进行大批量生产,具有优良的互换性和通用性;

(2) 启动摩擦力矩小、功率损耗少,滚动轴承效率(0.98~0.99)比混合润滑轴承的高;

(3) 载荷、转速和工作温度的适应范围宽,工况条件的少量变化对轴承性能影响不大;

(4) 大多数类型的轴承能同时承受径向和轴向载荷,轴向尺寸较小;

(5) 易于润滑、维护及保养。

但是,滚动轴承也具有下列缺点:

（1）大多数滚动轴承径向尺寸较大；

（2）在高速、重载荷条件下工作时寿命短；

（3）振动及噪声较大。

2. 滚动轴承的构造

滚动轴承一般由内圈、外圈、滚动体和保持架四部分组成，如图 8.18 所示。内圈用来和轴颈装配，外圈用来和轴承座装配。通常内圈随轴颈回转，外圈固定，但外圈也可回转而内圈不动，或者内、外圈同时回转。当内、外圈相对转动时，滚动体即在内、外圈的滚道间滚动。保持架使滚动体分布均匀，减少滚动体的摩擦和磨损。

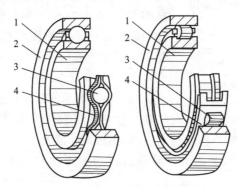

图 8.18　滚动轴承的基本结构

1—内圈；2—外圈；3—滚动体；4—保持架

常用的滚动体如图 8.19 所示，其中图 8.19(a)～(f)所示分别为球、圆柱滚子、滚针、圆锥滚子、球面滚子和非对称球面滚子。轴承内、外圈上的滚道起限制滚动体侧向位移的作用。滚动体均匀分布于内、外圈滚道之间，其形状、数量、大小对滚动轴承的承载能力和极限转速有很大影响。

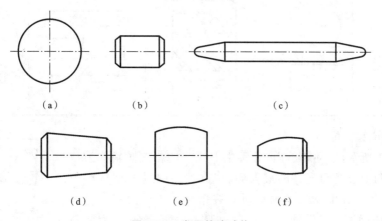

（a）　　　　　（b）　　　　　　　　（c）

（d）　　　　　（e）　　　　　（f）

图 8.19　常用的滚动体

当滚动体是圆柱滚子或滚针时，为了减小轴承的径向尺寸，可以没有内圈、外圈或保持架，这时的轴颈或轴承座就要起到内圈或外圈的作用了，因此工作表面应具备相应的硬度和表面粗糙度。此外，还有一些轴承，除了含有以上四种基本零件以外，还含有其他特殊零件，如止动环、密封盖等。

保持架的主要作用是均匀地隔开滚动体。如果没有保持架，则相邻滚动体转动时将会因

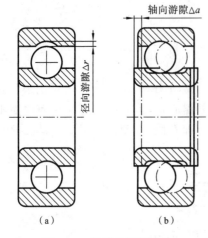

图 8.20　滚动轴承的游隙

接触处产生较大的相对滑动速度而产生磨损。

3. 滚动轴承的三个重要结构特性

（1）滚动轴承的游隙。

滚动轴承的内、外圈与滚动体之间存在一定的间隙，因此，内、外圈可以有相对位移，最大位移量称为轴承游隙，如图 8.20 所示。当轴承的一个座圈固定时，另一个座圈沿径向的最大位移量称为径向游隙 Δr，沿轴向的最大位移量称为轴向游隙 Δa。游隙的大小对轴承的寿命、温升和噪声都有很大影响。轴承标准中将径向游隙分为基本游隙组和辅助游隙组，应优先选用基本游隙组。轴向游隙可由径向游隙按一定的关系换算得到。

（2）滚动轴承的公称接触角。

滚动体与外圈接触处的法线 n—n 与轴承径向平面（垂直于轴承轴线的平面）的夹角 α，称为滚动轴承的公称接触角（简称接触角）。公称接触角 α 的大小反映了轴承承受轴向载荷的能力的大小。公称接触角越大，轴承承受轴向载荷的能力越大。各类轴承的公称接触角见表 8.9。

表 8.9　各类轴承的公称接触角

类型	向心轴承		推力轴承	
	径向接触轴承	角接触向心轴承	角接触推力轴承	轴向接触轴承
公称接触角 α	$\alpha=0°$	$0°<\alpha\leqslant45°$	$45°<\alpha\leqslant90°$	$\alpha=90°$
图例				

（3）角偏位和偏位角。

如图 8.21 所示，滚动轴承内、外圈中心线间的相对倾斜称为角偏位，而轴承两中心线间允许的最大倾斜量（即图中锐角 θ）则称为偏位角。偏位角的大小反映了轴承对安装精度的不同要求。对于偏位角较大的轴承（如 1 类轴承），其自动调心功能较强，称为调心轴承。

4. 滚动轴承的材料

轴承的性能及可靠性在很大程度上取决于轴承零件的材料。

对于轴承内、外圈和滚动体，通常要考虑的因素包括影响承载能力的硬度、影响寿命的抗疲劳强度和轴承元件的尺寸稳定性。因此，轴承元件一般采用轴承钢（如 GCr15、GCr15SiMn、GCr18Mo 等）材料制造。这些材料具有

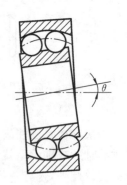

图 8.21　角偏位和偏位角

高的硬度、高的强度、良好的耐磨性和冲击韧性,淬火后硬度一般不低于 60 HRC,工作表面要求磨削抛光。

对于保持架,要考虑的因素包括摩擦力、应变力和惯性力,在某些情况下还要考虑其同某些润滑剂、有机溶剂、冷却剂和制冷剂发生的化学反应。因此,保持架常选用较软的材料制造,冲压保持架一般用低碳钢板冲压后铆接或焊接而成,它与滚动体之间有较大的间隙,实体保持架常用铜合金、铝合金或工程塑料经切削加工制成,有较好的定心作用。

滚动轴承内的密封件对轴承的性能与可靠性也有相当大的影响。它们的制造材料必须具有优异的抗氧化性、耐热性或耐蚀性。

近年来,国内外对陶瓷滚动轴承的研究、开发已取得了重大进展。陶瓷滚动轴承充分利用了工程陶瓷材料的优点,与钢轴承相比,陶瓷滚动轴承具有极限转速大、刚度高、精度保持性能好、启动力矩小、干运转性能好和寿命长等优点,还具有耐高温、耐腐蚀、耐磨损、无磁性和绝缘等特殊性能,其缺点是抗冲击能力较钢轴承的差。陶瓷滚动轴承可应用于航天、航空、高真空领域和高速、高精度、高温、强磁场或防腐蚀等场合。

5. 滚动轴承的主要类型、性能与特点

按照轴承承受的载荷方向不同,滚动轴承可以概括地分为向心轴承、推力轴承和向心推力轴承三大类,图 8.22 所示为不同类型的轴承的承载情况,主要承受径向载荷 F_r 的轴承称为向心轴承[见图 8.22(a)];只能承受轴向载荷 F_a 的轴承称为推力轴承[见图 8.22(b)],轴承中与轴颈紧套在一起的称为轴圈,与机座相连的称为座圈;能同时承受径向载荷和轴向载荷的轴承称为向心推力轴承[见图 8.22(c)]。轴承实际所承受的径向载荷 F_r 与轴向载荷 F_a 的合力与半径方向的夹角 β 则称为载荷角。

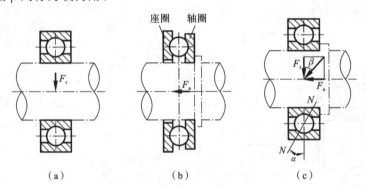

图 8.22　不同类型的轴承的承载情况

按照滚动体形状的不同,滚动轴承又可分为球轴承与滚子轴承两大类。常用滚动轴承的类型及代号见表 8.10。

表 8.10　常用滚动轴承的类型及代号

类 型 代 号	轴 承 类 型
0	双列角接触球轴承
1	调心球轴承
2	调心滚子轴承和推力调心滚子轴承
3	圆锥滚子轴承

续表

类 型 代 号	轴 承 类 型
4	双列深沟球轴承
5	推力球轴承
6	深沟球轴承
7	角接触球轴承
8	推力圆柱滚子轴承
N	圆柱滚子轴承，双列或多列用 NN 表示
U	外球面球轴承
QJ	四点接触球轴承

为了满足机械各种工况的要求，滚动轴承有多种类型，表 8.11 给出了常用滚动轴承的类型和特点。

表 8.11　常用滚动轴承的类型和特点

类型及代号	结构简图	载荷方向	允许偏位角	基本额定动载荷比	极限转速比	轴向承载能力	性能和特点	适用场合及举例
双列角接触球轴承 0	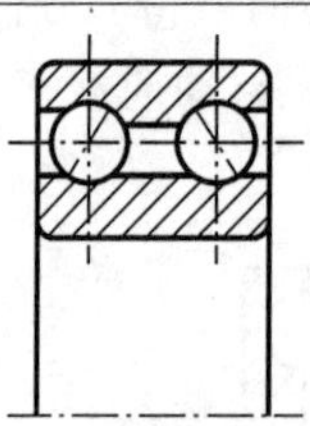		2′～10′	—	高	较大	可同时承受径向载荷和轴向载荷，也可承受纯轴向载荷（双向），承载能力大	适用于刚性高、跨距大的轴（固定支承），常应用于蜗杆减速器、离心机等
调心球轴承 1	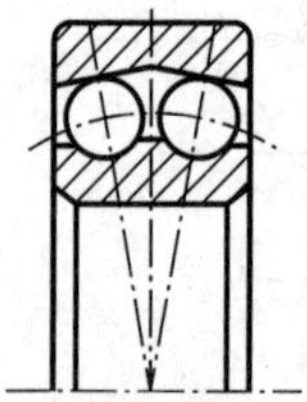		1.5°～3°	0.6～0.9	中	少量	不能承受纯轴向载荷，能自动调心	适用于多支点传动轴，刚性低的轴及难以对中的轴
调心滚子轴承 2	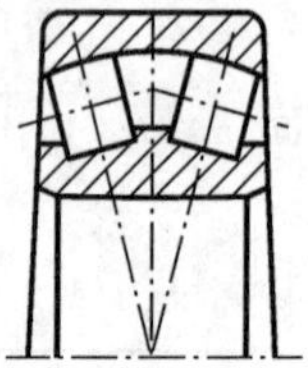		1.5°～3°	1.8～4	低	少量	承载能力最大，但不能承受纯轴向载荷，能自动调心	常用于其他种类轴承不能胜任的重负荷情况，如轧钢机、大功率减速器、破碎机、起重机行走轮等
推力滚子轴承 2	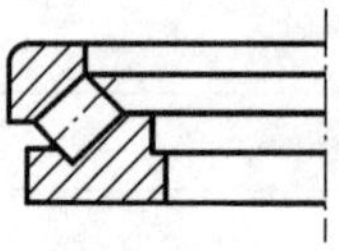		2°～3°	1～1.6	中	大	比推力轴承有更大轴向承载能力，且能承受少量径向载荷，极限转速高于 5 类轴承，能自动调心，价格高	适用于重载荷和要求调心性能好的场合，如大型立式水轮机主轴等

续表

类型及代号	结构简图	载荷方向	允许偏位角	基本额定动载荷比	极限转速比	轴向承载能力	性能和特点	适用场合及举例
圆锥滚子轴承 3 31300($\alpha=28°48'39''$)、其他($\alpha=10°\sim18°$)			2′	1.1～2.1 1.5～2.5	中 中	很大 很大	内、外圈可分离,游隙可调,摩擦系数大,常成对使用。31300 型不宜承受纯径向载荷,其他型号不宜承受纯轴向载荷	适用于刚性较高的轴,应用很广,如减速器、车轮轴、轧钢机、起重机、机床主轴等
双列深沟球轴承 4			2′～10′	1.5～2	高	少量	当量摩擦系数小,转速大时可用来承受不大的纯轴向载荷	适用于刚性较高的轴,常用于中等功率电动机、减速器、运输机的托辊、滑轮等
推力球轴承 5			不允许	1	低	大	轴线必须与轴承座底面垂直,不适用于高转速场合	常用于起重机吊钩、蜗杆轴、锥齿轮轴、机床主轴等
双向推力轴承 6								
深沟球轴承 6			2′～10′	1	高	少量	当量摩擦因数最小,转速大时可用来承受不大的纯轴向载荷	适用于刚性较高的轴,常用于小功率电动机、减速器、运输机的托辊、滑轮等
角接触球轴承 7 70000C($\alpha=15°$)、70000AC($\alpha=25°$) 70000B($\alpha=40°$)			2′～10′	1～1.4 1～1.3 1～1.2	高	一般较大更大	可同时承受径向载荷和轴向载荷,也可承受纯轴向载荷	适用于刚性较高、跨距较大的轴及需在工作中调整游隙的情况,常用于蜗杆减速器、离心机、电钻、穿孔机等
外圈无挡边圆柱滚子轴承 N			2′～4′	1.5～3	高	无	内、外圈可分离,滚子用内圈凸缘定向,内、外圈允许少量的轴向移动	适用于刚性很高,对中良好的轴,常应用于大功率电动机、机床主轴、人字齿轮减速器等

续表

类型及代号	结构简图	载荷方向	允许偏位角	基本额定动载荷比	极限转速比	轴向承载能力	性能和特点	适用场合及举例
滚针轴承 NA		↑	不允许	—	低	无	径向尺寸最小,径向承载能力很大,摩擦系数较大,旋转精度低	适用于径向载荷很大而径向尺寸受限制的地方,如万向联轴器、活塞销、连杆销等

注:(1) 基本额定动载荷比是指同一尺寸系列各种类型和结构形式的轴承的基本额定动载荷与深沟球轴承(推力轴承则与推力球轴承)的基本额定动载荷之比。

(2) 极限转速比是指同一尺寸系列/P0 级精度的各种类型和结构形式的轴承脂润滑时的极限转速与深沟球轴承脂润滑时的极限转速的大致比较。各种类型轴承的极限转速之间采用下列比例关系:高,等于深沟球轴承极限转速的 90%～100%;中,等于深沟球轴承极限转速的 60%～90%;低,等于深沟球轴承极限转速的 60% 以下。

8.3.2 滚动轴承的代号

滚动轴承的规格、品种繁多,为便于组织生产和选用,国家标准规定用统一的代号来表示轴承在结构、尺寸、精度、技术性能等方面的特点和差异。滚动轴承代号的构成见表 8.12,其中基本代号是轴承代号的基础,前置代号和后置代号都是对轴承代号的补充,只有在对轴承结构、形状、材料、公差等级、技术要求等有特殊要求时才使用,一般情况下可部分或全部省略。

表 8.12 滚动轴承代号的构成

前置代号	基本代号					后置代号							
	5	4	3	2	1	1	2	3	4	5	6	7	8
轴承分部件代号	类型代号	尺寸系列代号		内径代号		内部结构代号	密封与防尘结构代号	保持架及其材料代号	特殊轴承材料代号	公差等级代号	游隙代号	多轴承配置代号	其他代号
		宽度系列代号	直径系列代号										

1. 基本代号

基本代号表示轴承的基本类型、结构和尺寸,用来表明轴承的内径、直径系列、宽度系列和类型,现分述如下。

(1) 类型代号 用数字或字母表示(见表 8.10)。

(2) 尺寸系列代号 轴承的宽度系列(或高度系列)代号和直径系列代号组合代号(见表 8.13),宽(高)度系列在前,直径系列在后,宽度系列代号为"0"时可省略(调心滚子轴承和圆锥滚子轴承不可省略)。宽度系列是指结构、内径和直径系列都相同的轴承在宽度方面的变化系列;高度系列是指内径相同的轴向接触轴承在高度方面的变化系列;直径系列是指内径相同的同类型轴承在外径和宽度方面的变化系列。图 8.23 所示为轴承在直径系列的尺寸对比。

表 8.13　向心轴承和推力轴承的常用尺寸系列代号

直径系列代号		向心轴承			推力轴承	
		宽度系列代号			高度系列代号	
		(0)	1	2	1	2
		窄	正常	宽	正常	
		尺寸系列代号				
0	特轻	(0)0	10	0	0	—
1		(0)1	8	1	8	
2	轻	(0)2	12	2	2	22
3	中	(0)3	13	3	3	23
4	重	(0)4	—	24	14	24

（3）内径代号　轴承内径用基本代号右起第 1、2 位数字表示。对常用内径 $d = 20 \sim 480$ mm 的轴承，内径一般为 5 的倍数，这两位数字表示轴承内径尺寸被 5 除得到的商，如 04 表示 $d = 20$ mm 的轴承，12 表示 $d = 60$ mm 的轴承等。对于内径为 10 mm、12 mm、15 mm 和 17 mm 的轴承，内径代号依次为 00、01、02 和 03。

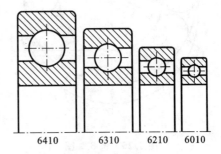

6410　6310　6210　6010

图 8.23　轴承在直径系列的尺寸对比

2. 后置代号

后置代号是用字母和数字等表示轴承的结构、公差及材料的特殊要求等。后置代号的内容很多，下面介绍几个常用的代号。

（1）内部结构代号　表示同一类型轴承的不同内部结构，用字母紧跟着基本代号表示。例如，接触角为 15°、25°和 40°的角接触球轴承分别用 C、AC 和 B 表示内部结构的不同。

（2）公差等级代号　轴承的公差等级分为 2 级、4 级、5 级、6x 级、6 级和 0 级，依次由高级到低级，其代号分别为/P2、/P4、/P5、/P6x、/P6 和/P0。公差等级中，6x 级仅适用于圆锥滚子轴承；0 级为普通级，在轴承代号中不标注。

（3）游隙组别代号　常用的轴承径向游隙系列分为 1 组、2 组、0 组、3 组、4 组和 5 组，依次由小到大。0 组游隙是常用的游隙组别，在轴承代号中不标注，其余的游隙组别在轴承代号中分别用/C1、/C2、/C3、/C4、/C5 表示。

（4）多轴承配置代号　成对安装的轴承有三种配置形式，分别用三种代号表示：/DB 表示背对背安装 [见图 8.24(a)]；/DF 表示面对面安装 [见图 8.24(b)]；/DT 表示串联安装 [见图 8.24(c)]。成对轴承配置安装形式及代号如图 8.24 所示。

3. 前置代号

前置代号用于表示轴承的分部件，用字母表示。例如，用 L 表示可分离轴承的可分离套圈；用 K 表示轴承的滚动体与保持架组件等。

实际应用的滚动轴承类型是很多的，相应的轴承代号也是比较复杂的。以上介绍的代号是轴承代号中最基本、最常用的部分，熟悉了这部分代号，就可以识别和查选常用的轴承。

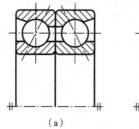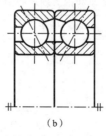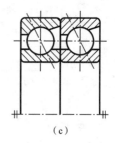

（a）　　　　　　　　（b）　　　　　　　　（c）

图 8.24　成对轴承配置安装形式及代号

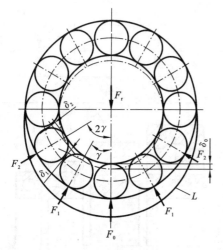

图 8.25　例 8.2 图

例 8.2　说明 6208、71210B、30208/P6x 轴承代号的含义，如图 8.25 所示。

解　（1）6208：6 表示深沟球轴承；（0）2 为尺寸系列代号，其中 0 为宽度系列代号，2 为直径系列代号；08 表示为内径 $d=8\times5$ mm＝40 mm；精度为 P0 级。

（2）71210B：7 表示角接触球轴承；12 为尺寸系列代号，其中 1 为宽度系列代号，2 为直径系列代号；10 表示内径 $d=10\times5$ mm＝50 mm；接触角 $\alpha=40°$，精度为 P0 级。

（3）30208/P6x：3 表示圆锥滚子轴承；02 为尺寸系列代号，其中 0 为宽度系列代号，2 为直径系列代号；08 表示轴承内径 $d=8\times5$ mm＝40 mm；/P6x 表示公差等级 6x 级。

轴承内径代号见表 8.14，公差等级代号见表 8.15，游隙组别代号见表 8.16。

表 8.14　轴承内径代号

轴承公称内径/mm	内径代号					示例
1～9（整数）	用公称内径毫米数直接表示，对深沟、角接触球轴承 7、8、9 直径系列，内径与尺寸系列代号用"/"分开					深沟球轴承 626，$d=6$ mm 深沟球轴承 628/7，$d=7$ mm
10～17	内径/mm	10	12	15	17	圆柱滚子轴承 N203，$d=17$ mm
	代号	00	01	02	03	
20～480 （22、28、32 除外）	公称内径除以 5 的商，商为个位数，需在商的左边加"0"					调心滚子轴承 23208，$d=40$ mm 圆锥滚子轴承 30209，$d=45$ mm

注：对于其他公称内径的轴承，其内径表示方法参考相关标准或轴承手册。

表 8.15　公差等级代号

代　号	公 差 等 级	示　例
/P0	0 级	6206
/P6	6 级	6206/P6
/P6x	6x 级	30210/P6x
/P5	5 级	6206/P5

代　号	公差等级	示　例
/P4	4 级	6206/P4
/P2	2 级	6206/P2

注:0 级为普通级,代号中省略不表示。

表 8.16　游隙组别代号

代　号	游隙组别	示　例
/C1	1 组	6206/C1
/C2	2 组	6206/C2
—	0 组	6210
/C3	3 组	6206/C3
/C4	4 组	6206/C4
/C5	5 组	6206/C5

注:0 组为常用游隙组别,代号中省略不表示。

8.3.3　滚动轴承类型的选择

滚动轴承类型多样,选用时可考虑以下几方面因素。

(1) 载荷的方向、大小和性质　向心轴承主要承受径向载荷,推力轴承主要承受轴向载荷。当滚动轴承同时承受径向载荷和轴向载荷时,可选用角接触球轴承、圆锥滚子轴承。当轴向载荷较小时,可选用深沟球轴承;当轴向载荷较大时,可选用接触角较大的推力角接触轴承或选用推力轴承和径向接触轴承的组合结构,以便分别承受轴向载荷和径向载荷。角接触球轴承和圆锥滚子轴承需成对安装使用。一般滚子轴承比球轴承的承载能力大,且承受冲击载荷的能力强。

(2) 转速　轴承的工作转速一般应低于极限转速。深沟球轴承、角接触球轴承和圆柱滚子轴承的极限转速较高,适用于高速运转场合,推力轴承的极限转速较低。

(3) 支承限位要求　固定支承限制两个方向的轴向位移,可选用能承受双向轴向载荷的轴承;单向限位支承可选用能承受单向轴向载荷的轴承;游动支承轴向不限位,可选用内、外圈不可分离的向心轴承在轴承座孔内游动,也可选用内、外圈可分离的圆柱滚子轴承,其内、外圈可以相对游动。

(4) 调心性能　当两个轴承座孔同轴度较低或轴的挠度较大使轴承内、外圈滚道轴线间的偏差角较大时,应选用调心性能好的调心球轴承和调心滚子轴承。圆柱滚子轴承和滚针轴承调心可能性很小。

(5) 刚度要求　一般滚子轴承的刚度大,球轴承的刚度小。角接触球轴承、圆锥滚子轴承采用预紧方法可以提高支承的刚度。

(6) 安装与拆卸　为了便于安装、拆卸和调整间隙,常采用内、外圈可分离的分离型轴承,如圆锥滚子轴承、圆柱滚子轴承和滚针轴承等。

(7) 其他要求　在径向空间受限制的场合可选用滚针轴承或滚针和保持架组件;在对轴承

振动、噪声有要求的场合,可选用低噪声轴承。此外,还应考虑经济性和市场供应情况等因素。

8.3.4 滚动轴承的组合结构设计

轴承不是单一的个体,它是用来支承轴的,而轴又要带动轴上零件工作,所以轴承的设计一定包含轴承的组合结构设计,才能保证轴承的正常工作和有效发挥其支承与承载的作用。

(1)组合设计内容 主要是正确解决轴承的支承配置、轴向固定与调节,以及轴承与相关零件的配合、预紧、润滑与密封、安装与拆卸等问题。

(2)组合设计要求 可靠、运转灵活、保证精度、调整方便。

1. 滚动轴承的定位和紧固

轴承的轴向定位与紧固是指轴承的内圈与轴颈、外圈与座孔间的轴向定位与紧固。轴承轴向定位与紧固的方法很多,应根据轴承所受载荷的大小、方向、性质,转速的高低,轴承的类型及轴承在轴上的位置等因素,选择合适的轴向定位与紧固方法。对于单个支点处的轴承,其轴承内圈在轴上和轴承外圈在轴承座孔内轴向定位与紧固的方法分别见表 8.17 和表 8.18。

表 8.17 轴承内圈轴向定位与紧固的方法

名 称	图 例	说 明
轴肩定位		轴承内圈由轴肩实现轴向定位,是最常见的形式
弹簧挡圈与轴肩紧固		轴承内圈由轴用弹簧挡圈与轴肩实现轴向紧固,可承受不大的轴向载荷,结构尺寸小,主要用于深沟球轴承
轴端挡圈与轴肩紧固		轴承内圈由轴端挡圈与轴肩实现轴向紧固,可在高转速下承受较大的轴向力,多应用于轴端切制螺纹有困难的场合
锁紧螺母与轴肩紧固		轴承内圈由锁紧螺母与轴肩实现轴向紧固,止动垫圈具有防松的作用,其安全、可靠,适用于高速、重载的场合

续表

名　　称	图　　例	说　　明
紧定锥套紧固	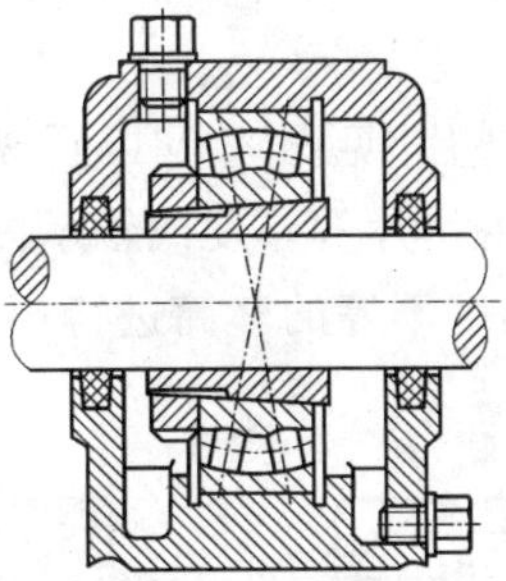	依靠紧定锥套的径向收缩夹紧实现轴承内圈的轴向紧固,用于轴向力不大、转速不高、内圈为圆锥孔的轴承在光轴上的紧固

表 8.18　轴承外圈轴向定位与紧固的方法

名　　称	图　　例	说　　明
弹簧挡圈与凸肩紧固	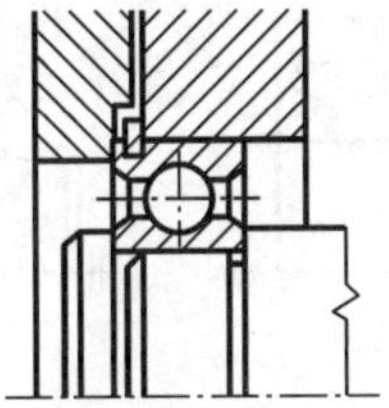	轴承外圈由弹簧挡圈与座孔内凸肩实现轴向紧固,结构简单、装拆方便、轴向尺寸小,适用于转速不高、轴向力不大的场合
止动卡环紧固	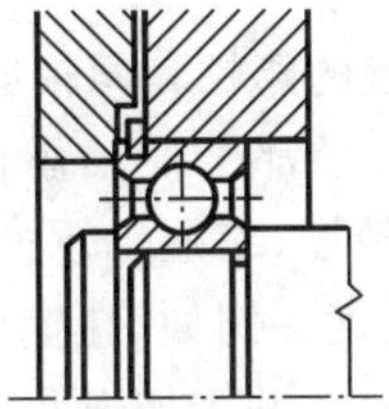	轴承外圈由止动卡环实现轴向紧固,用于带有止动槽的深沟球轴承,适用于轴承座孔内不便设置凸肩且轴承座为剖分式结构的场合
轴承端盖定位与紧固	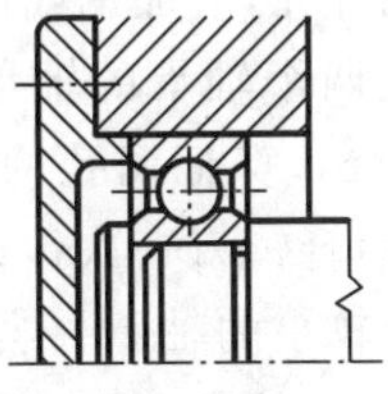	轴承外圈由轴承端盖实现轴向定位与紧固,用于高速及很大轴向力时的各类角接触向心轴承和角接触推力轴承
螺纹环定位与紧固	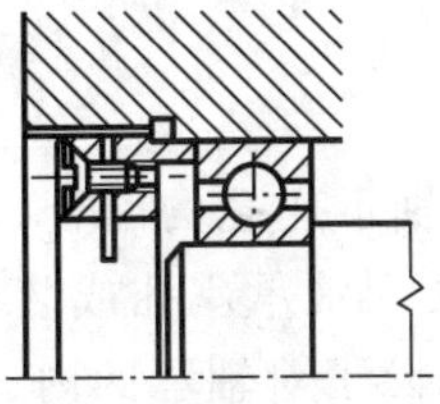	轴承外圈由螺纹环实现轴向定位与紧固,用于转速高、轴向载荷大且不便使用轴承端盖紧固的场合

2. 滚动轴承的预紧

为了提高轴承的旋转精度,增大轴承装置的刚性,减少机器工作时轴的振动,常采用预紧的滚动轴承。例如,机床的主轴轴承常用预紧来提高其旋转精度与轴向刚度。轴承的预紧就是在安装轴承时用某种方法在轴承中产生并保持一定的轴向力,以消除轴承的轴向游隙,并在滚动体与内、外圈滚道接触处产生弹性预变形,以提高轴承的旋转精度和支承刚度。预紧后的轴承受到工作载荷时,其内、外圈的径向及轴向相对移动量要比未预紧的轴承大大地减少。常用的预紧方法有以下几种。

　　(1) 在两轴承的内圈或外圈之间放置垫片[见图 8.26(a)]或者磨薄一对轴承的内圈或外圈[见图 8.26(b)]来预紧。预紧力的大小由垫片的厚度或轴承内、外圈的磨削量来控制。

　　(2) 在一对轴承的内、外圈之间装入长度不等的套筒进行预紧[见图 8.26(c)]。预紧力的大小取决于两套筒的长度差。

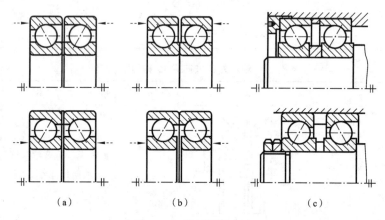

(a)　　　　　　　　(b)　　　　　　　　(c)

图 8.26　轴承预紧方法

3. 滚动轴承支座的刚性和同轴度

　　轴或轴承座的变形都会使轴承内滚动体受力不均匀及运动受阻,影响轴承的旋转精度,缩短轴承的寿命,因此,安装轴承的外壳或轴承座应有足够的刚度。例如,孔壁要有适当的厚度,壁板上轴承座的悬臂应尽可能地缩短,并用加强肋来提高支座的刚性(见图 8.27)。对于轻合金或非金属外壳,应加钢或铸铁制套杯。

　　支承同一根轴上两个轴承的轴承座孔的孔径应尽可能相同,以便加工时一次将其镗出,保证两孔的同轴度。如果一根轴上装有不同尺寸的轴承,可用组合镗刀一次镗出两个尺寸不同的座孔,用钢制套杯结构来安装外径较小的轴承。当两个座孔分别位于不同机壳上时,应将两个机壳先进行接合面加工再连接成一个整体,最后镗孔。

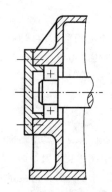

图 8.27　用加强肋提高支承的刚性

4. 滚动轴承的配合和装拆

1) 滚动轴承的配合

　　轴承的配合是指内圈与轴颈及外圈与轴承座孔的配合。轴承的内、外圈,按其尺寸比例一般可认作薄壁零件,容易变形。当它装入轴承座孔或装到轴上后,其内、外圈的圆度,将受到轴承座孔及轴颈形状的影响。因此,除了对轴承的内、外径规定了直径公差以外,还规定了平均内径和平均外径(用 d_m 和 D_m 表示)的公差,后者相当于轴承在正确制造的轴上或轴承座孔中装配后,它的外径或内径的尺寸公差。标准规定:0、6、5、4、2 各公差等级的轴承的内径 d_m 和外径 D_m 的公差带均为单向制,而且统一采用上极限偏差为零,下极限偏差为负值的分布(见图 8.28)。

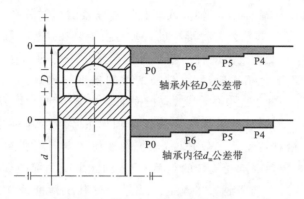

图 8.28　轴承内、外径公差带的分布

　　滚动轴承是标准件,为使轴承便于互换和大量生产,轴承内孔与轴的配合采用基孔制,即以轴承内孔的尺寸为基准;轴承外圈与轴承座孔的配合采用基轴制,即以轴承的外径尺寸为基准。与内圈相配合的轴的公差带,以及与外圈相配合的轴承座孔的公差带,均按相关国家标准选取。由于 d_m 的公差带在零线之下,而基准孔的公差带在零线之上,因此轴承内圈与轴的配合比标准中规定的基孔制同类配合要紧得多。从图 8.29 中可看出滚动轴承配合和它的

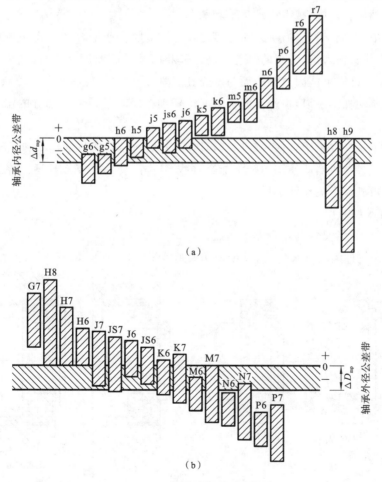

图 8.29　滚动轴承的配合

基准面(内圈内径,外圈外径)偏差与轴颈或座孔尺寸偏差的相对关系。对轴承内孔与轴的配合[见图 8.29(a)]而言,圆柱公差标准中的许多过渡配合在这里实际成为过盈配合,而有的间隙配合,在这里实际变为过渡配合。轴承外圈与轴承座孔的配合[见图 8.29(b)]与标准中规定的基轴制同类配合相比较,配合性质的类别基本一致,但由于轴承外径的公差值较小,因此配合也较紧。轴承配合的种类,应根据轴承的类型和尺寸、载荷的大小和方向及载荷的性质等来选取。正确选择轴承配合应保证轴承正常运转,防止内圈与轴、外圈与轴承座孔在工作时发生相对转动。一般来说,当工作载荷的方向不变时,转动圈应比不动圈的配合更紧一些,因为转动圈承受旋转的载荷,而不动圈承受局部的载荷。当转速越高、载荷越大和振动越强烈时,应选用越紧的配合。当轴承安装于薄壁外壳或空心轴上时,也应采用较紧的配合。但是过紧的配合是不利的,这时可能由于内圈的弹性膨胀和外圈的收缩,轴承内部的游隙减小甚至完全消失,也可能由于相配合的轴和座孔表面形状不规则或刚性不均匀,轴承内、外圈发生不规则变形,这些都将破坏轴承的正常工作。特别是对于重型机械,过紧的配合还会使装拆困难。

对开式的轴承座与轴承外圈的配合,宜采用较松的配合。当要求轴承的外圈在运转中能沿轴向游动时,该外圈与外壳孔的配合也应较松,但不应让外圈在轴承座孔内转动。过松的配合对提高轴承的旋转精度、减少振动是不利的。

如果机器工作时有较大的温度变化,那么,工作温度将使配合性质发生变化。轴承运转时,对于一般工作机械来说,套圈的温度常高于其相邻零件的温度。这时,轴承内圈可能因热膨胀而与轴松动,外圈可能因热膨胀而与外壳孔胀紧,从而可能使原来需要外圈有轴向游动性能的支承丧失游动性。所以,在选择配合时必须仔细考虑轴承装置各部分的温差和其热传导的方向。

以上介绍了选择轴承配合的一般原则,具体选择时可结合机器的类型和工况,参照同类机器的使用经验。各类机器所使用的轴承配合,以及各类配合的配合公差、配合表面粗糙度和几何公差等资料可查阅有关设计手册。

2) 滚动轴承的装拆

装拆滚动轴承时,要特别注意以下两点。

(1) 不允许通过滚动体来传力,以免损伤滚道或滚动体,如图 8.30 所示。

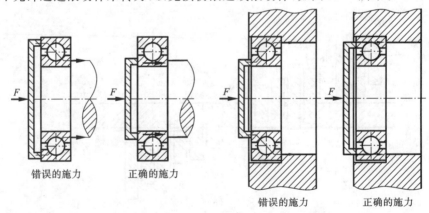

图 8.30 轴承安装过程中的施力方式

（2）由于轴承的配合较紧，装拆时应使用专门的工具。

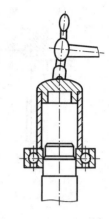

图 8.31　用锤子安装轴承

由于滚动轴承内圈或外圈与轴颈或轴承座孔的配合较紧，因此装配滚动轴承时，不可用锤子直接敲打轴承外圈和内圈，这样受力不均、容易倾斜，必须用专门的工具。当轴承内圈与轴过盈较小时，可用铜或软钢制的套筒垫在内圈端面上用锤子敲入（见图 8.31）。当过盈较大时，对于尺寸较小的轴承可用压入法，即用压力机在内圈上施加压力将轴承压入轴颈中，大型轴承或较紧的轴承可用热胀法，即把内圈放在 80～100 ℃热油中加热，然后用压力机装在轴颈上（见图 8.32）。拆卸轴承一般也要用专门的拆卸工具——顶拔器（见图 8.33）。为便于安装顶拔器，应使轴承内圈比轴肩、外圈比凸肩露出足够的高度 h［见图 8.34(a)和图 8.34(b)］。对于不通孔，可在端部开设专用拆卸螺孔［见图 8.34(c)］。

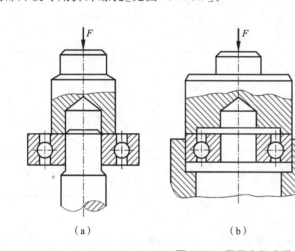

（a）　　　　　　（b）　　　　　　（c）

图 8.32　用压力机安装轴承

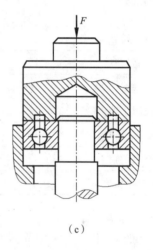

图 8.33　用顶拔器拆卸轴承

5. 滚动轴承的润滑

润滑对于滚动轴承具有重要意义。轴承中的润滑剂不仅可以降低摩擦阻力，还具有散热、减小接触应力、吸收振动、防止锈蚀等作用。滚动轴承常用的润滑方式有脂润滑和油润滑。特殊条件下也可以采用固体润滑剂（如二硫化钼、石墨和聚四氟乙烯等）。润滑方式与轴承转速有关，一般根据轴承的 dn 值（d 为滚动轴承内径，单位为 mm；n 为轴承转速，单位为 r/min）选择。适用于脂润滑和油润滑的 dn 值界限见表 8.19。

1）脂润滑

脂润滑一般用于 dn 值较小的轴承中。润滑脂由于是一种黏稠的胶凝状材料，故油膜强度高、承载能力大、不易流失、便于密封，一次加脂可以维持较长时间。润滑脂的填充量一般不超过轴承内部空间容积的 1/3，润滑脂过多会引起轴承发热，影响其正常工作。

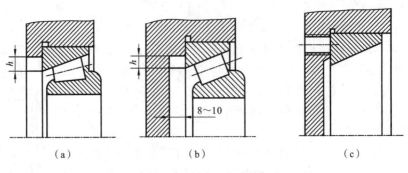

（a） （b） （c）

图 8.34 轴承外圈的拆卸

表 8.19 适用于脂润滑和油润滑的 dn 值界限 单位：$10^4/(mm \cdot r/min)$

轴承类型	脂润滑	油润滑			
		油浴	滴油	循环油（喷油）	油雾
深沟球轴承	16	25	40	60	＞60
调心球轴承	16	25	40	—	—
角接触球轴承	16	25	40	60	＞60
圆柱滚子轴承	12	25	40	60	＞60
圆锥滚子轴承	10	16	23	30	—
调心滚子轴承	8	12	—	25	—
推力球轴承	4	6	12	15	—

2）油润滑

轴承的 dn 值超过一定界限时，应采用油润滑。油润滑的优点是摩擦阻力小、润滑充分，且具有散热、冷却和清洗滚道的作用，缺点是对密封和供油的要求高。

润滑油的主要性能指标是黏度。转速高，宜选用黏度较小的润滑油；载荷大，宜选用黏度较大的润滑油。选用润滑油时，可根据工作温度和 dn 值，按图 8.35 所示先确定油的黏度，再根据黏度值从润滑油产品目录中选出相应的润滑油牌号。常用的油润滑方法如下。

（1）油浴润滑（见图 8.36） 把轴承局部浸入润滑油中，轴承静止时，油面不高于最低滚动体的中心。该方法不宜用于高速轴承，因为高速时搅油剧烈会造成很大的能量损失，引起油液和轴承的严重过热。

（2）飞溅润滑 这是闭式齿轮传动中轴承润滑常用的方法。它利用转动齿轮把润滑油飞溅到齿轮箱的内壁上，然后通过适当的沟槽把油引入轴承中。

（3）喷油润滑 适用于转速高、载荷大、要求润滑可靠的轴承。它用油泵将润滑油加压，通过油管或机座中的特制油路，经油嘴把油喷到轴承内圈与保持架的间隙中。

（4）滴油润滑 适用于需要定量供应润滑油的轴承部件。滴油量应适当控制，过多的油量将引起轴承温度的增高。为了使滴油通畅，常使用黏度小的润滑油。

（5）油雾润滑 当轴承滚动体的线速度很高时，采用油雾润滑，以避免其他润滑方法中供油过多，油的内摩擦增大，轴承的工作温度升高的情况。润滑油在油雾发生器中变成油雾，其温度较液体润滑油的温度低，可冷却轴承。

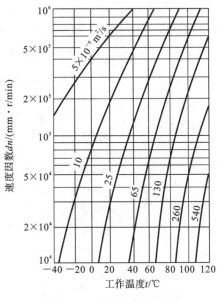

图 8.35　润滑油黏度选择

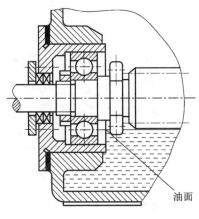

图 8.36　油浴润滑

3）密封装置

轴承密封是为了防止润滑剂流失和防止灰尘、杂质、水分等侵入轴承内部。按密封原理的不同,轴承密封分为接触式轴承密封和非接触式轴承密封两类。

在实践中,对密封要求较高的场合,常采用将各种密封装置适当组合起来的组合密封装置,具体结构可查看有关手册。

8.4　螺纹连接

8.4.1　螺纹连接概述

任何一部机器都是由许多零部件组合而成的。组成机器的所有零部件都不能孤立存在,它们必须通过一定的方式连接起来,称为机械连接。被连接件之间相互固定、不能做相对运动的称为机械静连接;能按一定运动形式做相对运动的称为机械动连接,如各种运动副。本章所指的连接为机械静连接,按连接是否可拆卸,机械静连接可分为可拆连接和不可拆连接。可拆连接是指连接拆开时,不破坏连接中的零件,重新安装后可继续使用的连接。属于这类连接的有螺纹连接、键连接、销连接和成形连接等。不可拆连接是指连接拆开时,连接中的零件被破坏而不能继续使用的连接。属于这类连接的有铆接、焊接和铰接等。过盈配合介于可拆与不可拆之间,视配合表面之间过盈量的大小而定,一般宜用作不可拆连接。

按零件的个数计算,在各种机械中,连接件是使用最多的零件,一般占机器总零件数的20%～50%,也是在近代机械设计中发明创造最多的一类机械零件。在很多情况中,机器不能正常工作是连接失效造成的。因此,连接在机械设计与使用中占有重要地位。

1. 螺纹连接的基本类型

机械中常用的螺纹连接有四种基本类型:螺栓连接、双头螺柱连接、螺钉连接和紧定螺钉连接。表 8.20 列出了它们的结构简图、结构尺寸、特点和应用场合。

表 8.20　螺纹连接的基本类型

类型	结 构 简 图	结 构 尺 寸	特点和应用场合
螺栓连接	直通螺栓连接　　铰制孔用螺栓连接	螺纹余留长度 l_1： 普通螺栓连接静载荷 $l_1 \geqslant (0.3 \sim 0.5)d$； 变载荷 $l_1 \geqslant 0.75d$； 冲击、弯曲载荷 $l_1 \geqslant d$； 铰制孔用螺栓连接 $l_1 \approx a$。 螺纹伸出长度： $a \approx (0.2 \sim 0.3)d$。 螺栓轴线到边缘的距离： $e \approx d + (3 \sim 6)$ mm	被连接件上有通孔，需用螺母实现连接。其结构简单、加工方便、装拆容易、成本低廉、应用广泛。适用于被连接件不太厚并能从连接的两边进行装配的场合。 螺栓连接分为普通螺栓连接和铰制孔用螺栓连接两种。前者螺栓杆与孔壁之间有间隙，孔的精度要求低；后者螺栓杆与孔常采用过渡配合，能精确固定连接件的相对位置并能承受横向载荷，但对孔的加工精度要求高
双头螺柱连接		座端拧入深度 H： 当螺孔零件材料为钢或青铜时 $H \approx d$； 为铸铁时 $H \approx (1.25 \sim 1.5)d$； 为铝合金时 $H \approx (1.5 \sim 2.5)d$。	双头螺柱旋紧在被连接件之一的螺孔中，应用于因结构限制而不能用螺栓连接的场合（如被连接零件之一太厚）或希望结构较紧凑、经常装拆的场合
螺钉连接		螺纹孔深度：$H_1 \approx H + (2 \sim 2.5)P$。 钻孔深度：$H_2 \approx H_1 + (0.5 \sim 1)d$。 l_1、a、e 值皆同螺纹连接的	与双头螺柱相似，但经常拆卸易使螺孔损坏，故不宜应用于经常拆卸处
紧定螺钉连接		螺钉直径：$d = (0.2 \sim 0.3)d_1$。 当力或力矩大时取较大值	紧定螺钉常用来固定两零件的相对位置，并可传递不大的力和转矩

除了上述四种基本螺纹连接以外,还有一些特殊结构的螺纹连接。例如,专门用于将机座或机架固定在地基上的地脚螺栓连接,装在机器或大型零部件的顶盖或外壳上便于起吊用的吊环螺栓连接,用于工装设备中的 T 形槽螺栓连接等。

2. 标准螺纹紧固件

螺纹紧固件的种类很多,在机械设备中常见的有螺栓、双头螺栓、螺钉、螺母和垫圈等。它们的结构形式和尺寸都已标准化,设计时应根据有关标准选用。常用的标准螺纹紧固件的类型、图例、结构特点和应用见表 8.21。

表 8.21　常用的标准螺纹紧固件的类型、图例、结构特点和应用

类型	图　例	结构特点和应用
六角头螺栓	碾制末端	种类很多,应用最广,精度分为 A 级、B 级、C 级,通用机械制造中多用 C 级(左图)。螺栓杆可制出一段螺纹或全螺纹,螺纹可用粗牙或细牙(A 级、B 级)
双头螺柱	倒角端　倒角端　A型　碾制末端　碾制末端　B型	螺柱两端都制有螺纹,两端螺纹可相同或不同,螺柱可带退刀槽或制成腰杆,也可制成全螺纹的螺柱。螺柱的一端常用于旋入铸铁或有色金属的螺纹孔中,旋入后一般不拆卸,另一端则用于安装螺母以固定其他零件
螺钉		螺钉头部形状有圆头、扁圆头、六角头、圆柱头和沉头等。头部起子槽有一字槽、十字槽和内六角孔等形式。十字槽螺钉头部强度高、对中性好,便于自动装配。内六角孔螺钉能承受较大的扳手力矩,连接强度高,可代替六角头螺栓,应用于要求结构紧凑的场合
紧定螺钉		常用的紧定螺钉的末端形状有锥端、平端和圆柱端。锥端适用于被紧定零件的表面硬度较低或不经常拆卸的场合;平端接触面积大,不损伤零件表面,常应用于顶紧硬度较大的平面或经常拆卸的场合;圆柱端压入轴上的凹坑中,适用于紧定空心轴上的零件位置

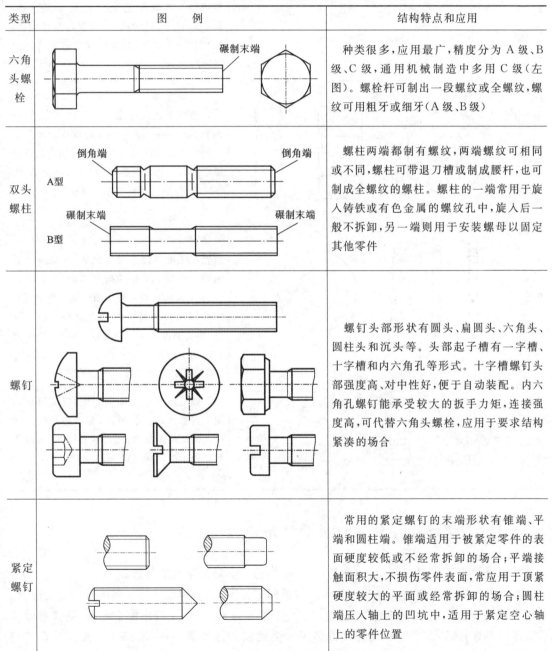

续表

类型	图　例	结构特点和应用
自攻螺钉	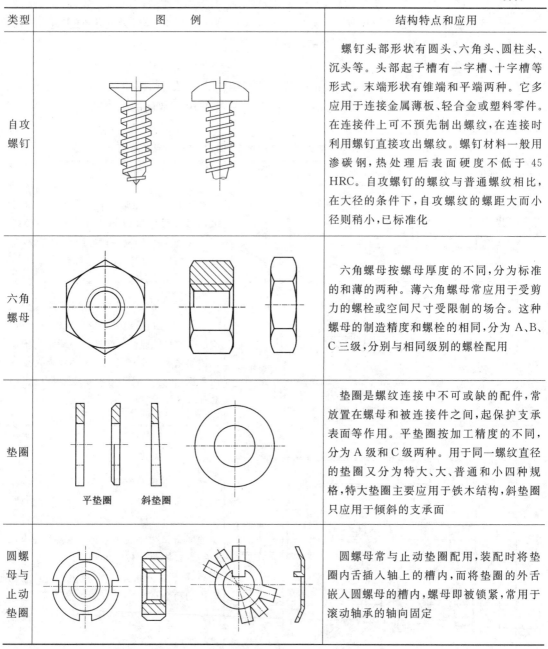	螺钉头部形状有圆头、六角头、圆柱头、沉头等。头部起子槽有一字槽、十字槽等形式。末端形状有锥端和平端两种。它多应用于连接金属薄板、轻合金或塑料零件。在连接件上可不预先制出螺纹,在连接时利用螺钉直接攻出螺纹。螺钉材料一般用渗碳钢,热处理后表面硬度不低于 45 HRC。自攻螺钉的螺纹与普通螺纹相比,在大径的条件下,自攻螺纹的螺距大而小径则稍小,已标准化
六角螺母		六角螺母按螺母厚度的不同,分为标准的和薄的两种。薄六角螺母常应用于受剪力的螺栓或空间尺寸受限制的场合。这种螺母的制造精度和螺栓的相同,分为 A、B、C 三级,分别与相同级别的螺栓配用
垫圈	平垫圈　斜垫圈	垫圈是螺纹连接中不可或缺的配件,常放置在螺母和被连接件之间,起保护支承表面等作用。平垫圈按加工精度的不同,分为 A 级和 C 级两种。用于同一螺纹直径的垫圈又分为特大、大、普通和小四种规格,特大垫圈主要应用于铁木结构,斜垫圈只应用于倾斜的支承面
圆螺母与止动垫圈		圆螺母常与止动垫圈配用,装配时将垫圈内舌插入轴上的槽内,而将垫圈的外舌嵌入圆螺母的槽内,螺母即被锁紧,常用于滚动轴承的轴向固定

8.4.2　螺纹连接件的材料和许用应力

　　螺纹连接件等级包含两类:一类是产品等级,另一类是力学性能等级。

　　产品等级表示产品的加工精度等级。根据国家标准规定,螺纹连接件精度等级分为 3 级,其代号为 A、B、C。A 级精度螺纹连接件的公差小,精度最高,用于要求配合精确、防止振动等重要零件的连接;B 级精度螺纹连接件多用于受载较大且经常装拆、调整或承受变载荷的连接;C 级精度螺纹连接件多用于一般的螺纹连接。

螺纹连接件的力学性能等级表示连接件材料的力学性能,如强度、硬度的等级。国家标准规定螺纹连接件按材料的力学性能区分等级(详见 GB/T 3098.1—2010 和 GB/T 3098.2—2015)。螺栓(双头螺柱、螺钉)的力学性能见表 8.22,一般而言,4.6、4.8 级应用于不重要的螺栓,5.6、5.8、6.8 级应用于一般螺栓,8.8、9.8 级应用于较重要的螺栓,10.9、12.9 级应用于主要螺栓。小数点前的数字代表材料的抗拉强度极限的 $1/100(\sigma_b/100)$,小数点后的数字代表材料的屈服极限(σ_s 或 $\sigma_{0.2}$)与抗拉强度极限(σ_b)的比值(屈强比)的 10 倍($10\sigma_s/\sigma_b$)。例如,性能等级 4.6 中,4 表示材料的抗拉强度极限($\sigma_b=400$ MPa)的 $1/100$,6 表示材料的屈服极限与抗拉强度极限的比值的 10 倍,$\sigma_s=240$ MPa。

表 8.22　螺栓(双头螺柱、螺钉)的力学性能(摘自 GB/T 3098.1—2010)

性能等级	4.6	4.8	5.6	5.8	6.8	8.8		9.8	10.9	12.9
						≤M16	>M16			
最小抗拉强度极限 σ_{bmin}/MPa	400	400	500	600	800		900	1000	1200	
屈服极限 σ_s/MPa	240	—	—	—	—	—		—	—	—
材料、热处理	Q215、15、10	Q235	Q235、35	15、25	35、45	低碳合金钢(如硼、锰、铬等)、中碳优质钢、淬火并回火		15MnVB、20CrMnTi、40Cr 等淬火并回火	15MnVB、30CrMnTi 等合金钢,淬火并回火	
最低硬度 HBW_{min}	114	124	147	152	181	245	250	286	316	380
相配螺母的性能等级	04(d>M16) 05(d≤M16)		05	5	6 (M16<d≤M39)		8(d≤M16)	10	12(d≤M39)	

注:(1) 螺母材料可与螺栓(双头螺柱)材料相同或稍差,硬度则略低。

(2) 规定性能等级的螺栓、螺母在图样中只标出性能等级,不应标出材料牌号。螺母的性能等级分为 7 个等级(见表 8.23),性能等级对应的数字粗略表示螺母保证(能承受的)最小应力(σ_{min}/MPa)的 $1/100$,即 $\sigma_{min}/100$。选用时,须注意所用螺母的性能等级不低于与其相配螺栓的性能等级(螺母应比螺栓经济)。

表 8.23　螺母的力学性能(摘自 GB/T 3098.2—2015)

性能等级	04	05	5	6	8	10	12
螺母保证最小应力 σ_{min}/MPa	510 (d≥16~39)	520 (d≥3~4,右同)	600	800	900	1040	1150
推荐材料	易切削钢,低碳钢		低碳钢或中碳钢	中碳钢		中碳钢,低、中碳合金钢淬火并回火	
相配螺栓的性能等级	4.6,4.8 (d>M16)	4.6,4.8 (d≤M16); 5.6,5.8	6.8	8.8	8.8 (M16<d≤M39)、9.8(d≤M16)	10.9	12.9

注:(1) 均指粗牙螺纹螺母。

(2) 性能等级为 10、12 的螺母硬度最大值为 36HRC。

适合制造螺纹连接件的材料品种很多,根据受载情况,螺纹连接件应当采用塑性材料,最常用的是钢,可视载荷大小、变化性质和重要程度等采用普通碳素钢、优质碳素钢或合金钢。

一般条件下,常用的材料有低碳钢(Q215 钢、10 钢)和中碳钢(Q235 钢、35 钢、45 钢)。对于承受冲击、振动或变载荷的螺纹连接件,可采用低合金钢、合金钢,如 15Cr、40Cr、30CrMnSi 等。标准规定:8.8 级和 8.8 级以上的低碳钢或中碳钢都须经淬火并回火处理,对于具有特殊用途(如耐蚀、防磁、导电或耐高温等)的螺纹连接件,可采用特种钢或钢合金、铝合金等,并经表面处理(如氧化、镀锌钝化、磷化、镀镉等)。

普通垫圈的材料,推荐采用 Q235 钢、15 钢、35 钢;弹簧垫圈用 65Mn 钢制造,并进行热处理和表面处理,因此具有弹性。

对于一般机械设计,螺纹连接件常用材料的力学性能见表 8.24。

表 8.24　螺纹连接件常用材料的力学性能

钢号	抗拉强度极限 σ_b/MPa	屈服极限 σ_s/MPa	疲劳极限	
			弯曲 σ_{-1}/MPa	拉压 σ_{-1T}/MPa
10	335	205	160～220	120～150
Q235	370～500	235	170～220	120～160
35	530	315	220～300	170～220
45	600	355	250～340	190～250
40Cr	980	785	320～440	240～340

注:螺栓直径 d 小时,取偏高值。

8.4.3　螺纹连接的拧紧

绝大多数螺纹连接,在装配时都需要拧紧,使连接在承受工作载荷前预先受到力的作用,这个作用力称为预紧力,用 F' 表示。存在预紧力的螺纹连接称为紧连接;也有极少数在装配时不需要拧紧的螺纹连接,称为松连接。

螺纹连接拧紧的目的是提高连接的可靠性、紧密性和防松能力,防止受载后被连接件之间出现缝隙或发生相对滑移。适当选用较大的预紧力,对提高螺纹连接的可靠性及连接件的疲劳强度都是有利的,但若预紧力过大,螺纹紧固件在装配过程中或偶然过载情况下会被拉断;若预紧力过小,在工作载荷作用下,螺纹连接容易松动。因此,对于重要的螺纹连接,装配时需要控制预紧力的大小,可通过控制拧紧力矩等方法来实现。

1. 螺纹连接的拧紧力矩

以螺栓连接为例计算螺纹连接拧紧力矩,所得结论同样适用于其他螺纹连接形式。

如图 8.37 所示,拧紧螺母时,螺栓和被连接件受到预紧力 F' 的作用,而拧紧螺母需要的拧紧力矩 T 是螺纹阻力矩 T_1 与螺母支承面摩擦力矩 T_f 之和,即 $T = T_1 + T_f$。因为螺纹阻力矩 $T_1 = \dfrac{F'\tan(\psi+\rho_v)d_2}{2}$,螺母支承面的摩擦力矩 $T_f = \dfrac{1}{3}f_c F'\dfrac{D_0^3-d_0^3}{D_0^2-d_0^2}$,所以螺母的拧紧力矩为

$$T = \frac{1}{2}\left[\frac{d_2}{d}\tan(\psi+\rho_v) + \frac{2f_c}{3d}\left(\frac{D_0^3-d_0^3}{D_0^2-d_0^2}\right)\right]F'd = KF'd \tag{8.5}$$

式中:d_2 为中径,即在螺纹轴向剖面内,牙厚等于牙间宽处的圆柱直径;d 为大径,即螺纹的最大直径,又称为螺纹的公称直径;ψ 为螺纹升角;ρ_v 为三角形螺纹的当量摩擦角;f_c 为螺母支承面与被连接件之间的摩擦系数;d_0 为螺栓孔直径;D_0 为螺母支承面的外径;K 为拧紧力矩

系数,一般计算取 $K=0.2$。

对于公称直径 d 一定的螺栓,当所要求的预紧力 F' 已知时,可按式(8.5)计算所需的拧紧力矩。在工程实际中,一般用扳手拧紧螺纹连接,标准扳手的长度 $L≈15d$,若加在扳手上的拧紧力为 F,则产生的拧紧力矩 $T=FL$,由式(8.5)可知,加在扳手上的拧紧力 F 与螺栓中产生的预紧力 F' 之间的关系为 $F'≈75F$。由此可见,扳手上较小的拧紧力就可以在螺栓中产生很大的预紧力,若 $F=200$ N,则 $F'=15000$ N。如果用这个拧紧力拧紧 M12 以下的钢制螺栓,很可能导致螺栓过载折断。因此,对于重要的连接,应尽可能不使用 M12 以下的螺栓,如果必须使用,在装配时应严格控制其预紧力。

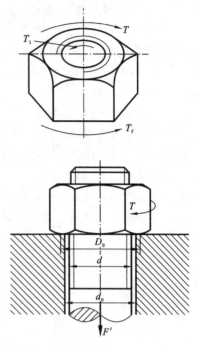

2. 控制预紧力的方法

控制预紧力的方法很多,常用以下 3 种方法。

(1) 用测力矩扳手[见图 8.38(a)]或定力矩扳手[见图 8.38(b)]控制拧紧力矩,从而控制螺纹连接的预紧力,这种方法简便易行、操作方便,但由于拧紧力矩受摩擦系数波动的影响较大,故准确性较低。同时,这种方法也不适用于大型螺栓连接的预紧。

图 8.37　螺纹连接拧紧力矩的计算

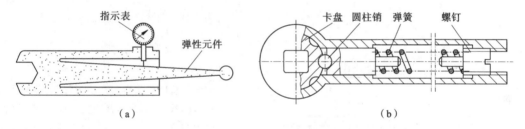

图 8.38　控制拧紧力矩用的扳手

(2) 安装时测量螺栓的伸长量 δ,使螺栓的伸长量达到 $\delta=F'/C_1$(C_1 为螺栓的刚度),以保证所需的预紧力。

(3) 规定开始拧紧后螺母扳动的角度或圈数。对于大型螺栓连接,可用液压预拉伸或加热的方法使螺栓伸长到需要的变形量,再把螺母拧至与被连接件贴合的位置。

8.4.4　螺纹连接的防松

螺纹连接件一般采用单线普通螺纹。螺纹升角 ψ 也小于螺旋副的当量摩擦角 ρ_v。因此,连接螺纹都能满足自锁条件 $\psi≤\rho_v$。此外,拧紧以后螺母和螺栓头部等支承面上的摩擦力也具有防松作用,所以在静载荷和工作温度变化不大的条件下,螺纹连接不会自动松脱。但在冲击、振动或变载荷的作用下,螺旋副之间及螺母、螺栓头与支承面之间的摩擦阻力可能减小或瞬间消失。多次出现这种现象,就会使连接松动甚至松脱。在高温或温度变化较大的条件下,螺纹连接件和被连接件的材料发生蠕变和应力松弛,也会使连接中的预紧力和摩擦力逐渐减小,最终导致连接失效。

　　螺纹连接一旦松脱,轻则影响机器的正常运转,重则造成严重事故。因此,为了防止连接松脱,保证连接安全、可靠,设计时必须采取有效的防松措施。

　　防松的根本问题在于防止螺旋副在受载时发生相对转动。防松的方法很多,按其工作原理可分为以下 3 类。

　　(1) 摩擦防松:在螺纹副中产生正压力,以形成阻止螺纹副相对运动的摩擦力。

　　(2) 机械防松:采用止动元件,约束螺纹副之间的相对转动。

　　(3) 永久防松:采取某种措施使螺纹副变为非螺纹副。

　　摩擦防松方法简单、方便,但没有机械防松方法可靠,适用于机械外部静止构件的连接及防松要求不严格的场合;机械防松方法可靠,但拆卸麻烦,适用于机器内部不易检查的连接,以及防松要求较高的场合。螺纹连接常用的防松方法见表 8.25。

表 8.25　螺纹连接常用的防松方法

防松方法		结构形式	特点、应用
摩擦防松	对顶螺母		两螺母对顶拧紧后,旋合螺纹之间始终受到附加的压力和摩擦力的作用。工作载荷有变动时,该摩擦力仍然存在。下螺母螺纹牙受力较小,其高度可小些,但为了防止装错,两螺母结构的高度宜相等。 　结构简单,适用于平稳、低速和重载的固定装置上的连接
	弹簧垫圈		弹簧垫圈的材料为高强度锰钢,装配后弹簧垫圈被压平,其反弹力使螺纹之间产生压紧力和摩擦力,且垫圈切口处的尖角也能阻止螺母转动、松脱。 　结构简单、使用方便,但垫圈弹力不均,因此很不可靠,多用于不太重要的连接
	弹性紧锁螺母		在螺母的上部做成有槽的弹性结构,装配前这一部分的内螺纹尺寸略小于螺栓的外螺纹尺寸。装配时利用弹性,使螺母稍有扩张,螺纹之间得到紧密的配合,保有一定的表面摩擦力。 　结构简单、防松可靠,可多次装拆而不降低防松性能

续表

防 松 方 法		结 构 形 式	特点、应用
摩擦防松	尼龙圈锁紧螺母		利用螺母末端的尼龙圈箍紧螺栓,横向压紧螺纹,防松效果好。用于工作温度小于100 ℃的连接
机械防松	开口销与六角开槽螺母		六角开槽螺母拧紧后,开口销穿过螺栓尾部小孔和螺母的槽,先用普通螺母拧紧,再配钻开口销孔
	圆螺母加带翅垫片		使带翅垫片嵌入螺栓(轴)的槽内,拧紧螺母后外翅之一折嵌于螺母的一个槽内
	止动垫圈		螺母拧紧后,将单耳或双耳止动垫圈分别向螺母和被连接件的侧面折弯贴紧,即可将螺母锁住。若两个螺栓需要锁紧,可采用双联止动垫圈,使两个螺母相互制动。 　结构简单、使用方便、防松可靠

防松方法		结构形式	特点、应用
机械防松	串联钢丝	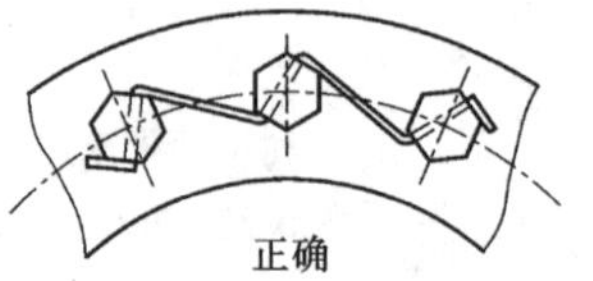 正确 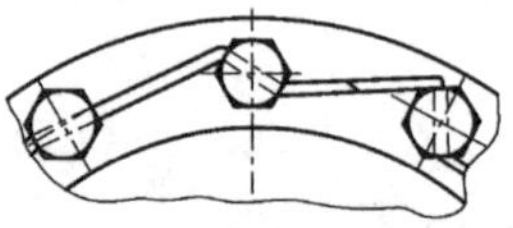 错误	用低碳钢丝穿入各螺钉头部的孔内,将各螺钉串联起来,使其相互制动。使用时必须注意钢丝的穿入方向(上图正确,下图错误)。 适用于螺钉组连接,防松可靠,但装拆不方便。
永久防松	冲点法防松	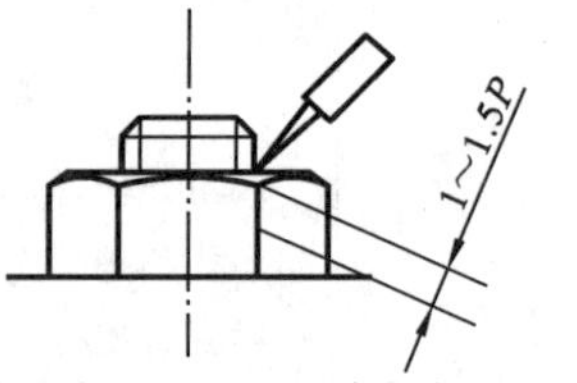 冲点法防松　　用冲头冲2～3点	永久防松有冲点、黏结、铆接及焊接防松等,防松可靠,但拆卸后螺旋副一般不可再使用,故一般用于装配后不再拆卸的连接
	黏结剂防松	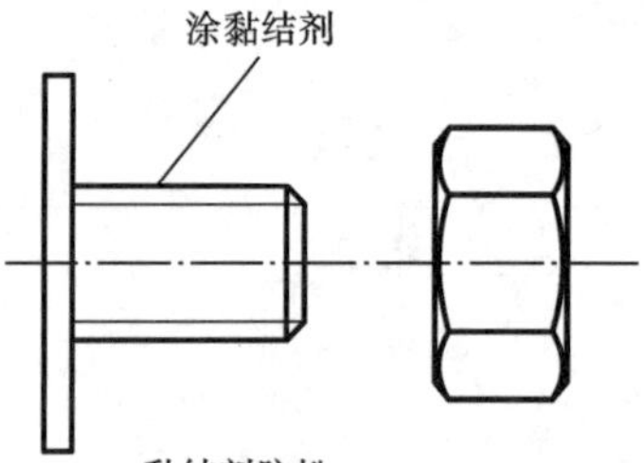 黏结剂防松	

8.4.5　螺栓组连接的结构设计

螺栓组连接结构设计的主要目的是合理地确定连接接合面的几何形状、螺栓的数目及布置形式,力求各螺栓和连接接合面间受力均匀,便于加工和装配。设计时主要考虑以下几点。

(1) 连接接合面的几何形状应尽量简单。

连接接合面的几何形状通常设计成轴对称的简单几何形状,如圆形、环形、矩形、三角形等。这样不仅便于加工制造,还便于对称布置螺栓,使螺栓组的对称中心和连接接合面的形心重合,从而保证连接接合面受力比较均匀。图 8.39 所示为螺栓组连接接合面的形状。

(2) 螺栓的布置应使各螺栓受力合理。

对于铰制孔用螺栓组连接,不要在平行于工作载荷的方向上成排地布置 8 个以上螺栓,以免载荷分布过于不均。当螺栓组连接承受弯矩或转矩时,应使螺栓的位置适当地靠近接合面边缘(见图 8.39),以减小螺栓的受力。受较大横向载荷的螺栓组连接应采用铰制孔或采用减荷装置,如图 8.40 所示,其中图 8.40(a)所示为套筒减荷,图 8.40(b)所示为键减荷,图 8.40(c)所示为销钉减荷。

(3) 螺栓排列应有合理的边距和间距。

布置螺栓时,螺栓轴线与机体壁面间的最小距离应根据扳手所需活动空间的大小来决定,如图 8.41 所示的扳手空间尺寸。对于有紧密性要求的重要螺栓组连接,螺栓间距 t_0 不得大

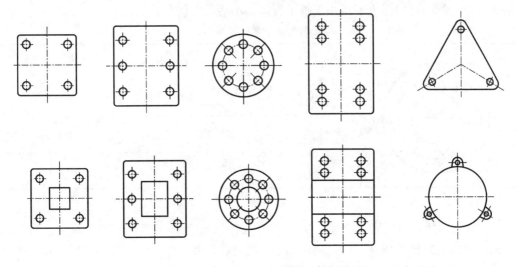

图 8.39　螺栓组连接接合面的形状

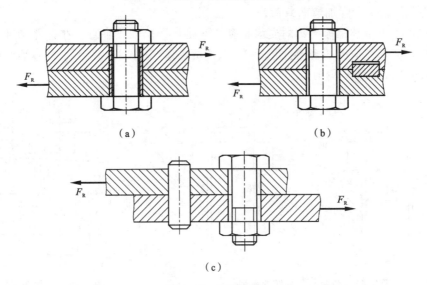

图 8.40　减荷装置

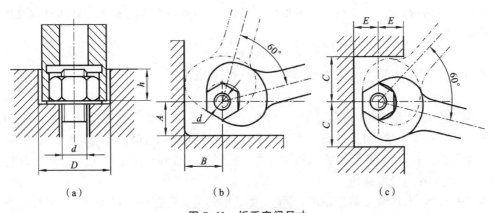

图 8.41　扳手空间尺寸

注:A、B、C、D、E 仅表示扳手拧紧螺栓时涉及的几个尺寸,没有固定含义。

于表 8.26 中的推荐值,但也不得小于扳手所需最小活动空间尺寸。

表 8.26 螺栓间距 t_0

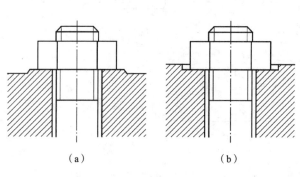

	工作压力/MPa					
≤1.6	1.6～4	4～10	10～16	16～20	20～30
t_0/mm						
7d	4.5d	4.5d	4d	3.5d	3d

注:d 为螺栓公称直径。

（4）螺栓的数目和规格。

同一圆周上螺栓的数目,应尽量取 4、6、8 等偶数,以便于加工时分度和划线。同一螺栓组中螺栓的直径、长度及材料均应相同。

（5）避免螺栓承受附加弯曲载荷。

被连接件上螺母和螺栓头部的支承面应平整并与螺栓轴线垂直。在铸件、锻件等粗糙表面上安装螺栓的部位应做凸台[见图 8.42(a)]或沉头座[见图 8.42(b)]。支承面为倾斜面时,应采用斜面垫圈,如图 8.43 所示。

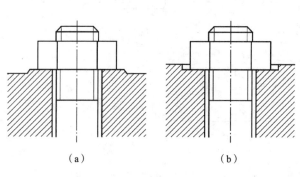

（a） （b）

图 8.42 凸台与沉头座的应用

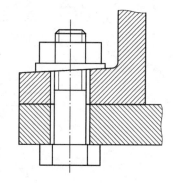

图 8.43 斜面垫圈的应用

螺栓组的结构设计,除了应综合考虑以上各点以外,还应根据连接的工作条件合理地选择螺栓组的防松装置。

8.4.6 螺栓连接的失效形式和设计准则

对构成整个连接的螺栓组而言,所受的载荷可能包括轴向载荷、横向载荷、弯矩和转矩等,但对于其中每一个螺栓,所受的载荷不外乎是轴向载荷或横向载荷。普通螺栓连接工作时,螺栓主要承受轴向拉力(包括预紧力),故又称为受拉螺栓。铰制孔用螺栓连接工作时,螺栓只承受剪切力,故又称为受剪螺栓。

对于受拉螺栓,在静载荷作用下,其主要失效形式为螺纹部分和螺栓杆发生塑性变形或断裂;在变载荷作用下,其失效形式多为螺栓发生疲劳断裂。统计资料表明,在静载时螺栓连接很少被破坏,只有在严重过载的情况下才会被破坏;约有 90% 属于疲劳破坏,疲劳断裂通常发

生在有应力集中的部位(见图 8.44)。如果螺纹精度低或连接经常装拆,则可能产生螺纹牙滑
扣失效。

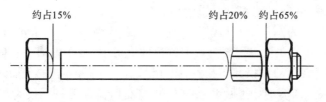

约占15%　　　　　　　　约占20%　约占65%

图 8.44　受拉螺栓失效部位

受剪螺栓的主要失效形式为螺栓杆和孔壁的贴合面发生压溃或螺栓杆被剪断等。

综上所述,对于受拉螺栓,设计准则是保证螺栓的静力或疲劳抗拉强度;对于受剪螺栓,设
计准则是保证连接的挤压强度和螺栓的抗剪强度,其中连接的挤压强度对连接的可靠性起决
定性作用。

8.5　键、花键、销、无键连接

键和花键主要应用于轴和带毂零件(如齿轮、蜗轮等),实现周向固定以传递转矩。其中有
些还能实现轴向固定以传递轴向力;有些则能构成轴向动连接。销主要用来固定零件的相互
位置,还可用作安全装置。销连接通常只传递少量载荷。成形连接和弹性环连接是轴毂连接
的其他形式,后者只能构成静连接。成形连接又称为无键连接,轴毂连接段为非圆形。

8.5.1　键连接

1. 键连接的功能、分类、结构形式及应用

键是一种标准件,通常用来实现轴与轮毂之间的周向固定以传递转矩,有的还能实现轴上
零件的轴向固定或轴向滑动的导向。键连接的主要类型有平键连接、半圆键连接、楔键连接和
切向键连接。

1) 平键连接

图 8.45(a)所示为普通平键连接的断面图。键的两侧面是工作面,工作时,靠键与键槽侧
面的挤压来传递转矩。键的上表面和轮毂的键槽底面之间留有间隙。平键连接具有结构简
单、装拆方便、对中性较好等优点,因此得到广泛应用。这种键连接不能承受轴向力,因此对轴

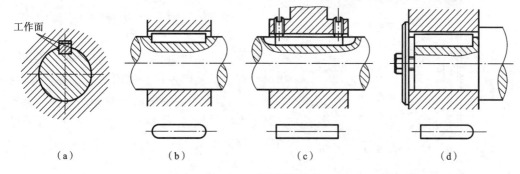

工作面

(a)　　　　　　　(b)　　　　　　　(c)　　　　　　　(d)

图 8.45　普通平键连接

上的零件不能起到轴向固定的作用。

　　根据用途的不同，平键分为普通平键、薄型平键、导向平键和滑键四种。其中普通平键和薄型平键用于静连接，导向平键和滑键用于动连接。

　　普通平键按构造分为圆头平键（A 型）、平头平键（B 型）及单圆头平键（C 型）三种。圆头平键[见图 8.45(b)]宜放在轴上用键槽铣刀铣出的键槽中，键在键槽中轴向固定良好，其缺点是键的头部侧面与轮毂上的键槽并不接触，因此键的圆头部分不能被充分利用，而且轴上键槽端部的应力集中较大。平头平键[见图 8.45(c)]放在用盘铣刀铣出的键槽中，因此避免了上述缺点，但对于尺寸大的键，宜用紧定螺钉固定在轴上的键槽中，以防松动。单圆头平键[见图 8.45(d)]则常用于轴端与毂类零件的连接。

　　薄型平键与普通平键的主要区别是薄型平键的高度为普通平键的 60%～70%，也分圆头、平头和单圆头三种类型，但传递转矩的能力较低，常应用于薄壁结构、空心轴及一些径向尺寸受限制的场合。

　　当被连接的毂类零件（如变速箱中的滑移齿轮）在工作过程中必须在轴上做轴向移动时，则须采用导向平键或滑键。导向平键[见图 8.46(a)]是一种较长的平键，用螺钉固定在轴上的键槽中，为了便于拆卸，键上制有起键螺孔，以便拧入螺钉使键退出键槽。轴上的传动零件则可沿键做轴向滑移。当零件需滑移的距离较大时，由于所需导向平键的长度过大、制造困难，故宜采用滑键[见图 8.46(b)]。滑键固定在轮毂上，轮毂带动滑键在轴上的键槽中做轴向滑移。这样，可将键做得短、只需在轴上铣出较长的键槽即可，从而降低加工难度。

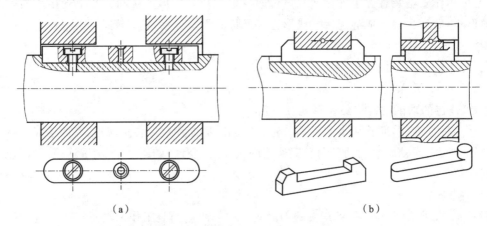

(a)　　　　　　　　　　　　　　　　　　　　　(b)

图 8.46　导向平键连接和滑键连接

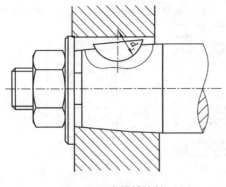

图 8.47　半圆键连接

　　2）半圆键连接

　　半圆键连接如图 8.47 所示。轴上键槽用与半圆键尺寸相同的半圆键槽铣刀铣出，因此键可在轴上键槽中绕其几何中心自由转动，以适应轮毂上键槽的斜度。半圆键连接的优点是工艺性较好，装配方便，尤其适用于锥形轴端与轮毂的连接。其缺点是轴上键槽较深，对轴的强度削弱较大，故一般只用于轻载静连接。

　　3）楔键连接

　　楔键连接如图 8.48 所示。键的上下两面是工作面,键的上表面和与它相配合的轮毂键槽底面均具有 1：100 的斜度。装配后,键即楔紧在轴和轮毂的键槽里。工作时,依靠键的楔紧作用来传递转矩,同时还可以承受单向的轴向载荷,对轮毂起到单向的轴向固定作用。楔键的侧面与键槽侧面之间有很小的间隙,当转矩过载导致轴与轮毂发生相对转动时,键的侧面能像平键那样工作。因此,楔键连接在传递有冲击和振动的较大转矩时,仍能保证连接的可靠性。楔键连接的缺点是键楔紧后,轴和轮毂的配合会产生偏心和偏斜。因此,楔键连接主要应用于毂类零件的定心精度要求不高和低转速的场合。

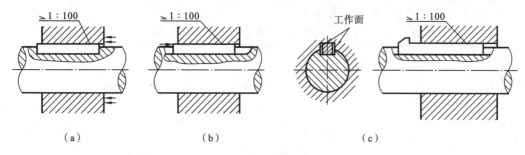

图 8.48　楔键连接

楔键分为普通楔键和钩头形楔键,普通楔键有圆头[见图 8.48(a)]、平头[见图 8.48(b)]和单圆头三种类型。装配圆头楔键时,要先将键放入轴上键槽中,再打紧轮毂,而装配平头、单圆头和钩头形楔键[见图 8.48(c)]时,要在轮毂装好后将键放入键槽并打紧。钩头形楔键的钩头供拆卸用,安装在轴端时,应注意加装防护罩。

4) 切向键连接

切向键连接如图 8.49 所示。将一对斜度为 1：100 的楔键分别从轮毂两端打入,得到切向键,拼合而成的切向键就沿轴的切线方向楔紧在轴与轮毂之间。其工作面就是拼合后相互平行的两个窄面,工作时依靠这两个窄面上的挤压力以及轴与轮毂间的摩擦力来传递转矩。必须注意的是,用一个切向键只能传递单向转矩,用两个切向键则可传递双向转矩,且两者间的夹角为 120°～130°。考虑到切向键的键槽对轴的削弱较大,因此其常应用于直径大于 100 mm 的轴上。例如,大型带轮、大型飞轮、矿山用大型绞车的卷筒及齿轮等与轴的连接。

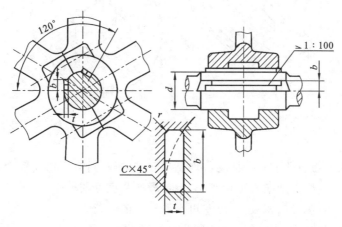

图 8.49　切向键连接

2. 键的选择和键连接强度计算

键的选择包括类型选择和尺寸选择两个方面。键的类型应根据键连接的结构特点、使用要求和工作条件来选择;键的尺寸则按符合标准规格和强度要求来选定。键的主要尺寸为其截面尺寸(一般以键宽 b×键高 h 表示)和键长 L。键的截面尺寸 $b×h$ 按轴的直径 d 从标准中选定。键的长度 L 一般可按轮毂的长度来选定,即键长比轮毂的长度短 5～10 mm;而导向平键则按轮毂的长度及其滑动距离确定。一般轮毂的长度可取为 $L'=(1.5～2)d$,这里 d 为轴的直径。所选定的键长也应符合标准规定的长度系列。普通平键和普通楔键的主要尺寸见表8.27。对于重要的键连接,在选出键的类型和尺寸后,还应进行强度校核计算。键的材料通常采用 45 钢,如果强度不够,通常采用双键。

表 8.27　普通平键和普通楔键的主要尺寸　　　　　　　　　　　单位:mm

轴的直径	>6～8	>8～10	>10～12	>12～17	>17～22	>22～30	>30～38	>38～44
键宽 b×键高 h	2×2	3×3	4×4	5×5	6×6	8×7	10×8	12×8
轴的直径	>44～50	>50～58	>58～65	>65～75	>75～85	>85～95	>95～100	>100～130
键宽 b×键高 h	14×9	16×10	18×11	20×12	22×14	25×14	28×16	32×18
键的长度系列 L	6,8,10,12,14,16,18,20,22,25,28,32,36,40,45,50,56,63,70,80,90,100,110,125,140,180,200,220,250,…							

8.5.2　花键连接

花键连接由外花键[见图8.50(a)]和内花键[见图8.50(b)]组成。由图8.50可知,花键连接是平键连接在数目上的发展。但是,由于结构形式和制造工艺的不同,与平键连接相比,花键连接在强度、工艺和使用方面具有以下优点。

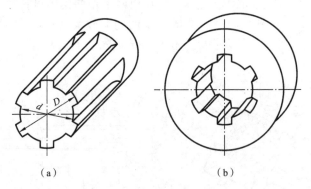

（a）　　　　　　　　　　　　　　　　（b）

图 8.50　花键连接

(1) 因为在轴上与毂孔上直接而匀称地制出较多的齿与槽,所以连接受力较为均匀。

(2) 由于槽较浅,齿根处应力集中较小,轴与毂的强度削弱较少。

(3) 齿数较多,总接触面积较大,因此可承受较大的载荷。

(4) 轴上零件与轴的对中性好(这对高速及精密机器很重要)。

(5) 导向性较好(这对动连接很重要)。

(6) 可用磨削的方法提高加工精度及连接质量。

花键连接的缺点是齿根仍有应力集中,有时需用专门设备加工,成本较高。因此,花键连接适用于定心精度要求高、载荷大或经常滑移的连接。花键连接的齿数、尺寸、配合等均应按标准选取。

按齿的类型不同,花键连接可分为矩形花键连接和渐开线花键连接,均已标准化。

1）矩形花键连接

图 8.51 所示为矩形花键连接,键齿的两侧面为平面,形状较为简单,加工方便。花键通常要进行热处理,表面硬度应高于 40 HRC。矩形花键连接的定心方式为小径定心,外花键和内花键的小径为配合面。由于制造时轴和毂上的接合面都要经过磨削,因此其能消除热处理引起的变形,具有定心精度高、定心稳定性高、应力集中较小、承载能力较大的特点,应用广泛。

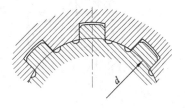

图 8.51　矩形花键连接

根据花键的齿数和齿高的不同,矩形花键的齿形尺寸分为轻、中两个系列。轻系列承载能力较小,一般用于轻载连接或静连接;中系列用于中等载荷的连接。

2）渐开线花键连接

图 8.52 所示为渐开线花键连接。渐开线花键的齿廓为渐开线,与渐开线齿轮相比,主要有以下 3 点不同。

（1）压力角不同。渐开线花键的分度圆压力角有 30°[见图 8.52（a）]和 45°[见图 8.52（b）]两种。

（2）键齿较短、齿根较宽。两种压力角对应的齿顶高系数分别为 0.5 和 0.4。

（3）不产生根切的最少齿数较少。渐开线花键不产生根切的最少齿数为 $z_{min} = 4$。

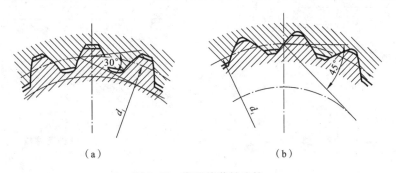

（a）　　　　　　　　　　（b）

图 8.52　渐开线花键连接

渐开线花键可以用制造齿轮的方法来加工,工艺性较好,制造精度也较高,花键齿的根部强度高、应力集中小、易于定心,当传递的转矩较大且轴径也大时,宜采用渐开线花键连接。对于压力角为 45°的渐开线花键,由于齿形钝而短,与压力角为 30°的渐开线花键相比,对连接件的削弱较少,但齿的工作面高度较小,故承载能力较弱,多用于载荷较轻、直径较小的静连接,特别适用于薄壁零件的轴毂连接。

8.5.3　销连接

用来固定零件之间相对位置的销,称为定位销（见图 8.53）,它是组合加工和装配时的重要辅助零件;用于连接的销,称为连接销（见图 8.54）,可传递不大的载荷;可作为安全装置中的过载剪断元件的销,称为安全销（见图 8.55）。

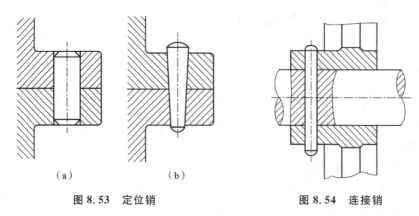

图 8.53　定位销　　　　　　　图 8.54　连接销

　　圆柱销[见图 8.53(a)]依靠过盈配合固定在销孔中,经多次装拆会降低其定位精度和可靠性。圆柱销的直径偏差有 u8、m6、h8 和 h11 四种,以满足不同的使用要求。圆锥销[见图 8.53(b)]具有 1∶50 的锥度,在受横向力时可以自锁。它安装方便、定位精度高,可多次装拆而不影响定位精度。

　　端部带螺纹的圆锥销(见图 8.56)可应用于不通孔或拆卸困难的场合。其中,图 8.56(a)所示为螺尾圆锥销,图 8.56(b)所示为内螺纹圆锥销。开尾圆锥销(见图 8.57)适用于有冲击、振动的场合。

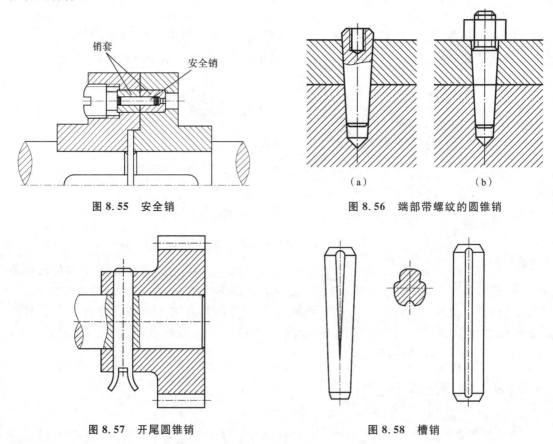

图 8.55　安全销　　　　　　　图 8.56　端部带螺纹的圆锥销

图 8.57　开尾圆锥销　　　　　　图 8.58　槽销

　　槽销上有碾压或模锻出的三条纵向沟槽(见图 8.58),将槽销打入销孔后,由于材料的弹性使销挤紧在销孔中,不易松脱,因此能承受振动和变载荷。安装槽销的孔不需要铰制,加工方便,可多次装拆。销轴用于两零件的铰接处,构成铰链连接(见图 8.59)。销轴通常用开口销锁定,工作可靠、拆卸方便。开口销如图 8.60 所示。装配时,将开口销的尾部分开,以防脱出。开口销除了与销轴配用以外,还常用于螺纹连接的防松装置(见表 8.25)中。

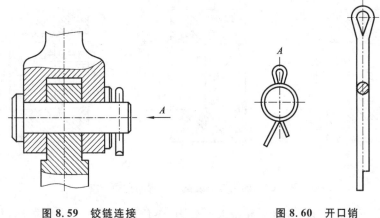

图 8.59　铰链连接　　　　　　　　图 8.60　开口销

定位销通常不受载荷或只受很小的载荷,故不做强度校核计算,其直径可按结构确定,数目一般不少于两个。销装入每一被连接件内的长度,为销直径的 1～2 倍。

连接销的类型可根据工作要求选定,其尺寸可根据连接的结构特点按经验或规范确定,必要时再按剪切和挤压强度条件进行校核计算。

安全销在机器过载时应被剪断,因此销的直径应按过载时被剪断的条件确定。

8.5.4　无键连接

常见无键连接有过盈连接、胀紧连接和型面连接等。

1) 过盈连接

过盈连接是利用两个被连接件本身的过盈配合来实现的。组成连接的零件中一个为包容件,另一个为被包容件。配合表面通常为圆柱面,也有圆锥面的,分别称为圆柱面过盈连接(见图 8.61)和圆锥面过盈连接(见图 8.62)。由于被连接件本身的弹性和装配时的过盈量 δ,在配合面间产生很大的径向压力,工作时依靠这种相伴而生的摩擦力来传递载荷。载荷可以是

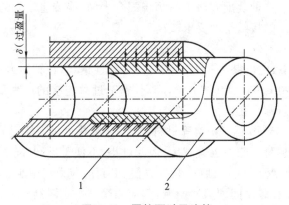

图 8.61　圆柱面过盈连接

1—包容件;2—被包容件

轴向力 F 或转矩 T，或两者的组合，有时也可以是弯矩。连接的摩擦力或摩擦力矩也称为固持力。图 8.62(a) 所示为油从包容件压入，图 8.62(b) 所示为油从被包容件压入，图 8.62(c) 所示为带中间套的过盈连接。

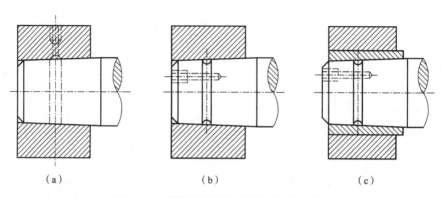

图 8.62　利用液压装配的圆锥面过盈连接

在一般情况下，拆开过盈连接需要很大的外力，零件配合表面常常会损坏，甚至整个零件被破坏。因此，这种连接属于不可拆连接。但是，如果采取适当的拆卸方法，即使过盈量较大的连接也可能是可拆连接，如圆锥面过盈连接、胀紧连接等。

过盈连接具有结构简单、定心性好、承载能力强及在振动载荷下能可靠工作等优点。其主要缺点是配合面的加工精度要求较高，且装配困难。过盈配合常用于机车车轮的轮毂与轮心的连接，以及组合式齿轮、蜗轮的齿圈与轮心的连接等。常用压入法或温差法装配。

过盈连接的承载能力取决于连接固持力的大小和被连接件的强度。因此，在选择配合时，既要使连接具有足够的固持力以保证在载荷作用下不发生相对滑动，又要注意到零件在装配应力状态下满足静强度和疲劳强度的要求。

圆锥面过盈连接在机床主轴的轴端上应用很普遍。装配时，借助转动端螺母或螺钉，并通过压板施力，使轮毂做微量轴向移动，以实现过盈连接，这种连接定心性好，便于装拆，压紧程度易于调整。为保证其可靠性，还常兼用半圆键连接。

对于重载、过盈量大，要求可靠度高的圆锥面过盈连接，可利用液压方法（见图 8.62）。装配时，把高压（200 MPa 以上）油压入连接的配合面间，以胀大包容件、压小被包容件，同时加以不大的轴向力把两件推到预定的相应位置，放出高压油后两件即构成过盈连接。拆卸时，压入高压油，两件即可分开。这种装配方法不易擦伤配合表面，能传递较大的载荷。尤其适用于大型被连接件，但对配合面的接触精度要求较高。

2）胀紧连接

胀紧连接是指在轴毂之间装入一对或数对内外弹性钢环，在轴向力的作用下，同时胀紧轴与毂而构成的连接［见图 8.63(a) 和图 8.63(b)］，属于过盈连接的一种形式，其中一对内外环构成一个胀紧连接套（简称胀套）。

胀套通常用 65 钢、65Mn 钢、70 钢等材料制成，并经热处理。胀套环的半锥角 α 越小，配合面的压力越大，传递载荷的能力也就越大，但 α 过小，不便于拆卸，通常取半锥角 $\alpha=12.5°\sim17°$。胀紧连接的主要特点有：定心性好、装拆方便、引起的应力集中小、承载能力强、具有安全保护作用。但由于受轴和毂之间的尺寸影响，其应用受到一定限制。

3）型面连接

型面连接是指利用非圆截面的轴与相应的毂孔构成的连接（见图 8.64）。轴和毂孔可做

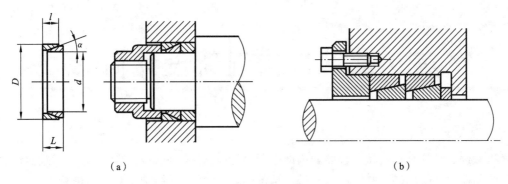

图 8.63　胀紧连接

成柱形[见图 8.64(a)]和锥形[见图 8.64(b)],前者只能传递转矩,但可用作不在载荷下移动的动连接,后者还能传递轴向力。

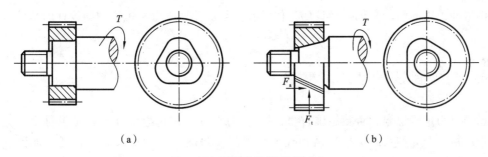

图 8.64　型面连接(未画螺母)

　　型面连接的主要优点有:装拆方便,能保证良好的对中性;没有应力集中源,承载能力强。其缺点是加工工艺较为复杂,特别是为了保证配合精度,非圆截面轴要先经车削,毂孔要先经钻镗或拉削,最后工序一般均要在专用机床上进行磨削加工,故目前应用并不普遍。

　　型面连接常用的型面曲线有摆线、等距曲线两种。此外,方形、正六边形及带切口的非圆形截面形状,在一般工程中较为常见。

第9章　机构创新设计概念

机械创新设计是指机械工程领域内的创新设计,它涉及机械设计理论与方法的创新、制造工艺的创新、材料及其处理的创新、机械结构的创新、机械产品维护及管理的创新等。

9.1　创造性思维与创造能力的培养

创造性思维的活动是创新设计的主体,同时,创造性思维也是机构创新设计的基础与灵感源泉。

9.1.1　创造性思维与潜创造力

思维分为逻辑思维和直觉思维,逻辑思维又包括抽象逻辑思维和形象逻辑思维。逻辑思维是指严格遵循人们在总结事物活动经验和规律的基础上概括出来的逻辑规律进行系统思考,由此及彼进行联动推理。逻辑思维有纵向推理、横向推理和逆向推理等几种方式。

纵向推理是指针对某一现象进行纵深思考,探求其原因和本质而得到新的启示。

横向推理是指根据某一现象联想特点与其相似或相关的事物,进行"特征转移"而进入新的领域。

逆向推理是指根据某一现象、问题或解法,分析其相反的方面,寻找新的途径。

灵感思维的基本特征是其产生的突然性、过程的突发性和成果的突破性。在灵感思维过程中,不仅意识起作用,而且潜意识也在发挥着重要的作用。

创造性思维是逻辑思维和灵感思维的综合,这两种包括渐变和突变的复杂思维过程互相融合、补充和促进,使设计人员的创造力得到更加全面的开发。

知识就是潜在的创造力(简称潜创造力)。人的知识来源于教育和社会实践。受教育的程度和社会实践经验的不同,导致了人们知识结构的差异。凡是具有知识的人都具有潜创造力,只不过由于知识结构的差异,其潜创造力的强弱不同而已。知识的积累过程就是潜创造力的培养过程。知识越丰富,潜创造力就越强。创造性思维与潜创造力是创新的源泉和基础。

9.1.2　创新的涌动力

存在于人类自身的潜创造力,只有在一定压力和一定条件下才会释放出能量。这种压力来自社会因素和自身因素。社会因素主要指周边环境的内外压力,自身因素主要指强烈的事业心。社会因素和自身因素的有机结合才能构成创新的涌动力。没有创新的涌动力就没有创新成果的出现。

创新的过程一般可归纳为:知识(潜创造力)+创新的涌动力+灵感思维 ⇒ 创新成果。

9.2　机构创新方法简介

创新过程十分复杂,阶段性也不明显,有时连创造人员也不清楚成功的过程。但通过不断的分析和总结,创新方法可以大致归纳如下。

1. 仿生创新法

通过对自然界生物机能的分析,类比设计新产品,是一种常用的创造性设计方法。仿人机械手、仿爬行动物的海底机器人、仿动物的四足机器人和多足机器人,就是仿生设计的产物。由于仿生设计法的迅速发展,目前已形成了仿生工程学这一新的学科。使用该方法时,要注意切莫生硬地仿真,否则会走入误区。众所周知,飞机的发明源于对鸟的仿生研究。最初,人们为仿鸟类飞行,把两个大翅膀绑在手臂上,从山顶跳下模仿鸟的飞行。人们付出一系列惨重代价后,认识到人类双臂肌肉的进化程度远远没有达到鸟类翅膀肌肉的进化程度,这才逐步发明出具有固定翼的飞机。仿生创新法是利用生物运动的原理进行创新设计的一种好方法。大自然中许许多多的奇妙生物现象,正在引起科学家的极大兴趣,仿生创新法将会得到更加广泛的应用。

2. 功能设计创新法

功能设计创新法是传统的设计方法,可称为正向设计法。先根据设计要求确定功能目标,再拟订实施技术方案,从中择优设计。例如,设计一夹紧装置,功能目标可以是机械夹紧、液压夹紧、气动夹紧、电磁夹紧。根据不同的功能目标,可设计出功能相同,外形、构造、原理完全不同的夹紧装置。然后,从制造工艺、使用便利性、成本、消费者的心理、可靠性、安全性、维修、社会经济效益等多方面综合考虑,选择理想的产品。若把功能目标选择为机械夹紧,则可利用机械设计的常识进行设计,例如,利用连杆机构的死点位置、利用凸轮机构与自锁的原理、利用自锁螺旋、利用具有自锁性能的斜面机构或组合机构,都可以设计出夹紧装置。再根据技术原理进行具体的结构设计,就可设计出机械夹紧装置。这种设计法采用的是典型的正向思维方式,故称为正向设计法。

3. 移植技术创新设计法

移植技术创新设计法是指把一个领域内的先进技术移植到另一个领域中,或把一种产品内的先进技术应用到另一种产品中,从而获得新产品。例如,把军用激光技术应用到民品开发,产生了激光切割机、激光测距仪、激光手术刀、舞台灯光仪等许多激光制品。不同行业间的技术移植是一种行之有效的创新方法。

4. 类比求优创新设计法

类比求优创新设计法是指对同类产品进行比较,研究同类产品的优点,然后集其优点,去其缺点,设计出同类产品中的最优良品种。日本本田摩托车就是集世界上几十种摩托车的优点设计而成的,其性能好、成本低。但这种方法的前期资金投入过大。

5. 反求创新法

反求创新法是指在引入别人先进产品的基础上,加以分析、改进、提高,最终设计出新产品。日本、韩国经济的迅速发展都与大量使用反求创新法有关。1990 年,我国召开第一届反求工程研讨会后,反求创新法得到了迅速发展。

机构创新设计方法很多,设计人员应根据实际情况进行选择。

9.3 机构创新设计的内容

9.3.1 机器的组成

在机械工程领域中,具体的机械系统称为机器,如汽车、机床、起重机、印刷机、飞机等,机器中的机械运动系统称为机构。从运动学的观点看,机器与机构都是机械。从功能变换的观点看,机构与机器有很大的区别。

机器是用来传递运动或动力的能完成有用的机械功的装置,用来变换或传递能量、物料与信息。其特点如下:

(1) 机器首先必须是执行机械运动的装置;

(2) 机器必须进行物料或信息的变换与传递,并完成有用的机械功;

(3) 机器必须要完成能量的转换。

执行机械运动的装置是机器的主体,该部分是机械创新设计的重点内容。

根据机器的定义,机器中要有动力源,称为原动机;机器中还要有机械运动的传递装置或机械运动形态的变换装置,称为机械传动系统和工作执行系统,统称机械运动系统;现代机器还必须有控制系统。图 9.1 所示为机器组成示意图。

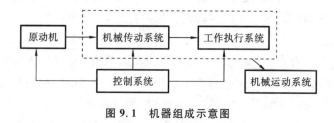

图 9.1 机器组成示意图

9.3.2 机构系统设计要点

设计机构系统时应注意以下要点。

(1) 按机械功能目标选择各简单机构。

(2) 拟定运动循环图。

(3) 进行各简单机构的尺度综合,确定各机构尺寸。

(4) 确定各机构的连接方法与连接件尺寸。

(5) 进行计算机仿真,检验运动协调的可靠性。

(6) 反复进行机构尺寸与位置的修订,直到满意为止,最后进行结构设计。

9.3.3 机构的创新设计

机构的创新设计是指利用各种机构的综合方法设计出能实现特定运动规律、特定运动轨迹或特定运动要求的新机构的过程。例如,设计实现特定运动规律、特定运动轨迹的连杆机构,设计实现特定运动规律的凸轮机构或其他类型的机构都属于机构的创新设计。

新机构的问世,往往会带来巨大的经济和社会效益,并促进人类社会的发展。例如,瓦特机构、斯蒂芬森机构促进了蒸汽机车的发展,斯特瓦特机构导致了新型航天运动模拟器、车辆运动模拟器和并联机床的诞生。所以,机构创新会促进生产的发展和科学技术的进步。

9.3.4　机构的应用创新设计

机构的应用创新设计是指在不改变机构类型的条件下,通过机构中的机架变换、构件形状变异、运动副的形状变异、运动副自由度的等效替换等手段,设计出满足生产需要的新产品的过程。

一个很简单的机构,通过一些变换,可以被设计成形状不同的机械装置,满足各种机械的工作需要。

图 9.2(a)所示为一个常见的曲柄滑块机构,经过运动副 B 的销钉扩大后,可演化出图 9.2(b)所示的偏心盘机构,该机构可广泛应用在短曲柄的冲压装置中。对运动副 B、C 进行变异后,可得到图 9.2(c)所示的泵机构;若对转动副 B、C,移动副及其构件形状同时进行变异,可得到图 9.2(d)所示的剪床机构。对于相同机构,采用不同的变异方式,可获得许多机构简图相同但机械结构和用途不同的机械装置,这类设计称为机构的应用创新设计。

由于机构的类型有限,只有通过应用创新才能不断扩大其应用范围。

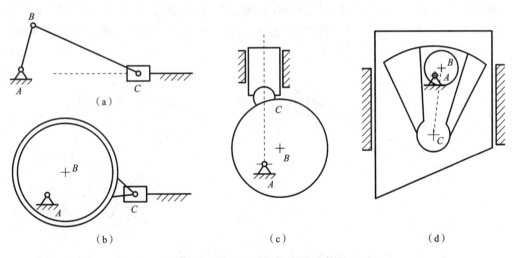

图 9.2　曲柄滑块机构应用示意图

9.3.5　机构组合的创新设计

机构组合的创新设计通常有两种模式:其一是各种基本机构单独工作,通过机械手段和控制手段实现它们之间的运动协调,形成一个完整的系统,完成特定的工作任务;其二是各种基本机构或杆组通过特定的连接方式,组合成一个能满足特定工作要求的机构系统,从而完成特定的工作任务。

实用机械中,很少使用单个机构,大都使用较复杂的机构系统,因此研究机构组合设计的理论与方法很有必要。

9.4　基本机构及其运动变换

基本机构的种类很多,每一个基本机构都能完成一定的运动形态。在机械系统中,连杆机构的应用非常广泛。连杆机构主要作为传递运动或动力的工作执行机构,也可以作为轨迹生成机构。连杆机构的选型与设计是机械设计中最富有创造性的内容。

9.4.1　基本机构的运动形态概述

1. 连杆机构的基本型

1）曲柄摇杆机构及其运动变换

一般情况下,曲柄做等速转动,摇杆做往复摆动。摇杆做往复摆动的平均速度可以相等,也可以不相等。往复摆动的速度可由行程速度变化系数的大小来确定。曲柄摇杆机构可实现等速转动到无急回特征的往复摆动或有急回特征的往复摆动的运动变换。摇杆的摆动角度和速度与机构尺寸密切相关。

图9.3所示为曲柄摇杆机构的基本型。

2）双曲柄机构及其运动变换

两个连架杆都能做整周转动的铰链四杆机构为双曲柄机构。其中,主动曲柄做等速转动,另一个曲柄做变速转动,实现等速转动到变速转动的运动变换。图9.4所示为双曲柄机构的基本型。

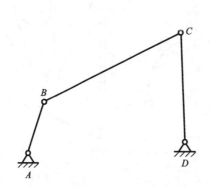

图9.3　曲柄摇杆机构的基本型

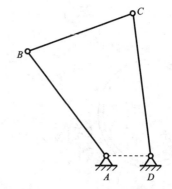

图9.4　双曲柄机构的基本型

若双曲柄机构演化为平行四边形机构,则两曲柄做等速转动。但在使用过程中应注意曲柄与机架共线状态的运动不确定性。

3）双摇杆机构及其运动变换

两个连架杆都不能做整周转动的铰链四杆机构为双摇杆机构。双摇杆机构还可分为有整转副的双摇杆机构和无整转副的双摇杆机构。它们均能实现等速摆动到不等速摆动的运动变换。双摇杆机构的基本型如图9.5所示。

4）曲柄滑块机构及其运动变换

一般情况下,曲柄做等速转动,滑块做往复移动,其往复移动的平均速度可以相等,也可以不相等,这取决于行程速度变化系数的大小。曲柄滑块机构可实现变速往返移动的运动变换。曲柄滑块机构的基本型如图9.6所示。这类机构的滑块也经常用作原动件。

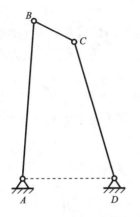

图 9.5　双摇杆机构的基本型

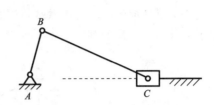

图 9.6　曲柄滑块机构的基本型

5）正弦机构及其运动变换

正弦机构也是一种把曲柄的等速转动转化为往复移动的连杆机构。但其移动的位移与曲柄转角成正弦函数的关系。图 9.7 所示为正弦机构的基本型。

6）正切机构及其运动变换

正切机构是一种把摆杆的等速摆动转化为另一构件的往复移动的连杆机构。但其移动的位移与摆杆转角成正切函数的关系。图 9.8 所示为正切机构的基本型。

7）转动导杆机构及其运动变换

转动导杆机构也是把曲柄的等速转动转化为导杆的连续转动的连杆机构，导杆的连续转动不等速，且具有急回特征。图 9.9 所示为转动导杆机构的基本型。

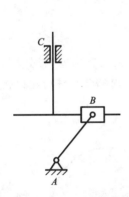

图 9.7　正弦机构的基本型

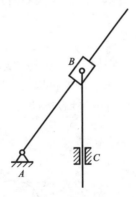

图 9.8　正切机构的基本型

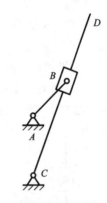

图 9.9　转动导杆机构的基本型

8）曲柄摇块机构及其运动变换

曲柄摇块机构把曲柄的等速转动转化为摇块的不等速往复摆动，其运动变换原理与曲柄摇杆机构的相同。只不过是把摇杆的摆动演化为摇块的摆动。图 9.10 所示为曲柄摇块机构的基本型。

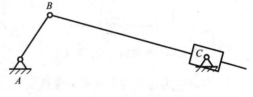

图 9.10　曲柄摇块机构的基本型

9）摆动导杆机构及其运动变换

摆动导杆机构把曲柄的等速转动转化为摆杆的不等速往复摆动，其运动变换原理与曲柄摇杆机构的相同。图 9.11 所示为摆动导杆机构的基本型。

10) 移动导杆机构及其运动变换

移动导杆机构把曲柄的等速转动转化为滑块的不等速往复移动,其运动变换原理与曲柄滑块机构的相同。一般情况下,曲柄无须做整周转动。图9.12所示为移动导杆机构的基本型。

11) 双转块机构及其运动变换

双转块机构是把一个主动构件(滑块)的转动转化为另一个构件(滑块)的转动的连杆机构,其特点是两个滑块的转动中心不共线,该机构广泛应用在不同轴线的联轴器的设计领域。图9.13所示为双转块机构的基本型。

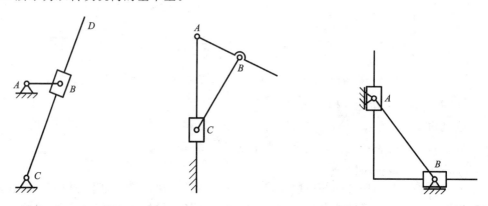

图9.11 摆动导杆机构的基本型　图9.12 移动导杆机构的基本型　图9.13 双转块机构的基本型

12) 双滑块机构及其运动变换

双滑块机构是把一个滑块的等速移动转化为另一个滑块的不等速移动的连杆机构,是一种实现移动到移动变换的典型机构。图9.14所示为双滑块机构的基本型。

2. 齿轮类机构的基本型

1) 单级圆柱齿轮机构及其运动变换

圆柱齿轮机构用于平行轴之间的等速转动到转动的运动变换,实现机构的增速或减速传动,常应用于减速器或变速器。外啮合圆柱齿轮机构用于反向传动,内啮合圆柱齿轮机构用于同向传动。图9.15所示为外啮合圆柱齿轮机构示意图。

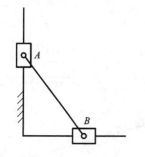

图9.14 双滑块机构的基本型

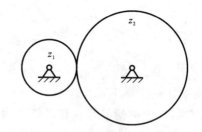

图9.15 外啮合圆柱齿轮机构示意图

2) 单级锥齿轮机构及其运动变换

锥齿轮机构用于垂直相交轴之间的等速转动到等速转动的运动变换,实现机构的减速或增速传动。图9.16所示为锥齿轮机构示意图。

3) 单级蜗杆传动机构及其运动变换

蜗杆传动机构用于垂直不相交轴之间的等速转动到等速转动的运动变换,实现机构的大速比减速传动。一般情况下蜗杆传动机构具有自锁性。图 9.17 所示为蜗杆传动机构示意图。

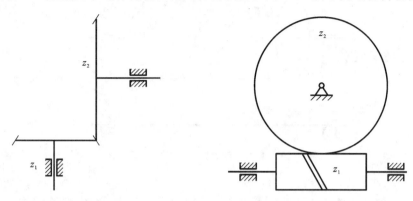

图 9.16　锥齿轮机构示意图　　　　　　　图 9.17　蜗杆传动机构示意图

齿轮机构的组合是设计减速器和变速器的理论基础。

3. 凸轮类机构的基本型

1）直动从动件盘形凸轮机构及其运动变换

直动从动件盘形凸轮机构把凸轮的等速转动转化为从动件的往复直线移动，其移动的位移、速度、加速度与凸轮的轮廓曲线形状有关，直动从动件盘形凸轮机构示意图如图 9.18 所示。

2）摆动从动件盘形凸轮机构及其运动变换

摆动从动件盘形凸轮机构把凸轮的等速转动转化为从动件的往复摆动，其摆动的角位移、角速度、角加速度与凸轮的轮廓曲线形状有关，摆动从动件盘形凸轮机构示意图如图 9.19 所示。

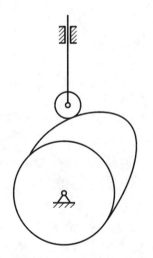 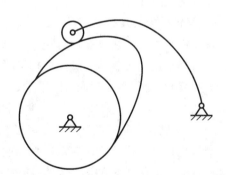

图 9.18　直动从动件盘形凸轮机构示意图　　　　图 9.19　摆动从动件盘形凸轮机构示意图

3）直动从动件圆柱凸轮机构及其运动变换

直动从动件圆柱凸轮机构把凸轮的等速转动转化为从动件的往复直线移动，其移动的位移、速度、加速度与凸轮的轮廓曲线形状有关，直动从动件圆柱凸轮机构示意图如图 9.20 所示。与盘形凸轮机构相比，圆柱凸轮机构可实现从动件的较大位移，同时返回行程不需要返位弹簧，避免了返回行程的运动失真现象。

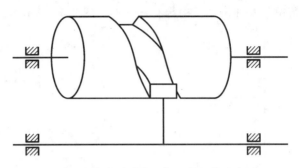

图 9.20　直动从动件圆柱凸轮机构示意图

4）摆动从动件圆柱凸轮机构及其运动变换

摆动从动件圆柱凸轮机构把凸轮的等速转动转化为从动件的往复摆动,其摆动的角位移、角速度、角加速度与凸轮的轮廓曲线形状有关,摆动从动件圆柱凸轮机构示意图如图 9.21 所示。同样,圆柱凸轮机构可实现从动件的较大摆角,同时返回行程不需要返位弹簧,避免了返回行程的运动失真现象。

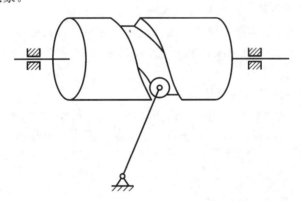

图 9.21　摆动从动件圆柱凸轮机构示意图

4. 间歇运动机构的基本型

1）棘轮机构及其运动变换

棘轮机构通常把往复摆动转化为间歇转动,间歇转动的角度可由摆动范围确定。该机构有时也可用于运动的制动。棘轮机构还可以分为啮合棘轮机构和摩擦棘轮机构,它们的工作原理不同,但其工作结果相同,故这里仅以啮合棘轮机构为例说明。棘轮机构示意图如图9.22所示。图 9.22(a)所示为外棘轮示意图,图 9.22(b)所示为内棘轮示意图。

2）槽轮机构及其运动变换

槽轮机构是把连续等速转动转化为间歇转动的常用机构。主动转臂转动一周,从动槽轮可以转过的角度由槽轮的结构和转臂的个数确定。图 9.23 所示为单臂四槽的槽轮机构示意图。

3）不完全齿轮机构及其运动变换

不完全齿轮机构是把连续等速转动转化为间歇转动的常用机构之一。由于做间歇转动的不完全齿轮的冲击较小,其应用日益广泛。图 9.24(a)所示为由外啮合齿轮构成的不完全齿轮机构示意图,图 9.24(b)所示为由内啮合齿轮构成的不完全齿轮机构示意图,二者的运动差别在于从动件的运动方向相反。

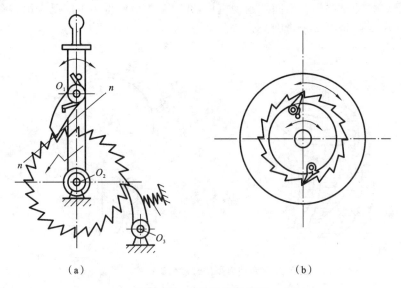

（a）　　　　　　　　　　　　　　　　（b）

图 9.22　棘轮机构示意图

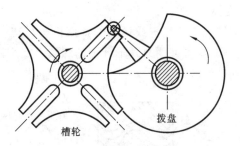

图 9.23　单臂四槽的槽轮机构示意图

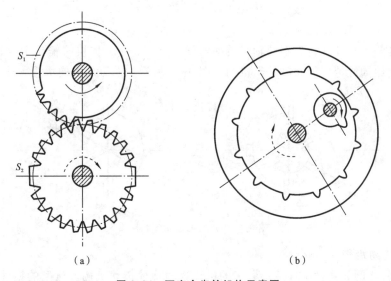

（a）　　　　　　　　　　　　　　　　（b）

图 9.24　不完全齿轮机构示意图

4）分度凸轮机构及其运动变换

分度凸轮机构也是一种把连续转动转化为间歇转动的机构，但主、从动件的运动平面互相垂直。分度凸轮机构是一种新型间歇运动机构,在自动机械中得到了广泛应用。图 9.25 所示为两种典型的分度凸轮机构示意图。

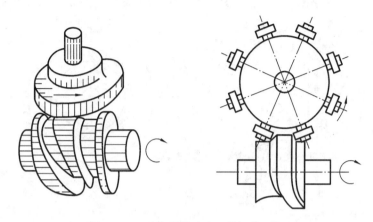

图 9.25　两种典型的分度凸轮机构示意图

5. 其他常用机构的基本型

1) 螺旋机构及其运动变换

螺旋机构是把旋转运动转化为往复直线运动的常用机构。其中,梯形牙形和矩形牙形的螺纹最为常用,传递较小功率时也可使用三角形牙形的螺纹。螺旋机构由于大都具有自锁性,在机床工作台的运动中得到广泛应用。图 9.26 所示为螺旋机构示意图。

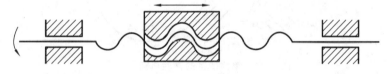

图 9.26　螺旋机构示意图

2) 万向机构及其运动变换

万向机构是把转动转化为不同轴线转动的联轴机构。单万向机构输出不等速的转动,双万向机构是输出同等速度的联轴传动机构。图 9.27 所示为双万向机构示意图。

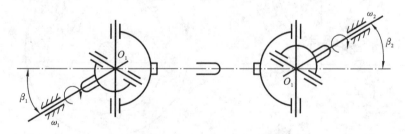

图 9.27　双万向机构示意图

6. 挠性传动机构

主、从动件之间靠挠性构件连接起来的机构称为挠性传动机构。典型的挠性传动机构有带传动机构、链传动机构和绳索传动机构,它们都是实现转动到转动的速度或方向变化的机构。

根据带的具体结构,带传动又分为平带传动、V 带传动、圆带传动等多种形式,它们的运动结果是相同的。同样,链传动也有多种结构形式。带传动和链传动的中心距较大,这两种机构常用于远距离的转动到转动的运动变换。图 9.28 所示为挠性传动机构示意图。

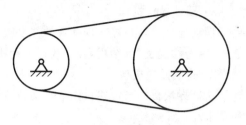

图 9.28　挠性传动机构示意图

基本机构的类型还有许多种,但其运动变换的形式有限,设计时可根据具体的功能要求选择机构。

9.4.2　基本机构的特点分析

完成相同运动变换的机构不止一种,选择时必须充分了解它们的运动与动力特性。

1. 转动到转动的机构特性分析

齿轮机构、带传动机构、链传动机构、摩擦轮机构、双曲柄机构、转动导杆机构、双转块机构、万向机构都能够实现转动到转动的运动变换,但它们之间有许多特性差异。下面就它们的运动变换方式分别说明。

(1)齿轮机构　用于速度或方向的运动变换,既可实现减速传动,又可实现增速传动。结构紧凑,运转平稳,传动比大,机械效率高,使用寿命长,可靠性高,是最常用的转动到转动的速度变换机构。

(2)带传动机构　常用于两转动轴中心距较大时的运动速度的变换,既可实现减速传动,又可实现增速传动。运转平稳,传动比较大,但传动比不准确,过载时会发生打滑,是最常用的大中心距时转动到转动的速度变换机构。

(3)链传动机构　常用于两转动轴中心距较大时的运动速度的变换,既可实现减速传动,又可实现增速传动。传动比较大,但瞬时传动比不准确,不适合在高速场合应用。其是在低速时常用的大中心距转动到转动的速度变换机构,与带传动机构相比较,能传递更大的功率。

(4)摩擦轮机构　用于速度或方向的运动变换,既可实现减速传动,又可实现增速传动。结构紧凑简单,运转平稳,无噪声,但传动比不准确,只能在小功率且传动比要求不是很准确的场合应用。

(5)双曲柄机构与转动导杆机构　这些机构都是利用主动件等速转动、从动件不等速转动且有急回特征的特点实现特殊工作的。

(6)双转块机构　主动转块与从动转块同速转动,但它们的转动轴线平行,可用于轴线不重合且要求平行传动的场合。

(7)万向机构　单万向机构的输入与输出速度不相等,双万向机构可实现同速输出,双万向机构常用于汽车发动机到后桥之间的传动轴。

2. 转动到往复摆动的机构特性分析

曲柄摇杆机构、摆动导杆机构、曲柄摇块机构、摆动从动件凸轮机构都能实现转动到摆动的运动变换,但其运动特性各有不同。

1)曲柄摇杆机构

曲柄摇杆机构中的曲柄等速转动可实现摇杆的往复摆动,其摆动角度大小与各构件尺寸有关,往复摆动速度的差异与行程速度变化系数有关。

2）摆动导杆机构

摆动导杆机构也能实现摆杆的往复摆动，其运动特点与曲柄摇杆机构的相似，但其滑块为连杆，受力情况良好，结构紧凑，故在工程中应用广泛。

3）曲柄摇块机构

曲柄摇块机构与上述机构的运动特点相似，做往复摆动的是块状构件，应用在特定的工作环境中。

4）摆动从动件凸轮机构

摆动从动件凸轮机构的特点是从动件的运动规律具有多样性。按给定的运动规律设计凸轮后，即可实现运动要求。

3. 转动到往复移动的机构特性分析

曲柄滑块机构、正弦机构、移动导杆机构、直动从动件凸轮机构、齿轮齿条机构、螺旋传动机构均可实现转动到往复移动的运动变换。它们的运动变换相同，但运动特性却存在很大的差别。其中，曲柄滑块机构、正弦机构、移动导杆机构中的移动构件做变速移动；直动从动件凸轮机构中的移动杆的运动规律可实现运动特性的多样化；齿轮齿条机构和螺旋传动机构可实现移动件的等速运动。

4. 转动到间歇转动的机构特性分析

槽轮机构、不完全齿轮机构、分度凸轮机构都能实现等速转动到间歇转动的运动变换要求。槽轮机构中槽轮做变速间歇转动，当圆销进入和退出槽轮时，角加速度有突变，影响其动力性能，因而不能在高速情况下使用；不完全齿轮机构也有类似缺点，在从动轮开始运动和终止运动阶段，也会产生较大的冲击，故也不能实现高速传动；分度凸轮机构是一种新型的间歇运动机构，其承载能力和运动平稳性能得到很大改善，目前已应用在高速分度转位机构中。

5. 摆动到连续转动的机构特性分析

曲柄摇杆机构、摆动导杆机构中的摇杆和摆杆为主动件时，可实现曲柄的连续转动。在这种运动变换过程中，要注意克服机构运动中的死点位置。

6. 移动到连续转动的机构特性分析

能实现移动到连续转动的运动变换的机构有曲柄滑块机构、齿轮齿条机构、不自锁的螺旋传动机构。其中，利用曲柄滑块机构实现这种运动变换时，机构存在死点位置。可采用多套机构的错位排列或安装飞轮的方法通过机构死点位置。由于曲柄转动的不等速，还可利用飞轮进行速度波动的调节。齿轮齿条机构和不自锁的螺旋传动机构均可实现等速的移动。

运动变换类型及其对应的机构类型见表 9.1，功能要求及其对应的机构类型见表 9.2。

表 9.1 运动变换类型及其对应的机构类型

运动变换类型	机 构 类 型
转动变换为转动	齿轮机构、带传动机构、链传动机构、摩擦轮机构、双曲柄机构、转动导杆机构、双转块机构、万向机构
转动变换为往复摆动	曲柄摇杆机构、摆动导杆机构、曲柄摇块机构、摆动从动件凸轮机构等
转动变换为间歇转动	槽轮机构、不完全齿轮机构、分度凸轮机构
转动变换为往复移动	曲柄滑块机构、正弦机构、移动导杆机构、直动从动件凸轮机构、齿轮齿条机构、螺旋传动机构
转动变换为平面运动	平面连杆机构、行星轮系机构

续表

运动变换类型	机 构 类 型
移动变换为连续转动	曲柄滑块机构(滑块主动)、齿轮齿条机构(齿条主动)、不自锁的螺旋传动机构
移动变换为往复摆动	反凸轮机构、滑块机构(滑块主动)
移动变换为移动	反凸轮机构、双滑块机构

表 9.2　功能要求及其对应的机构类型

功 能 要 求	机 构 类 型
轨迹要求	平面连杆机构、行星轮系机构
自锁要求	蜗杆机构、螺旋机构
微位移要求	差动螺旋机构
运动放大要求	平面连杆机构
力的放大要求	平面连杆机构
运动合成或分解	差动轮系与 2 个自由度的其他机构

在机构系统运动方案设计和构思中,除了要采用运动形式变换的机构以外,还要采用实现某种功能的机构,主要有下面几种常用机构。

(1)差动机构,如差动螺旋机构。

(2)行程放大和行程可调机构。

(3)增力及夹持机构,如杠杆机构、具有死点位置的连杆机构等。

运动形式变换内容和符号及其实现机构见表 9.3。

表 9.3　运动形式变换内容和符号及其实现机构

运动形式变换内容	符　　号	实 现 机 构
连续转动变为单向直线移动	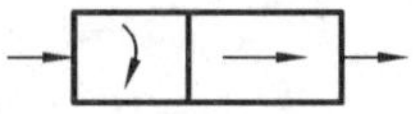	齿轮齿条机构、螺旋机构、蜗杆齿条机构、带传动机构、链传动机构
连续转动变为往复直线移动	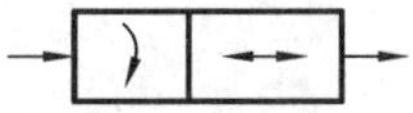	曲柄滑块机构、直动从动件凸轮机构、正弦机构、正切机构、牛头刨床机构、不完全齿轮齿条机构
连续转动变为单向间歇直线移动	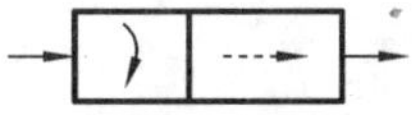	直动从动件凸轮机构、利用连杆轨迹实现间歇运动机构、组合机构
连续转动变为有停歇的往复直线移动	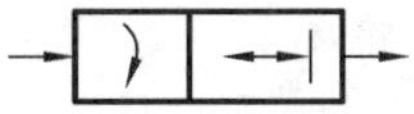	不完全齿轮齿条机构、曲柄摇杆及棘条机构、齿轮齿条及槽轮机构
连续转动变为单向间歇转动	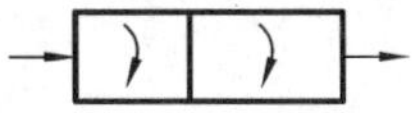	槽轮机构、不完全齿轮机构、圆柱凸轮间歇机构、蜗杆凸轮间歇机构

续表

运动形式变换内容	符　号	实现机构
连续转动变为双向摆动		曲柄摇杆机构、摆动导杆机构、摆动从动件凸轮机构、组合机构
连续转动变为停歇双向摆动		摆动从动件凸轮机构、利用连杆轨迹实现间歇运动机构、曲线导槽导杆机构、组合机构
往复摆动变为单向间歇转动		棘轮机构
连续转动变为实现运动轨迹的运动		平面连杆机构、连杆凸轮组合机构、直线机构、椭圆仪

第10章 基于势能车的 SOLIDWORKS 建模仿真

10.1 SOLIDWORKS 设计基础

功能强大、易学易用和技术创新是 SOLIDWORKS 的三大特点，这些使得 SOLIDWORKS 成为领先的、主流的三维计算机辅助设计（computer aided design，CAD）解决方案。它能够提供不同的设计方案、减少设计过程中的错误及提高产品质量，同时对每个工程师和设计者来说，操作简单方便、易学易用。

SOLIDWORKS 包含许多增强和改进功能，大多数功能可直接满足客户的需求。本节初步介绍 SOLIDWORKS 操作界面的各个组成部分，通过本节的学习，初步掌握势能车的零件建模方法。

10.1.1 SOLIDWORKS 的启动和退出

1. SOLIDWORKS 的启动

在安装完 SOLIDWORKS 后，需要启动程序。启动 SOLIDWORKS 有以下 3 种方式。

（1）安装完 SOLIDWORKS 后，系统会在 Windows 的桌面上产生快捷方式，双击快捷方式图标▤便可启动 SOLIDWORKS。

（2）单击"开始"→"所有程序"→"SOLIDWORKS "→ ▨ SOLIDWORKS 2019（SOLIDWORKS 图标），如图 10.1 所示。

（3）双击 SOLIDWORKS 文件启动。双击带有如". sldprt"". sldasm"". slddrw"后缀格式的文件也可以启动 SOLIDWORKS 应用程序。

启动 SOLIDWORKS 后，会出现启动界面，如图 10.2 所示。

启动后的 SOLIDWORKS 界面如图 10.3 所示，图中显示了 SOLIDWORKS 用户界面的主要组成，包括菜单栏、标准工具栏、任务窗格等。界面右侧包含"设计库"弹出面板，用户在空白处单击可隐藏面板。

2. SOLIDWORKS 的退出

用户退出 SOLIDWORKS 有以下 4 种方式。

（1）单击 SOLIDWORKS 界面右上角的✖按钮，退出 SOLIDWORKS 应用程序。

（2）单击"文件"菜单→退出(X)命令，退出 SOLIDWORKS 应用程序。

（3）用键盘退出，按 Alt＋F4 组合键，退出 SOLIDWORKS 应用程序。

（4）在菜单栏左侧的 ▨ SOLIDWORKS 上单击鼠标右键，在弹出的快捷菜单中选择 ✖ 关闭(C) ⠀⠀Alt+F4

（关闭）指令，退出 SOLIDWORKS 应用程序。

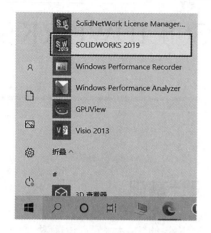

图 10.1　"开始"菜单启动

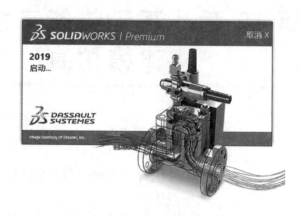

图 10.2　启动界面

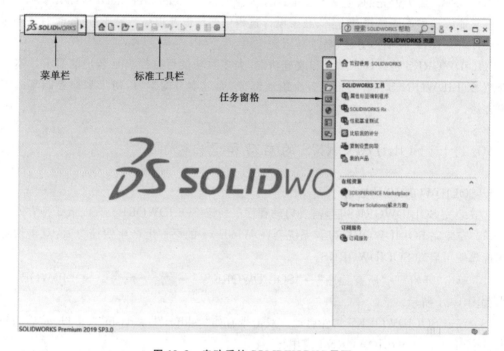

图 10.3　启动后的 SOLIDWORKS 界面

10.1.2　文件的基本操作

文件的基本操作一般包括新建文件、打开文件、保存文件等。

1. 新建文件

1）新建方法

新建一个 SOLIDWORKS 文件，有以下 3 种方式。

（1）单击"文件"菜单→ 新建(N)... 命令，新建 SOLIDWORKS 文件。

（2）单击"标准工具栏"中的 按钮，新建 SOLIDWORKS 文件。

（3）按 Ctrl＋N 组合键，新建 SOLIDWORKS 文件。

2）新建步骤

新建一个 SOLIDWORKS 文件，步骤如下。

步骤 1：单击"标准工具栏"中的 ▯（新建）按钮，新建 SOLIDWORKS 文件。系统会弹出"新建 SOLIDWORKS 文件"对话框，如图 10.4 和图 10.5 所示，用户可根据需要选择文件类型。

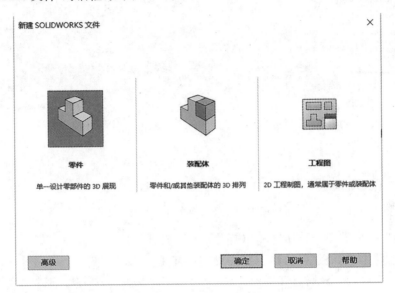

图 10.4　"新建 SOLIDWORKS 文件"对话框 1

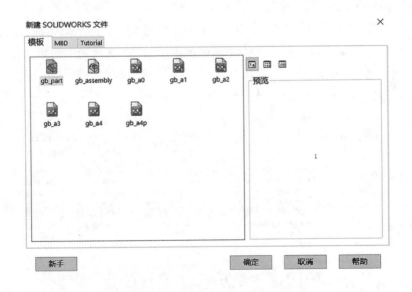

图 10.5　"新建 SOLIDWORKS 文件"对话框 2

步骤 2：单击 确定 按钮，即可进入 SOLIDWORKS 相应的工作环境。例如，选择 🗆（零件）文件模板后，再单击 确定 按钮就可以进入新零件的工作界面，如图 10.6 所示。

2. 打开文件

1）打开方法

打开现存文件，有以下 3 种方法。

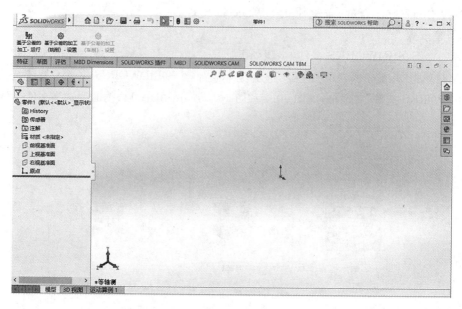

图 10.6　新零件的工作界面

（1）单击"文件"菜单→ 打开(Q)... （打开）命令，打开文件。

（2）单击"标准工具栏"中的 （打开）按钮，打开文件。

（3）按 Ctrl+O 组合键，打开文件。

2）打开步骤

打开 SOLIDWORKS 文件，步骤如下。

步骤 1：单击"标准工具栏"中的 （打开）按钮，系统弹出"打开"对话框。在查找范围选择文件所在的文件夹，在文件类型中选择 零件 (*.prt;*.sldprt) ，在列表中选择"底板"文件，如图 10.7 所示。单击 （显示预览窗格）按钮，可以在打开前确认模型，如图 10.8 所示。

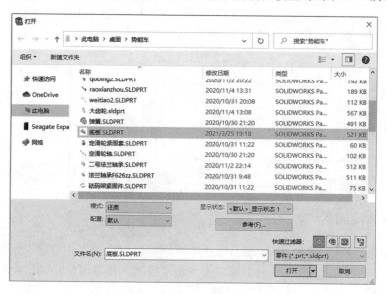

图 10.7　"打开"对话框

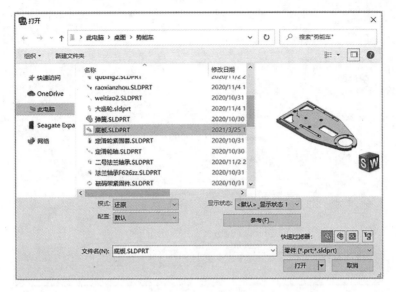

图 10.8　显示预览窗格

步骤 2：单击 ⬚打开 ▾ 按钮，显示"底板"文件，如图 10.9 所示。

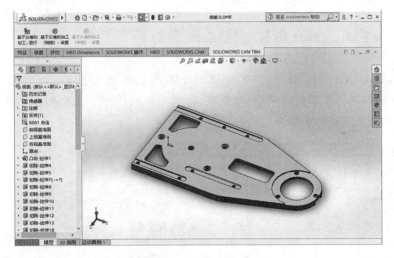

图 10.9　显示"底板"文件

3. 保存文件

1）保存方法

保存创建的 SOLIDWORKS 文件，有以下 3 种方法。

（1）单击"文件"菜单→ 🖫 保存(S)（保存）命令，保存文件。

（2）单击"标准工具栏"中的 🖫（保存）按钮，保存文件。

（3）按 Ctrl＋S 组合键，保存文件。

2）保存步骤

保存一个 SOLIDWORKS 文件，步骤如下。

步骤 1：单击"标准工具栏"中的 🖫（保存）按钮。在弹出的对话框中输入要保存的文件名"底板"，设置文件保存的路径，如图 10.10 所示。

图 10.10　文件保存的路径

步骤 2：单击 保存(S) 按钮，便可将当前文件保存。

10.1.3　SOLIDWORKS 的工作界面

打开 SOLIDWORKS 绘制的零件，进入 3D 零件的绘制工作界面，如图 10.11 所示。SOLIDWORKS 的工作界面由菜单栏、控制区、常用工具栏、绘图区、任务窗格、状态栏、前导视图工具栏等组成，下面进行详细介绍。

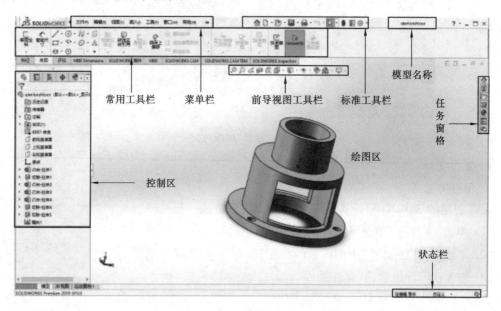

图 10.11　SOLIDWORKS 工作界面

在操作过程中系统会及时弹出关联工具栏和快捷菜单，在一定的状态下按快捷键也可以显示关联工具栏。

1) 菜单栏

菜单栏中几乎可以使用 SOLIDWORKS 的所有指令。菜单栏主要包括"文件""编辑""视图""插入""工具""窗口""帮助"菜单,如图 10.12 所示。

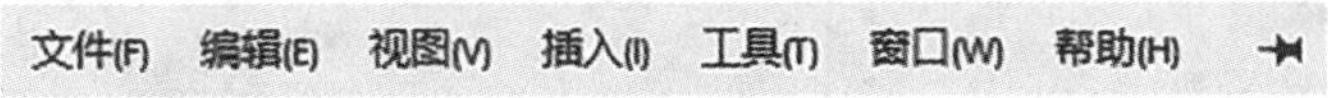

文件(F)　编辑(E)　视图(V)　插入(I)　工具(T)　窗口(W)　帮助(H)　→

图 10.12　菜单栏

(1)"文件"菜单　单击 文件(F)(文件)按钮,弹出图 10.13 所示的下拉菜单。通过"文件"菜单可以对 SOLIDWORKS 文件进行新建、打开、关闭、保存、打印和退出等操作。

(2)"编辑"菜单　单击 编辑(E)(编辑)按钮,弹出图 10.14 所示的下拉菜单。通过"编辑"菜单可以进行撤销、剪切、复制、粘贴、重建模型、退回、压缩、外观编辑等操作。

(3)"视图"菜单　单击 视图(V)(视图)按钮,弹出图 10.15 所示的下拉菜单。通过"视图"菜单可以进行显示或隐藏参考基准、草图、草图几何关系等操作。

图 10.13　"文件"菜单

图 10.14　"编辑"菜单

图 10.15　"视图"菜单

(4)"插入"菜单　单击 插入(I)(插入)按钮,弹出图 10.16 所示的下拉菜单。通过"插入"菜单可以进行各种特征命令操作。

(5)"工具"菜单　单击 工具(T)(工具)按钮,弹出图 10.17 所示的下拉菜单。通过"工具"菜单可以进行草图命令、分析命令、插件命令和选项设置等操作。

(6)"窗口"菜单　单击 窗口(W)(窗口)按钮,弹出图 10.18 所示的下拉菜单。通过"窗口"菜单可以对打开的文件进行排列操作。

(7)"帮助"菜单　单击 帮助(H)(帮助)按钮,弹出图 10.19 所示的下拉菜单。通过"帮助"菜单中的命令可以了解 SOLIDWORKS 并查看提供的帮助。

图 10.16　"插入"菜单

图 10.17　"工具"菜单

2）控制区

控 制 区 在 工 作 界 面 的 左 侧，包 括 特 征 管 理 器（FeatureManager）、属 性 管 理 器（PropertyManager）、配置管理器（ConfigurationManager）、尺寸管理器（DimXpertManager）和外观管理器（DisplayManager）。

下面对 FeatureManager、PropertyManager 进行详细介绍。

（1）FeatureManager。FeatureManager 设计树位于 SOLIDWORKS 窗口的左侧，是 SOLIDWORKS 软件窗口中比较常用的部分，如图 10.20 所示。它提供激活的零件、装配体或工程图的大纲视图，从而可以方便地查看模型或装配体的构造情况，或者查看工程图中的不同图纸和视图。

图 10.20　SOLIDWORKS 控制区

图 10.18　"窗口"菜单

图 10.19　"帮助"菜单

单击鼠标右键,可以对每一步进行重新定义、退回、隐藏、压缩或删除等操作,如图 10.21 所示。

FeatureManager 设计树和绘图区是动态链接的,在使用时可以在任何窗格中选择特征、草图、工程视图和构造几何线。FeatureManager 设计树可以用来组织和记录模型中的各个要素与要素之间的参数信息和相互关系,以及模型、特征和零件之间的约束关系等,几乎包含了所有设计信息。

FeatureManager 设计树主要有以下几个功能。

① 选择模型中的项目。

FeatureManager 设计树按照时间记录了各种特征的建模过程,设计树中每个节点代表一个特征。单击该特征前的节点,特征节点就会展开,显示特征构建的要素。

在设计树中用鼠标单击特征节点,绘图区中与该节点对应的特征就会高亮显示。同样,在绘图区中用鼠标选某一特征,设计树中对应的节点也会高亮显示。

在选择时若按住 Ctrl 键,可以逐个选择多个特征;当选择两个间隔的特征时,可以按住 Shift 键,其间的特征都将被选取。

② 确认和更改特征的生成顺序。

通过拖曳 FeatureManager 设计树中的特征名称,可以改变特征的构建次序。由于模型特征构建次序与模型的几何拓扑结构紧密相关,因此改变特征的生成顺序直接影响最终零件的几何形状。

③ 显示特征尺寸。

图 10.21　右键菜单

当单击 FeatureManager 设计树中的特征节点或者特征节点目录下的草图时,绘图区会显示相应的特征或者草图的尺寸,如图 10.22 所示。

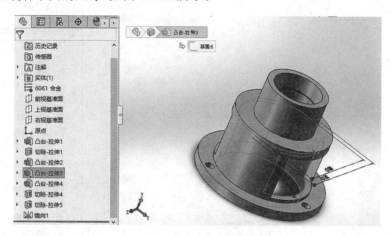

图 10.22　显示特征尺寸

④ 更改项目名称。

缓慢单击特征的名称,然后输入用户定义的名称即可,如图 10.23 所示。

⑤ 压缩与隐藏。

在特征名称上单击鼠标右键,系统会弹出关联工具栏和快捷菜单,如图 10.24 所示。在快捷菜单中选择↓(压缩)命令按钮或(隐藏)命令按钮,可以对特征或零部件进行压缩、隐藏等操作。

图 10.23　更改项目名称

图 10.24　关联工具栏和快捷菜单

（2）PropertyManager。

PropertyManager 在进行实体编辑时会自动显示,显示当前进行的命令操作或编辑实体的参数设置。属性管理器中的内容和当前命令是相关的,不同的命令有相应的属性管理器,如图 10.25 所示。

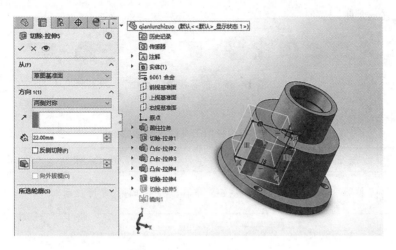

图 10.25　PropertyManager

控制区切换到 PropertyManager 时，PropertyManager 自动出现在绘图区左上角。需要展开时，单击 PropertyManager 左侧的箭头，即可将其展开。

3）常用工具栏

常用工具栏又称为 CommandManager 工具栏，在进行势能车设计时，常用的工具栏有"草图""特征""装配体"等，在不同的文件类型中会显示不同的工具栏种类，零件图中的常用工具栏如图 10.26 所示，装配图中的常用工具栏如图 10.27 所示。

图 10.26　零件图中的常用工具栏

图 10.27　装配图中的常用工具栏

4）绘图区

绘图区中有坐标原点、左下角的三重坐标轴和自定义视图方向。绘图区是进行零件设计、工程图制作、装配体设计的主要操作窗口，提供了动态显示当前命令和显示模型等功能。

5）任务窗格

任务窗格提供了访问 SOLIDWORKS 资源、设计元素库、视图调色板及其他有用项目和信息的方法。打开 SOLIDWORKS 软件时，将会出现任务窗格。

6）状态栏

状态栏位于 SOLIDWORKS 用户界面底端右侧，提供了当前窗口中正在编辑的内容状态、草图绘制状态（如欠定位）及草图绘制过程中光标的坐标位置等。

7）前导视图工具栏

使用前导视图工具栏的图标来调整和操控视图，可对绘图区域的模型进行扩大、缩小、旋转操作，如图 10.28 所示。

图 10.28　前导视图工具栏

前导视图工具栏中图标的含义见表 10.1。

表 10.1　前导视图工具栏中图标的含义

按　钮	按 钮 名 称	按 钮 作 用
	整屏显示全图	单击此按钮，屏幕上的零部件会整屏显示
	局部放大	在绘图区域中框选需要扩大显示的部分
	上一视图	可以从最后的显示视图回到之前的 10 种显示视图形状
	剖面视图	显示零件的剖面视图，以切除状态显示
	动态注解视图	用于切换动态注解视图
	视图定向	单击展开右边的小箭头，可更改当前视图定向
	显示样式	单击展开右边的小箭头，为活动视图改变显示样式
	隐藏/显示项目	单击展开右边的小箭头，可在图形区域中更改图形显示状态
	编辑外观	改变模型的外观
	应用布景	单击展开右边的小箭头，可循环使用或应用特定的布景
	视图设定	单击展开右边的小箭头，可切换各种视图设定，如 RealView、阴影、环形封闭及透视图

10.1.4　SOLIDWORKS 的操作方法

用户可以使用鼠标、键盘和命令按钮来操作 SOLIDWORKS。

1. 鼠标功能

鼠标具有以下几个功能。

1）左键

左键为选择、拖动键，在模型上选择边或面等要素、菜单按钮、FeatureManager 中的对象时使用。

2）右键

右键为求助键，单击鼠标右键会依据当前的状况出现所需要的快捷菜单。

3）中键

中键具有旋转、缩放或平移画面的功能，具体操作如下。

（1）将光标置于模型欲放大或缩小的区域，前后拨动滚轮，即可实现模型的放大或缩小。

（2）将光标置于模型上，按下滚轮不松开，前后、左右移动鼠标，可实现模型的翻转。

（3）双击滚轮，可实现模型的全屏显示。

（4）按 Shift＋鼠标中键：拖动鼠标中键，可实现模型的扩大或缩小。

（5）按 Ctrl＋鼠标中键：拖动鼠标中键，可实现模型的移动。

4）推测鼠标点

在模型上移动鼠标点时，鼠标点会随选择对象的要素而改变。

2. 键盘功能

SOLIDWORKS 中的命令可以由快捷键来启动，表 10.2 列出了 SOLIDWORKS 常用的键盘操作快捷键。

表 10.2　SOLIDWORKS 常用的键盘操作快捷键

命 令 作 用	快 捷 键	命 令 作 用	快 捷 键
旋转	方向键	关闭/打开激活的过滤器	F6
缩小	Z	过滤边线	E
放大	Shift＋Z	过滤顶点	V
平行移动	Ctrl＋方向键	过滤面	X
绕某轴旋转	Shift＋方向键	画面重绘	Ctrl＋R
弹出视图"方向"工具栏	空格键	整屏显示	F
启动帮助文件	F1	弹出对应的工具"快捷栏"	S
切换过滤器工具栏	F5	放大镜	G

10.1.5　SOLIDWORKS 工作环境设置

1. 设置工具栏

SOLIDWORKS 中工具栏并不都显示在界面中，用户可以自定义常用工具栏，将常用的工具栏显示在界面中。自定义工具栏有以下 3 种方法。

（1）将光标置于某个常用工具栏名称上，单击鼠标右键，在弹出的快捷菜单中选择相应的工具栏即可，如图 10.29 所示。

（2）在常用工具栏空白处单击鼠标右键，选择命令 自定义(C)... ，或单击"工具"→ 自定义(Z)...（自定义），弹出"自定义"对话框，如图 10.30 所示。在"自定义"对话框中选中需要显示的工具栏即可。

2. 选项

单击"标准工具栏"中的 ⚙ ·（选项）按钮，弹出"系统选项"对话框，主要包括"系统选项"和"文档属性"两个选项卡。

图 10.29　快捷菜单　　　　　　　　　　图 10.30　"自定义"对话框

　　"系统选项"选项卡主要是对系统环境进行设置,如普通设置、工程图设置、颜色设置、显示性能设置等,如图 10.31 所示。在"系统选项"选项卡中所做的设置保存在系统注册表中,它不是文件的一部分,对当前和将来所有文件都起作用。

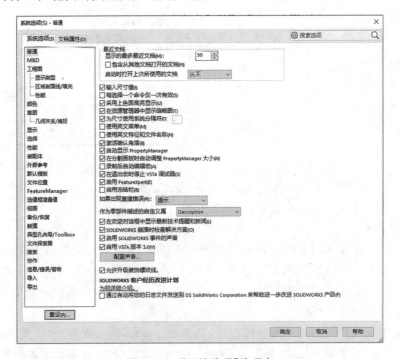

图 10.31　"系统选项"选项卡

　　"文档属性"选项卡是对零件属性进行定义,使设计出的零件符合一定的规范,如尺寸、注释、箭头、单位等,如图 10.32 所示。在"文档属性"选项卡中所做的设置只应用于当前文件,常用于建立文件模板。

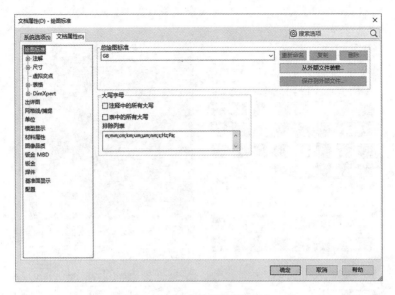

图 10.32　"文档属性"选项卡

3. 设置工作区背景

用户可根据自己的喜好选择颜色、定制工作区和控制区的背景色,操作步骤如下。

步骤 1:单击"标准工具栏"中的 ⚙ ·(选项)按钮,弹出"系统选项"对话框。

步骤 2:在"系统选项"中,选择"颜色"选项,如图 10.33 所示。

图 10.33　系统选项-颜色

步骤 3:在右侧的"颜色方案设置"选项框中选择"视区背景",然后单击 编辑(E)... 按钮,系统弹出图 10.34 所示的"颜色"对话框。选择要设置的颜色,单击 确定 按钮。

步骤 4:在"背景外观(B)"区中选择"素色(视区背景颜色在上)"选项,单击 确定 按钮,

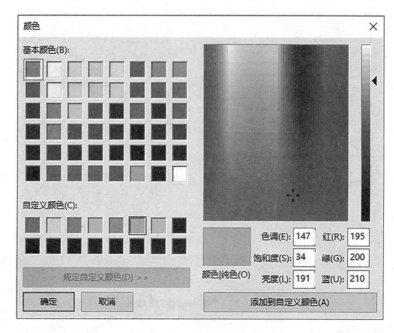

图 10.34　"颜色"对话框

完成背景颜色设置。

步骤 5:改变工作区背景颜色后的效果如图 10.35 所示。

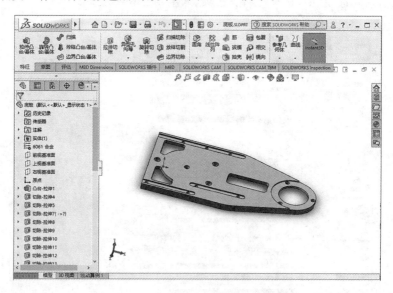

图 10.35　改变工作区背景颜色后的效果

4. 设置单位

用户可以根据自己的绘图习惯,并参考国家标准来设置模型的绘制单位。在 SOLIDWORKS 中,默认的单位系统为 MMGS(毫米、克、秒),用户也可以设置其他单位系统或自定义设置。

现以更改模型系统单位为 IPS(英寸、磅、秒)及模型的尺寸精度为例说明 SOLIDWORKS 的单位设置。

步骤 1：选择标准工具栏中的 ⚙·（选项）按钮，弹出"文档属性"对话框，在"文档属性"选项卡中选择"单位"。

步骤 2：在"单位系统"区选择"IPS（英寸、磅、秒）"选项。

步骤 3：在单位系统的参数表中，单击"角度"单位的小数位数选择框，如图 10.36 所示，将小数精度设置为".1"，表明小数点后留有一位小数。

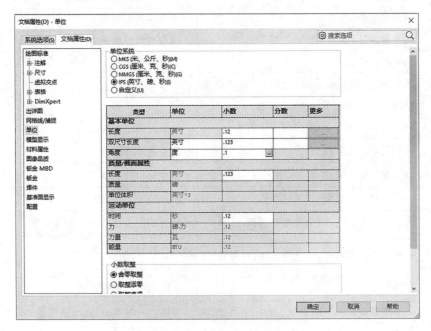

图 10.36　"单位系统"选项组设置

步骤 4：单击 确定 按钮，完成系统单位和精度的设置。

10.2　草　图　绘　制

在 SOLIDWORKS 中，大部分特征命令都是基于草图进行的，因此草图是建模的基础。这些草图由基本的草图实体绘制而成，再通过添加驱动尺寸和草图几何关系来约束这些草图实体的大小和位置，以实现设计要求的效果。

10.2.1　草图绘制基础

在进行草图绘制前，首先要了解草图绘制的基本概念、草图绘制的流程和原则，养成良好的绘图习惯。

1）草图的构成

（1）草图实体　由图元构成的基本形状，草图中的实体包括直线、矩形、平行四边形、多边形、圆、圆弧、椭圆、抛物线、样条曲线、中心线和文字等。

（2）几何关系　表明草图实体之间、实体与参照物之间的几何关系。

（3）尺寸　标注草图实体大小的尺寸，可以用来驱动草图实体的形状变化。

SOLIDWORKS 中的几何关系见表 10.3。

表 10.3　SOLIDWORKS 中的几何关系

几何关系	适 用 对 象	结 果
水平	一条或多条直线，两个或多个点	直线会变水平，点会在水平方向上对齐
竖直	一条或多条直线，两个或多个点	直线会变竖直，点会在竖直方向上对齐
共线	两条或多条直线	实体位于同一条直线上
全等	两个或多个圆弧	实体的半径相等
垂直	两条直线	两条直线互相垂直
平行	两条和多条直线	直线保持平行
相切	圆弧、椭圆和样条曲线，直线和圆弧，直线和曲面	两个实体保持相切
同心	两个或多个圆弧，一个点和一个圆弧	圆或圆弧共用相同的圆心
中点	一个点和一条直线	使点位于直线段的中点
交叉点	一个点和两条直线	使点位于两直线的交点
重合	一个点和一条直线、圆弧或椭圆	使点位于直线、圆弧或椭圆上
相等	两条或多条直线，两个或多个圆弧	使直线段长度或圆弧半径相等
对称	一条中心线和两个点、直线、圆弧和椭圆	实体会保持与中心线等距离，并位于与中心线垂直的一条直线上
固定	任何实体	实体的大小和位置固定
穿透	一个草图点和一个基准轴、边线、直线或样条曲线	草图点与基准轴、边线或曲线在草图基准面上穿透的位置重合
合并	两个草图点或端点	两个点合并成一个点
全等	两个或多个圆弧	实体的半径相等

2）草图的状态

（1）欠定义（一）　蓝色，可以拖动，也可以改变大小。

（2）完全定义　黑色，不可以拖动，也不可以改变大小。

（3）过定义（＋）　红色，过约束。

（4）无解（？）　粉红色，无法计算，找不到解。

（5）无效解　黄色，无效草图元素。

3）推理线和捕捉

（1）推理线　为用户显示指针和现有草图实体之间的几何关系，用蓝色和黄色来区分推理线的两个状态。黄色的推理线可以自动添加几何关系，而蓝色的推理线提供一个端点与另一个端点的参考，不自动添加几何关系。

（2）捕捉　在绘制草图的过程中，光标移动到特定的实体上时会自动捕捉相应的实体，这些捕捉可以自动建立几何关系。

4）草图绘制平面

在 SOLIDWORKS 中，零件是三维的，因此在绘制草图前需要为草图选择草图绘制平面。草图绘制平面可以是视图基准面、模型面或添加的基准面。

草图包含草图绘制平面和草图实体两部分。要想绘制草图，就必须先选择一个平面。

5）草图绘制的开始与退出

进入草图绘制有以下两种方式。

（1）选择草图绘制的平面，先在左侧 FeatureManager 设计树中选择要绘制的基准面，即前视基准面、右视基准面和上视基准面中的一个面。单击"草图"工具栏上的 ⌐（草图绘制）按钮，或单击"插入"菜单→⌐ 草图绘制（草图绘制）命令。此时，在图形区的右上角产生一个 ⌐◞（退出草图）的命令，开始一幅新的草图，如图 10.37 所示。

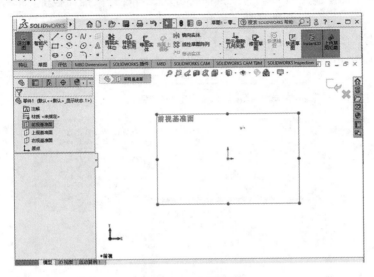

图 10.37　草图界面

（2）单击"草图"工具栏上的 ⌐（草图绘制）按钮，系统提示选择基准面。在绘图区选择基准面，如图 10.38 所示。此时在图形区的右上角产生一个 ⌐◞（退出草图）的命令，开始一幅新的草图。

草图绘制完毕后，可以立即建立特征，也可以退出草图绘制再建立特征，因此需要了解退出草图绘制的方式。退出草图的方式有以下几种。

（1）利用菜单命令方式。选择菜单栏中的"插入"→⌐ 退出草图（退出草图）命令，退出草图绘制状态。

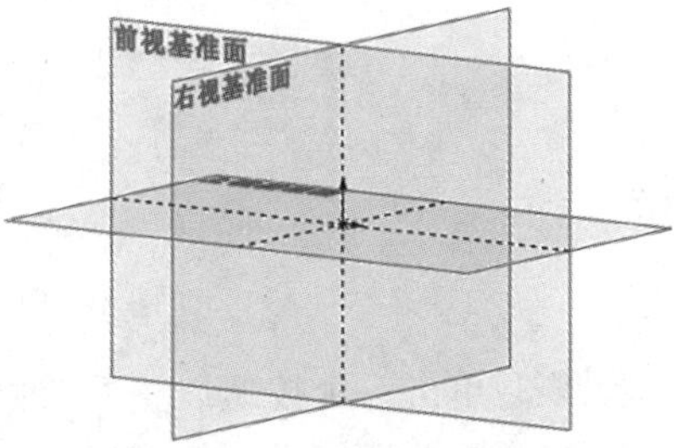

图 10.38　系统默认基准面

（2）利用工具栏按钮方式。单击标准工具栏中的 ⦿（重建工具栏）按钮，或者单击"草图"工具栏中的 ⌐◞（退出草图）按钮，退出草图绘制状态。

（3）利用快捷菜单方式。在绘图区单击鼠标右键，在弹出的快捷菜单中单击"退出草图"按钮，退出草图绘制状态。

（4）利用绘图区确认角落图标的方式。单击绘图区右上角的 ⌐◞（退出草图）图标，即可退出草图绘制状态。

10.2.2　草图绘制实体

SOLIDWORKS 提供了草图绘制工具以方便绘制草图实体。图 10.39 所示为"草图"操控面板(操控面板通常也称为工具栏)。

图 10.39　"草图"操控面板

并非所有的草图绘制工具对应的按钮都会出现在"草图"操控面板中,如果要重新安排"草图"操控面板中的工具按钮,可进行如下操作。

步骤 1:选择"工具"→"自定义"命令,打开"自定义"对话框。

步骤 2:选择"命令"选项卡,在"类别"列表框中选择"草图",如图 10.40 所示。

图 10.40　在"类别"列表框中选择"草图"

步骤 3:单击一个按钮以查看"说明"文本框内对该按钮的说明。

步骤 4:在对话框内选择要使用的按钮,将其拖动到"草图"面板中。

步骤 5:如果要删除面板中的按钮,只要将其从面板中拖放回按钮区域中即可。

步骤 6:更改结束后,单击"确定"按钮,关闭对话框。

1. 绘制直线与中心线

1) 打开命令

调用"直线"命令,有以下 3 种方式。

(1) 单击"草图"常用工具栏中的╱·(直线)按钮,打开直线命令。

(2) 单击"工具"菜单→草图绘制实体→╱ 直线(L)(直线)命令,打开直线命令。

(3) 按 S 键,在快捷栏中选择╱·(直线)命令,打开直线命令。

2) 绘制步骤

绘制直线的步骤如下。

步骤 1:单击"草图"常用工具栏中的╱·(直线)按钮,将光标移动到绘图区,鼠标指针的形状变为╲。

步骤 2：在绘图区域单击后移动光标，光标旁的数值提示直线的长度。系统有以下反馈。

（1）绘制的直线为斜线时，斜线如图 10.41 所示。

（2）绘制的直线为水平线时，系统自动添加"水平"几何关系，如图 10.42 所示。

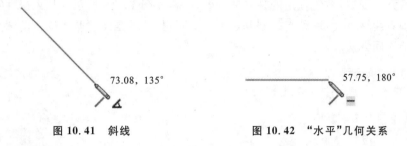

图 10.41　斜线　　　　　　　　　　图 10.42　"水平"几何关系

（3）绘制的直线为竖直线时，系统自动添加"竖直"几何关系，如图 10.43 所示。

步骤 3：单击确定第二点，继续绘制直线，如图 10.44 所示。图中虚线为推理线，反映推理绘制的直线和之前绘制的实体或原点的约束关系。

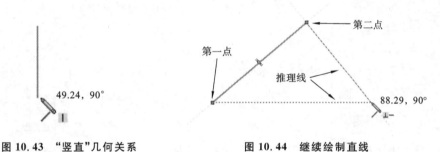

图 10.43　"竖直"几何关系　　　　　　图 10.44　继续绘制直线

步骤 4：单击确定第三点，如图 10.45 所示。

步骤 5：按 Esc 键或者单击鼠标右键，在快捷菜单中选择 结束链(双击)(C)（结束链）命令，结束直线的绘制，得到图 10.46 所示的图形。

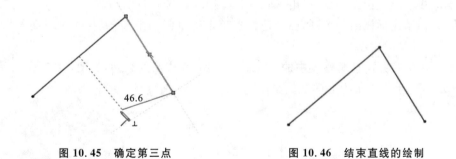

图 10.45　确定第三点　　　　　　　　图 10.46　结束直线的绘制

3）绘制中心线

单击"草图"常用工具栏中的 （中心线）按钮。

中心线的绘制方法和直线的相同，唯一的区别就是绘制出来的线是辅助的中心线，不能用于创建实体模型。

用户也可以在绘制直线后，将其转换为"构造线"，来实现中心线的绘制。方法有以下两种。

（1）单击选择要转换成"构造线"的直线，在关联菜单中选择 （构造几何线）命令。

（2）单击选择要转换成"构造线"的直线，在"线条属性"属性管理器的"选项"区选中"作为构造线"复选框，如图 10.47 所示，绘制的中心线如图 10.48 所示。

2. 绘制圆

当执行"圆"命令时，系统弹出的"圆"属性管理器，如图 10.49 所示。从该属性管理器中可以知道绘制圆有两种方法：一种是绘制基于中心的圆；另一种是绘制基于周边的圆。下面分别介绍绘制圆的不同方法。

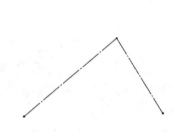

图 10.47　选中"作为构造线"复制框　　　图 10.48　绘制的中心线　　　图 10.49　"圆"属性管理器

1）绘制基于中心的圆

步骤 1：在草图绘制状态下，选择菜单栏中的"工具"→"草图绘制实体"→"圆"命令，或者单击"草图"工具栏中的 ⊙（圆）按钮，或者单击"草图"面板中的"圆"按钮 ⊙，开始绘制圆。

步骤 2：在图形区选择一点，单击，确定圆的圆心，如图 10.50(a) 所示。

步骤 3：移动光标拖出一个圆，在合适位置单击确定圆的半径，或在光标下文本框中输入尺寸，如图 10.50(b) 所示。

步骤 4：单击"圆"属性管理器中的 ✓（确定）按钮，完成圆的绘制，如图 10.50(c) 所示。

图 10.50 所示为基于中心的圆的绘制过程。

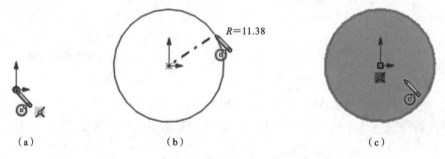

图 10.50　基于中心的圆的绘制过程

2）绘制基于周边的圆

步骤 1：在草图绘制状态下，选择菜单栏中的"工具"→"草图绘制实体"→"周边圆"命令，或者单击"草图"工具栏中的 ⊙ (周边圆)按钮,或者单击"草图"面板中的"周边圆"按钮 ⊙,开始绘制圆。

步骤 2:在图形区单击确定圆周边上的一点,如图 10.51(a)所示。

步骤 3:移动光标拖出一个圆,然后单击确定周边上的另一点,如图 10.51(b)所示。

步骤 4:完成拖动,光标如图 10.51(b)所示时,单击鼠标右键确定圆,如图 10.51(c)所示。

步骤 5:单击"圆"属性管理器中的 ✓ (确定)按钮,完成圆的绘制。

图 10.51 所示为基于周边的圆的绘制过程。

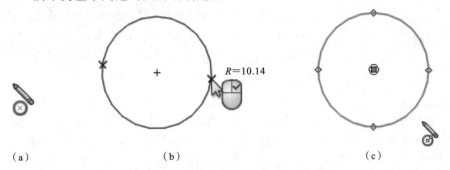

图 10.51 基于周边的圆的绘制过程

圆绘制完成后,可以通过拖动修改圆草图。通过鼠标左键拖动圆的周边可以改变圆的半径,拖动圆的圆心可以改变圆的位置。同时,也可以通过"圆"属性管理器修改圆的属性,在其"参数"区中可以修改圆心坐标和圆的半径。

3. 绘制圆弧

绘制圆弧的方法主要有 4 种,即圆心/起点/终点画弧、切线弧、三点圆弧与"直线"命令绘制圆弧。下面分别介绍这 4 种绘制圆弧的方法。

1) 圆心/起点/终点画弧

圆心/起点/终点画弧方法是先指定圆弧的圆心,再顺序拖动光标指定圆弧的起点和终点,确定圆弧的大小和方向。

步骤 1:在草图绘制状态下,选择菜单栏中的"工具"→"草图绘制实体"→"圆心/起点/终点画弧"命令,或者单击"草图"工具栏中的 ☜ (圆心/起点/终点画弧)按钮,或者单击"草图"面板中的"圆心/起点/终点画弧"按钮 ☜,开始绘制圆弧。

步骤 2:在图形区单击确定圆弧的圆心,如图 10.52(a)所示。

步骤 3:在图形区合适的位置单击确定圆弧的起点,如图 10.52(b)所示。

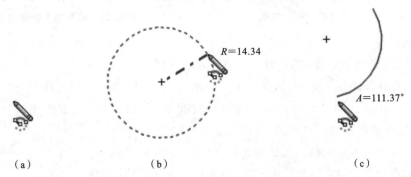

图 10.52 用圆心/起点/终点画弧的方法绘制圆弧的过程

步骤4：拖动光标确定圆弧的角度和半径，并单击确认，如图10.52(c)所示。

步骤5：单击"圆弧"属性管理器中的 ✓（确定）按钮，完成圆弧的绘制。

图10.52所示为用圆心/起点/终点画弧的方法绘制圆弧的过程。

圆弧绘制完成后，可以在"圆弧"属性管理器中修改其属性。

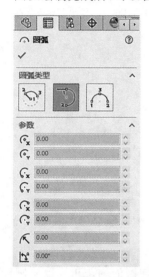

图10.53　"圆弧"属性管理器

2）切线弧

切线弧是指生成一条与草图实体相切的弧线。草图实体可以是直线、圆弧、椭圆和样条曲线等。

步骤1：在草图绘制状态下，选择菜单栏中的"工具"→"草图绘制实体"→"切线弧"命令，或者单击"草图"工具栏中的 ⌒（切线弧）按钮，或者单击"草图"面板中的"切线弧"按钮 ⌒，开始绘制切线弧。

步骤2：在已经存在草图实体的端点处单击，此时系统弹出"圆弧"属性管理器，如图10.53所示，光标变为 ▹ 形状。

步骤3：拖动光标，确定绘制圆弧的形状，并单击确认。

步骤4：单击"圆弧"属性管理器中的 ✓（确定）按钮，完成切线弧的绘制。图10.54所示为绘制的直线切线弧。

在绘制切线弧时，系统可以根据指针移动来推理是画切线弧还是画法线弧。存在4个目的区，具有图10.55所示的8种切线弧。沿相切方向移动指针将生成切线弧，沿垂直方向移动指针将生成法线弧。可以通过返回到端点，然后以向新的方向移动的方式，在切线弧和法线弧之间进行切换。

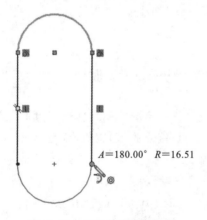

图10.54　绘制的直线切线弧

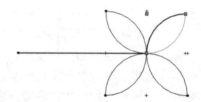

图10.55　绘制的8种切线弧

3）三点圆弧

三点圆弧是指通过起点、终点与中点的方式绘制圆弧。

步骤1：在草图绘制状态下，选择菜单栏中的"工具"→"草图绘制实体"→"三点圆弧"命令，或者单击"草图"工具栏中的 ⌒（三点圆弧）按钮，或者单击"草图"面板中的"三点圆弧"按钮 ⌒，开始绘制圆弧，此时光标变为 ▹ 形状。

步骤2：在图形区单击确定圆弧的起点，如图10.56(a)所示。

步骤3：拖动光标确定圆弧结束的位置，并单击确认，如图10.56(b)所示。

步骤4：拖动光标确定圆弧的半径和方向，并单击确认，如图10.56(c)所示。

步骤 5：单击"圆弧"属性管理器中的 ✓（确定）按钮，完成三点圆弧的绘制。

图 10.56 所示为绘制三点圆弧的过程。

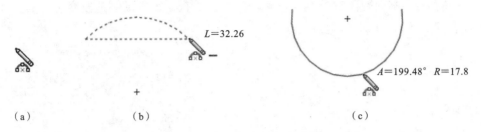

图 10.56　绘制三点圆弧的过程

选择绘制的三点圆弧，可以在"圆弧"属性管理器中修改其属性。

4）"直线"命令绘制圆弧

"直线"命令除了可以绘制直线以外，还可以绘制连接在直线端点处的切线弧，使用该命令时，必须首先绘制一条直线，然后绘制圆弧。

步骤 1：在草图绘制状态下，选择菜单栏中的"工具"→"草图绘制实体"→"直线"命令，或者单击"草图"工具栏中的 ✐·（直线）按钮，或者单击"草图"面板中的"直线"按钮 ✐·，首先绘制一条直线。

步骤 2：在不结束绘制"直线"命令的情况下，将光标稍微向旁边拖动，如图 10.57（a）所示。

步骤 3：将光标拖回至直线的终点，开始绘制圆弧，如图 10.57（b）所示。

步骤 4：拖动光标到图中合适的位置，并单击确定圆弧的大小，如图 10.57（c）所示。

图 10.57 所示为使用"直线"命令绘制圆弧的过程。

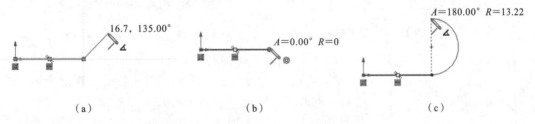

图 10.57　使用"直线"命令绘制圆弧的过程

4. 绘制矩形

绘制矩形的方法主要有 5 种：边角矩形、中心矩形、三点边角矩形、三点中心矩形及平行四边形命令。下面分别介绍绘制矩形的方法。

1）"边角矩形"命令绘制矩形

"边角矩形"命令绘制矩形的方法是标准的矩形草图绘制方法，即通过指定矩形的左上方与右下方的端点确定矩形的长度和宽度。以绘制图 10.58 所示的矩形为例，说明采用"边角矩形"命令绘制矩形的操作步骤。

步骤 1：在草图绘制状态下，选择菜单栏中的"工具"→"草图绘制实体"→"边角矩形"命令，或者单击"草图"工具栏中的 ▢（边角矩形）按钮，或者单击"草图"面板中的"边角矩形"按钮 ▢，此时光标变为 ▷ 形状。

步骤 2：在图形区单击鼠标左键，确定矩形的一个角点 1。

步骤 3：移动光标，单击确定矩形的另一个角点 2，矩形绘制完毕。

在绘制矩形时,既可以移动光标确定矩形的角点 2,又可以在确定角点 1 时,不释放鼠标,直接拖动光标确定角点 2。

矩形绘制完毕后,按住鼠标左键拖动矩形的一个角点,可以动态地改变矩形的尺寸。"矩形"属性管理器如图 10.59 所示。

图 10.58　边角矩形　　　　　图 10.59　"矩形"属性管理器

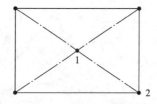

图 10.60　中心矩形

2)"中心矩形"命令绘制矩形

"中心矩形"命令绘制矩形的方法是指通过指定矩形的中心与右下方的端点确定矩形的中心和 4 条边线。以绘制图 10.60 所示的矩形为例,说明采用"中心矩形"命令绘制矩形的操作步骤。

步骤 1:在草图绘制状态下,选择菜单栏中的"工具"→"草图绘制实体"→"中心矩形"命令,或者单击"草图"工具栏中的 ▣(中心矩形)按钮,或者单击"草图"面板中的"中心矩形"按钮 ▣,此时光标变为 形状。

步骤 2:在图形区单击鼠标左键,确定矩形的中心点 1。

步骤 3:移动光标,单击确定矩形的一个角点 2,矩形绘制完毕。

3)"三点边角矩形"命令绘制矩形

"三点边角矩形"命令绘制矩形的方法是指通过指定 3 个点确定矩形,前两个点用于定义角度和一条边,第 3 个点用于确定另一条边。以绘制图 10.61 所示的矩形为例,说明采用"三点边角矩形"命令绘制矩形的操作步骤。

步骤 1:在草图绘制状态下,选择菜单栏中的"工具"→"草图绘制实体"→"三点边角矩形"命令,或者单击"草图"工具栏中的 ◇(三点边角矩形)按钮,或者单击"草图"面板中的"三点边角矩形"按钮 ◇ ,此时光标变为 ◈ 形状。

步骤 2:在图形区单击鼠标左键,确定矩形的边角点 1。

步骤 3:移动光标,单击确定矩形的边角点 2。

步骤 4:继续移动光标,单击确定矩形的边角点 3,矩形绘制完毕。

4)"三点中心矩形"命令绘制矩形

"三点中心矩形"命令绘制矩形的方法是指通过指定 3 个点确定矩形。以绘制图 10.62 所示的矩形为例,说明采用"三点中心矩形"命令绘制矩形的操作步骤。

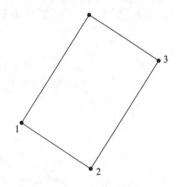

图 10.61　三点边角矩形

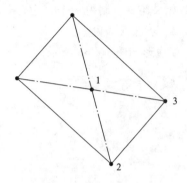

图 10.62　三点中心矩形

步骤 1:在草图绘制状态下,选择菜单栏中的"工具"→"草图绘制实体"→"三点中心矩形"命令,或者单击"草图"工具栏中的 ◈(三点中心矩形)按钮,或者单击"草图"面板中的"三点中心矩形"按钮 ◈ ,此时光标变为 ◈ 形状。

步骤 2:在图形区单击鼠标左键,确定矩形的中心点 1。

步骤 3:移动光标,单击确定矩形的一个角点 2。

步骤 4:移动光标,单击确定矩形的另一个角点 3,矩形绘制完毕。

5)"平行四边形"命令绘制矩形

步骤 1:在草图绘制状态下,选择菜单栏中的"工具"→"草图绘制实体"→"平行四边形"命令,或者单击"草图"工具栏中的 ▱(平行四边形)按钮,或者单击"草图"面板中的"平行四边形"按钮 ▱ ,此时光标变为 ◈ 形状。

步骤 2:在图形区单击鼠标左键,确定平行四边形的第一个点 1。

步骤 3:移动光标,在合适的位置单击,确定平行四边形的第二个点 2。

步骤 4:移动光标,在合适的位置单击,确定平行四边形的第三个点 3。平行四边形绘制完毕。

平行四边形绘制完毕后,按住鼠标左键拖动平行四边形的一个角点,可以动态地改变平行四边形的尺寸。图 10.63 所示为绘制的平行四边形。

5. 绘制多边形

"多边形"命令用于绘制边数为 3~40 的等边多边形,绘制步骤如下。

步骤 1:在草图绘制状态下,选择菜单栏中的"工具"→"草图绘制实体"→"多边形"命令,或者单击"草图"工具栏中的 ⊙(多边形)按钮,或者单击"草图"面板中的"多边形"按钮

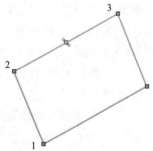

图 10.63　绘制的平行四边形

，此时光标变为 形状，弹出的"多边形"属性管理器如图 10.64 所示。

步骤 2：在"多边形"属性管理器中，输入多边形的边数，也可以接受系统默认的边数，在绘制完多边形后再修改多边形的边数。

步骤 3：在图形区单击鼠标左键，确定多边形的中心。

步骤 4：移动光标，在合适的位置单击鼠标左键，确定多边形的形状。

步骤 5：在"多边形"属性管理器中选择内切圆模式或外接圆模式，然后修改多边形辅助圆直径和角度。

步骤 6：如果还要绘制另一个多边形，单击"多边形"属性管理器中的"新多边形"按钮，然后重复步骤 2～步骤 5 即可。

绘制的多边形如图 10.65 所示。

图 10.64　"多边形"属性管理器

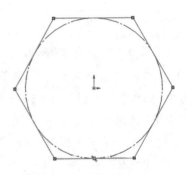

图 10.65　绘制的多边形

6. 绘制椭圆和椭圆弧

椭圆是由中心点、长轴长度与短轴长度确定的，三者缺一不可。下面分别介绍椭圆和椭圆弧的绘制方法。

1）绘制椭圆

步骤 1：在草图绘制状态下，选择菜单栏中的"工具"→"草图绘制实体"→"椭圆"命令，或者单击"草图"工具栏中的 "椭圆"按钮，或者单击"草图"面板中的"椭圆"按钮 ，此时光标变为 形状。

步骤 2：在图形区合适的位置单击，确定椭圆的中心。

步骤 3：移动光标，在光标附近会显示椭圆的长半轴 R 和短半轴 r。在图形区合适的位置单击，确定椭圆的长半轴 R。

步骤 4：移动光标，在图形区合适的位置单击，确定椭圆的短半轴 r，此时弹出"椭圆"属性管理器，如图 10.66 所示。

步骤 5：在"椭圆"属性管理器中修改椭圆的中心坐标，以及长半轴和短半轴的大小。

步骤 6：单击"椭圆"属性管理器中的 （确定）按钮，完成椭圆的绘制，如图 10.67 所示。

椭圆绘制完毕后，按住鼠标左键拖动椭圆的中心和 4 个特征点，可以改变椭圆的形状。通过"椭圆"属性管理器可以精确地修改椭圆的位置和长、短半轴。

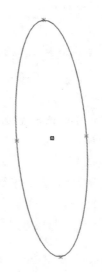

图 10.66　"椭圆"属性管理器　　　　　图 10.67　绘制的椭圆

2）绘制椭圆弧

绘制椭圆弧的操作步骤如下。

步骤1：在草图绘制状态下，选择菜单栏中的"工具"→"草图绘制实体"→"部分椭圆"命令，或者单击"草图"工具栏中的 （部分椭圆）按钮，或者单击"草图"控制面板中的"部分椭圆"按钮 ，此时光标变为 ⬚ 形状。

步骤2：在图形区合适的位置单击，确定椭圆弧的中心。

步骤3：移动光标，在光标附近会显示椭圆的长半轴 R 和短半轴 r。在图形区合适的位置单击鼠标左键，确定椭圆弧的长半轴 R，如图 10.68(a)所示。

步骤4：移动光标，在图形区合适的位置单击鼠标左键，确定椭圆弧的短半轴 r，如图10.68(b)所示。

步骤5：沿圆周移动光标，确定椭圆弧的范围，此时会弹出"椭圆"属性管理器，根据需要设定椭圆弧的参数。

步骤6：单击"椭圆"属性管理器中的 ✓（确定）按钮，完成椭圆弧的绘制，如图 10.68(c)所示。

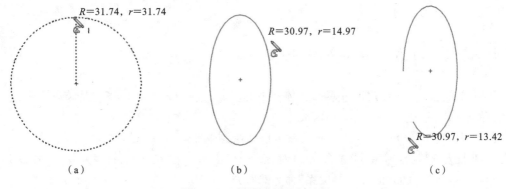

图 10.68　椭圆弧的绘制过程

图 10.68 所示为椭圆弧的绘制过程。

7. 绘制样条曲线

系统提供了强大的样条曲线绘制功能。绘制样条曲线至少需要两个点，并且可以在端点指定相切。

步骤 1：在草图绘制状态下，选择菜单栏中的"工具"→"草图绘制实体"→"样条曲线"命令，或者单击"草图"工具栏中的 Ⅳ（样条曲线）按钮，或者单击"草图"面板中的"样条曲线"按钮 Ⅳ，此时光标变为 ✎ 形状。

步骤 2：在图形区单击鼠标左键，确定样条曲线的起点。

步骤 3：移动光标，在图形区合适的位置单击鼠标左键，确定样条曲线上的第二点和第三点，如图 10.69(a) 和图 10.69(b) 所示。

步骤 4：重复移动光标，确定样条曲线上的其他点，如图 10.69(c) 所示。

步骤 5：按 Esc 键，或者双击退出样条曲线的绘制。

图 10.69 所示为样条曲线的绘制过程。

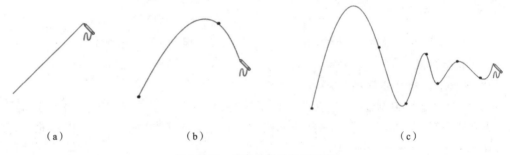

（a）　　　　　　　　　　（b）　　　　　　　　　　（c）

图 10.69　样条曲线的绘制过程

样条曲线绘制完毕后，可以通过"样条曲线"属性管理器或样条曲线上的点对样条曲线进行编辑和修改。

8. 绘制点

点一般不参与零件建模，主要用于尺寸定位和添加几何关系等。

绘制点的步骤如下。

步骤 1：单击"草图"常用工具栏中的 ▪（点）按钮，将光标移动到绘图区，此时光标变为 ✎ 形状，在绘图区域单击即可。

步骤 2：若要对点进行精准定位，用户可在"点"属性管理器中输入点的坐标。单击 ✓（确定）按钮，完成点的绘制。

10.2.3　为草图添加几何关系

几何关系是草图实体之间或草图实体与参考对象之间的关系，如圆弧之间的同心关系、直线之间的平行关系等。

在 SOLIDWORKS 中，有些几何关系可以在绘制草图时自动添加，如直线的水平或竖直、直线与圆弧相切、点与点的重合等。对于不能自动产生的几何关系，用户可以通过 SOLIDWORKS 提供的"添加集合关系"命令来添加。

在 SOLIDWORKS 里绘制草图时不需要确定草图实体的确切尺寸和位置关系，而是通过几何关系和尺寸来修改草图的位置和大小,从而驱动草图。所谓驱动,就是修改草图实体的尺寸或几何关系,草图实体将随之改变。

1. 自动添加几何关系

自动添加几何关系主要通过绘制的草图实体和捕捉的几何元素来实现。绘制草图时,系统能够捕捉草图的端点、终点、圆心、中点、相切点等几何元素。

1) 自动添加水平、竖直几何关系

绘制一条水平线,如图 10.70 所示,在绘制过程中光标旁的 ━(水平)符号表示系统自动给直线添加水平的几何关系,这样该直线就被限制为一条水平线。

同理,绘制一条竖直线,如图 10.71 所示,在绘制过程中光标旁的 ▏(竖直)符号表示该直线就被限制成为一条竖直线。

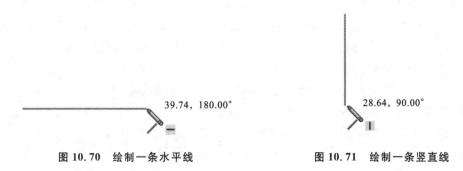

图 10.70　绘制一条水平线　　　　　　　图 10.71　绘制一条竖直线

2) 自动添加重合、中心几何关系

绘制草图时,若光标和现有的实体重合,如图 10.72 所示,光标旁会显示 ⊿(重合)符号,该符号表示系统自动添加重合的几何关系。

若光标和现有的实体中心重合,如图 10.73 所示,光标旁会显示 ☌(中心)符号,该符号表示系统自动添加中心的几何关系。

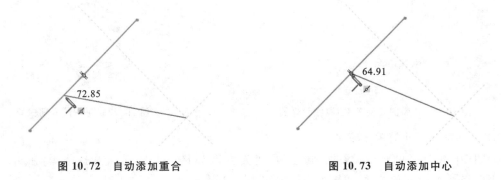

图 10.72　自动添加重合　　　　　　　图 10.73　自动添加中心

3) 自动添加垂直几何关系

绘制草图时,若绘制的线段与现有的实体垂直,如图 10.74 所示,光标旁会显示 ⊥(垂直)符号,该符号表示系统自动给直线与已存在的直线一个垂直的条件。

4) 自动添加相切几何关系

从已存在的圆端点处绘制一条与之相切的直线,如图 10.75 所示,光标旁会显示 ◌(相切)符号,该符号表示系统自动给直线与已存在的圆弧一个相切的条件。

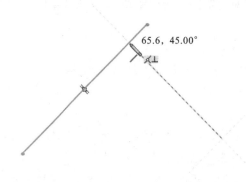 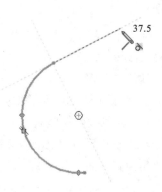

图 10.74　自动添加垂直　　　　　　　图 10.75　自动添加相切

2. 添加几何关系

对于不能自动产生的几何关系,用户可以通过 SOLIDWORKS 提供的"添加几何关系"命令来添加。添加几何关系时,由于所选取的图形实体不同,会出现不同的几何关系。

1) 添加"平行"几何关系

步骤 1:单击"草图"常用工具栏的┴(添加几何关系)按钮。

步骤 2:将 FeatureManager 切换到"添加几何关系"属性管理器,在"所选实体"列表框中选择图 10.76 所示的两条直线,选择▧平行(平行)几何关系。

步骤 3:单击✓(确定)按钮,得到的草图如图 10.77 所示。

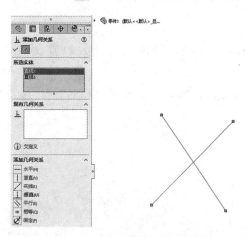 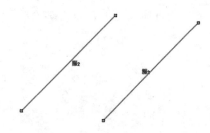

图 10.76　"添加几何关系"属性管理器　　　　图 10.77　"平行"几何关系

2) 添加"同心"几何关系

为图 10.78 所示的两个圆添加"同心"几何关系。按住 Ctrl 键,依次选择两圆,在属性管理器中选择◎同心(同心)几何关系,得到的草图如图 10.79 所示。

3) 显示/删除几何关系

在 SOLIDWORKS 里,可以对已经添加的几何关系进行显示和删除等操作。

步骤 1:单击"草图"常用工具栏中的┴(显示/删除几何关系)按钮。

步骤 2:将 FeatureManager 切换到"显示/删除几何关系"属性管理器,在"几何关系"选项区选择"全部在此草图中",如图 10.80 所示。

步骤 3:草图中的几何关系将全部显示在"几何关系"列表框中,如图 10.81 所示。

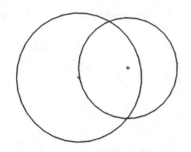

图 10.78　添加"同心"几何关系

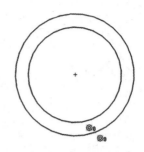

图 10.79　"同心"几何关系

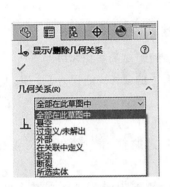

图 10.80　"显示/删除几何关系"属性管理器

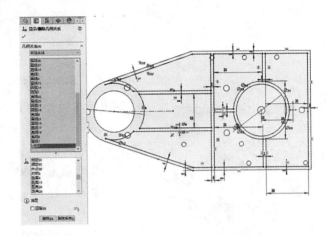

图 10.81　"几何关系"列表框

10.2.4　草图尺寸标注

SOLIDWORKS 是一种尺寸驱动式系统,用户可以指定尺寸及各实体之间的几何关系,更改尺寸将改变零件的尺寸与形状。尺寸标注是草图绘制过程中的重要组成部分。SOLIDWORKS 虽然可以捕捉用户的设计意图,自动标注尺寸,但由于各种原因有时自动标注的尺寸不理想,此时用户必须自己进行尺寸的标注。

1. 线性尺寸的标注

线性尺寸用于标注直线段的长度或两个几何元素之间的距离。

1) 标注直线长度尺寸的操作步骤

步骤 1:单击"草图"面板中的 (智能尺寸)按钮,此时光标变为 形状。

步骤 2:将光标放到要标注的直线上,这时光标变为 形状,要标注的直线以红色高亮度显示。

步骤 3:在直线上单击左键,标注尺寸线出现并随着光标移动,如图 10.82(a)所示。

步骤 4:将尺寸线移动到适当的位置后单击鼠标左键,尺寸线被固定下来。

步骤 5:系统弹出"修改"对话框,在其中输入要标注的尺寸值,如图 10.82(b)所示。

图 10.82 所示为直线长度尺寸的标注。

步骤 6:在"修改"对话框中输入直线的长度,单击 (确定)按钮,完成标注。

步骤 7:在左侧出现"尺寸"属性管理器,如图 10.83 所示,可在"主要值"选项组中输入尺寸值。

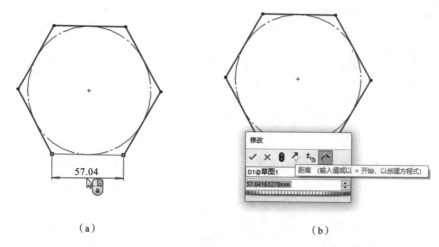

（a） （b）

图 10.82 直线长度尺寸的标注

图 10.83 "尺寸"属性管理器

2）标注两个几何元素之间距离的操作步骤

步骤 1：单击"草图"面板中的 按钮，此时光标变为 ![] 形状。

步骤 2：单击拾取第一个几何元素。

步骤 3：标注尺寸线出现，忽略它，继续单击拾取第二个几何元素。

步骤 4：这时标注尺寸线显示为两个几何元素之间的距离，移动光标到适当的位置，如图 10.84（a）所示。

步骤 5：单击标注尺寸线，将尺寸线固定下来，弹出"修改"对话框，如图 10.84（b）所示。

步骤 6：在"修改"对话框中输入两个几何元素之间的距离，单击 按钮完成标注，如图 10.84（c）所示。

图 10.84 所示为两个几何元素之间距离的标注。

2. 直径和半径尺寸的标注

默认情况下，SOLIDWORKS 对圆标注直径尺寸、对圆弧标注半径尺寸，如图 10.85 所示。

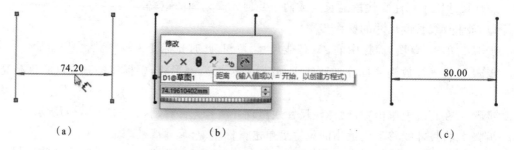

（a） （b） （c）

图 10.84 两个几何元素之间距离的标注

1）对圆进行直径尺寸标注的操作步骤

步骤 1：单击"草图"控制面板中的 按钮，此时光标变为 ![] 形状。

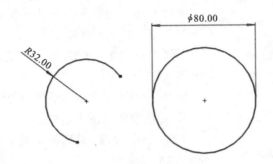

图 10.85 直径和半径尺寸的标注

步骤 2：将光标放到要标注的圆上，这时光标变为 形状，要标注的圆以红色高亮度显示。

步骤 3：在圆上单击鼠标左键，标注尺寸线出现，并随着光标移动。

步骤 4：将尺寸线移到适当的位置后，单击鼠标左键将尺寸线固定下来。

步骤 5：在"修改"对话框中输入圆的直径，单击 （确定）按钮完成标注。

2）对圆弧进行半径尺寸标注的操作步骤

步骤 1：单击"草图"控制面板中的 （智能尺寸）按钮，此时光标变为 形状。

步骤 2：将光标放到要标注的圆弧上，这时光标变为 形状，要标注的圆弧以红色高亮度显示。

步骤 3：单击需要标注的圆弧，标注尺寸线出现，并随着光标移动。

步骤 4：将尺寸线移到适当的位置后，单击鼠标左键将尺寸线固定下来。

步骤 5：在"修改"对话框中输入圆弧的半径，单击 （确定）按钮完成标注。

3. 角度尺寸的标注

角度尺寸用于标注两条直线的夹角或圆弧的圆心角。

1）标注两条直线夹角的操作步骤

步骤 1：绘制两条相交的直线。

步骤 2：单击草图控制面板中的 （智能尺寸）按钮，此时光标变为 形状。

步骤 3：单击拾取第一条直线。

步骤 4：标注尺寸线出现，忽略它，继续单击拾取第二条直线。

步骤 5：这时标注尺寸线显示为两条直线之间的角度，随着光标的移动，系统会显示四种不同的夹角角度标注方式，如图 10.86 所示。

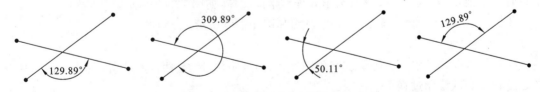

图 10.86 四种不同的夹角角度标注方式

步骤 6：单击鼠标左键，将尺寸线固定下来。

步骤 7：在"修改"对话框中输入夹角的角度值，单击 （确定）按钮完成标注。

2）标注圆弧圆心角的操作步骤

步骤 1：单击"草图"控制面板中的 （智能尺寸）按钮，此时光标变为 形状。

步骤 2：单击拾取圆弧的一个端点。

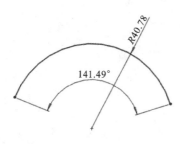

图 10.87　标注圆弧的圆心角

步骤 3：单击拾取圆弧的另一个端点，此时标注尺寸线显示这两个端点之间的距离。

步骤 4：继续单击拾取圆心点，此时标注尺寸线显示圆弧两个端点之间的圆心角。

步骤 5：将尺寸线移到适当的位置后，单击，将尺寸线固定下来，标注圆弧的圆心角如图 10.87 所示。

步骤 6：在"修改"对话框中输入圆弧的角度值，单击 ✓（确定）按钮完成标注。

步骤 7：如果在步骤 4 中拾取的不是圆心点而是圆弧，则将标注两个端点之间圆弧的长度。

10.3　草 图 编 辑

在 SOLIDWORKS 里，用于绘制草图的命令非常丰富，各个命令的使用也很灵活。有些草图绘制命令是基于模型操作的，因此本节主要介绍部分草图编辑命令的基本使用方法。

通过本节的学习，要熟练地掌握草图实体编辑工具的操作方法和技巧，为后续特征建模、装配体的学习打下良好的基础。

10.3.1　绘制圆角/倒角

"绘制圆角"命令的功能是将两个草图实体的交叉处剪裁掉角部，生成一个与两个草图实体都相切的圆弧。"绘制倒角"命令的功能是在两个草图实体交叉点处添加一个倒角，其方法与"绘制圆角"的方法类似。

1. 绘制圆角

绘制圆角的步骤如下。

步骤 1：单击"草图"常用工具栏上的 ⌐（绘制圆角）按钮，将 FeatureManager 切换到"绘制圆角"属性管理器。

步骤 2：在"要圆角化的实体"列表框中选择两条直线，或选择两条直线的交点，在"圆角参数"中输入要生成的圆角半径"10"，如图 10.88 所示。若要绘制多个圆角，在关闭"绘制圆角"属性管理器前，依次选择需要进行圆角处理的草图实体，如图 10.89 所示。

步骤 3：单击 ✓（确定）按钮，得到的草图如图 10.90 所示。

2. 绘制倒角

SOLIDWORKS 中有三种绘制倒角的方式：角度距离、距离-距离和相等距离，下面具体介绍这三种方法的绘制过程。

1）角度距离

步骤 1：单击"草图"常用工具栏上的 ⌐（绘制倒角）按钮，将 FeatureManager 切换到"绘制倒角"属性管理器。

步骤 2：选择"角度距离"单选按钮，选择两条直线，或选择两条直线的交点。在"距离"栏中输入要生成倒角的距离"20"，在"角度"栏中输入倒角的角度"45"，如图 10.91 所示。

步骤 3：单击 ✓（确定）按钮，完成倒角的绘制。

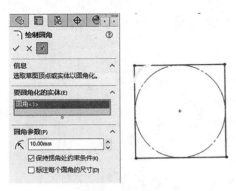

图 10.88　"绘制圆角"属性管理器

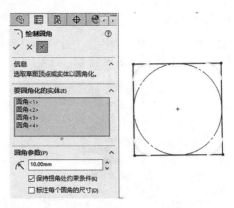

图 10.89　进行圆角处理的草图实体

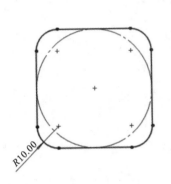

图 10.90　圆角效果

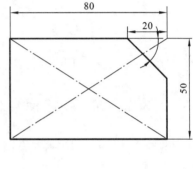

图 10.91　角度距离

2) 距离-距离

步骤 1：单击"草图"常用工具栏上的　(绘制倒角)按钮，将 FeatureManager 切换到"绘制倒角"属性管理器。

步骤 2：选择"距离-距离"单选按钮，选择两条直线，在"距离"栏中输入要生成倒角的距离"10"和"20"，如图 10.92 所示。

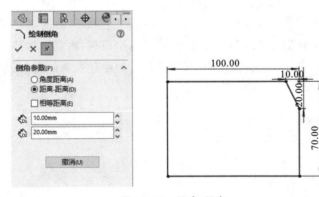

图 10.92　距离-距离

步骤 3：单击　(确定)按钮，完成草图的绘制。

3) 相等距离

步骤 1：单击"草图"常用工具栏上的　(绘制倒角)按钮，将 FeatureManager 切换到"绘制倒角"属性管理器。

步骤2:选择"距离-距离"单选按钮,选择"相等距离"复选框。选择两条直线,在"距离"栏中输入要生成倒角的距离"20",如图10.93所示。

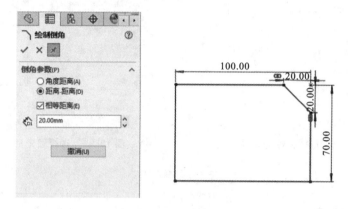

图 10.93   相等距离

步骤3:单击 ✓(确定)按钮,完成草图的绘制。

10.3.2 剪裁/延伸实体

"剪裁实体"命令用于剪裁草图实体。"延伸实体"命令用于延伸一个草图实体至另一个草图实体。

1. 剪裁实体

根据所剪裁的草图实体,可以选择不同的剪裁类型,SOLIDWORKS提供了5种剪裁方式:强劲剪裁、边角剪裁、在内剪除、在外剪除和剪裁到最近端。根据剪裁的草图实体选择合适的剪裁方式,其中"强劲剪裁"和"剪裁到最近端"命令最常用。

1) 强劲剪裁

步骤1:单击"草图"常用工具栏上的 ✂(剪裁实体)按钮,将 FeatureManager 切换到"剪裁"属性管理器。

步骤2:单击 ┣(强劲剪裁)按钮,按住鼠标,并在要剪裁的实体上拖动光标,如图10.94所示。凡是光标触及的实体都会被剪裁,或者单击鼠标,将选中的部分删除。

步骤3:松开鼠标,单击 ✓(确定)按钮,强劲剪裁后的绘制效果如图10.95所示。

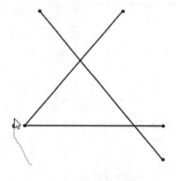

图 10.94   强劲剪裁

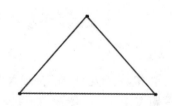

图 10.95   强劲剪裁后的绘制效果

2）边角剪裁

边角剪裁针对两个草图实体，可以将选择的草图实体进行剪裁，直到它们交叉为止。

在"剪裁"属性管理器中单击 ┌ 边角(C)（边角）按钮，选择两个实体，如图 10.96 所示。单击 ✓（确定）按钮，边角剪裁后的绘制效果如图 10.97 所示。

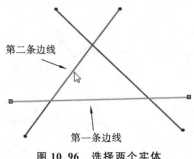

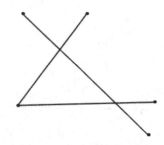

图 10.96　选择两个实体　　　　　　　　图 10.97　边角剪裁后的绘制效果

3）在内剪除

在内剪除主要用于剪裁位于两个所选边界之间的开环实体。

在"剪裁"属性管理器中单击 ‡ 在内剪除(I)（在内剪除）按钮，选择两个边界实体或一个闭环草图实体（例如圆）作为剪裁边界，再单击要剪裁的实体，如图 10.98 所示，单击 ✓（确定）按钮，在内剪除后的绘制效果如图 10.99 所示。

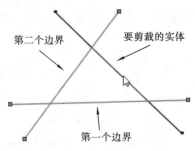

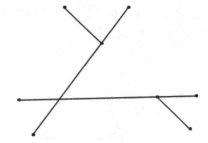

图 10.98　选择两个边界实体　　　　　　图 10.99　在内剪除后的绘制效果

4）在外剪除

在外剪除与在内剪除操作类似，但剪裁的结果刚好相反。剪裁操作将删除所选边界之外的开环实体。

在"剪裁"属性管理器中单击 ‡ 在外剪除(O)（在外剪除）按钮，选择两个边界实体或一个闭环草图实体（例如圆）作为剪裁边界，再单击要剪裁的实体，如图 10.100 所示。单击 ✓（确定）按钮，在外剪除后的绘制效果如图 10.101 所示。

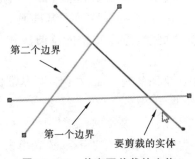

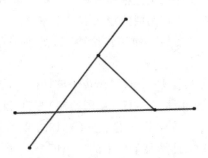

图 10.100　单击要剪裁的实体　　　　　　图 10.101　在外剪除后的绘制效果

5）剪裁到最近端

剪裁到最近端可以剪裁所选草图实体，直到与最近的其他草图实体的交叉点。

在"剪裁"属性管理器中选择 ⊹剪裁到最近端的（剪裁到最近端）按钮，单击要剪裁的实体，如图 10.102 所示。单击 ✓（确定）按钮，剪裁到最近端后的绘制效果如图 10.103 所示。

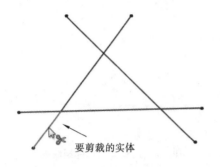

图 10.102　单击要剪裁的实体

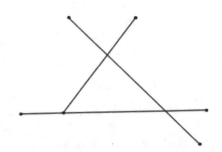

图 10.103　剪裁到最近端后的绘制效果

2. 延伸实体

"延伸实体"命令用于延伸一个草图实体至另一个草图实体，并与之相交，封闭开环草图。

步骤 1：单击"草图"常用工具栏上的 ⊤（延伸实体）按钮，鼠标指针的形状变为 ⤢⊤，如图 10.104 所示。

步骤 2：将鼠标移动至欲延伸的草图实体上，预览结果按延伸实体的方向以红色出现。单击草图实体以延伸实体，如图 10.105 所示。

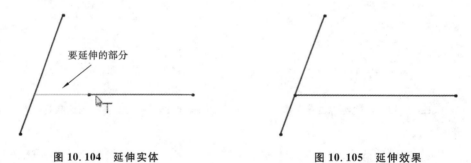

图 10.104　延伸实体

图 10.105　延伸效果

10.3.3　转换实体引用

转换实体引用是指通过已有的模型或者草图，将其边线、环、面、曲线、外部草图轮廓线、一组边线或一组草图曲线投影到草图基准面上。通过这种方式，可以在草图基准面上生成一个或多个草图实体。使用该命令时，如果引用的实体被更改，那么转换的草图实体也会相应改变。

步骤 1：在 FeatureManager 设计树中，选择要添加草图的基准面，本例选择基准面 1，然后单击"草图"面板中的 ⬀（草图绘制）按钮，进入草图绘制状态。

步骤 2：按住 Ctrl 键，选取图 10.106 所示的边线 1、2、3、4 及圆弧 5。

步骤 3：选择菜单栏中的"工具"→"草图工具"→"转换实体引用"命令，或者单击"草图"工具栏中的 ⬡（转换实体引用）按钮，或者单击"草图"面板中的"转换实体引用"按钮 ⬡，执行"转换实体引用"命令。

步骤 4:退出草图绘制状态,转换实体引用后的图形如图 10.107 所示。

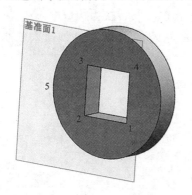

图 10.106　转换实体引用前的图形

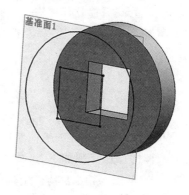

图 10.107　转换实体引用后的图形

10.3.4　等距实体

等距实体是指将草图实体在法线方向上偏移相等的距离,生成一个与草图实体形状相同的草图。

1) 使用步骤

等距实体的操作步骤如下。

步骤 1:单击"草图"常用工具栏上的 ⎡(等距实体)按钮,将 FeatureManager 切换到"等距实体"属性管理器。

步骤 2:在该属性管理器中设置距离"10",单击选择要等距的圆弧,如图 10.108 所示。

步骤 3:单击 ✓(确定)按钮,等距效果如图 10.109 所示。

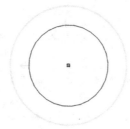

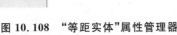

图 10.108　"等距实体"属性管理器

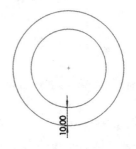

图 10.109　等距效果

2) 选项含义

"等距实体"属性管理器中,部分选项的含义如下。

(1)(等距实体)选项　输入等距距离值来等距草图实体。

(2)"添加尺寸"复选框　选择该选项,完成实体等距后,草图中会自动添加尺寸。

(3)"反向"复选框　利用该选项,可以更改单向等距的方向。

(4)"选择链"复选框　选择该选项,可以生成连续草图实体的等距。

（5）"双向"复选框　选择该选项,将在双向生成等距实体。

（6）"构造几何体"下的 2 个复选框　选择"基本几何体"选项,可以将原有草图实体转换为构造中心线。选择"偏移几何体"选项,可以将偏移出的草图转换为构造中心线。

（7）"顶端加盖"复选框　选择该复选框将通过选择"双向"并添加一顶盖来延伸原有非相交草图实体。

10.3.5　镜向实体

SOLIDWORKS 可以沿直线镜向草图实体。生成的镜向实体与原实体的草图之间具有对称关系,镜向实体的操作步骤如下。

步骤 1:单击"草图"常用工具栏上的 ⺊⺊（镜向实体）按钮,将 FeatureManager 切换到"镜向"属性管理器。

步骤 2:在"要镜向的实体"选项中选择要镜向的草图实体,在"镜向轴"选项中选择"直线4",如图 10.110 所示。

步骤 3:单击 ✓（确定）按钮,完成镜向操作,如图 10.111 所示。

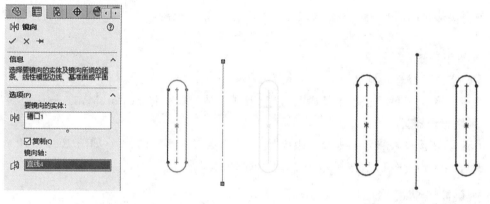

图 10.110　"镜向"属性管理器　　　　　　　图 10.111　完成镜向操作

10.3.6　阵列

对于有规律排列的草图,可以按排列规律选择"圆周阵列"或"线性阵列"来生成草图阵列,从而提高草图绘制的速度。

1. 线性阵列

"线性阵列"在两个直线方向生成均匀分布的阵列。

1）使用步骤

"线性阵列"的操作步骤如下。

步骤 1:单击"草图"常用工具栏上的 ⠿（线性阵列）按钮,将 FeatureManager 切换到"线性阵列"属性管理器。

步骤 2:在"方向 1"选项组中选择"X-轴",间距设置为"25",实例数设置为"4",如图10.112所示。在"方向 2"选项组中选择"Y-轴",间距设置为"20",实例数设置为"3",如图 10.113 所示。在"要阵列的实体"选项中选择圆,如图 10.114 所示。

图 10.112　方向 1 选项组

图 10.113　方向 2 选项组

步骤 3：单击 ✓（确定）按钮，完成阵列操作，如图 10.115 所示。

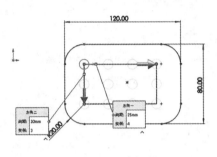

图 10.114　选择圆

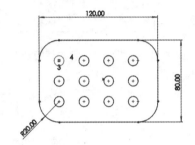

图 10.115　完成阵列操作

2）选项含义

"线性阵列"属性管理器中，部分选项的含义如下。

（1）间距　设定阵列实体之间的距离。

（2）实例数　设定阵列实例总数，包括原始草图实体。

（3）角度　设置阵列的旋转角度。

（4）要阵列的实体　选择要阵列的草图实体。

2. 圆周阵列

"圆周阵列"是绕轴线旋转生成圆周状态分布的阵列。

1）使用步骤

"圆周阵列"的操作步骤如下。

步骤 1：单击"草图"常用工具栏上的 ❈（圆周阵列）按钮，将 FeatureManager 切换到"圆周阵列"属性管理器。

步骤 2：在"参数"选项组中选择大圆的中心点，实例数设置为 6，如图 10.116 所示。

步骤 3：在"要阵列的实体"选项中选择小圆，预览结果如图 10.117 所示。

步骤 4：在"可跳过的实体"选项中选择第 4 个阵列实体，如图 10.118 所示。

步骤 5：单击 ✓（确定）按钮，完成阵列操作，如图 10.119 所示。

2）选项含义

"圆周阵列"属性管理器中，部分选项的含义如下。

（1）中心点 X　圆周阵列旋转中心点的 X 坐标。

（2）中心点 Y　圆周阵列旋转中心点的 Y 坐标。

（3）实例数　设定阵列实例总数，包括原始草图实体。

图 10.116 "圆周阵列"属性管理器

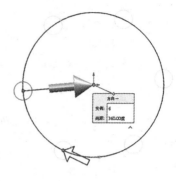

图 10.117 预览结果

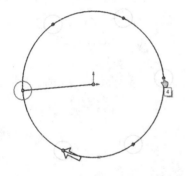

图 10.118 选择第 4 个阵列实体

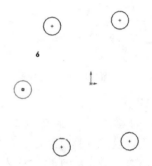

图 10.119 完成阵列操作

（4）间距 圆周阵列草图所围成的度数。

（5）半径 阵列半径。

（6）要阵列的实体 选择要阵列的草图实体。

10.4 势能车零件建模

草图绘制是建立三维几何模型的基础。SOLIDWORKS 的核心功能是零件的三维建模，其建模工具包括特征造型和曲面设计等。零件模型由各种特征组成，零件的设计过程就是特征的相互组合、叠加、切割和减除的过程。特征可分为基本特征、附加特征和参考几何体。

本节以势能车为例，选取势能车典型零件，主要对拉伸、旋转基本特征进行介绍与讲解，通过本节的学习，学生可对简单的势能车零件进行三维建模。

10.4.1 拉伸凸台/基体特征（前轮支座）

1. 拉伸凸台/基体

拉伸特征是将一个二维平面草图按照给定的数值沿与平面垂直的方向拉伸一段距离形成

的特征。创建拉伸特征的操作步骤如下。

（1）保持草图处于激活状态，如图 10.120 所示，单击"特征"工具栏中的 （拉伸凸台/基体）按钮，或选择菜单栏中的"插入"→"凸台/基体"→"拉伸"命令，或者单击"特征"面板中的"拉伸凸台/基体"按钮 。

（2）系统弹出"凸台-拉伸"属性管理器，如图 10.121 所示，其包含各选项的注释。

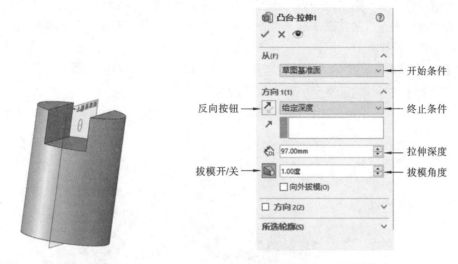

图 10.120　打开的文件实体　　　　　图 10.121　"凸台-拉伸"属性管理器

（3）在"方向 1"选项组的 （终止条件）下拉列表框中选择拉伸的终止条件，有以下几种选项。

① 给定深度　从草图的基准面拉伸到指定的位置，以生成特征，如图 10.122(a)所示。

② 完全贯穿　从草图的基准面拉伸直到贯穿所有现有的几何体，如图 10.122(b)所示。

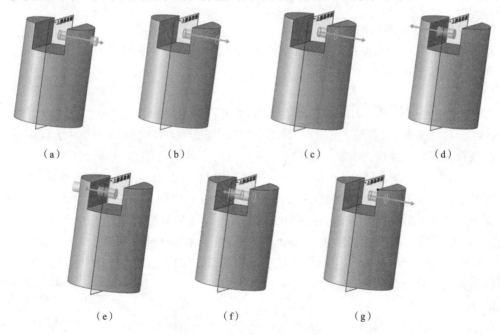

（a）　　　　　（b）　　　　　（c）　　　　　（d）

（e）　　　　　（f）　　　　　（g）

图 10.122　拉伸的终止条件

③ 成形到下一面 从草图的基准面拉伸到下一面(隔断整个轮廓),以生成特征,如图 10.122(c)所示。"下一面"必须在同一零件上。

④ 成形到一面 从草图的基准面拉伸到所选的曲面以生成特征,如图 10.122(d)所示。

⑤ 到离指定面指定的距离 从草图的基准面拉伸到离某面或曲面的特定距离处,以生成特征,如图 10.122(e)所示。

⑥ 两侧对称 从草图基准面向两个方向对称拉伸,如图 10.122(f)所示。

⑦ 成形到一顶点 从草图基准面拉伸到一个平面,这个平面平行于草图基准面且穿越指定的顶点,如图 10.122(g)所示。

(4) 在右面的图形区中检查预览。如果需要,单击 ⬀(反向)按钮,向另一个方向拉伸。

(5) 在 ⬧(拉伸深度)文本框中输入拉伸的深度。

(6) 如果要给特征添加一个拔模,单击 ⬧(拔模开/关)按钮,然后输入一个拔模角度。拔模特征说明如图 10.123 所示。

无拔模　　　　　　　　　　　向内拔模10°　　　　　　　　　　向外拔模10°

图 10.123　拔模特征说明

(7) 如有必要,选择"方向 2"复选框,将拉伸应用到第二个方向。

(8) 保持"薄壁特征"复选框为不选择状态,单击 ✓(确定)按钮,完成拉伸凸台/基体的创建。

2. 实例——势能车前轮支座

本例绘制的前轮支座如图 10.124 所示。本节讲解前轮支座的拉伸凸台/基本特征部分,拉伸切除特征部分在 10.4.2 节讲解。

绘制步骤如下。

(1) 新建文件。启动 SOLIDWORKS 软件,选择菜单栏中的"文件"→"新建"命令,或者单击"标准"工具栏中的 ⬧(新建)按钮,在弹出的"新建 SOLIDWORKS 文件"对话框中单击 ⬧(零件)按钮,然后单击"确定"按钮,创建一个新的零件文件。

(2) 绘制草图。在左侧的 FeatureManager 设计树中用鼠标选择"前视基准面"作为绘制图形的基准面。单击"草图"控制面板中的 ⬧(圆)按钮,在坐标原点绘制两个圆,单击"草图"控制面板中的 ⬧(智能尺寸)按钮,标注两个圆的尺寸。结果如图 10.125 所示。

(3) 拉伸实体。选择菜单栏中的"插入"→"凸台/基体"→"拉伸"命令,或者单击"特征"控制面板中的"拉伸凸台/基体"按钮 ⬧,系统弹出如图 10.126 所示的"凸台-拉伸"属性管理器。设置拉伸终止条件为"给定深度",输入拉伸距离"14",然后单击 ✓(确定)按钮。结果如图 10.127 所示。

(4) 绘制草图。在左侧的 FeatureManager 设计树中用鼠标选择"前视基准面"作为绘制图形的基准面。单击"草图"控制面板中的 ⬧(圆)按钮,绘制图 10.128 所示的草图并标注尺寸。

图 10.124　前轮支座

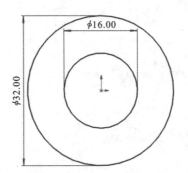

图 10.125　绘制草图 1

图 10.126　"凸台-拉伸"属性管理器 1

图 10.127　拉伸后的图形 1

（5）拉伸实体。选择菜单栏中的"插入"→"凸台/基体"→"拉伸"命令，或者单击"特征"控制面板中的"拉伸凸台/基体"按钮 ，系统弹出图 10.129 所示的"凸台-拉伸"属性管理器。设置拉伸开始条件为"等距"，输入距离"5"，设置拉伸终止条件为"给定深度"，输入拉伸距离"4"，拉伸方向与步骤 2 的相同，然后单击 （确定）按钮。结果如图 10.130 所示。

（6）绘制草图。在视图中用鼠标选择图 10.130 所示的面 1 作为绘制图形的基准面。单击"草图"控制面板中的 （圆）按钮，绘制图 10.131 所示的草图并标注尺寸。

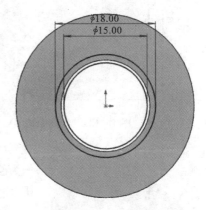

图 10.128　绘制草图 2

（7）拉伸实体。选择菜单栏中的"插入"→"凸台/基体"→"拉伸"命令，或者单击"特征"控制面板中的"拉伸凸台/基体"按钮 ，系统弹出图 10.132所示的"凸台-拉伸"属性管理器。设置拉伸终止条件为"给定深度"，输入拉伸距离"17"，然后单击 （确定）按钮。结果如图 10.133 所示。

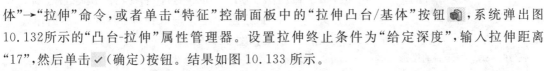

图 10.129　"凸台-拉伸"属性管理器 2

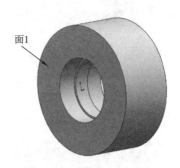

图 10.130　拉伸后的图形 2

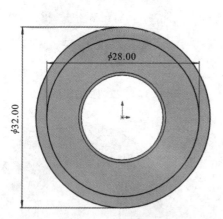

图 10.131　绘制草图 3

图 10.132　"凸台-拉伸"属性管理器 3

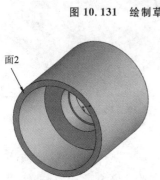

图 10.133　拉伸后的图形 3

（8）绘制草图。在视图中用鼠标选择图 10.133 所示的面 2 作为绘制图形的基准面。单击"草图"控制面板中的 ⊙（圆）按钮，绘制图 10.134 所示的草图并标注尺寸。

（9）拉伸实体。选择菜单栏中的"插入"→"凸台/基体"→"拉伸"命令，或者单击"特征"控制面板中的"拉伸凸台/基体"按钮 ，系统弹出图 10.135 所示的"凸台-拉伸"属性管理器。设置拉伸终止条件为"给定深度"，输入拉伸距离"3"，然后单击 ✓（确定）按钮。结果如图 10.136 所示。

剩余步骤在 10.4.2 节讲解。

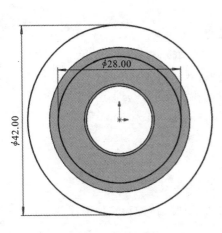

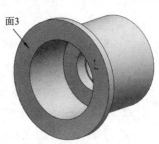

图 10.134　绘制草图 4　　　　　　图 10.135　"凸台-拉伸"属性　　　　图 10.136　拉伸后的图形 4

管理器 4

10.4.2　拉伸切除特征(前轮支座)

1. 拉伸切除特征

(1) 如图 10.137 所示,保持草图处于激活状态,单击"特征"工具栏中的 ⓐ(拉伸切除)按钮,或选择菜单栏中的"插入"→"切除"→"拉伸"命令,或者单击"特征"面板中的"拉伸切除"按钮 ⓐ。

(2) 弹出"切除-拉伸"属性管理器,如图 10.138 所示。

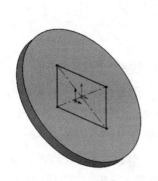

图 10.137　打开的文件实体　　　　　　图 10.138　"切除-拉伸"属性管理器

（3）在"方向1"选项组中执行如下操作。

① 在⟋右侧的"终止条件"下拉列表框中选择"切除-拉伸"。

② 如果选择了"反侧切除"复选框，则将生成反侧切除特征。

③ 单击⟋（反向）按钮，可以向另一个方向切除。

④ 单击▣（拔模开/关）按钮，可以给特征添加拔模效果。

（4）如果有必要，选择"方向2"复选框，将拉伸切除应用到第二个方向。

（5）如果要生成薄壁切除特征，选择"薄壁特征"复选框，然后执行如下操作。

① 在⟋右侧的下拉列表框中选择切除类型："单向""两侧对称"或"双向"。

② 单击⟋（反向）按钮，可以以相反的方向生成薄壁切除特征。

③ 在↕（厚度微调）文本框中输入切除的厚度。

（6）单击✓（确定）按钮，完成拉伸切除特征的创建。

2. 实例——势能车前轮支座

本例绘制的前轮支座如图10.124所示。下面将讲解该零件的拉伸切除特征部分。

绘制步骤如下（前9个步骤见10.4.1节）。

（10）绘制草图。在视图中用鼠标选择图10.136所示的面3作为绘制图形的基准面。单击"草图"控制面板中的⊙（圆）按钮，绘制图10.139所示的草图并标注尺寸。

（11）拉伸切除实体。选择菜单栏中的"插入"→"切除"→"拉伸"命令，或者单击"特征"控制面板中的"切除拉伸"按钮▣，系统弹出图10.140所示的"切除-拉伸"属性管理器。设置拉伸终止条件为"成形到下一面"，然后单击✓（确定）按钮。结果如图10.141所示。

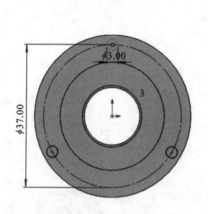

图 10.139　绘制草图 5

图 10.140　"切除-拉伸"属性管理器 1

（12）绘制草图。在视图中用鼠标选择图10.141所示的面4作为绘制图形的基准面。单击"草图"控制面板中的⊙（圆）按钮，绘制图10.142所示的草图并标注尺寸。

（13）拉伸切除实体。选择菜单栏中的"插入"→"切除"→"拉伸"命令，或者单击"特征"控制面板中的"切除拉伸"按钮▣，系统弹出图10.143所示的"切除-拉伸"属性管理器。设置拉伸终止条件为"给定深度"，输入拉伸距离"12"，然后单击✓（确定）按钮。结果如图10.144所示。

图 10.141　拉伸切除后的结果 1

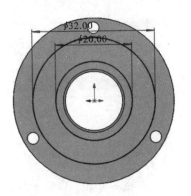

图 10.142　绘制草图 6

图 10.143　"切除-拉伸"属性管理器 2

图 10.144　拉伸切除后的结果 2

（14）绘制草图。在左侧的 FeatureManager 设计树中用鼠标选择"右视基准面"作为绘制图形的基准面。单击"草图"控制面板中的 ╱·(直线)按钮,绘制图 10.145 所示的草图并标注尺寸。

（15）拉伸切除实体。选择菜单栏中的"插入"→"切除"→"拉伸"命令,或者单击"特征"控制面板中的"切除拉伸"按钮 ▣,系统弹出图 10.146 所示的"切除-拉伸"属性管理器。设置拉伸终止条件为"两侧对称",输入拉伸距离"22",然后单击 ✓（确定）按钮。结果如图 10.147 所示。

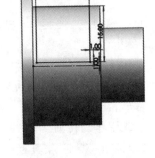

图 10.145　绘制草图 7

（16）镜向实体。选择菜单栏中的"插入"→"阵列/镜向"→"镜向"命令,或者单击"特征"控制面板中的"镜向"按钮 ▦▦,系统弹出图 10.148 所示的"镜向"属性管理器。选择绘图区的"上视基准面"作为镜向面,"切除-拉伸 3"作为要镜向的特征,然后单击 ✓（确定）按钮。结果如图 10.149 所示。

图 10.146 "切除-拉伸"属性管理器 3

图 10.147 拉伸切除后的结果 3

图 10.148 "镜向"属性管理器

图 10.149 镜向后的结果

10.4.3 旋转凸台/基体特征(定滑轮轴)

1. 旋转凸台/基体

实体旋转特征的草图可以包含一个或多个闭环的非相交轮廓。对于包含多个轮廓的基体旋转特征,其中一个轮廓必须包含所有其他轮廓。如果草图包含一条以上的中心线,则选择一条中心线用作旋转轴。

(1) 单击"特征"工具栏中的 ❈(旋转凸台/基体)按钮,或选择菜单栏中的"插入"→"凸台/基体"→"旋转"命令,或者单击"特征"面板中的"旋转凸台/基体"按钮 ❈。

(2) 弹出"旋转"属性管理器,选择图 10.150 所示的闭环旋转草图及基准轴,同时在右侧的图形区中显示生成的旋转特征,如图 10.151 所示。

(3) 在 ᨆ(角度)文本框中输入旋转角度。

(4) 在 ᨀ(反向)按钮右侧"类型"下拉列表框中选择旋转类型。

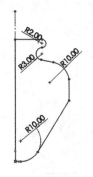

图 10.150 闭环旋转草图及基准轴

图 10.151 显示生成的旋转特征

① 单向 草图向一个方向选择指定的角度。在"方向 1"选项组下,选择"给定深度"类型,在 🔽(角度)文本框中输入所需角度。如果想要沿相反的方向旋转特征,单击 ⊙(反向)按钮即可。图 10.152(a)所示为角度为 120°的单向旋转。

② 两侧对称 草图以所在平面为中面分别向两个方向旋转相同的角度。在"方向 1"选项组下,选择"两侧对称"类型,在 🔽(角度)文本框中输入所需角度。图 10.152(b)所示为角度为 120°的两侧对称旋转。

③ 双向 草图以所在平面为中面分别向两个方向旋转指定的角度,分别在"方向 1""方向 2"选项组的 🔽(角度)文本框设置对应角度,这两个角度可以分别指定,角度均为 120°的双向旋转如图 10.152(c)所示。

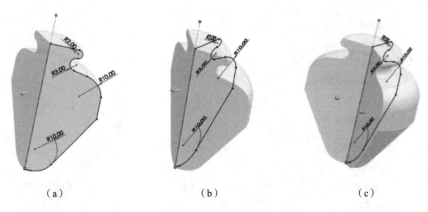

(a)   (b)   (c)

图 10.152 旋转特征

(5) 单击 ✓(确定)按钮,完成旋转凸台/基体特征的创建。

2. 实例——势能车定滑轮轴

本例绘制的定滑轮轴如图 10.153 所示。

(1) 新建文件。启动 SOLIDWORKS 软件,选择菜单栏中的"文件"→"新建"命令,或者单击"标准"工具栏中的 🗋(新建)按钮,在弹出的"新建 SOLIDWORKS 文件"对话框中单击 🔧(零件)按钮,然后单击"确定"按钮,创建一个新的零件文件。

(2) 绘制草图。在左侧的 FeatureManager 设计树中用鼠标选择"前视基准面"作为绘制图形的基准面。单击"草图"控制面板中的 ✏·(直线)按钮,绘制的草图如图 10.154 所示。

图 10.153 定滑轮轴

（3）标注尺寸。选择菜单栏中的"工具"→"标注尺寸"→"智能尺寸"命令，标注的草图如图 10.155 所示。

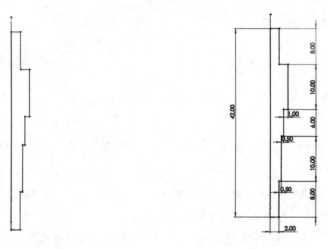

图 10.154　绘制的草图　　　　　　　图 10.155　标注的草图

（4）旋转实体。选择菜单栏中的"插入"→"凸台/基体"→"旋转"命令，或者单击"特征"控制面板中的"旋转凸台/基体"按钮 🌀，系统弹出图 10.156 所示的"旋转"属性管理器。在"旋转轴"列表框中，用鼠标选择图 10.155 中最左边的直线段。单击该属性管理器中的 ✓（确定）按钮。结果如图 10.157 所示。

图 10.156　"旋转"属性管理器

图 10.157　旋转后的图形

第 11 章　基于势能车的 MATLAB 凸轮设计

11.1　MATLAB 语言概述

11.1.1　MATLAB 的常量与变量

1. 常量

在 MATLAB 中有许多预先定义好的特殊变量，即常量，MATLAB 启动时就已赋值，这些特殊变量可以随时使用，不用初始化。常用的常量名及代表值见表 11.1。

表 11.1　常用的常量名及代表值

常　量　名	代　表　值	常　量　名	代　表　值
i, j	虚数单位，$\sqrt{-1}$	realmin	最小正浮点数，2^{-1022}
pi	圆周率	realmax	最大正浮点数，2^{1022}
eps	浮点相对精度，10^{-52}	Inf	无穷大
NaN	不定值		

预定义变量在工作空间观察不到，如果预定义变量被用户重新定义，则原来的功能暂不能使用，但当其被清除或重新启动 MATLAB 后，这些变量的功能重新恢复。下面是一些常量的使用实例：

```
>>sin(pi)
ans=
    1.2246e - 016
>>1/0
ans=
    Inf
0/0
ans=
    NaN
```

这里，ans 表示当前的计算结果，若计算时用户未设定变量，则 MATLAB 自动将当前结果赋值给 ans 变量。"＞＞"是提示号，为 MATLAB 自动生成，提示用户在其后输入指令语句。

2. 变量

与其他高级语言不同，MATLAB 语言中的变量无须预先定义。MATLAB 语言中变量的命名规则如下：

（1）变量名区分大小写；

（2）变量名不得超过 63 位，第 63 位字符后的字符将被忽略；

（3）变量名必须以字母开头，变量名中可以有字母、数字、下划线，但不能使用标点；

（4）MATLAB 中的关键字不能作为 MATLAB 变量名，MATLAB 关键字主要有 for、end、if、while、function、return、elseif、case、otherwise、continue、break、else、try、catch、global、switch、persistent 等；

（5）某些常量也可作为变量使用，例如，i 在 MATLAB 中表示虚数，也可作为变量使用；

（6）在未加特殊说明情况下，MATLAB 将一切变量视为局部变量，只在其调用的 M 文件内有效；若要定义全局变量，则应对变量进行声明，即在变量前加关键字 global。

11.1.2 数据类型

MATLAB 主要有六种基本数据类型，分别为 Double（双精度数值）、Char（字符）、Sparse（稀疏数据）、Storage（存储型）、Cell（单元数组）、Struct（结构数组）。下面主要介绍字符、结构数组、单元数组三种数据结构。

1. 字符

MATLAB 中，所有字符变量都用单引号赋值。例如：

```
>>s='I am a student'
s=
I am a student
```

字符串中每个字符（包括空格）都是字符变量的一个元素。例如：

```
>>size(s)
ans=
     1    14
```

若要生成字符数组，可用下面语句：

```
>>s=char('m', 'a', 't', 'l', 'b')'
   s=
   matlb
```

若将字符串转换为数值代码，可由 double 函数实现：

```
>>n=double(s)
n=
     109   97   116   108   98
```

数值数组与字符串之间可进行转换，常用的 MATLAB 函数名及其功能见表 11.2。

表 11.2　常用的 MATLAB 函数名及其功能

函　数　名	功　　能	函　数　名	功　　能
num2str	数字转换为字符串	str2num	字符串转换为数字
int2str	整数转换为字符串	sprintf	格式数据写为字符串
mat2str	矩阵转换为字符串	sscanf	格式控制下读字符串

例如：

```
>>a=[2,4,8,10,12];        % 数值数组
>>b=num2str(a);           % 将 a 转换为字符串并赋值给 b
>>a*3
    ans=
        6   12   24   30   36
>>b*3
    ans=
        150   96   96   96   156   96   96   96   168   96   96   147   144   96   96
        147   150
```

另外，MATLAB 提供了许多字符串操作函数，表 11.3 列出了字符串操作函数及其功能。

表 11.3　字符串操作函数及其功能

函 数 名	功 能	函 数 名	功 能
strcat	链接串	strrep	以彼串代替此串
strvcat	垂直链接串	upper	转换串为大写
strcmp	比较串	lower	转换串为小写
strncmp	比较串的前 n 个字符	blank	生成空格
strjust	证明字符数组	deblank	移去串中空格
strmatch	查找匹配的字符串	findstr	在其他串中找此串

下面通过几个语句对表 11.3 中的部分函数进行说明：

```
>>strcat('You', 'and', 'Me')
ans=
    You and Me
>>strcat({'Red', 'Yellow'},{'Green', 'Blue'})
ans=
    'RedGreen''YellowBlue'
>>strvcat('You', 'and', 'Me')
ans=
    You
    and
    Me
>>strcmp('abc', 'asc')
ans=
    0
>>strcmp('abc', 'abc')
ans=
    1
>>strncmp('abcghj', 'abcmnop',3)
ans=
    1
>>upper('abc')
ans=
    ABC
>>s1='This is a dog';
```

```
>>strrep(s1, 'This', 'That')
ans=
    That is a dog
```

2. 结构数组

下面通过学生的基本信息（包括姓名、性别、年龄、年级、班号等）来说明结构性变量的创建和访问。

1）结构性变量的创建

（1）直接赋值产生结构数组。例如：

```
>>student.name='李明';
>>student.sex='男';
>>student.age=7;
>>student.grade='二年级';
>>student.class='1班';
```

（2）采用 struct 函数创建。例如：

```
>>student=struct('name', '李明', 'sex', '男', 'age', '7', 'grade', '二年级', 'class', '1班')
```

2）结构性变量的访问

例如，要访问上例中创建的结构数组 student，可在命令窗口输入下列语句：

```
>>student
student=
        name: '李明'
        sex: '男'
        age:7
        grade: '二年级'
        class: '1班'
>>student.grade
    ans=
        二年级
```

3. 单元数组

单元数组是一种特殊的数组，它的每个元素都是一个单元。

1）单元数组的创建

MATLAB 有如下创建单元数组的方法。

（1）直接赋值。对单元型变量的下标用大括号进行索引。例如：

```
>>A=1:5; B='student'; C=[1,2,3;4,5,6]; D=10;
>>E{1}=A; E{2}=B; E{3}=C; E{4}=D;
```

（2）利用加大括号{}方法。例如：

```
>>E={A,B,C,D};     % A、B、C、D 同前
```

（3）利用 cell 函数。首先利用 cell 函数生成一个空的单元数组，然后对其赋值，例如：

```
>>E=cell(1,4);
>>E(1)={A}; E(2)={B}; E(3)={C}; E(4)={D};       % A、B、C、D 同前
```

2) 单元数组的访问

对于上面所创建的单元数组 E,要对其访问,可采用如下方法:

```
>>E      % 直接在命令窗口输入单元数组名
E=
   [1×5 double]  'student'  [2×3 double]  [10]
```

由此可见,MATLAB 并未将单元数组 E 中所有单元内容显现出来,这主要是单元数组 E 中有些单元占有较大的显示空间,为便于表示,这里显示了这些元素的大小及数据类型。为全部显示,可以使用 celldisp 函数。例如:

```
>>celldisp(E)
E{1}=
      1    2    3    4    5
E{2}=
      student
E{3}=
      1    2    3
      4    5    6
E{4}=
      10
```

若仅要求显示单元数组中某一单元的内容,可试着采用以下方法:

```
>>E(1)
ans=
   [1×5 double]
>>E{1}
ans=
      1    2    3    4    5
```

利用上面语句,用户想显示单元数组 E 的第一个元素的内容,分别采用了小括号()和大括号{}的形式,但显示内容不同。E(1)为按单元访问的形式,有时无法显示完整的单元内容;而 E{1}为按内容访问的形式,能够完整地显示单元内容。

11.1.3　MATLAB 数据运算

在 MATLAB 中,一般代数表达式的输入就像在纸上计算一样,数据运算实现起来很容易。MATLAB 基本运算符见表 11.4。

表 11.4　MATLAB 基本运算符

运　算　符	功　　能	运　算　符	功　　能
+	加	\	左除
—	减	^	平方
*	乘	sqrt	开方
/	右除		

　　MATLAB 中各运算符计算的优先级别是："^"和"sqrt"优先级最高，"＊"和"/""\"优先级次之，"＋""－"优先级最低。

　　在 MATLAB 中进行基本数学运算，对于简单的数学运算，只需将运算式直接写入提示号（＞＞）之后，并按 Enter 键即可。例如：

```
>>A=(3+ sqrt(6))/7
A=
    0.7785
```

　　若不想让 MATLAB 每次都显示运算结果，则只需在运算式最后加上分号（；）即可，例如：

```
y=sin(10)*exp(-0.3*4^2);
```

　　若要显示变量 y 的值，直接键入 y 即可，例如：

```
>>y
y=-0.0045
```

　　对于复杂的运算，最好是先定义变量，再由变量表达式计算出结果。

　　另外，在 MATLAB 中还可方便地进行复数计算。MATLAB 中产生复数的方法很多，下面是几种常用的产生复数的方法：

```
>>c=2+5i
c=
   2.0000+5.0000i
>>c=2+5j
c=
   2.0000+5.0000i
>>c=complex(2,5)
c=
   2.0000+5.0000i
>>c=2+sqrt(-25)
c=
   2.0000+5.0000i
d=2+sin(0.2)*1i
d=
   2.0000+0.1987i
```

　　应注意，只有数字才可与 i 或 j 直接相连，表达式不可以。复数的模和角度可利用 abs 函数和 angle 函数来计算，abs 函数用来计算复数的模，angle 函数用来计算复数的角度（单位：弧度）。例如：

```
>>abs(2+sin(0.2)*1i)
ans=
    2.0098
>>angle(2+sin(0.2)*1i)
ans=
    0.0990
```

11.1.4　MATLAB 程序设计

对于较简单的问题,直接在 MATLAB 命令窗口输入命令就可得到计算结果。当命令较多时,用户要运行的指令较多,直接从键盘上逐句输入指令比较麻烦,这时用户可以编写 M 文件来实现。MATLAB 中的 M 文件有两类:脚本文件和函数文件。

1. M 脚本文件

进行工程计算时,用户可以将一组相关命令编译在同一个文件中,运行时输入文件名,MATLAB 就会自动按顺序执行文件中的命令。这样的文本文件在 MATLAB 中称为脚本文件(script)。编写 M 脚本文件的步骤如下。

(1) 单击 MATLAB 指令窗工具条上的新建脚本图标,可进入 MATLAB 文件编辑器 MATLAB Editor 窗口。其窗口名为 untitled,用户可在空白窗口中编写 M 程序。例如,输入以下一段程序:

```
a=2;b=2;
clf;
x=-a:0.2:a; y=-b:0.2:b;
for i=1:length(y)
    for j=1:length(x)
        if x(j)+y(i)>1
        elseif x(j)+y(i)<=-1
            z(i,j)=0.5457*exp(-0.75*y(i)^2-3.75*x(j)^2+1.5*x(j));
        else z(i,j)=0.7575*exp(-y(i)^2-6.*x(j)^2);
        end
    end
end
axis([-a,a,-b,b,min(min(z)),max(max(z))]);
colormap(flipud(winter));surf(x,y,z);
```

(2) 单击图标,在弹出的"保存为"对话框中,键入文件名 Fname. m,单击"保存",就完成了文件保存。

(3) 运行文件。设定 Fname. m 所在目录成为当前目录,或让该目录处在 MATLAB 的搜索路径上,然后在命令窗口输入文件名 Fname,按回车键运行该文件,便可绘出所要的图形。

脚本文件所用的变量都要在 Workspace 中建立并获得,不需要输入输出的调用参数,退出 MATLAB 后就释放了。其所产生的变量均为全局变量,并一直保存在内存空间中,直到用户执行 clear 或 quit 命令为止。

2. M 函数文件

M 脚本文件不具有参数传递功能,当需要修改程序中的某些变量值时,必须打开 M 文件修改,使用中有许多不便,这时用户可以编写 M 函数文件。函数文件(function)主要解决函数参数传递和函数调用的问题,从实用角度看,函数像一个"黑箱",把一些数据送进并进行加工处理,再把结果送出。事实上,MATLAB 提供的函数指令大部分都是由函数文件定义的,其格式为:

function[输出参数]＝函数名(输入参数)

function 语句标志着函数的开始,它指定了函数的名称、输入和输出。输入参数显示在函数名后面的括号中,输出参数则显示在等号左边的中括号中。如果只有一个输出参数,中括号可以省略。

3. 函数调用及变量传递

MATLAB 中的函数调用及变量传递在编写程序特别是较大程序时不可或缺,一个较大的 M 函数文件可由若干个小的函数组成,通过函数调用来实现控制转移和数据间的传递,这样编制的程序可读性高,也便于程序的调试。

编制 M 函数文件时,只需指定输入和输出的形式参数列表,只有在函数被调用时,才将具体的数值传递给函数声明中给出的输入参数。MATLAB 中参数传递属于传值传递,即将输入的实际变量值赋给形式参数指定的变量名,这些变量储存在函数的变量空间中,其和工作区变量空间是独立的,每一个函数在调用中都有自己独立的函数空间。

值得一提的是,函数文件可以带多个输入、输出参数,也可没有输入、输出参数。用户在调用 M 函数文件时可提供少于函数定义中规定个数的输入、输出参数,但不能提供多于函数定义中规定个数的输入、输出参数。另外,在编写函数文件时,即使两个函数的函数名相同,但输入、输出参数的个数不同,其含义也不同。在函数文件中变量均为局部变量,仅在函数文件内起作用,在函数文件执行完后,这些变量将被清除。

11.2　凸轮机构及其设计

11.2.1　凸轮机构的工作情况

尖顶直动推杆盘形凸轮机构工作情况如图 11.1 所示。其中,以凸轮最小向径 r_0 为半径的圆称为基圆,推杆导路中心线与凸轮轴心偏离的距离 e 称为偏距,凸轮基圆与其轮廓曲线的交点为 A 点。

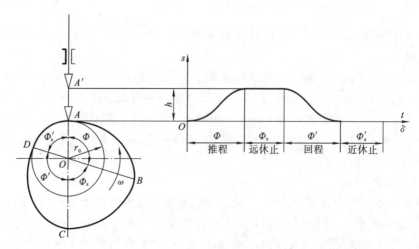

图 11.1　尖顶直动推杆盘形凸轮机构工作情况

推杆与凸轮在 A 点接触时,推杆处于最低位置。凸轮转过推程运动角∠AOB 时,推动推杆上升;凸轮转过远休止角∠BOC 时,推杆停在最高位置不动,其对应的凸轮轮廓 BC 是以凸

轮中心 O 为圆心的圆弧。当凸轮转过回程运动角 $\angle COD$ 时,推杆从最高位置返回到最低位置;当凸轮再转过近休止角 $\angle DOA$ 时,推杆停留在最低位置不动,其对应的凸轮轮廓是基圆上的一段圆弧。

按运动学要求设计凸轮时,其轮廓形状主要取决于推杆运动规律和基圆半径的大小。本小节主要讨论常用的推杆运动规律,以及在给定运动规律下借助 MATLAB 语言进行凸轮轮廓设计的方法。

11.2.2　常用的推杆运动规律

在推程和回程中,推杆的运动参数(位移 s、速度 v 和加速度 a)随凸轮转角 φ(或时间 t)的变化规律,称为推杆运动规律。

在整个推程或回程中,可以根据不同的要求,选择不同的推杆运动规律。常用的推杆运动规律有以下几种。

1. 等速运动规律

推杆速度为常量,称为等速运动规律,由于其位移曲线为一条斜率为常数的斜直线,故又称为直线运动规律。

在推程阶段,凸轮以角速度 ω 匀速转动,转角从 0 转到推程运动角 Φ,推杆等速上升一个行程 h。在该阶段,推杆运动规律表达式如下:

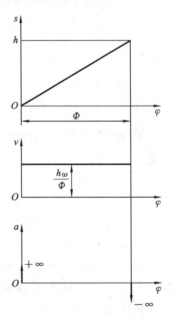

$$\left.\begin{array}{l} s=h\varphi/\Phi \\ v=h\omega/\Phi \\ a=0 \end{array}\right\} \quad (0 \leqslant \varphi \leqslant \Phi) \qquad (11.1)$$

在推程阶段,等速运动规律线图如图 11.2 所示。

在回程阶段,凸轮转角转过回程运动角 Φ',推杆从行程 h 等速下降到 0。在该阶段推杆运动规律表达式如下:

$$\left.\begin{array}{l} s=h(1-\varphi/\Phi') \\ v=-h\omega/\Phi' \\ a=0 \end{array}\right\} \quad (0 \leqslant \varphi \leqslant \Phi') \qquad (11.2)$$

从图 11.2 中可看出,在运动开始和终止时,速度有突变,加速度在理论上为无穷大,因此会产生刚性冲击。当加速度为正时,凸轮的压力增大,使凸轮轮廓线严重磨损;当加速度为负时,力封闭型凸轮机构的推杆与凸轮轮廓线会瞬时脱离,并且力封闭弹簧的负荷会增大。因此等速运动规律只能应用于低速场合。

图 11.2　等速运动规律线图

2. 等加速等减速运动规律

推杆在推程或回程的前半段做等加速运动,在后半段做等减速运动,称为等加速等减速运动,通常加速度和减速度的绝对值相等。由于其位移曲线为两段在 O 点光滑相连的反向抛物线,因此又称为抛物线运动规律。

在推程等加速阶段,推杆运动规律表达式如下:

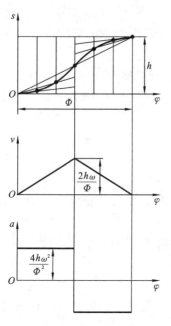

图 11.3　等加速等减速运动规律线图

$$s=\frac{2h}{\Phi^2}\varphi^2$$
$$v=\frac{4h\omega}{\Phi^2}\varphi \quad \left(0\leqslant\varphi\leqslant\frac{\Phi}{2}\right) \tag{11.3}$$
$$a=\frac{4h}{\Phi^2}\omega^2$$

在推程等减速阶段，推杆运动规律表达式如下：

$$s=h-\frac{2h}{\Phi^2}(\Phi-\varphi)^2$$
$$v=\frac{4h\omega}{\Phi^2}(\Phi-\varphi) \quad \left(\frac{\Phi}{2}\leqslant\varphi\leqslant\Phi\right) \tag{11.4}$$
$$a=-\frac{4h}{\Phi^2}\omega^2$$

在推程阶段，等加速等减速运动规律线图如图 11.3 所示。

在回程阶段，凸轮转角转过回程运动角 Φ'，推杆从行程 h 等速下降到 0。在回程等加速阶段，推杆运动规律表达式如下：

$$s=h-\frac{2h}{\Phi'}\varphi^2$$
$$v=-\frac{4h\omega}{\Phi'^2}\Phi \quad \left(0\leqslant\varphi\leqslant\frac{\Phi'}{2}\right) \tag{11.5}$$
$$a=-\frac{4h}{\Phi'^2}\omega^2$$

在回程等减速阶段，推杆运动规律表达式如下：

$$s=\frac{2h}{\Phi'^2}(\Phi'-\varphi)^2$$
$$v=-\frac{4h\omega}{\Phi'^2}(\Phi'-\varphi)^2 \quad \left(\frac{\Phi'}{2}\leqslant\varphi\leqslant\Phi'\right) \tag{11.6}$$
$$a=\frac{4h}{\Phi'^2}\omega^2$$

从图 11.3 中可以看出，在推杆运动过程中其加速度为常数，在运动开始和终止时，加速度有突变，会产生柔性冲击，高速下将导致严重的振动、噪声和磨损，故等加速等减速运动规律只适用于中、低速场合。

3. 余弦加速度运动规律

余弦加速度运动规律又称为简谐运动规律。在推程阶段，凸轮以角速度 ω 匀速转动，转角从 0 转到推程运动角 Φ，推杆上升一个行程 h。在该阶段，推杆运动规律表达式如下：

$$s=\frac{h}{2}\left[1-\cos\left(\frac{\pi}{\Phi}\varphi\right)\right]$$
$$v=\frac{\pi h\omega}{2\Phi}\sin\left(\frac{\pi}{\Phi}\varphi\right) \quad (0\leqslant\varphi\leqslant\Phi) \tag{11.7}$$
$$a=\frac{\pi^2 h\omega^2}{2\Phi^2}\cos\left(\frac{\pi}{\Phi}\varphi\right)$$

在推程阶段,余弦加速度运动规律线图如图 11.4 所示。

在回程阶段,凸轮转角转过回程运动角 Φ',推杆从行程 h 下降到 0。在该阶段,推杆运动规律表达式如下:

$$
\left.
\begin{aligned}
s &= \frac{h}{2}\left[1+\cos\left(\frac{\pi}{\Phi'}\varphi\right)\right] \\
v &= -\frac{\pi h\omega}{2\Phi'}\sin\left(\frac{\pi}{\Phi'}\varphi\right) \\
a &= \frac{\pi^2 h\omega^2}{2\Phi'^2}\cos\left(\frac{\pi}{\Phi'}\varphi\right)
\end{aligned}
\right\} \quad (0\leqslant\varphi\leqslant\Phi')
\tag{11.8}
$$

从图 11.4 中可以看出,在推杆运动的起始和终止位置,加速度曲线不连续,会产生柔性冲击,故余弦加速度运动规律只适用于中、低速场合。

4. 正弦加速度运动规律

正弦加速度运动规律又称为摆线运动规律。在推程阶段,凸轮以角速度 ω 匀速转动,转角从 0 转到推程运动角 Φ,推杆等速上升一个行程 h。在该阶段,推杆运动规律表达式如下:

$$
\left.
\begin{aligned}
s &= h\left[\frac{\varphi}{\Phi}-\frac{1}{2\pi}\sin\left(\frac{2\pi}{\Phi}\varphi\right)\right] \\
v &= \frac{h\omega}{\Phi}\left[1-\cos\left(\frac{2\pi}{\Phi}\varphi\right)\right] \\
a &= \frac{2\pi h\omega^2}{\Phi^2}\sin\left(\frac{2\pi}{\Phi}\varphi\right)
\end{aligned}
\right\} \quad (0\leqslant\varphi\leqslant\Phi)
\tag{11.9}
$$

在推程阶段,正弦加速度运动规律线图如图 11.5 所示。

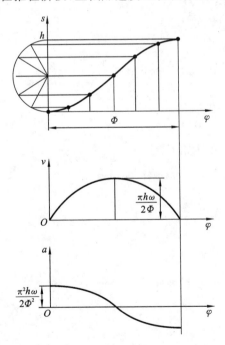

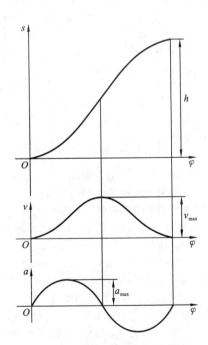

图 11.4　余弦加速度运动规律线图　　　　　**图 11.5　正弦加速度运动规律线图**

在回程阶段,凸轮转角转过回程运动角 Φ',推杆从行程 h 下降到 0。在该阶段,推杆运动规律表达式如下:

$$s = h\left[1 - \frac{\varphi}{\Phi'} - \frac{1}{2\pi}\sin\left(\frac{2\pi}{\Phi'}\varphi\right)\right]$$

$$v = \frac{h\omega}{\Phi'}\left[\cos\left(\frac{2\pi}{\Phi'}\varphi\right) - 1\right] \qquad (0 \leqslant \varphi \leqslant \Phi') \qquad (11.10)$$

$$a = -\frac{2\pi h\omega^2}{\Phi'^2}\sin\left(\frac{2\pi}{\Phi'}\varphi\right)$$

从图 11.5 中可以看出,在运动过程中,速度和加速度均无突变,不产生冲击,振动、噪声、磨损皆小,故正弦加速度运动规律可以应用于高速场合。

除了上述四种运动规律以外,为适应高速凸轮的需求,还可以采用一些改进的运动规律,其具体形式很多,但基本上可以归纳为两类:一是组合型运动规律,即为满足生产上的不同要求,把不同的运动规律组合起来使用;二是多项式运动规律,它是按照凸轮的工作要求所规定的边界条件来确定多项式的系数,从而确定推杆运动方程式。

5. 推杆运动规律 MATLAB 函数文件

按照上述四种推杆运动规律的表达式,编写了推杆运动规律的 MATLAB 函数文件,以便调用。

(1) 等速运动规律的 MATLAB 函数文件如下:

```
function[s1,v1,a1,psi1]=DengSu_phi01(phi01,h,omiga)
% 计算推程等速运动规律
psi1=linspace(0,phi01,round(phi01));
s1=h*psi1/phi01;
v1=h*omiga/(phi01*pi/180)*ones(1,length(psi1));
a1=zeros(1,length(psi1)).*ones(1,length(psi1));
function[s3,v3,a3,psi3]=DengSu_phi02(phi01,phis1,phi02,h,omiga)
% 计算回程等速运动规律
psi3=linspace(phi01+phis1+1,phi01+phis1+phi02,round(phi02));
s3=h*(1-(psi3-(phi01+phis1))/phi02);
v3=-h*omiga/(phi02*pi/180)*ones(1,length(psi3));
a3=zeros(1,length(psi3)).*ones(1,length(psi3));
```

(2) 等加速等减速运动规律的 MATLAB 函数文件如下:

```
function[s1,v1,a1,psi1]=DengJia_dengJian_phi01(phi01,h,omiga)
% 计算等加速等减速运动规律
% 计算推程等加速运动规律
psi1=linspace(0,phi01/2,round(phi01/2));
s01=2*h*psi1.^2./phi01^2;
v01=4*h*omiga.*psi1./(phi01^2*pi/180);
a01=4*h*omiga^2/(phi01*pi/180)^2*ones(1,length(ps1));
% 计算推程等减速运动规律
psi2=linspace(phi01/2+1,phi01,round(phi01/2));
s02=h-2*h*(phi01-psi2).^2/phi01^2;
v02=4*h*omiga.*(phi01-psi2)/(phi01^2*pi/180);
a02=-4*h*omiga^2/(phi01*pi/180)^2*ones(1,length(psi2));
s1=[s01,s02];v1=[v01,v02];a1=[a01,a02];
psi1=[psi1,psi2];
```

```
function[s3,v3,a3,psi3]=DengJia_dengJian_phi02(phi01,phis1,phi02,h,omiga)
% 计算回程等加速运动规律
psi4=linspace(phi01+phis1+1,phi01+phis1+phi02/2,round(phi02/2));
s01=h-2*h.*(psi4-(phi01+phis1)).^2./(phi02^2);
v01=-4*h*omiga.*(psi4-(phi01+phis1))./(phi02^2*pi/180);
a01=-4*h*omiga^2/(phi02*pi/180).^2*ones(1,length(psi4));
psi5=linspace(phi01+phis1+phi02/2+1,phi01+phis1+phi02,round(phi02/2));
% 计算回程等减速运动规律
s02=2*h.*(phi01+phis1+phi02-psi5).^2/(phi02^2);
v02=-4*h*omiga.*(phi01+phis1+phi02-psi5)/(phi02^2*pi/180);
a02=4*h*omiga^2/(phi02*pi/180).^2*ones(1,length(psi5));
s3=[s01,s02];v3=[v01,v02];a3=[a01,a02];psi3=[psi4,psi5];
```

（3）余弦加速度运动规律的 MATLAB 函数文件如下：

```
function[s1,v1,a1,psi1]=YuXian_phi01(phi01,h,omiga)
% 计算余弦加速度运动规律
% 计算推程运动规律
psi1=linspace(0,phi01,round(phi01));
s1=h*(1-cos(pi*psi1/phi01))/2;
v1=pi*h*omiga*sin(pi*psi1./phi01)/(2*phi01*pi/180);
a1=pi^2*h*omiga^2*cos(pi*psi1./phi01)/(2*phi01*pi/180*phi01*pi/180);


function[s3,v3,a3,psi3]=YuXian_phi02(phi01,phis1,phi02,phis2,h,omiga)
% 计算余弦加速度运动规律
% 计算回程运动规律
psi3=linspace(phi01+phis1+1,phi01+phis1+phi02,round(phi02));
angle=pi*(psi3-(phi01+phis1))/phi02;
s3=h/2*(1+cos(angle));
v3=-pi*h*omiga.*sin(angle)/(2*phi02*pi/180);
a3=-pi^2*h*omiga^2*cos(angle)/(2*phi02*pi/180).^2;
```

（4）正弦加速度运动规律的 MATLAB 函数文件如下：

```
function[s1,v1,a1,psi1]=ZhengXian_phi01(phi01,phis1,phi02,phis2,h,omiga)
% 计算正弦加速度运动规律
% 计算推程运动规律
psi1=linspace(0,phi01,round(phi01));
angle=2*pi.*psi1/phi01;
s1=h*(psi1/phi01-sin(angle)/(2*pi));
v1=h*omiga.*(1-cos(angle))/(phi01*pi/180);
a1=2*pi*h*omiga^2*sin(angle)/(phi01*pi/180*phi01*pi/180);


function[s3,v3,a3,psi3]=ZhengXian_phi02(phi01,phis1,phi02,phis2,h,omiga)
% 计算正弦加速度运动规律
% 计算回程运动规律
psi3=linspace(phi01+phis1+1,phi01+phis1+phi02,round(phi02));
```

```
angle=2*pi.*(psi3-(phi01+phis1))/phi02;
s3=h*(1-(psi3-(psi01+phis1))/phi02+1/(2*pi)*sin(angle));
v3=-h*omiga.*(1-cos(angle))/(phi02*pi/180);
a3=-2*pi*h*omiga^2*sin(angle)/(phi02*pi/180).^2;
```

11.2.3　推杆运动规律的选择

推杆运动规律很多,选择时主要考虑以下几个方面。

(1) 应满足工作要求:有的机器在工作过程中要求推杆按一定的运动规律运动。例如,自动机床的进给机构的工作行程要求推杆做等速运动。

(2) 应使凸轮机构具有良好的工作性能:对凸轮机构工作性能影响较大的因素,除了刚性冲击和柔性冲击以外,还有以下几个参数。

① 最大速度 v_{max}:v_{max}越大,推杆系统的动量越大,在启动、停车或突然制动时,冲击力很大,所以应选择 v_{max} 较小的运动规律。

② 最大加速度 a_{max}:a_{max}越大,惯性力越大,正压力也越大,对机构的强度和磨损都有很大影响,所以,对于高速凸轮机构,a_{max}越小越好。对重载凸轮机构,应优先考虑 v_{max},对高速凸轮机构,应优先考虑 a_{max}。

四种推杆从动件常用运动规律冲击特性及推荐应用场合见表 11.5,可供参考。

表 11.5　四种推杆从动件常用运动规律冲击特性及推荐应用场合

运动规律	冲击特性	v_{max}	a_{max}	推荐应用场合
等速	刚性	1.00	—	低速轻载
等加速等减速	柔性	2.00	4.00	中速轻载
余弦加速度	柔性	1.57	4.93	中速中载
正弦加速度	无	2.00	6.28	高速轻载

(3) 应使凸轮轮廓加工方便。

11.2.4　盘形凸轮轮廓曲线设计

应用解析法设计凸轮轮廓曲线时,要根据已知的推杆运动规律和机构参数建立凸轮轮廓曲线的数学方程式。

1. 偏心直动滚子推杆盘形凸轮机构

1) 理论轮廓曲线方程

图 11.6 所示为偏心直动滚子推杆盘形凸轮机构。设凸轮的基圆半径为 r_0,偏距为 e,以凸轮的回转中心为坐标原点,建立图 11.6 所示的坐标系。

根据反转法的原理,尖顶推杆的尖端(滚子推杆的滚子中心)在反转运动中的轨迹即为盘形凸轮的理论轮廓,凸轮沿其角速度 ω 方向转过 φ 角,就相当于推杆在反转运动中沿 $-\omega$ 方向转过 φ 角,同时沿其导路按给定的运动规律 $s=s(\varphi)$ 移动一段距离 s,此时,推杆的尖端 B 点即为凸轮理论轮廓曲线上的一点,按图 11.6 中几何关系,可得盘形凸轮理论轮廓曲线方程:

$$x=(s_0+s)\sin(\eta\varphi)+\xi e\cos(\eta\varphi)$$
$$y=(s_0+s)\cos(\eta\varphi)-\xi e\sin(\eta\varphi)$$

$$\tag{11.11}$$

其中

$$s_0=\sqrt{r_0^2-e^2}$$

式中：推杆位于 y 轴的右侧时［见图 11.7(a)］，$\xi=1$；推杆位于 y 轴的左侧时［见图 11.7(b)］，$\xi=-1$。

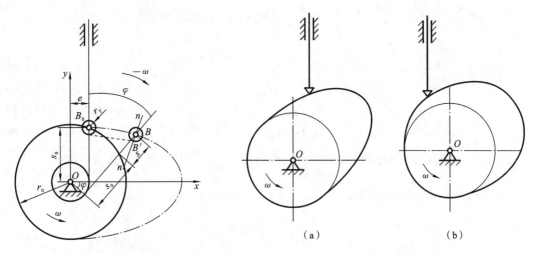

图 11.6　偏心直动滚子推杆盘形凸轮机构　　　　　图 11.7　推杆偏置情况示意图

凸轮沿顺时针方向转时，$\eta=-1$；沿逆时针方向转时，$\eta=1$。

2) 实际轮廓曲线方程

滚子推杆盘形凸轮的实际轮廓曲线是以理论轮廓曲线上各点为圆心，以滚子半径 r_T 为半径的圆族的包络线。理论轮廓曲线上 B 点相应的实际轮廓曲线上 B' 点的方程为

$$x_1=x\pm r_T\frac{\mathrm{d}y/\mathrm{d}\varphi}{\sqrt{\left(\dfrac{\mathrm{d}x}{\mathrm{d}\varphi}\right)^2+\left(\dfrac{\mathrm{d}y}{\mathrm{d}\varphi}\right)^2}}$$
$$y_1=y\mp r_T\frac{\mathrm{d}y/\mathrm{d}\varphi}{\sqrt{\left(\dfrac{\mathrm{d}x}{\mathrm{d}\varphi}\right)^2+\left(\dfrac{\mathrm{d}y}{\mathrm{d}\varphi}\right)^2}}$$

$$\tag{11.12}$$

式中：上面一组"+""-"号用于内包络线，下面一组"+""-"号用于外包络线。

对于偏心直动滚子推杆，$\mathrm{d}x/\mathrm{d}\varphi$ 和 $\mathrm{d}y/\mathrm{d}\varphi$ 可分别由式(11.13)求出：

$$\frac{\mathrm{d}x}{\mathrm{d}\varphi}=\eta(s_0+s)\cos(\eta\varphi)+\left(\frac{\mathrm{d}s}{\mathrm{d}\varphi}-\eta\xi e\right)\sin(\eta\varphi)$$
$$\frac{\mathrm{d}y}{\mathrm{d}\varphi}=-\eta(s_0+s)\sin(\eta\varphi)+\left(\frac{\mathrm{d}s}{\mathrm{d}\varphi}-\eta\xi e\right)\cos(\eta\varphi)$$

$$\tag{11.13}$$

3) 压力角

如图 11.8 所示，当偏心尖顶直动推杆凸轮机构在推程中的任一位置时，设凸轮与推杆的相对运动瞬心在 P 点，压力角为 α。由此可以得到压力角与基圆半径 r_0 的关系：

$$\tan\alpha=\frac{\overline{OP}-\overline{OC}}{\overline{AC}+\overline{AB}}$$

$$\tag{11.14}$$

式中：$\overline{OC}=e$；$\overline{AC}=s_0=\sqrt{r_0^2-e^2}$；$\overline{AB}=s$，为从动件位移。

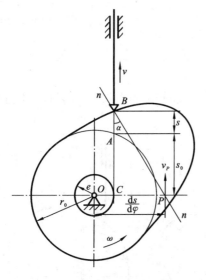

图 11.8 压力角与基圆半径的关系

由于 P 点为相对运动瞬心，因此，推杆的移动速度 $v=v_p=\overline{OP}\times\omega$，则

$$\overline{OP}=\frac{v}{\omega}=\frac{\mathrm{d}s}{\mathrm{d}\varphi} \tag{11.15}$$

$$\tan\alpha=\frac{\dfrac{\mathrm{d}s}{\mathrm{d}\varphi}-e}{s+\sqrt{r_0^2-e^2}} \tag{11.16}$$

当偏距 $e=0$ 时，凸轮为对心凸轮，此时：

$$\tan\alpha=\frac{\dfrac{\mathrm{d}s}{\mathrm{d}\varphi}}{s+r_0} \tag{11.17}$$

比较式(11.16)和式(11.17)，可以看出，当凸轮的基圆半径 r_0 和运动规律 $(s,\mathrm{d}s/\mathrm{d}\varphi)$ 一定时，偏心凸轮机构的压力角比对心凸轮机构的小。因此，为了改善凸轮机构的传力性能，或为了减小凸轮尺寸，可以采用偏心凸轮机构。

考虑凸轮的转向及推杆的偏置，式(11.16)可写成如下形式：

$$\tan\alpha=\frac{\dfrac{\mathrm{d}s}{\mathrm{d}\varphi}-\eta\xi e}{s+\sqrt{r_0^2-e^2}} \tag{11.18}$$

即

$$\alpha=\arctan\frac{\left|\dfrac{\mathrm{d}s}{\mathrm{d}\varphi}-\eta\xi e\right|}{s+\sqrt{r_0^2-e^2}} \tag{11.19}$$

式中符号意义同前。

4）凸轮轮廓曲率半径

曲线上任一点的曲率半径可用下式计算：

$$\rho=\frac{\left[\left(\dfrac{\mathrm{d}x}{\mathrm{d}\varphi}\right)^2+\left(\dfrac{\mathrm{d}y}{\mathrm{d}\varphi}\right)^2\right]^{\frac{3}{2}}}{\left(\dfrac{\mathrm{d}x}{\mathrm{d}\varphi}\right)\left(\dfrac{\mathrm{d}^2y}{\mathrm{d}\varphi^2}\right)-\left(\dfrac{\mathrm{d}y}{\mathrm{d}\varphi}\right)\left(\dfrac{\mathrm{d}^2x}{\mathrm{d}\varphi^2}\right)} \tag{11.20}$$

对于直动滚子推杆凸轮机构，有

$$\left.\begin{array}{l}\dfrac{\mathrm{d}^2x}{\mathrm{d}\varphi^2}=\left(2\,\dfrac{\mathrm{d}s}{\mathrm{d}\varphi}-\eta\xi e\right)\eta\cos(\eta\xi)+\left(\dfrac{\mathrm{d}^2s}{\mathrm{d}\varphi^2}-s_0-s\right)\sin(\eta\xi)\\[3mm]\dfrac{\mathrm{d}^2y}{\mathrm{d}\varphi^2}=\left(\dfrac{\mathrm{d}^2s}{\mathrm{d}\varphi^2}-s_0-s\right)\cos(\eta\xi)-\left(2\,\dfrac{\mathrm{d}s}{\mathrm{d}\varphi}-\eta\xi e\right)\eta\sin(\eta\xi)\end{array}\right\} \tag{11.21}$$

将式(11.21)代入式(11.20)，即得理论轮廓曲率半径 ρ。

实际轮廓曲率半径 ρ_0 为

$$\rho_0=\rho\mp r_\mathrm{T} \tag{11.22}$$

设计时应使轮廓上任意点满足 $|\rho_0|=|\rho\mp r_\mathrm{T}|>3$ mm，以防止凸轮轮廓曲线出现尖点或交叉。

5）滚子直动推杆盘形凸轮机构设计程序

根据前述计算滚子直动推杆盘形凸轮机构轮廓坐标方法，可编制如下计算子函数：

```
function[psi,s,v,a,x0,y0,x,y,ang1,ang2,rou0]=cam_ZhiDong(r0,h,phi01,phis1,...
    phi02,phis2,e,rt,M,n,index1,index3,N1,N2)
% 计算滚子(尖顶)直动从动件盘形凸轮机构轮廓坐标
% % % % % % % % % % % 输入参数 % % % % % % % % % % % % %
%    r0:基圆半径
%    h:行程
%    phi01:推程角
%    phis1:远休止角
%    phi02:回程角
%    phis2:近休止角
%    e:偏距
%    rt:滚子半径
%    n:凸轮转速
%    index1:推程运动规律标号:
%            11:等速运动规律;12:等加速等减速运动规律
%            13:余弦加速度运动规律;14:正弦加速度运动规律
%    index3:回程运动规律标号:
%            31:等速运动规律;32:等加速等减速运动规律
%            33:余弦加速度运动规律;34:正弦加速度运动规律
%    M 的取值:当用于计算内等距曲线时,M=-1;当用于计算外等距曲线时,M=1
%    N1 取值:凸轮逆时针转动,N1=1;反之,N1=-1
%    N2 取值:推杆偏距 e 位于 y 轴的右侧,N2=1;反之,N2=-1
% % % % % % % % % % % % 输出参数 % % % % % % % % % % % % %
%    psi:凸轮转角
%    s:推杆摆移
%    v:推杆摆动角速度
%    a:推杆摆动角加速度
%    ang1:推程压力角
%    ang2:回程压力角
%    rou0:凸轮轮廓曲率半径
%    (x0,y0):凸轮机构理论轮廓坐标
%    (x,y):凸轮机构实际轮廓坐标
omiga=2*pi*n/60;
switch index1
    case 11
        [s1,v1,a1,psi1]=DengSu_phi01(phi01,h,omiga);
    case 12
        [s1,v1,a1,psi1]=DengJia_dengJian_phi01(phi01,h,omiga);
    case 14
        [s1,v1,a1,psi1]=ZhengXian_phi01(phi01,phis1,phi02,phis2,h,omiga);
    case 13
        [s1,v1,a1,psi1]=YuXian_phi01(phi01,h,omiga);
end
switch index3
    case 31
        [s3,v3,a3,psi3]=DengSu_phi02(phi01,phis1,phi02,h,omiga);
```

```
    case 32
        [s3,v3,a3,psi3]=Dengjia_dengJian_phi02(phi01,phis1,phi02,h,omiga);
    case 34
        [s3,v3,a3,psi3]=ZhengXian_phi02(phi01,phis1,phi02,phis2,h,omiga);
    case 33
        [s3,v3,a3,psi3]=YuXian_phi02(phi01,phis1,phi02,phis2,h,omiga);
end
[s4,v4,a4,psi4]=JinXiu_phis2(phi01,phis1,phi02,phis2);
[s2,v2,a2,psi2]=YuanXiu_phis1(phi01,phis1,h);
psi=[psi1,psi2,psi3,psi4];s=[s1,s2,s3,s4];v=[v1,v2,v3,v4];a=[a1,a2,a3;a4];
% 计算滚子直动从动件盘形凸轮机构理论轮廓坐标
s0=sqrt(r0^2-e^2);
x0=(s0+s).*sin(N1*psi.*pi/180)+N2*e.*cos(N1*psi*pi/180);
y0=(s0+s).*cos(N1*psi.*pi/180)-N2*e.*sin(N1*psi*pi/180);
DxDpsi=(v./omiga-N1*N2*e).*sin(N1*psi.*pi/180)+N1*(s0+s).*cos(N1*psi.*pi/180);
DyDpsi=(v./omiga-N1*N2*e).*cos(N1*psi.*pi/180)-N1*(s0+s).*sin(N1*psi.*pi/180);
% 计算滚子直动从动件盘形凸轮机构实际轮廓坐标
if rt==0
    x=x0;y=y0;
else
    A=sqrt(DxDpsi.^2+DyDpsi.^2);
    y=y0+N1*M*rt*DxDpsi./A;
    x=x0-N1*M*rt*DyDpsi./A;
end
% 计算压力角
rs1=s0+s1;
ang1=abs(atan((v1/omiga-N1*N2*e)./rs1));         %  推程压力角
rs2=s0+s3;
ang2=abs(atan((v3/omiga-N1*N2*e)./rs2));         %  回程压力角
DDxDpsi=(a./omiga^2.-s0-s).*sin(N1*psi.*pi/180)+(2*v./omiga-N1*N2*e).*...
    N1.*cos(N1*psi.*pi/180);
DDyDpsi=(a./omiga^2.-s0-s).*cos(N1*psi.*pi/180)-(2*v./omiga-N1*N2*e).*...
    N1.*sin(N1*psi.*pi/180);
A=(DxDpsi.^2+DyDpsi.^2).^1.5;
B=-DxDpsi.*DDyDpsi+DyDpsi.*DDxDpsi;
rou=A./B;
rou0=abs(rou+M*rt);                              %  凸轮轮廓曲率半径
```

2. 平底直动推杆盘形凸轮机构

1）凸轮轮廓曲线方程

如图 11.9 所示，取坐标系的 y 轴与推杆轴线重合，当凸轮转角为 φ 时，推杆的位移为 s，由反转法可知，推杆平底与凸轮应在 B 点相切，此时凸轮与推杆相对瞬心在 P 点，故推杆速度为 $v=v_P=\overline{OP}\omega$，则

$$\overline{OP}=v/\omega=\mathrm{d}s/\mathrm{d}\varphi$$

由此易知 B 点坐标为

$$x = (r_0 + s)\sin(\xi\varphi) + \eta\left(\frac{\mathrm{d}s}{\mathrm{d}\varphi}\right)\cos(\eta\varphi) \left.\vphantom{\frac{\mathrm{d}s}{\mathrm{d}\varphi}}\right\}$$
$$y = (r_0 + s)\cos(\xi\varphi) - \eta\left(\frac{\mathrm{d}s}{\mathrm{d}\varphi}\right)\sin(\eta\varphi) \left.\vphantom{\frac{\mathrm{d}s}{\mathrm{d}\varphi}}\right\} \tag{11.23}$$

2）平底的宽度

从图 11.10 中可以看出，P 点为相对运动瞬心，平底与凸轮接触点 B 至从动件导路中心的距离为 $\mathrm{d}s/\mathrm{d}\varphi$，因此，平底一侧宽度至少应等于 $(\mathrm{d}s/\mathrm{d}\varphi)_{\max}$，则平底总宽度为

$$L_P = 2\left(\frac{\mathrm{d}s}{\mathrm{d}\varphi}\right)_{\max} + 5\ \mathrm{mm} \tag{11.24}$$

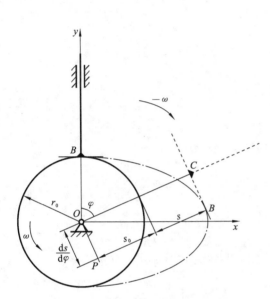

图 11.9　平底直动推杆盘形凸轮机构　　　　图 11.10　平底的宽度计算

为防止凸轮轮廓曲线出现尖点或交叉，凸轮轮廓曲率半径应满足如下条件：

$$\rho_0 = r_0 + s + \frac{\mathrm{d}^2 s}{\mathrm{d}\varphi^2} > 3\ \mathrm{mm} \tag{11.25}$$

3）平底推杆盘形凸轮机构设计程序

根据前述计算平底直动推杆盘形凸轮机构轮廓坐标方法，可编制如下 MATLAB 函数文件（文件名：cam_PingDiZhiDong.m），以便调用。

```
function[psi,s,v,a,x,y,Lp,Rou]=cam_PingDiZhiDong(r0,h,phi01,phis1,phi02,
phis2,n,...
       index1,index3,N1)
% 计算平底直动推杆盘形凸轮机构轮廓坐标
% % % % % % % % % % % 给入参数 % % % % % % % % % % % %
%   r0:基圆半径
%   h:行程
%   phi01:推程角
%   phis1:远休止角
%   phi02:回程角
%   phis2:近休止角
%   n:凸轮转速
```

```
%    index1:推程运动规律标号:
%            11:等速运动规律;12:等加速等减速运动规律
%            13:余弦加速度运动规律;14:正弦加速度运动规律
%    indx3:回程运动规律标号:
%            31:等速运动规律;32:等加速等减速运动规律
%            33:余弦加速度运动规律;34:正弦加速度运动规律
%    N1 取值:凸轮逆时针转动,N1=1;反之,N1=-1
%    psi:凸轮转角
%    s:推杆位移
%    v:推杆速度
%    a:推杆加速度
%    Rou:凸轮轮廓曲率半径
%    Lp:推杆平底宽度
%    (x,y):凸轮机构实际轮廓坐标
omiga=2*pi*n/60;
switch index1
    case 11
        [s1,v1,a1,psi1]=DengSu_phi01(phi01,h,omiga);
    case 12
        [s1,v1,a1,psi1]=DengJia_dengJian_phi01(phi01,h,omiga);
    case 13
        [s1,v1,a1,psi1]=YuXian_phi01(phi01,h,omiga);
    case 14
        [s1,v1,a1,psi1]=ZhengXian_phi01(phi01,phis1,phi02,phis2,h,omiga);
end
switch index3
    case 31
        [s3,v3,a3,psi3]=DengSu_phi02(phi01,phis1,phi02,h,omiga);
    case 32
        [s3,v3,a3,psi3]=DengJia_dengJian_phi02(phi01,phis1,phi02,h,omiga);
    case 33
        [s3,v3,a3,psi3]=YuXian_phi02(phi01,phis1,phi02,phis2,h,omiga);
    case 34
        [s3,v3,a3,psi3]=ZhengXian_phi02(phi01,phis1,phi02,phis2,h,omiga);
end
[s4,v4,a4,psi4]=JinXiu_phis2(phi01,phis1,phi02,phis2);
[s2,v2,a2,psi2]=YuanXiu_phis1(phi01,phis1,h);
psi=[psi1,psi2,psi3,psi4];s=[s1,s2,s3,s4];v=[v1,v2,v3,v4];a=[a1,a2,a3,a4];
% 计算平底直动推杆盘形凸轮机构实际轮廓坐标
x= (r0+s).*sin(N1*psi.*pi/180)+N1*v/omiga.*cos(N1*psi.*pi/180);
y= (r0+s).*cos(N1*psi.*pi/180)-N1*v/omiga.*sin(N1*psi.*pi/180);
% 计算平底直动推杆盘形凸轮机构理论轮廓任一点的曲率半径
Rou=r0+s+a/omiga^2;
% 推杆平底宽度
Lp=2*max(v/omiga)+10;
```

3. 摆动推杆盘形凸轮机构

1）凸轮轮廓曲线方程

如图 11.11 所示，取推杆轴心 A_0 点与凸轮轴心 O 点的连线为坐标系的 y 轴，在反转运动中，当推杆相对于凸轮转过 φ 角时，摆动推杆处于图示 AB 位置，其角位移为 φ，则 B 点坐标为

$$\left.\begin{array}{l} x = a\sin(\eta\varphi) - l\sin[\eta\varphi + \xi(\delta + \delta_0)] \\ y = a\cos(\eta\varphi) - l\cos[\eta\varphi + \xi(\delta + \delta_0)] \end{array}\right\}$$

$$(11.26)$$

其中

$$\delta_0 = \arccos\sqrt{(a^2 + l^2 - r_0^2)/(2al)}$$

$$(11.27)$$

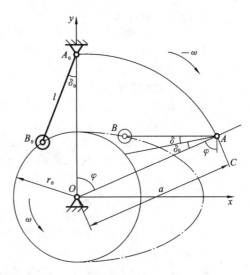

图 11.11　摆动推杆盘形凸轮机构

式中：δ_0 为推杆的初始位置角；η 为凸轮转向系数，若凸轮沿逆时针方向转动，则 $\eta=1$，反之，则 $\eta=-1$；ξ 为摆杆摆向系数，摆杆在推程阶段若沿顺时针方向摆动，则 $\xi=1$；反之，则 $\xi=-1$。

理论轮廓曲线上 B 点相应的实际轮廓曲线上 B_0 点的方程为

$$x_1 = x \pm r_{\mathrm{T}} \frac{\dfrac{\mathrm{d}y}{\mathrm{d}\varphi}}{\sqrt{\left(\dfrac{\mathrm{d}x}{\mathrm{d}\varphi}\right)^2 + \left(\dfrac{\mathrm{d}y}{\mathrm{d}\varphi}\right)^2}}$$

$$(11.28)$$

其中

$$\left.\begin{array}{l} \dfrac{\mathrm{d}x}{\mathrm{d}\varphi} = \eta a\cos(\eta\varphi) - l\left(\eta + \xi\dfrac{\mathrm{d}\delta}{\mathrm{d}\varphi}\right)\cos[\eta\varphi + \xi(\delta + \delta_0)] \\ \dfrac{\mathrm{d}y}{\mathrm{d}\varphi} = -\eta a\sin(\eta\varphi) + l\left(\eta + \xi\dfrac{\mathrm{d}\delta}{\mathrm{d}\varphi}\right)\sin[\eta\varphi + \xi(\delta + \delta_0)] \end{array}\right\}$$

$$(11.29)$$

2）压力角

压力角的计算公式如下：

$$\alpha = \arctan\frac{\left|\eta\xi l\dfrac{\mathrm{d}\delta}{\mathrm{d}\varphi} + l - \cos(\delta + \delta_0)\right|}{a\sin(\delta + \delta_0)}$$

$$(11.30)$$

凸轮轮廓曲线上任一点的曲率半径可根据式（11.20）计算。为了防止凸轮轮廓曲线出现尖点或交叉，凸轮实际轮廓曲线上任一点的曲率半径一般不小于 3 mm。

3）摆动推杆盘形凸轮机构设计程序

根据前述计算摆动推杆盘形凸轮机构轮廓坐标方法，可编制如下 MATLAB 函数文件（文件名：cam_BaiDong.m），以便调用。

```
function[psi,s,v,a,x0,y0,x,y,Ang1,Ang2]=cam_BaiDong(r0,maxDelta,phi01,...
    phis1,phi02,phis2,Lb,Lm,rt,n,index1,index3,M,N1,N2)
%  计算摆动推杆盘形凸轮机构凸轮轮廓
%％％％％％％％％％％％  输入参数 ％％％％％％％％％％％％％
%  r0:基圆半径
%  maxDelta 最大摆角
%  phi01:推程角
```

```
%   phis1:远休止角
%   phi02:回程角
%   phis2:近休止角
%   Lb:摆杆长度
%   Lm:凸轮与摆杆中心距
%   rt:滚子半径
%   n:凸轮转速
%   M的取值:当用于计算内等距曲线时,M=-1;当用于计算外等距曲线时,M=1
%   N1取值:凸轮逆时针转动,N1=1;反之,N1=-1
%   N2取值:摆杆推程顺时针摆动,N2=1;反之,N2=-1
%   index1:推程运动规律标号:
%           11:等速运动规律;12:等加速等减速运动规律
%           13:余弦加速度运动规律;14:正弦加速度运动规律
%   index3:回程运动规律标号:
%           31:等速运动规律;32:等加速等减速运动规律
%           33:余弦加速度运动规律;34:正弦加速度运动规律
% % % % % % % % % % % 输出参数% % % % % % % % % % % % %
%   psi:凸轮转角
%   s:推杆摆移
%   v:推杆摆动角速度
%   a:推杆摆动角加速度
%   Ang1:推程压力角
%   Ang2:回程压力角
%   (x0,y0):凸轮机构理论轮廓坐标
%   (x,y):凸轮机构实际轮廓坐标


omiga=2* pi* n/60;
switch index1
    case 11
        [s1,v1,a1,psi1]=DengSu_phi01(phi01,maxDelta,omiga);
    case 12
        [s1,v1,a1,psi1]=DengJia_dengJian_phi01(phi01,maxDelta,omiga);
    case 13
        [s1,v1,a1,psi1]=YuXian_phi01(phi01,maxDelta,omiga);
    case 14
        [s1,v1,a1,psi1]=ZhengXian_phi01(phi01,phis1,phi02, phis2,...
            maxDelta,omiga);
end
[s2,v2,a2,psi2]=YuanXiu_phis1(phi01,phis1,maxDelta)
switch index3
    case 31
        [s3,v3,a3,psi3]=DengSu_phi02(phi01,phis1,phi02,maxDelta,omiga);
    case 32
        [s3,v3,a3,psi3]=DengJia_dengJian_phi02(phi01,phis1, phi02,...
            maxDelta,omiga);
    case 33
```

```
        [s3,v3,a3,psi3]=YuXian_phi02(phi01,phis1,phi02,phis2,maxDelta,omiga);
    case 34
        [s3,v3,a3,psi3]=ZhengXian_phi02(phi01,phis1,phi02,phis2,maxDelta,omiga);
end
[s4,v4,a4,psi4]=JinXiu_phis2(phi01,phis1,phi02,phis2);
psi=[psi1,psi2,psi3,psi4];s=[s1,s2,s3,s4];
v=[v1,v2,v3,v4];a=[a1,a2,a3,a4];
% 计算摆动推杆盘形凸轮机构理论轮廓坐标
s0=acos((Lm^2+Lb^2-r0^2)/(2*Lm*Lb));
p=pi/180;
x0=Lm*sin(N1*psi*p)-Lb*sin(N2*(s*p+s0)+N1*psi*p);
y0=Lm*cos(N1*psi*p)-Lb*cos(N2*(s*p+s0)+N1*psi*p);
% 计算摆动推杆盘形凸轮机构实际轮廓坐标
DxDpsi=N1*Lm*cos(N1*psi*p)-Lb.*cos(N2*(s*p+s0)+N1*psi*p).*(N2*v*p/omiga+N1);
DyDpsi=-N1*Lm*sin(N1*psi*p)+Lb.*sin(N2*(s*p+s0)+N1*psi*p).*(N2*v*p/omiga
+N1);
if  rt==0
        x=x0;y=y0;
else
        A=sqrt(DxDpsi.^2+DyDpsi.^2);
        x=x0-N1*M*rt*DyDpsi./A;
        y=y0+N1*M*rt*DxDpsi./A;
end
% 计算推程压力角
v12=[v1,v2];s12=[s1,s2];L12=Lm*sin(s12*p+s0);
if (L12==0)
    errordlg('推程压力角不符合要求,请重新选择参数！')
else
    Ang1=atan((-Lm*cos(s12*p+s0)+Lb*(1+N1*N2*v12*p/omiga))./L12)*180/pi;
    Ang1=abs(Ang1);        % 推程压力角
end
% 计算回程压力角
v34=[v3,v4];s34=[s3,s4];L34=Lm*sin(s34*p+s0);
if (L34==0)
    errordlg('推程压力角不符合要求,请重新选择参数！')
else
    Ang2=atan((-Lm*cos(s34*p+s0)+Lb*(1+N1*N2*v34*p/omiga))./L34)*180/pi;
    Ang2=abs(Ang2);        % 回程压力角
end
```

11.2.5　凸轮机构动画编程及推杆运动线图绘制

1. 凸轮机构动画编程

根据 MATLAB 动画编程技术方法,本小节编写了摆动推杆盘形凸轮机构、平底推杆盘形凸轮机构和滚子直动推杆盘形凸轮机构的动画程序,并以 MATLAB 函数文件的形式给出,供使用者调用。

(1) 摆动推杆盘形凸轮机构动画函数文件(函数名:baidong_donghua)如下:

```
function  baidong_donghua(psi,x0,y0,x,y,s,r0,rt,Lm,Lb,N1,N2)
%  摆动推杆动画程序
%  输入参数:
%  ps:凸轮转角
%  s:推杆摆角
%  r0:基圆半径
%  rt:滚子半径
%  Lb:摆杆长度
%  Lm:凸轮与摆杆中心距
%  (x0,y0):凸轮机构理论轮廓坐标
%  (x,y):凸轮机构实际轮廓坐标
%  N1 取值:凸轮逆时针转动,N1=1;反之,N1=-1
%  N2 取值:摆杆推程顺时针摆动,N2=1;反之,N2=-1

figure
axis('off');              % 不显示坐标轴
axis equal
axis([-max(abs(x))-10,max(abs(x))+10,-max(abs(y))-10,Lm+10]);
%  定义各构件初始位置
s=s*pi/180;
s0=acos((Lm^2+Lb^2-r0^2)/(2*Lm*Lb));
%  绘制凸轮实际轮廓
l1=line(x,y,'color','k','linestyle','-','linewidth',3,'erasemode','xor');
%  绘制凸轮理论轮廓
l2=line(x0,y0,'color','y','linestyle','--','erasemode','xor');
l4=line([0,-Lb*sin(N1*s0)],[Lm,Lm-Lb*cos(N1*s0)],'color','b','linewidth',3,...
    'linestyle','-');           % 绘制摆杆轮廓
xt=Lb*sin(N1*s0)+rt*cos(0:pi/30:2*pi),yt=Lm-Lb*cos(N1*s0)+...
    rt*sin(0:pi/30:2*pi);
l5=line(xt,yt,'color','r','linewidth',3,'linestyle','-');       % 绘制滚子轮廓
%  绘制基圆轮廓
line(r0.*cos(psi.*pi/180),r0*sin(psi.*pi/180),'color','r','linestyle','--");
line([0,0],[0,Lm],'color','r','linestyle','--');
%  定义固定铰链位置
line(0,0,'Color',[110],'Marker','.','MarkerSize',20);
line(0,Lm,'Color',[110],'Marker','.','MarkerSize',20);
%  定义滚子中心绞链位置
h2=line(Lb*sin(N2*s0),Lm-Lb*cos(N2*s0),'Color',[100],'Marker','.',
'MarkerSize',...
        20,'EraseMode','xor');
m=0;
n=length(s);
while m<2      % 循环 2 次
    for i=1:10:n
```

```
        set(l1,'xdata',x*cos(-i*N1*2*pi/n)+y*sin(-i*N1*2*pi/n), 'ydata',...
            -x*sin(-i*N1*2*pi/n)+y*cos(-i*N1*2*pi/n));
        set(l2,'xdata',x0*cos(-i*N1*2*pi/n)+y0*sin(-i*N1*2*pi/n), 'ydata',...
            -x0*sin(-i*N1*2*pi/n)+y0*cos(-i*N1*2*pi/n));
        set(l4,'xdata',[0,-Lb*sin(N2*(s0+s(i)))],'ydata',[Lm,Lm-...
            Lb*cos(N2*(s0+s(i)))]);
        set(l5,'xdata',-Lb*sin(N2*(s0+s(i)))+rt*cos(0:pi/30:2*pi), 'ydata',...
            Lm-Lb*cos(N2*(s0+s(i)))+rt*sin(0:pi/30:2*pi));
        set(h2,'xdata',-Lb*sin(N2*(s0+s(i))),'ydata',Lm-Lb*cos(N2*(s0+s(i))));
        pouse(0.1)        %  控制运动速度
        drawnow           %  刷新屏幕
    end
    m=m+1;
end
```

（2）平底推杆盘形凸轮机构动画函数文件（函数名：zhidong_donghua1）如下：

```
functionzhidong_donghua1(psi,x,y,s,h,r0,Lp,N1)
%   平底推杆盘形凸轮机构动画
%   输入参数：
%   psi:凸轮转角
%   S:推杆位移
%   r0:基圆半径
%   h:推杆行程
%   Lp:推杆平底宽度
%   N1 取值:凸轮逆时针转动,N1=1;反之,N1=-1
%   (x,y):凸轮实际轮廓坐标

figure
axis ('off') ; %  不显示坐标轴
axis equal
axis([-max(x)-20,max(x)+20,-max(y)-20,max(y)+7*h]);
%   定义各构件初始位置
%   绘制凸轮实际轮廓
l1=line(x,y,'color','b','linestyle','-','linewidth',3,'erasemode','xor');
%   绘制基圆轮廓
l3=line(r0.*cos(psi.*pi/180),r0.*sin(psi.*pi/180),'color','r','linestyle',
'--');
%   绘制平底轮廓
l4=line([-Lp/2,Lp/2],[r0,r0],'color','b','linewidth',3,'linestyle','-');
%   绘制推杆
l5=line([0,0],[r0,r0+5*h],'color','b','linewidth',3,'linestyle','-');
%   绘制与推杆形成移动副的机架
rectangle('Position',[-Lp/4,3*h+r0,Lp/6,h],'linestyie','-','FaceColor', 'k',
'erasemode','xor');
    rectangle('Position',[Lp/12,3*h+r0,Lp/6,n],'linestyle','-','FaceColor','k',
'erasemode','xor');
```

```
%   定义固定绞链位置
h1=line(0,0,'Color',[1 0 0],'Marker','.','MarkerSize',20,'EraseMode','xor');
m=0;
n=length(s);
while m< 2          %  循环2次
    for i=1:10:n
        set(l1,'xdata',x*cos(-i*N1*2*pi/n)+y*sin(-i*N1*2*pi/n),'ydata',...
            -x*sin(-i*N1*2*pi/n)+y*cos(-l*N1*2*pi/n));
        set(l4,'ydata',[r0+s(i),r0+s(i)]);
        set(l5,'xdata',[0,0],'ydata',[r0+s(i),r0+5*h+s(i)]);
        pause(0.1)              %   控制运动速度
        drawnow                 %   刷新屏幕
    end
    m=m+1;
end
```

(3) 滚子（或尖顶）直动推杆盘形凸轮机构动画函数文件（函数名：zhidong_donghua）如下：

```
Function zhidong_donghua(psi,x0,y0,x,y,e,s,h,r0,rt,N1,N2)
%   滚子(尖顶)直动推杆动画显示
%   输入参数：
%   psi:凸轮转角
%   S:推杆位移
%   e:偏距
%   h:推杆行程
%   (x,y):凸轮实际轮廓坐标
%   (x0,y0):凸轮理论轮廓坐标
%   N1 取值:凸轮逆时针转动,N1=1;反之,N1=-1;
%   N2 取值:摆杆推程顺时针摆动,N2=1;反之,N2=-1;


figure
axis('off ');                    %   不显示坐标轴
axis equal
axis([-max(x0)-30,max(x0)+20,-max(y0)-20,max(y0)+7*h]);
set(gcf,'name','直动推杆盘形凸轮机构动画')
%   定义各构件初始位置
s0=sqrt(r0^2-e^2);
xt=N2*e+rt*cos(0:pi/30:2*pi);yt=s0+rt*sin(0:pi/30:2*pi);
%   绘制凸轮实际轮廓
l1=line(x,y,'color','b','linestyle','-','linewidth",3,'erasemode','xor');
%   绘制凸轮理论轮廓
l2=line(x0,y0,"color','y','linestyle','--","erasemode","xor');
l3=line(xt,yt,'color','r','linewidth',3,'linestyle','-';        %   绘制滚子轮廓
%   绘制基圆轮廓
line(r0.*cos(psi.*pi/180),r0.*sin(psi.*pi/180),'color','r','linestyle','--');
l5=line([N2*e,N2*e,[s0,9*h],'color','r','linewidth',3,'linestyle','-');
```

```
%  绘制推杆
    rectangle('Position',[N2*e-10,3*h+s0,5,h],'linestyle','-', 'FaceColor','k',
'erasemode','xor');
    rectangle('Position',[N2*e+5,3* h+s0,5,h],'linestyle','-','FaceColor', 'k',
'erasemode','xor'),
%  定义各铰链初始位置
    h1=line(0,0,'Color',[1 0 0],'Marker','.','MarkerSize',20,'EraseMode','xor');
    h2=line(N2* e,s0,'Color',[1 0 0],"Marker",'.','MarkerSize',20,'EraseMode','xor');
    m=0;
    n=length(s);
    while m< 2                    %  循环 2 次
        for i=1:10:n
            set(l1,'xdata',x* cos(-i*N1* 2* pi/n)+y* sin(-i*N1* 2* pi/n), 'ydata',...
                -x* sin(-i*N1* 2* pi/n)+y* cos(-i*N1* 2* pi/n));
            set(l2,'xdata',x0* cos(-i*N1* 2* pi/n)+y0* sin(-i*N1* 2* pi/n), 'ydata',...
                -x0* sin(-i*N1* 2* pi/n)+y0* cos(-i*N1* 2* pi/n));
            set(l3,'xdata',xt,'ydata',s(i)+yt);
            set(l5,'xdata',[N2*e,N2*e],'ydata',[s0+s(i),9*h+s(i)]);
            set(h2,'xdata',N2*e,'ydata',s0+s(i));
            pause(0.1)           %  控制运动速度
            drawnow              %  刷新屏幕
        end
        m=m+1;
    end
```

2. 凸轮轮廓及推杆运动曲线

根据给定的推杆运动规律,按上文介绍的凸轮轮廓曲线方程,计算出凸轮轮廓坐标后,可调用如下 MATLAB 函数文件绘制凸轮的轮廓曲线和推杆运动曲线。

(1)摆动推杆凸轮轮廓及运动规律绘图的 MATLAB 函数文件(文件名:bdydqx. m)如下:

```
function bdydqx(psi,s,v,a,r0,x0,y0,x,y)
%   psi:凸轮转角
%   s,v,a:推杆的摆动位移(°),摆动角速度(°/s),摆动角加速度(°/s^2)
%   r0:基圆半径(cm)
%   x0,y0:凸轮机构理论轮廓坐标
%   x,y:凸轮机构实际轮廓坐标

figure(1)
plot(r0.* cos(psi.* pi/180),r0.* sin(psi.* pi/180),'-.',x0,y0,'--',x,y)
grid on
legend('基圆','凸轮理论轮廓','凸轮实际轮廓')
axis equal
figure(2)
subplot(3,1,1)
plot(psi,s),grid on
xlabel('凸轮转角(^o)');ylabel('位移(^o)');
```

```
title('凸轮机构运动规律')
subplot(3,1,2)
plot(psi,v),grid on
xlabel('凸轮转角(^o)');ylabel('速度(^o/s)');
subplot(3,1,3)
plot(psi,a),grid on
xlabel('凸轮转角(^o)');ylabel('加速度(^o/s^2)');
```

（2）直动推杆凸轮轮廓及运动规律绘图的 MATLAB 函数文件（文件名：zdydqxl. m）如下所示。该函数文件适用于滚子直动推杆盘形凸轮机构和平底推杆盘形凸轮机构的凸轮轮廓及推杆运动规律绘图。

```
function zdydqx1(psi,s,v,a,r0,x0,y0,x,y)
%    直动推杆凸轮机构中凸轮轮廓及推杆运动规律绘图
%    psi:凸轮转角
%    s,v,a:推杆的位移(mm),速度(mm/s),加速度(mm/s^2)
%    r0:基圆半径(mm)
%    x0,y0:凸轮机构理论轮廓坐标
%    x,y:凸轮机构实际轮廓坐标
Figure(1)
plot(r0.*cos(psi.*pi/180),r0.*sin(psi.*pi/180),1,'-.'1,x0,y0,'--',x,y)
grid on
legend('基圆','凸轮理论轮廓','凸轮实际轮廓')
axis equal
figure(2)
subplot(3,1,1)
plot(psi,s),grid on
xlabel('凸轮转角(^o)');ylabel('位移(mm)');
title('凸轮机构运动规律')
subplot(3,1,2)
plot(psi,v), grid on
xlabel('凸轮转角(^o)');ylabel('速度(mm/s)');
subplot(3,1,3)
plot(psi,a),grid on
xlabel('凸轮转角(^o)');ylabel('加速度(mm/s^2)');
```

11.2.6　应用举例

本小节主要通过具体例题说明如何运用本章所给出的 MATLAB 函数文件程序进行凸轮轮廓设计。

例 11.1　设计并绘出偏心直动滚子推杆盘形凸轮机构中凸轮的轮廓曲线，并用动画显示该机构的运动过程。

已知条件：凸轮以等角速度沿逆时针方向回转，转速 $n=50$ r/min，推程时，推杆以正弦加速度上升，推程运动角为 $90°$，升程 $h=15$ mm，远休止角为 $90°$；回程时，推杆以余弦加速度运动，回程运动角为 $60°$，近休止角为 $120°$，滚子半径 $r_T=10$ mm，基圆半径 $r_0=50$ mm，推杆采用

右偏置形式,偏距 $e＝6$ mm。

　　根据已知条件,利用 MATLAB 编写本例的主程序:

```
clc,clear
r0=50;h=15;phi01=90;phis1=90;
phi02=60;phis2=120;e=6;rt=10;
M=-1;Alph1=50;Alph2=40;n=50;
index1=14;index3=33;N1=1;N2=1;
[psi,s,v,a,x0,y0,x,y,ang1,ang2,rou0]=cam_ZhiDong(r0,h,phi01,phis1, phi02,
phis2,e,...
    rt,M,n,index1,index3,N1,N2);
zdydqx1(psi,s,v,a,r0,x0,y0,x,y);
zhidong_donghua(psi,x0,y0,x,y,e,s,h,r0,rt,N1,N2)
```

　　上述程序运行结果如图 11.12 至图 11.14 所示。

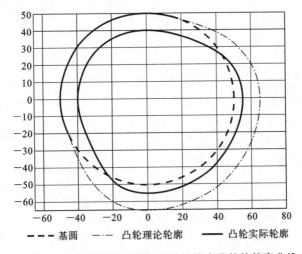

——— 基圆　　—·—·— 凸轮理论轮廓　　——— 凸轮实际轮廓

图 11.12　直动滚子推杆盘形凸轮机构中凸轮的轮廓曲线

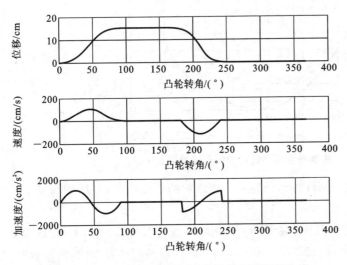

图 11.13　直动滚子推杆盘形凸轮机构运动规律曲线

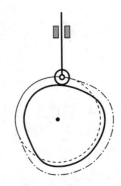

**图 11.14　直动滚子推杆盘形凸轮
机构动画的一个画面**

例 11.2 设计并绘出平底推杆盘形凸轮机构中凸轮的轮廓曲线,并用动画显示该机构的运动过程。

已知条件 :凸轮以等角速度沿逆时针方向回转,转速 $n=50$ r/min,推程时,推杆以余弦加速度上升,推程运动角为 $90°$,升程 $h=15$ mm,远休止角为 $90°$;回程时,推杆以余弦加速度运动,回程运动角为 $60°$,近休止角为 $120°$。基圆半径 $r_0=50$ mm。

根据已知条件,利用 MATLAB 编写本例的主程序:

```
clc,clear
r0=50;
h=15;
phi01=90;
phis1=90;
phi02=60;
phis2=120;
n=50;
index1=13;
index3=33;
N1=1;
[psi,s,v,a,x,y,Lp,Rou]=cam_PingDiZhiDong(r0,h,phi01,phis1,phi02,phis2,n,...
    index1,index3,N1);
zdydqx1(psi,s,v,a,r0,x,y,x,y);
zhidong_donghua1(psi,x,y,s,h,r0,Lp,N1);
```

上述程序运行结果如图 11.15 至图 11.17 所示。

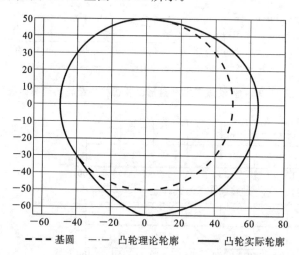

——— 基圆　—·—凸轮理论轮廓　——— 凸轮实际轮廓

图 11.15 平底推杆盘形凸轮机构中凸轮的轮廓曲线

例 11.3 设计并绘出摆动滚子推杆盘形凸轮机构中凸轮的轮廓曲线,并用动画显示该机构的运动过程。

已知条件:摆动滚子从动件凸轮机构中心距 $a=400$ mm,摆杆长度 $l=260$ mm,基圆半径 $r_0=150$ mm,滚子半径 $r_T=10$ mm,凸轮以 $n=50$ r/min 的转速沿逆时针方向回转,推程时,推杆以等加速等减速沿逆时针方向摆动,推程运动角为 $90°$,最大摆角为 $30°$,远休止角为 $90°$;回程时,推杆以正弦加速度运动,回程运动角为 $60°$,近休止角为 $120°$。基圆半径 $r_0=150$ mm。

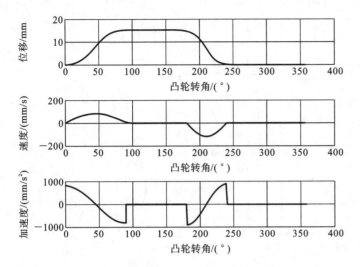

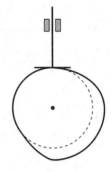

图 11.16　平底推杆盘形凸轮机构运动规律曲线　　图 11.17　平底推杆盘形凸轮机构
　　　　　　　　　　　　　　　　　　　　　　　　　　　　动画的一个画面

根据已知条件,利用 MATLAB 编写本例的主程序:

```
clc,clear
r0=150;maxDelta=30;phi01=90;
phis1=90;phi02=60;phis2=120;
Lb=260;Lm=400;Rt=20;M=-1;
Alph1=50;Alph2=40;n=50;
index1=12;index3=34;N1=1;N2=1;
[psi,s,v,a,x0,y0,x, y, Ang1,Ang2]=cam_BaiDong( r0, maxDelta, phi01,phis1,phi02,...
   phis2, Lb,Lm,rt,n, index1,index3,M,N1,N2) ;
bdydqx(psi,s,v,a,r0, x0, y0,x,y)                          % 绘图
baidong_donghua(psi,x0,y0,x,y,s,r0,rt,Lm,Lb,N1,N2)       % 动画
```

上述程序运行结果如图 11.18 至图 11.20 所示。

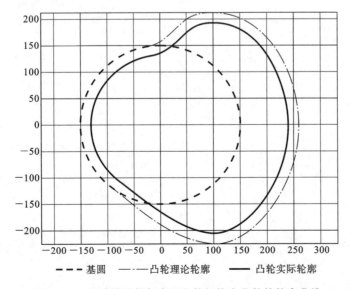

- - - 基圆　——·凸轮理论轮廓　——— 凸轮实际轮廓

图 11.18　摆动滚子推杆盘形凸轮机构中凸轮的轮廓曲线

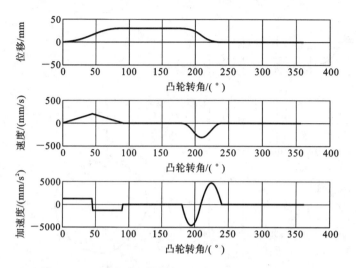

图 11.19　摆动滚子推杆盘形凸轮机构运动规律曲线

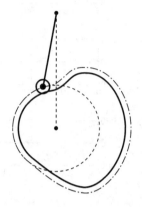

图 11.20　摆动滚子推杆盘形凸轮
机构动画的一个画面

第 12 章　基于小车绕桩轨迹反求转向控制凸轮轮廓

12.1　利用 NX 软件进行绕桩轨迹的绘制

2021 年中国大学生工程实践与创新能力大赛是在第七届全国大学生工程训练综合能力竞赛前期工作基础上开展的。本大赛更加突出了工程实践和创新能力,越来越注重检验学生自主创新设计和动手能力,强调将工程知识和技能传递给学生。尤其是在决赛环节,要依据由各队学生设计的场景设置与任务命题,抽取可行的,形成新的赛道命题。同时要求学生根据抽签得到的新赛道命题,在现场进行封闭设计、制作和装配调试,并在规定时间内完成。因此熟练掌握简单快捷的转向控制机构设计方法显得尤为重要。

设计转向控制机构首先要根据赛道命题绘制赛道小车运行轨迹,小车运行轨迹曲线反映了位移与时间的运动关系,也是速度、加速度、跃度等物理量随时间变化的曲线。广义的小车运行轨迹曲线可以定义为

$$\frac{\mathrm{d}^n s}{\mathrm{d}t^n} = f(t) \tag{12.1}$$

式中:

$$\begin{cases} s = f(t) \\ v = \dfrac{\mathrm{d}s}{\mathrm{d}t} = f'(t) \\ a = \dfrac{\mathrm{d}v}{\mathrm{d}t} = \dfrac{\mathrm{d}^2 s}{\mathrm{d}t^2} = f''(t) \\ j = \dfrac{\mathrm{d}a}{\mathrm{d}t} = \dfrac{\mathrm{d}^3 s}{\mathrm{d}t^3} = f'''(t) \end{cases}$$

在小车沿绕桩轨迹的运动过程中,为了保证小车平稳性能好、无刚性冲击、运行轨迹的准确性和重复精度高,要求小车绕桩轨迹光滑连续、速度曲线连续、加速度没有突变。如果小车沿轨迹运行,路径轨迹曲率出现突变,则小车加速度将急剧改变并产生刚性冲击,小车很容易晃动,失去重心而翻车。轨迹曲率的连续变化,可以使小车按照理想的轨迹曲线平稳运动。因此,为避免产生刚性冲击,小车运行轨迹曲线理论上至少是二阶连续的平滑曲线,曲线上每点的曲率半径都要连续变化。而在绘制小车绕桩轨迹时,我们要通过有限的决定轨迹曲线的拐点和幅值的定义点,拟合出一条光滑连续的小车轨迹曲线。这就需要一个功能强大、快捷方便的绘制工具。

NX 软件具有强大的非均匀有理 B 样条(non-uniform rational B-spline,NURBS)曲线绘制功能,可以根据需要灵活绘制复杂的小车赛道轨迹,局部修改也更方便,同时可保证所绘制

的轨迹曲线的光滑连续,最高可使用24次样条曲线,所以利用NX软件控制小车运行轨迹,是一种方便快捷的方法。本书所使用的NX软件的版本是NX1926。

NX软件生成的样条曲线为NURBS曲线。NURBS曲线拟合逼真、形状控制方便,是计算机辅助设计/计算机辅助制造(CAD/CAM)领域描述曲线和曲面的标准。一条NURBS曲线可以表示为一个分段有理多项式矢函数,在NX软件中绘制NURBS曲线通常用"艺术样条",绘制时首先要确定其定义点,然后定义其次数,NX软件中NURBS曲线最高的次数为24次,通常为3次样条。NURBS曲线分为"单段"和"多段"两种,样条段数不需要定义,其与定义点的数目和样条的次数有关。

单段样条的次数等于定义点数减1,例如,如图12.1所示,如果定义点为两个,而定义的次数为"1",则生成一次多项式NURBS曲线,样条为单段样条,其中图12.1(a)所示为NURBS定义对话框,图12.1(b)所示为单段一次NURBS曲线;如图12.2所示,如果定义点为三个,而定义的次数为"2",则生成二次多项式NURBS曲线,样条为单段样条,其中图12.2(a)所示为NURBS定义对话框,图12.2(b)所示为单段二次NURBS曲线;同理,如图12.3所示,生成三次多项式NURBS曲线,样条为单段样条,其中图12.3(a)所示为NURBS定义对话框,图12.3(b)所示为单段三次NURBS曲线。对于单段NURBS曲线来说,三次NURBS曲线是比较光顺的,在大多数的工程应用中,采用三次多项式足以满足要求。

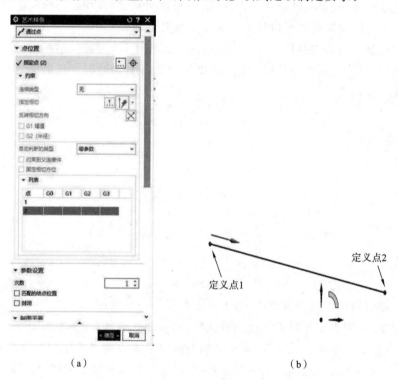

(a)   (b)

图 12.1　单段一次 NURBS 曲线定义

当定义点数大于或等于次数加2时,在NX软件的"艺术样条"里,将生成多段NURBS曲线。在NX软件中几何连续性用"Gn"来表示,Gn表示两个几何对象的连续程度。G0连续是指两个对象只是简单的相连但不相切,称为"位置连续";G1连续是指两个对象在共点处相切,称为"相切连续"或"斜率连续"(一阶导数连续);G2连续是指两个对象在共点处等曲率,称为"曲率连续"(二阶导数连续);G3连续是指两个对象在共点处曲率连续,称为"流连续"或"曲率

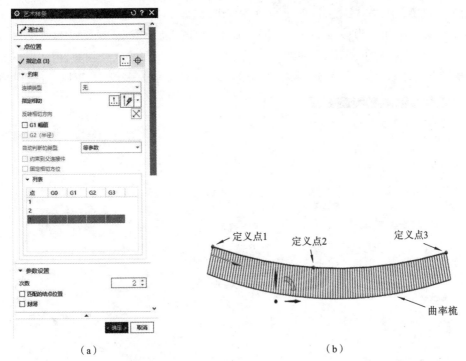

（a）　　　　　　　　　　　　　　（b）

图 12.2　单段二次 NURBS 曲线定义

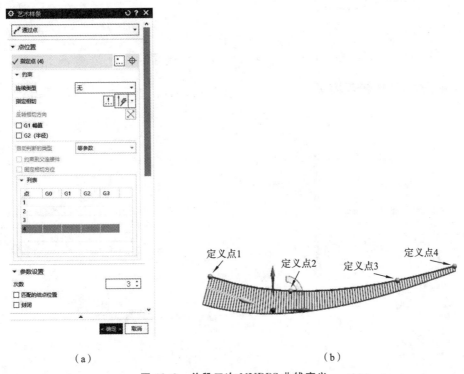

（a）　　　　　　　　　　　　　　（b）

图 12.3　单段三次 NURBS 曲线定义

变化率连续"（三阶导数连续）；依此类推。而连续性与 NURBS 曲线的次数有关，连续性的"阶次"等于"次数"减一，即一次 NURBS 曲线为 G0 连续，二次 NURBS 曲线为 G1 连续，三次 NURBS 曲线为 G2 连续；依此类推。如图 12.4 所示，定义点为七个，指定样条次数为一次，这时生成的 NURBS 曲线为多段,样条曲线为一折线,其中图 12.4(a)所示为多段 NURBS 定义对话框,图 12.4(b)所示为多段一次 NURBS 曲线;如图 12.5 所示,定义点为七个,指定样条次数为二次,这时生成的 NURBS 曲线为多段,样条曲线各段在共点处相切,但曲率不连续,相邻曲率梳的长度不一致,为断崖式变化,其中图 12.5(a)所示为多段 NURBS 定义对话框,图

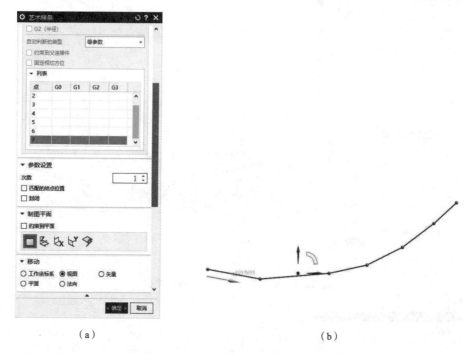

（a）　　　　　　　　　　　　　　　（b）

图 12.4　多段一次 NURBS 曲线定义

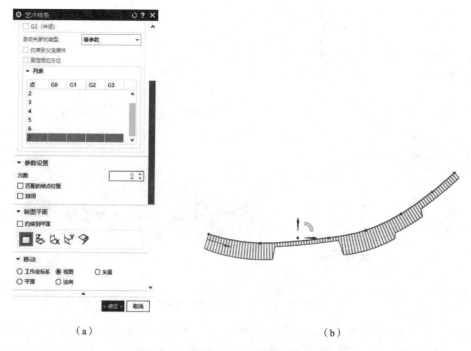

（a）　　　　　　　　　　　　　　　（b）

图 12.5　多段二次 NURBS 曲线定义

12.5(b)所示为多段二次 NURBS 曲线;如图 12.6 所示,定义点为七个,指定样条次数为三次,这时生成的 NURBS 曲线为多段,样条曲线曲率连续,在共点处曲率相等,曲率变化率不连续,相邻的曲率梳之间可能有尖锐的角度,其中图 12.6(a)所示为多段 NURBS 定义对话框,图 12.6(b)所示为多段三次 NURBS 曲线;如图 12.7 所示,定义点为七个,指定样条次数为四次,这时生成的 NURBS 曲线为多段,样条曲线曲率变化率连续,在共点处曲率连续,相邻的曲率梳之间的过渡平滑光顺,其中图 12.7(a)所示为多段 NURBS 定义对话框,图 12.7(b)所示为多段四次 NURBS 曲线。

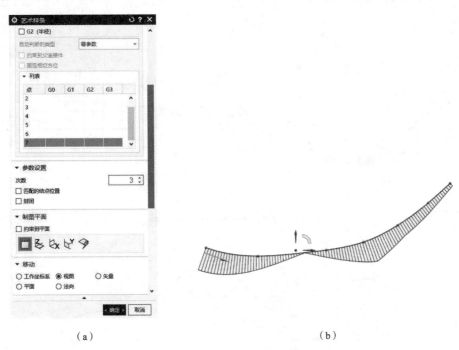

　　　　　　　　（a）　　　　　　　　　　　　　　　　　（b）

图 12.6　多段三次 NURBS 曲线定义

　　小车的绕桩轨迹是一条多段 NURBS 曲线,因此,最好用 4 次以上的 NURBS 曲线来绘制。下面以初赛时 4 桩环形的绕桩轨迹为例,分析小车绕桩轨迹的绘制。4 桩环形绕桩轨迹障碍桩是从出发线开始,按平均间距 1000 mm 摆放的,两组障碍桩分布于隔板中心线两侧 550 mm 处,每组 4 个桩,同时,与隔板共线、离隔板左右两端 550 mm 处各放置 1 根障碍桩。初赛时在左右两个 1000 mm 的隔板之间放置活动隔板,形成总长为 3000 mm 的隔板。赛道运行方式是环形,桩数不变桩距变,变桩为中轴线两侧中间的 2 个桩(共 4 个桩),变化范围为 -300～+300 mm。4 个桩的桩距在变化时为同步同向,逆时针方向为正,顺时针方向为负。4 桩环形轨迹如图 12.8 所示。

　　图 12.9 所示为用三次 NURBS 绘制的 4 桩环形绕桩轨迹,该轨迹通过 26 个定义点,在关键位置定义了绕桩轨迹的形状、各个拐点、峰值点位置。从图中可以看出,整条封闭绕桩轨迹的曲率梳还存在一些尖角,在拐点处也不够平滑,曲率变化较为急剧。

　　图 12.10 所示为用五次 NURBS 绘制的 4 桩环形绕桩轨迹,该轨迹通过 26 个定义点,在关键位置定义了绕桩轨迹的形状、各个拐点、峰值点位置。从图中可以看出,整条封闭绕桩轨迹的曲率梳光顺无尖角,在拐点处也圆滑,曲率变化连续平缓。

　　下面用五次 NURBS 逐步绘制 4 桩环形绕桩轨迹,步骤如下。

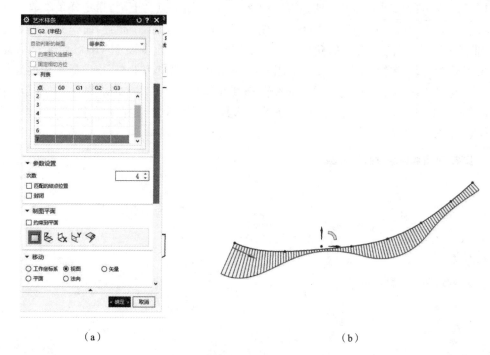

（a）　　　　　　　　　　　　　　　　　　（b）

图 12.7　多段四次 NURBS 曲线定义

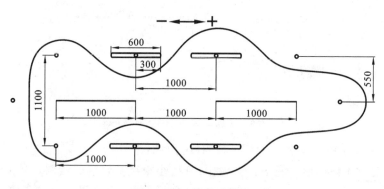

图 12.8　4 桩环形轨迹

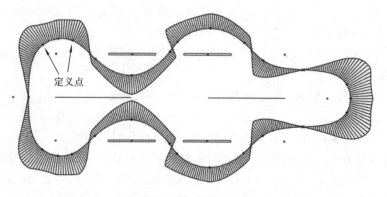

图 12.9　用三次 NURBS 绘制的 4 桩环形绕桩轨迹

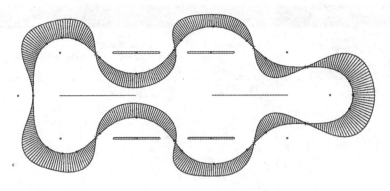

图 12.10　用五次 NURBS 绘制的 4 桩环形绕桩轨迹

步骤 1：打开 NX 软件，单击"新建"图标，弹出"新建"对话框（见图 12.11），在对话框中选择"模型"应用模块，在"名称"栏里输入文件名，在"文件夹"栏里输入保存路径，单击"确定"，完成新模型文件的建立，并进入模型界面。

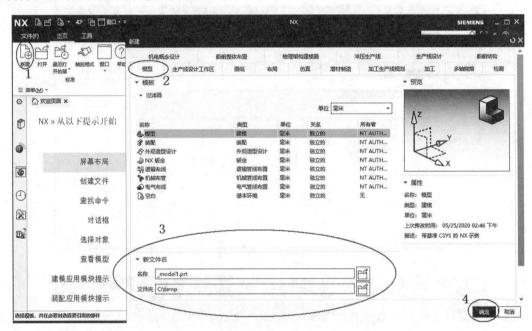

图 12.11　"新建"对话框

步骤 2：新建文件后，进入文件的模型界面，在顶部工具栏中选择草图图标，打开"创建草图"对话框，草图平面（平面方法）、坐标轴正方向（参考）、草图原点（原点方法）都按默认设置，默认草图平面为"XY"平面，默认草图坐标系与当前"WCS"坐标系一致。完成相关设置，单击"确定"创建草图，如图 12.12 所示。图 12.12（a）所示为模型界面，图 12.12（b）所示为草图对话框，图 12.12（c）所示为草图界面。

步骤 3：在草图界面的工具栏中，选择"矩形"图标，弹出矩形对话框（见图 12.13）。在矩形对话框中，在"矩形方法"里选择"按两点"方式，在"输入模式"中选择"坐标模式"，在弹出的坐标动态输入框中，输入起点的"X"坐标"0"，然后按 Tab 键，输入"Y"坐标"0"。

步骤 4：在坐标动态输入框中输入"X""Y"坐标后，单击鼠标左键，弹出宽度、高度动态输入框，输入宽度"2600"，按 Tab 键，再输入高度"1100"，双击鼠标左键，绘出矩形，如图 12.14

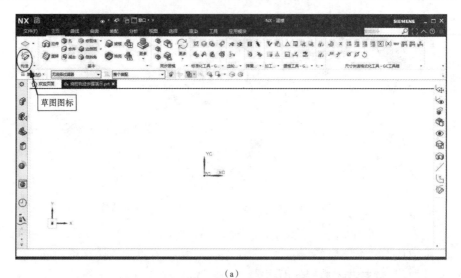

（a）

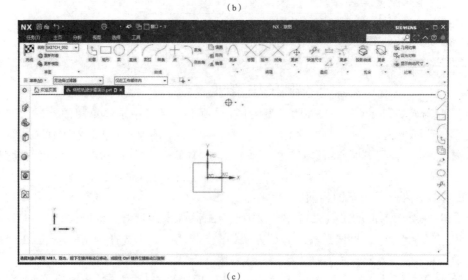

（b）

（c）

图 12.12　建立草图

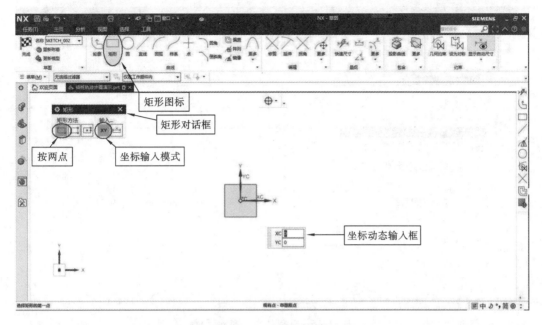

图 12.13　矩形对话框

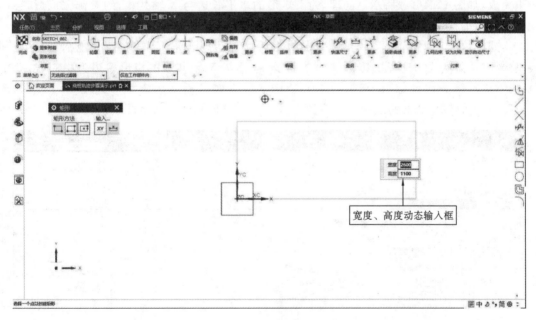

图 12.14　绘制矩形

所示。

　　步骤 5：单击工具栏中"几何约束"图标，弹出几何约束消息对话框，如图 12.15 所示，单击"确定"，弹出几何约束对话框。

　　步骤 6：在弹出的几何约束对话框的"约束"栏里选择共线约束，选择矩形左侧与 X 轴垂直的矩形短边，在"要约束的几何体"的第一栏"选择要约束的对象"前面的"＊"号变为"√"号后，用鼠标单击第二栏"选择要约束到的对象"或单击鼠标中键，再选择 Y 轴，短边与 Y 轴的共线

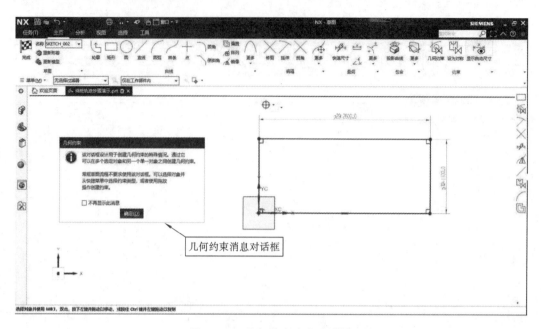

图 12.15　几何约束消息对话框

约束完成,如图 12.16(a)所示。同理,约束矩形的水平长边与 X 轴共线,约束都完成后,会出现共线约束的符号,如图 12.16(b)所示。

步骤 7:单击"镜像"图标,弹出镜像曲线对话框,在场景选择工具条"曲线规则"的下拉列表里选择"单条曲线",选择要镜像的两条曲线,选择与 Y 轴共线的矩形短边为中心线,单击"应用",进行第一次镜像,被选择为中心线的实线在镜像后变为虚线形式的参考线,如图 12.17(a)所示,镜像侧的曲线会出现镜像符号。然后选择原先的两条曲线及镜像后的两条曲

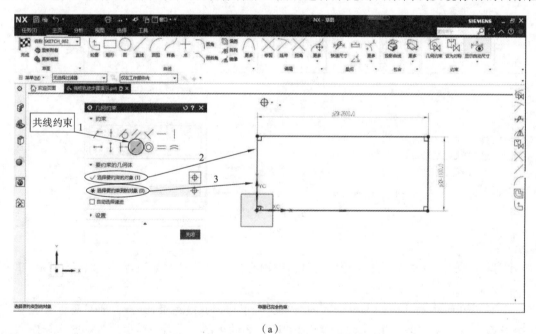

(a)

图 12.16　共线约束

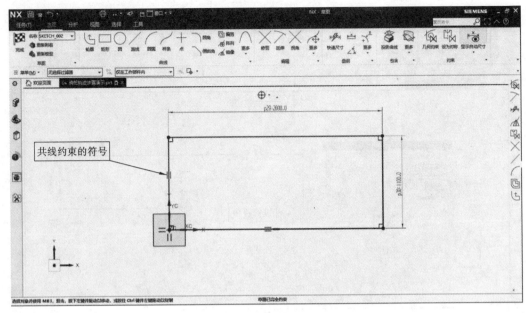

（b）

续图 12.16

线,选择与 X 轴共线的矩形长边为中心线,单击"确定",如图 12.17(b)所示,最后得到图 12.17(c)所示的镜像曲线。

步骤 8:单击"矩形"图标,弹出矩形对话框,在该对话框的"矩形方法"中选择"按两点",在"输入模式"中选择"坐标模式",将鼠标移至与 X 轴共线的中心线上,此时会自动拾取中心线上的点为矩形起点,单击鼠标左键,完成此点的拾取,如图 12.18(a)所示。移动鼠标,在弹出

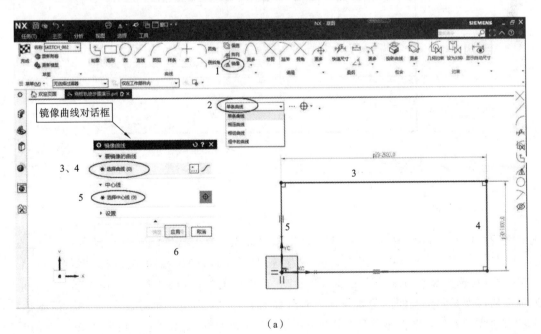

（a）

图 12.17　赛道矩形边界的绘制

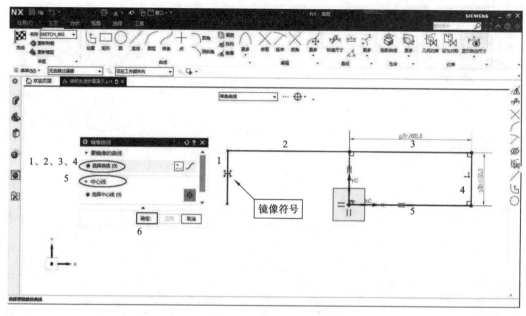

（b）

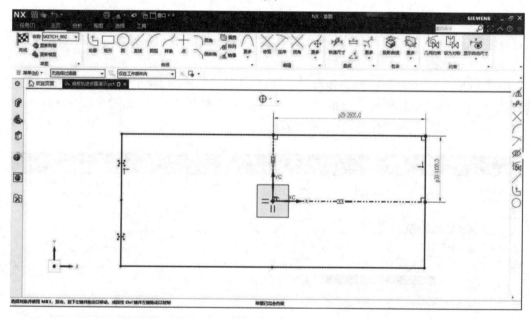

（c）

续图 12.17

的宽度、高度动态输入框中输入宽度"1000"，按 Tab 键，输入高度"5"，双击鼠标左键，生成矩形，如图 12.18(b)所示。单击工具条里的"快速尺寸"图标，弹出线性尺寸对话框，选择矩形左侧的短边，再选择竖直方向的中心线，在"驱动"选项中的"p33"尺寸参数后输入"500"，约束矩形短边到长度方向中心线的距离为 500 mm，如图 12.18(c)所示。单击工具条"镜像"图标，弹出镜像曲线对话框，在"曲线规则"工具条中选择"单条曲线"，然后选择矩形 X 轴上方的长边和两条短边，再选择 X 轴上的长边为中心线，单击"确定"，如图 12.18(d)所示，最后镜像生成中心线在 X 轴上的长度为 1000 mm 和宽度为 10 mm 的矩形,其为小车绕桩赛道右侧中间的隔板,如图 12.18(e)所示。

步骤 9:单击工具条中的"矩形"图标,在隔板上方与隔板左侧大致对齐的地方单击,确定矩形起点,移动鼠标,在弹出的宽度、高度动态输入框中输入宽度"600",按 Tab 键,输入高度"20",生成矩形,其为右上方变桩的变化范围,如图 12.19(a)所示。单击工具条中的"圆"图标,在弹出的圆对话框的"圆方法"中选择"圆心和定圆直径",单击 1000 mm×20 mm 矩形右侧选择任意位置作为圆心起点,单击鼠标左键,在弹出的直径动态输入框中输入直径"20",按

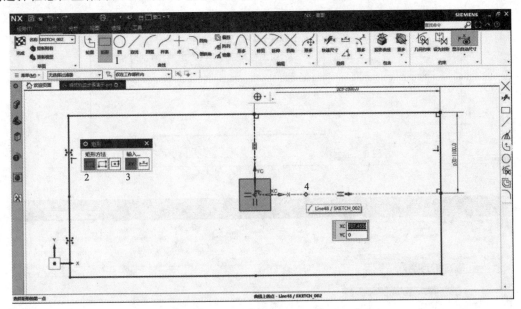

(a)

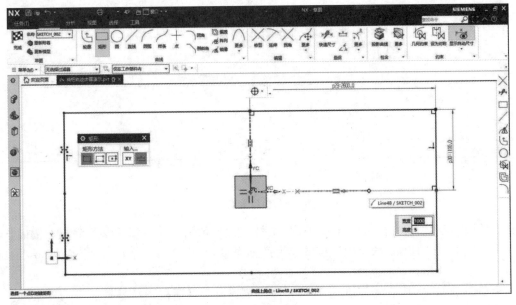

(b)

图 12.18　绘制中间隔板

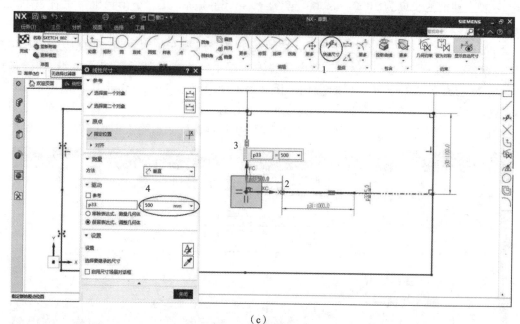

（c）

（d）

续图 12.18

键盘上的回车键，生成直径为 20 mm 的圆，如图 12.19(b)所示。将鼠标移至隔板右侧的长度方向中心线上，自动拾取"线上点"，按键盘上的回车键，在中心线上生成直径为 20 mm 的圆，如图 12.19(c)所示。

步骤 10：单击工具条"快速尺寸"图标，弹出快速尺寸对话框，在"场景选择工具条"的"捕捉点"里，单击复选使"端点"和"圆心"捕捉方式有效，取消其他有效捕捉点方式，鼠标靠近最右侧边框中心线上的端点，单击选择此端点，再将鼠标移至最右侧圆的圆心，单击鼠标左键选择此圆心，如图 12.20(a)所示，在弹出的快速尺寸动态输入框中输入"550"，单击鼠标中键确定，

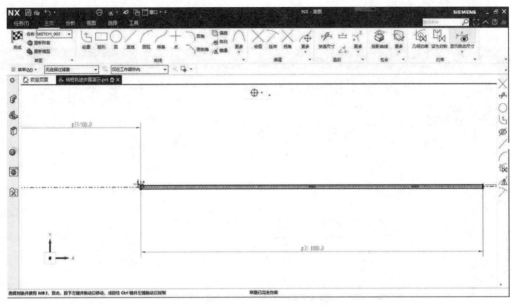

（e）

续图 12.18

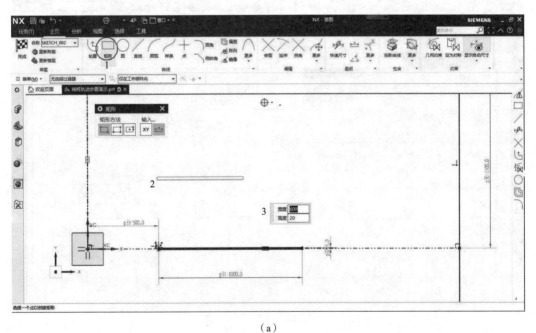

（a）

图 12.19　绘制障碍桩

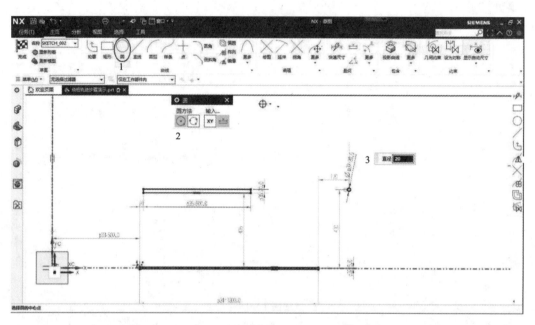

（b）

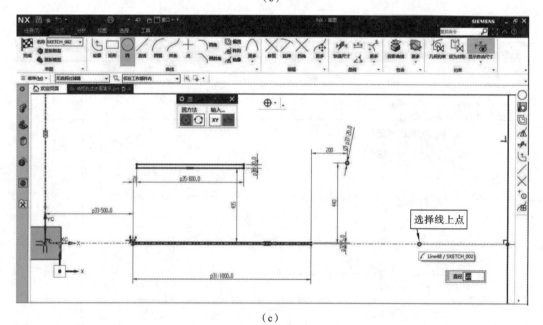

（c）

续图 12. 19

如图 12.20(b)所示;同样,施加隔板上方右侧直径为 20 mm 的圆与右侧边框的尺寸约束为
1100 mm,如图 12.20(c)所示;施加隔板上方右侧直径为 20 mm 的圆与水平方向的中心线的
尺寸约束为 550 mm,如图 12.20(d)所示;施加中间隔板右侧与右侧边框的距离为 1100 mm,
如图 12.20(e)所示;施加中间隔板上方的矩形中心与中心线的距离为 550 mm,如图 12.20(f)
所示;施加中间隔板上方的矩形中心与右侧圆的距离为 1000 mm,如图 12.20(g)所示。

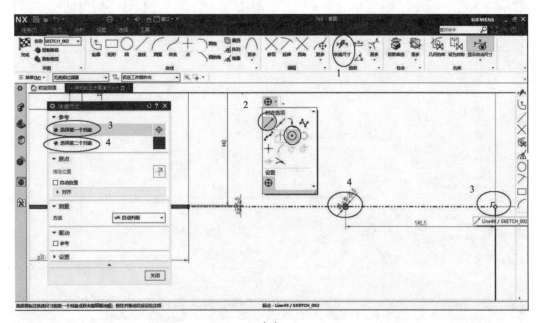

(a)

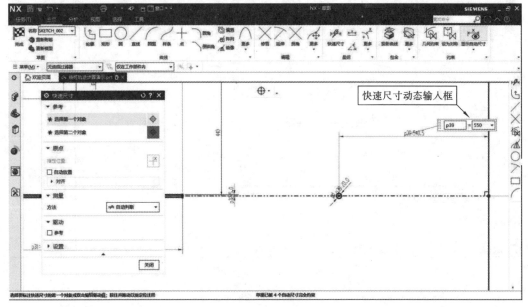

(b)

图 12.20　障碍桩的尺寸约束

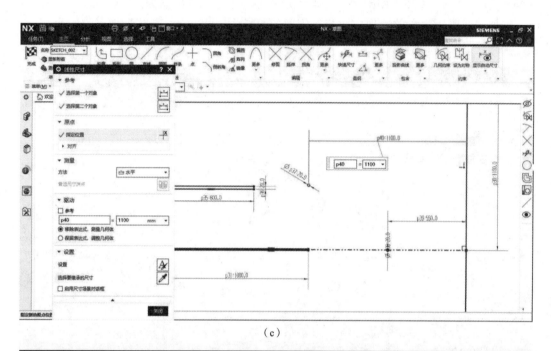

（c）

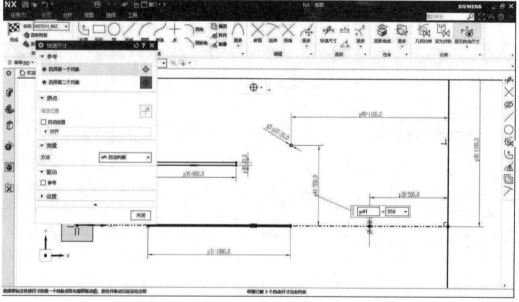

（d）

续图 12.20

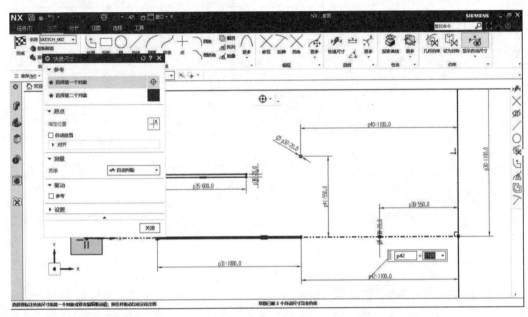

（e）

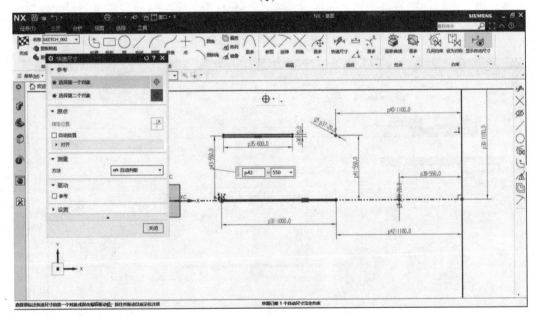

（f）

续图 12.20

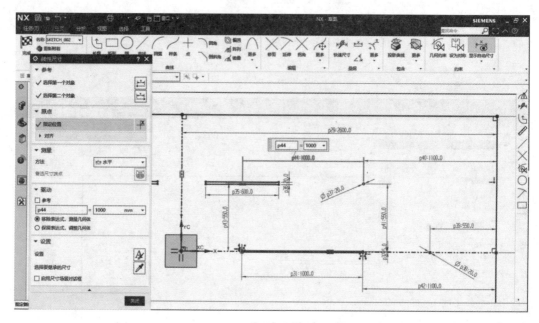

（g）

续图 12.20

步骤 11：单击工具条中的"镜像"图标，全选之前所做的圆和矩形，单击鼠标中键，选择与 Y 轴共线的中心线，如图 12.21(a)所示，单击"确定"，生成图 12.21(b)所示的图形；同样，选择中间隔板以上的镜像前及镜像后的曲线，选择与 X 轴共线的中心线，再次镜像，如图 12.21(c)所示。

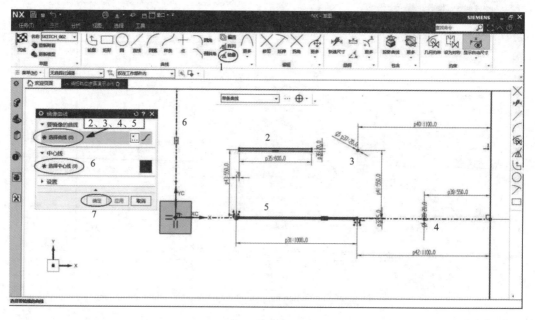

（a）

图 12.21　镜像障碍桩

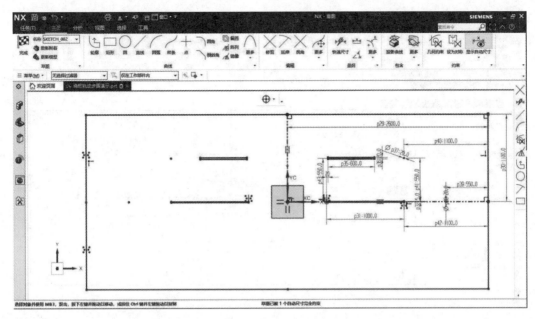

（b）

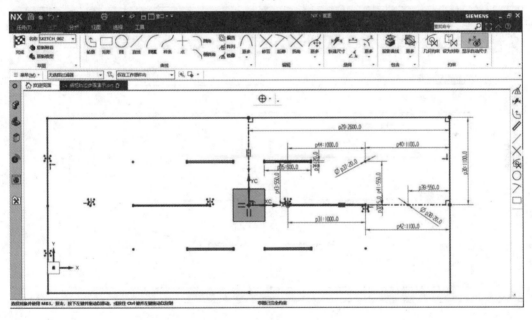

（c）

续图 12.21

步骤 12：单击"延伸"图标，鼠标移至与 X 轴共线的中心线左端，单击鼠标左键，如图 12.22（a）所示，延长中心线左端至所遇草图对象，连续单击中心线左端，延长至边框左端边界；同样，延长与 Y 轴共线的中心线至下方边界框，如图 12.22（b）所示。

步骤 13：单击工具条里"连续自动标注"图标下的倒三角，打开下拉菜单，单击下拉菜单的"连续自动标注尺寸"，取消默认的连续自动尺寸标注，如图 12.23（a）所示；单击工具条里"样条"图标，弹出艺术样条对话框，将鼠标移至最右侧障碍桩右侧中心线上，自动捕捉曲线上的点，单击鼠标左键，确定第一个定义点，如图 12.23（b）所示，将艺术样条对话框中"参数设置"

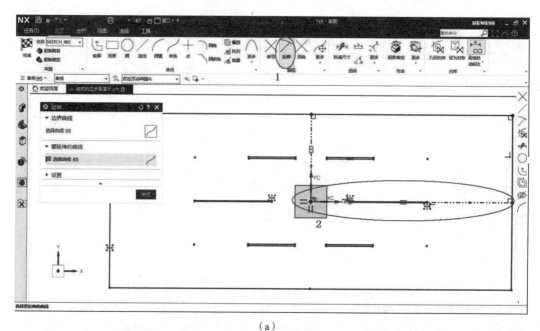

（a）

（b）

图 12.22　延长中心线

内的"次数"设为"5"，单击"封闭"前面的方框，出现"√"号，使样条为封闭样条，定义凹处顶点、拐点、凸处顶点、中心线上点、凹处支撑点（便于控制凹处曲率）等生成样条的关键点，生成粗略的样条曲线，如图 12.23（c）所示。

　　步骤 14：用鼠标左键单击工具条中的"设为对称"图标，弹出设为对称对话框，将鼠标移至右侧边框上方的定义点处，当此定义点高亮时，单击鼠标左键完成选择，同样选择右侧边框下方相对应的定义点，最后鼠标移至与 X 轴共线的中心线上，当其高亮显示时，单击鼠标左键完成对称中心线的选择，此时在两个点处会出现对称符号，两点的对称设置完成，如图 12.24（a）

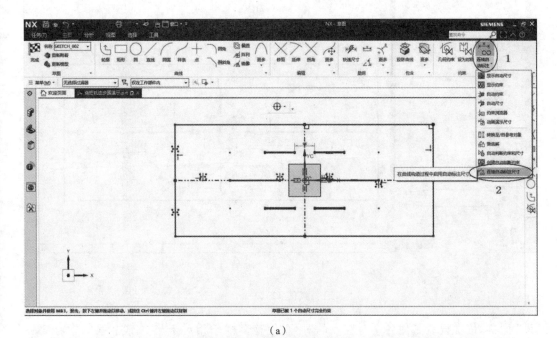

（a）

（b）

图 12.23　绘制样条曲线

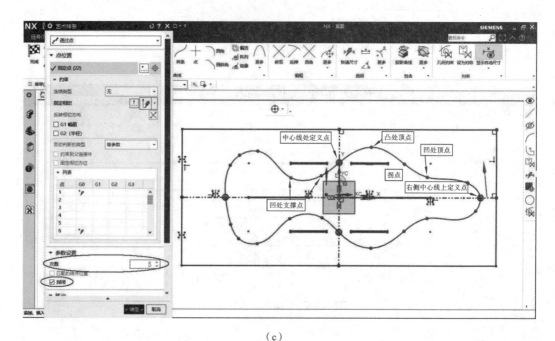

（c）

续图 12.23

所示。同样,依次设置其他各个对应点的对称,使整个样条相对于与 X 轴共线的中心线均匀对称,如图 12.24(b)所示。

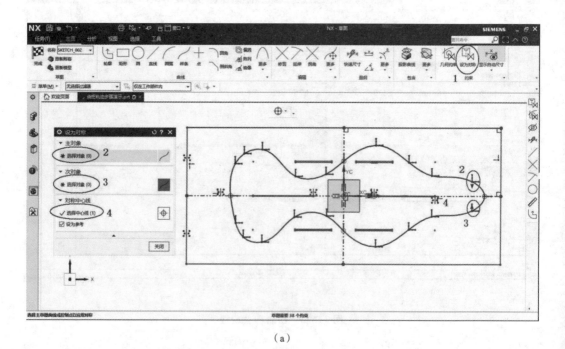

（a）

图 12.24　设置样条对称

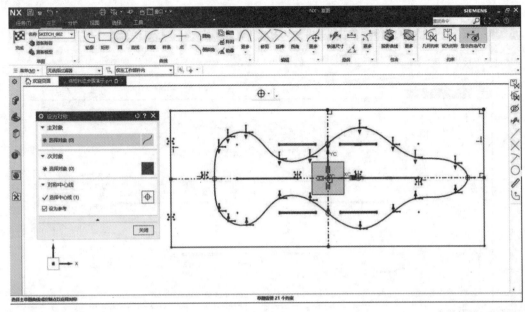

（b）

续图 12.24

步骤 15:用鼠标左键单击"过滤器"倒三角下拉菜单符号,打开下拉菜单,选择捕捉对象为"曲线",如图 12.25(a)所示。单击样条曲线,高亮显示后单击工具条中的"显示曲率梳"图标,样条上显示出呈多边形形状的曲率梳,如图 12.25(b)所示。在"过滤器"下拉菜单中选择"分析",如图 12.25(c)所示,放大图形至局部,鼠标移至曲率梳所在位置,如图 12.25(d)所示,当曲率梳高亮时,双击鼠标左键,弹出曲线对话框,在"分析显示"选项栏的"针比例"和"针数"中

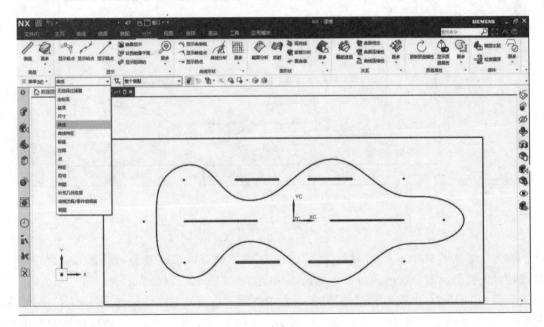

（a）

图 12.25　显示样条曲率梳

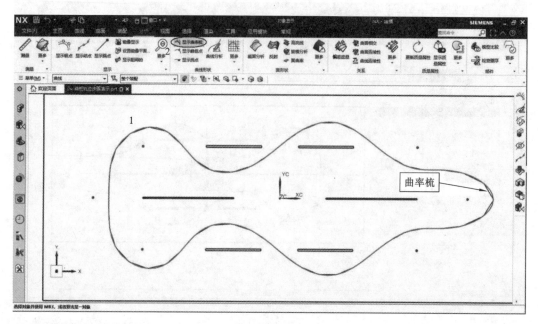

（b）

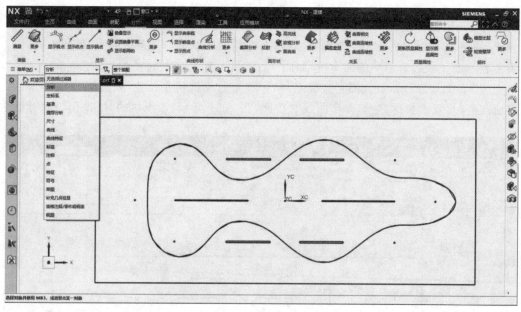

（c）

续图 12.25

分别输入"100000"和"100","针比例"的数值越大,曲率梳针的长度越长;"针数"的数值越大,曲率梳针的数目越多。针的相对长度越长,曲率越大,如图 12.25(e)所示。

步骤 16:用鼠标左键单击"过滤器"工具栏中的倒三角符号,打开"过滤器"的下拉菜单,在其中选取"无选择过滤器",如图 12.26(a)所示。从曲率梳中可以看到,当前轨迹曲线在右侧的曲率过大,拐点处的曲率变化也不够平缓,变化较大。因此要对现在的轨迹曲线进行编辑调整,尽量减小曲线曲率,使曲率变化相对较小。单击左侧资源工具条中的"部件导航器",在弹

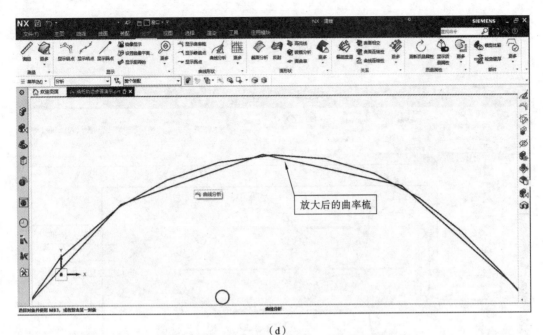

(d)

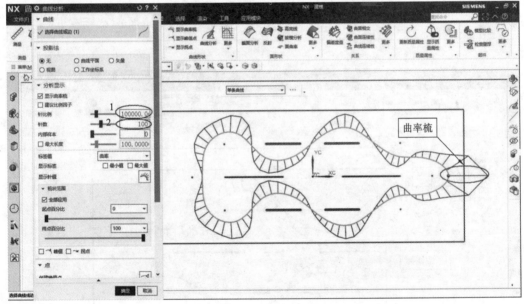

(e)

续图 12.25

出的部件导航器区的模型树中,用鼠标左键双击"草图(3)"图标,如图 12.26(b)所示。在草图
(3)中将鼠标移至某一定义点上,当定义点高亮显示后,按住鼠标左键,如图 12.26(c)所示,此
时就可以对定义点的位置进行拖动编辑,曲率梳的形状也动态地随着拖动而变化,在拖动某一
定义点时,与之有对称约束的另一侧定义点的位置,也随之发生同样的变化,所以在对样条曲
线进行拖动编辑时,只需编辑拖动一侧的点即可。最后,通过多次拖动和对比,使样条曲线的
曲率尽量得小,曲率变化平缓,整个曲线平滑圆润,如图 12.26(d)所示。

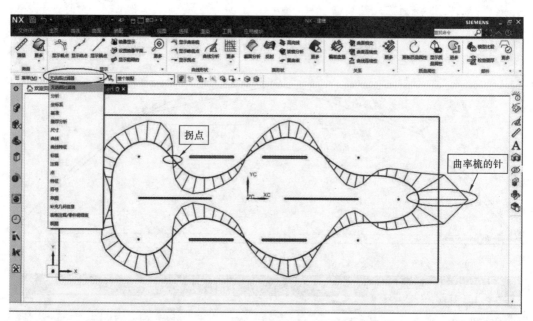

（a）

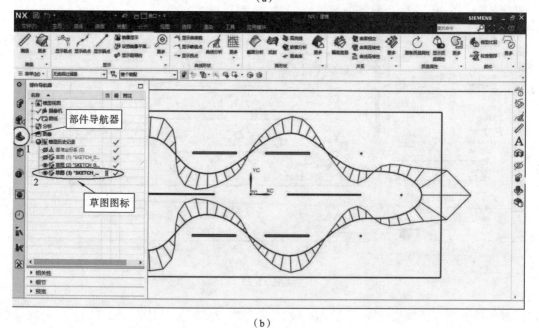

（b）

图 12.26　编辑样条曲线

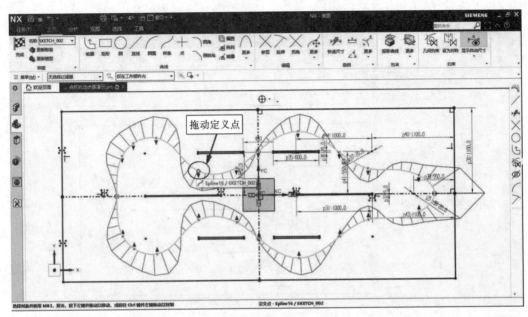

（c）

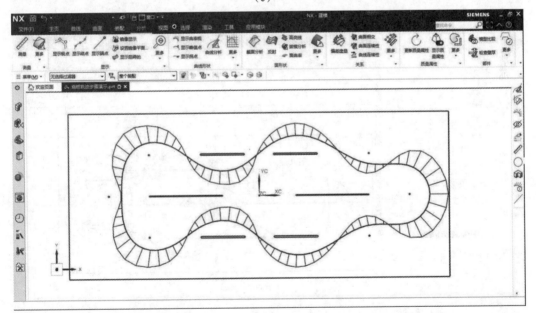

（d）

续图 12.26

　　至此,4桩环形绕桩轨迹绘制完成,而"8"字绕桩轨迹的绘制基本上与环形的类似,下面主要说明它们的不同之处和应该注意的一些问题。

　　生成"8"字样条曲线时,右侧起始的三个点要选择与环形轨迹定义点共点,结束的两个点也要选择与环形轨迹定义点共点,如图12.27(a)和图12.27(b)所示。这样可使环形和"8"字的起始部分重合,简化综合赛道的轨迹,有利于综合赛道轨迹起始位置的调整定位。

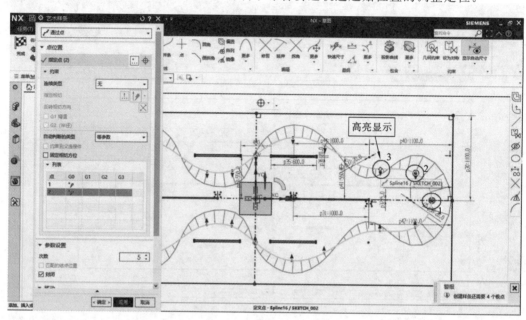

(a)

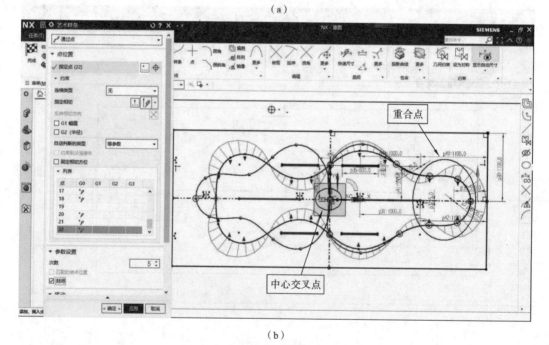

(b)

图 12.27　"8"字样条曲线定义点选择

　　绘制完"8"字绕桩轨迹后,退出草图,将鼠标移至环形轨迹的曲率梳上,曲率梳被捕捉并高亮显示,单击鼠标右键,在弹出的快捷工具条中,用鼠标左键单击"隐藏"图标,隐藏环形轨迹的曲率梳,再进入草图隐藏环形绕桩轨迹曲线,如图 12.28(a)和图 12.28(b)所示。

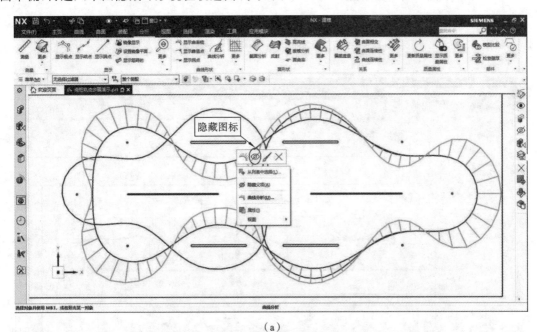

（a）

（b）

图 12.28　隐藏对象

用鼠标左键单击工具条中的"设为对称"图标,弹出设为对称对话框,如图 12.29(a)所示,"8"字绕桩轨迹的对称设置分为两种:一种是和环形一样相对于与 X 轴共线的中心线,上下定义点的对称,如图 12.29(b)所示;另一种是相对于与 Y 轴共线的中心线,左右定义点的对称,如图 12.29(c)所示。

"8"字绕桩轨迹的对称设置完成后,需要对轨迹进行编辑,使其曲率变化尽量平滑圆润。调整时需要注意,只能调整拐点靠近中心线的四对定义点,而不能调整与环形轨迹重合的定义

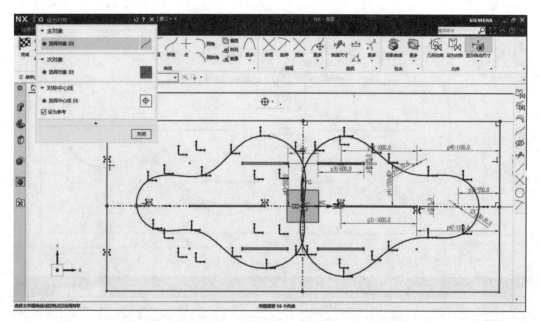

（a）

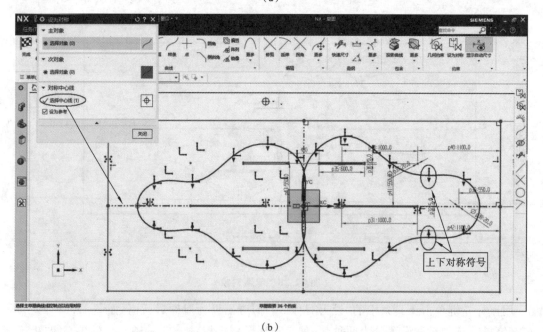

（b）

图 12.29　设置"8"字绕桩轨迹的对称设置

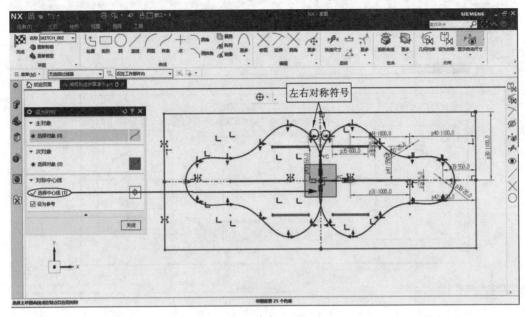

（c）

续图 12.29

点和其对称点,以免改变与环形轨迹重合部分的形状,而使"8"字绕桩轨迹与环形绕桩轨迹重合的部分不再重合,如图 12.30(a)、图 12.30(b)和图 12.30(c)所示。至此,环形、"8"字和综合赛道轨迹绘制完毕。

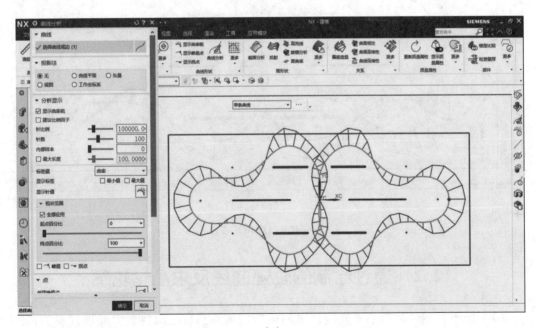

（a）

图 12.30　"8"字绕桩轨迹编辑

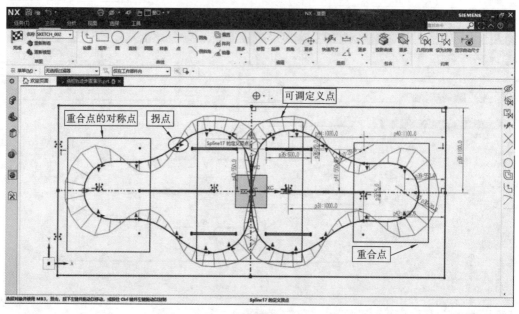

(b)

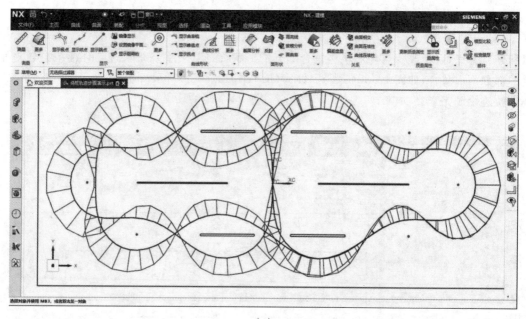

(c)

续图 12.30

12.2 通过绘制的轨迹曲线反求凸轮轮廓

由 NURBS 曲线绘制的小车轨迹反求凸轮转向机构凸轮轮廓的数学处理过程为:利用 NX 软件的"艺术样条"曲线绘制工具,根据给出的定义点导出 NURBS 曲线的插值方程,这常称为第一次曲线拟合,再根据插值方程进行插值点加密求得新的节点,用直线和圆弧连接节点来逼近插值方程曲线,这常称为第二次曲线拟合。也就是说,曲线运动可以微分成 N 段圆弧的运动,通过 NX 软件可以查询到各段圆弧的回转半径,而每段回转半径不同的圆弧对应前轮的不同转角,不同转角对应凸轮轮廓各点不同的升高量,而由各个升高量可以求得其所对应的凸轮轮廓各点坐标,再用 NX 软件中的"拟合曲线"的样条曲线绘制功能,选择其中 5 次 NURBS 曲线对得到的离散的凸轮坐标点进行拟合,从而生成光滑连续的凸轮轮廓。

12.2.1 转向系统的分析与设计

对于势能小车而言,转向机构要求转向控制精准、结构简单、效率高、易于微调。对于行走轨迹较为简单的小车,如"8"字形、"S"形,可以采用结构相对简单的空间连杆机构、不完全齿轮机构等方式加以控制。对于行走轨迹较为复杂的小车,如第七届全国大学生工程训练综合能力竞赛可变桩距和桩数的环形和"8"字形,为了实现频繁换向和多圈行走功能,小车理论轨迹是高阶连续的平滑曲线,曲线上每点的曲率半径都是连续变化的,一般的机械结构很难实现这样的运动规律。

凸轮机构的优点是能够使从动件工作端实现复杂的运动规律、复杂的运动轨迹,凸轮可以实现机械满足曲线各点曲率半径连续不断变化的状态。

为使由实际加工零件组合的小车最大限度地贴合理论轨迹从而减小误差,采用凸轮为转向系统核心机构,由此小车能实现精确、平稳转向运动。设计往复式摇杆装置,小车沿着曲线行驶过程中,以力锁合方式,摇杆依靠橡皮筋使其回位并与凸轮始终保持相接触。同时绕线轴通过齿轮将扭矩传递到凸轮轴带动凸轮摇杆机构,控制前转向轮周期性摆动,实现小车规则性曲线行驶且避开障碍桩(见图 12.31)。

小车转弯示意图如图 12.32 所示,其中,R 为前轮转弯半径,L 为前后轮轴距,H 为过前轮中心并垂直于后轮轴的直线与后轮轴交点的转弯半径,φ 为前轮转角,S 为凸轮工作曲线各点对参考圆(摇杆与后轮轴平行时,以凸轮转动中心为圆心,以凸轮轮廓当前工作点所在的向径为半径所画的圆)的径向变化量,K 为摇杆在参考圆位置(与后轮轴平行)时的有效长度。

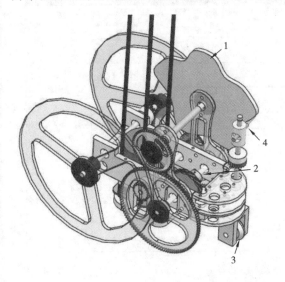

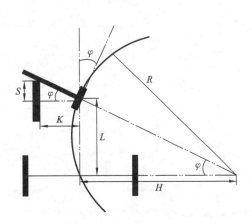

图 12.31 小车结构图

1—凸轮;2—绕线轴;3—转向轮;4—摇杆

图 12.32 小车转弯示意图

由几何关系可得到，H、R 及 L 之间的关系：

$$H=\sqrt{R^2-L^2} \tag{12.2}$$

$$\tan\varphi=\frac{L}{H} \tag{12.3}$$

由摇杆和凸轮的结构关系可以看出：

$$\tan\varphi=\frac{S}{K} \tag{12.4}$$

联立式(12.3)和式(12.4)可得：

$$S=\frac{LK}{H} \tag{12.5}$$

由此可见，S 是 H、L、K 的函数。而 L 和 K 都是小车结构确定后的已知常量，自变量 H 可以在轨迹绘制完成后，根据需要对轨迹进行微分并查询。

12.2.2　通过小车运行轨迹反求所需控制点的相关参数数据

在用 NX 软件绘制凸轮轮廓时，由式(12.5)可以看出，要想得到相对于绕桩轨迹上各点的凸轮升高量，就要得到过前轮中心并垂直于后轮轴的直线与后轮轴交点在当前点的转弯半径 H。

用鼠标左键单击"过滤器"工具栏中的倒三角符号，打开"过滤器"的下拉菜单，在其中选取"曲线"，选择样条曲线，使其高亮显示，如图 12.33(a)所示。用鼠标左键单击"菜单"工具栏中的倒三角符号，打开"菜单"的下拉菜单，将鼠标分别移至"分析""曲线""分析信息"上并单击，如图 12.33(b)所示，弹出信息对话框，在对话框中显示"参数""XC""YC""ZC""曲率""刀矩"六项信息，如图 12.33(c)所示。在对话框中显示 100 个点的信息，信息点的数量由曲率针的

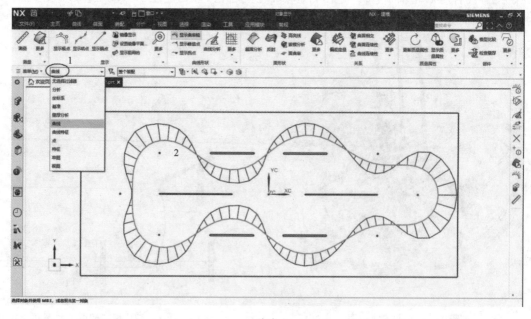

(a)

图 12.33　分析曲线信息

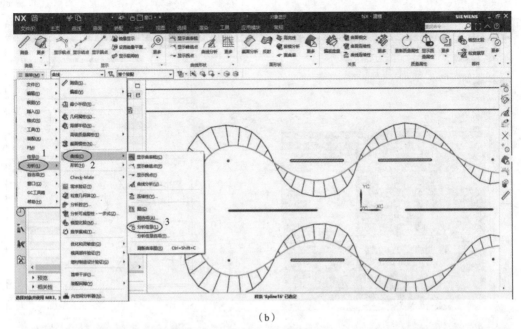

（b）

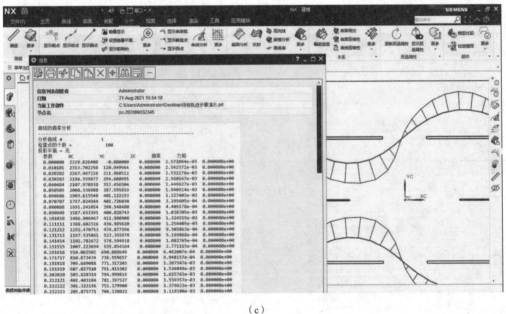

（c）

续图 12.33

针数决定,当设置的针数为 100 时,显示 100 个点的信息,针数与信息点的数量相等。在确定针数后,针和对应的信息点都以等参数方式得到。

12.2.3　利用反求的控制点数据和 Excel 计算凸轮的坐标数据

按住鼠标左键对 NX 信息对话框中的数据进行全选,然后单击鼠标右键,在弹出的快捷菜单里选择"复制",如图 12.34 所示,再将复制的 NX 小车轨迹曲线的数据粘贴到 Excel 中,如图 12.35 所示。

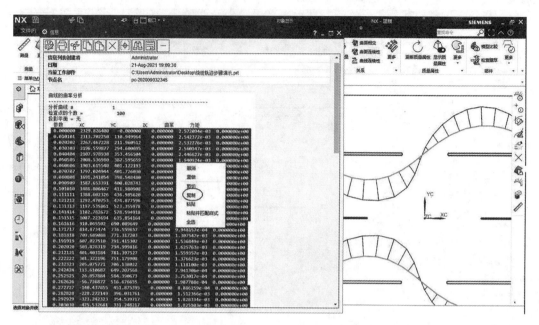

图 12.34　查询小车轨迹信息

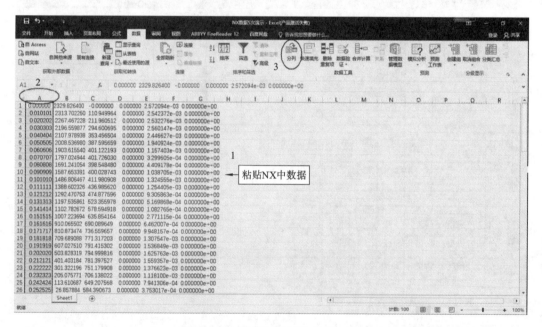

图 12.35　粘贴 NX 数据到 Excel

　　由于格式的原因,粘贴到 Excel 中的 NX 各列数据,不都在 Excel 单独的列中,因此我们要对粘贴的数据进行分列。首先单击鼠标左键,选择 Excel 第一列数据,在菜单栏中选择"数据",再选择"分列",在弹出的"文本分列向导-第 1 步,共 3 步"中选择"固定宽度",单击"下一步",如图 12.36(a)所示。在弹出的"文本分列向导-第 2 步,共 3 步"中的两个箭头分隔符之间两列数据的空格处单击鼠标左键,如图 12.36(b)所示,在此空格处出现一个新的箭头分隔符,至此前三列被三个分隔符分开,如图 12.36(c)所示。后三列数据先不进行分列,以免互相关联,在分列时会出现不能完全分割数据的情况。然后从上至下检查各列数据,在某些位置会有

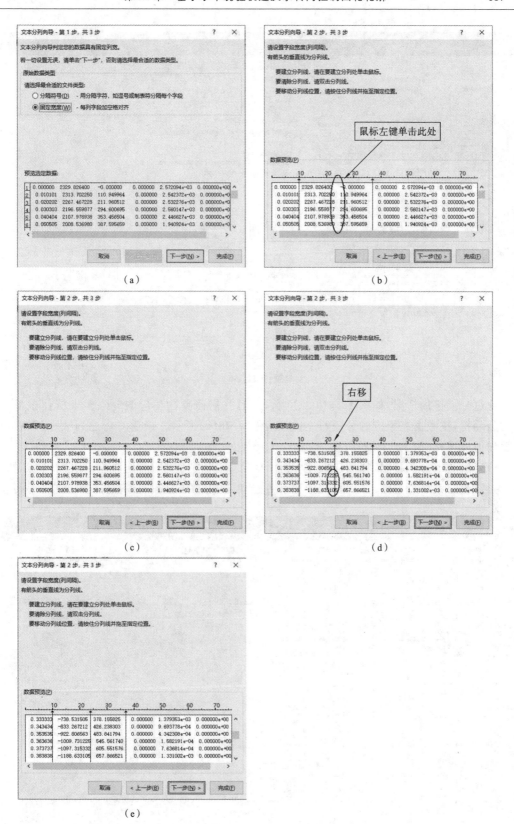

图 12.36　数据分列

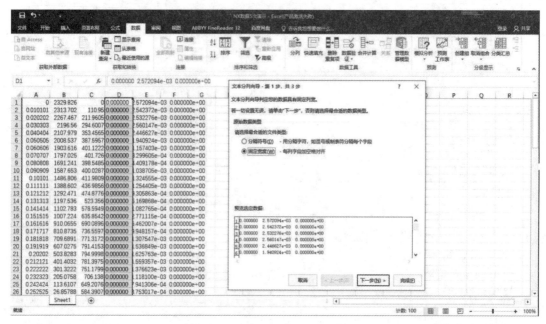

（f）

续图 12.36

数据越过分隔符的情况，如图 12.36（d）所示，这时我们需要在相应的分隔符上按住鼠标左键移动分隔符，使数据在相应的分隔符之内，如图 12.36（e）所示。最后对后三列数据进行分列，步骤如前所述，如图 12.36（f）所示。

分列后的 Excel 数据，如图 12.37 所示，删除"ZC"和"力矩"两列数据，如图 12.38 所示。在"半径"列的第一行中输入"＝1/"，用鼠标左键单击相邻的左侧"曲率"列，半径列第一行生成

图 12.37　分列后的 Excel 数据

表达式"＝1/D2"，如图 12.39(a)所示，按键盘上的回车键，此栏将生成数值。按住鼠标左键拖拽半径第一栏左下角的黑色小方形标记符号，如图 12.39(b)所示，向下拖延至此列的最后一行，此时在此列的其他行中进行与第一行中相同的函数计算，相对于各个曲率的小车回转半径被计算出来，如图 12.39(c)所示。

	A	B	C	D
1	参数	XC	YC	曲率
2	0	2329.8264	0	2.57E-03
3	0.010101	2313.70225	110.949964	2.54E-03
4	0.020202	2267.467228	211.960512	2.53E-03
5	0.030303	2196.559877	294.600695	2.56E-03
6	0.040404	2107.978938	353.456504	2.45E-03
7	0.050505	2008.53698	387.595659	1.94E-03
8	0.060606	1903.61554	401.122193	1.16E-03
9	0.070707	1797.024944	401.72603	3.30E-04
10	0.080808	1691.241054	398.54848	4.41E-04
11	0.090909	1587.653391	400.028743	1.04E-03
12	0.10101	1486.806467	411.980908	1.32E-03
13	0.111111	1388.602326	436.98562	1.25E-03
14	0.121212	1292.470753	474.877596	9.31E-04
15	0.131313	1197.535861	523.355978	5.17E-04
16	0.141414	1102.782672	578.594918	1.08E-04
17	0.151515	1007.223694	635.854164	2.77E-04
18	0.161616	910.065502	690.089649	6.46E-04
19	0.171717	810.873474	736.559657	9.95E-04
20	0.181818	709.689088	771.317203	1.31E-03
21	0.191919	607.02751	791.415302	1.54E-03
22	0.20202	503.828319	794.999816	1.63E-03
23	0.212121	401.403184	781.397527	1.56E-03
24	0.222222	301.322196	751.179908	1.38E-03
25	0.232323	205.075771	706.138022	1.12E-03
26	0.242424	113.610687	649.207568	7.94E-04

图 12.38　删除"ZC"和"力矩"两列数据

	A	B	C	D	E	F
1	参数	XC	YC	曲率	半径	S=LK/H
2	0	2329.8264	0	2.57E-03	=1/D2	
3	0.010101	2313.70225	110.949964	2.54E-03		
4	0.020202	2267.467228	211.960512	2.53E-03		
5	0.030303	2196.559877	294.600695	2.56E-03		
6	0.040404	2107.978938	353.456504	2.45E-03		
7	0.050505	2008.53698	387.595659	1.94E-03		
8	0.060606	1903.61554	401.122193	1.16E-03		
9	0.070707	1797.024944	401.72603	3.30E-04		
10	0.080808	1691.241054	398.54848	4.41E-04		
11	0.090909	1587.653391	400.028743	1.04E-03		
12	0.10101	1486.806467	411.980908	1.32E-03		
13	0.111111	1388.602326	436.98562	1.25E-03		
14	0.121212	1292.470753	474.877596	9.31E-04		
15	0.131313	1197.535861	523.355978	5.17E-04		
16	0.141414	1102.782672	578.594918	1.08E-04		
17	0.151515	1007.223694	635.854164	2.77E-04		
18	0.161616	910.065502	690.089649	6.46E-04		
19	0.171717	810.873474	736.559657	9.95E-04		
20	0.181818	709.689088	771.317203	1.31E-03		
21	0.191919	607.02751	791.415302	1.54E-03		
22	0.20202	503.828319	794.999816	1.63E-03		
23	0.212121	401.403184	781.397527	1.56E-03		
24	0.222222	301.322196	751.179908	1.38E-03		
25	0.232323	205.075771	706.138022	1.12E-03		
26	0.242424	113.610687	649.207568	7.94E-04		

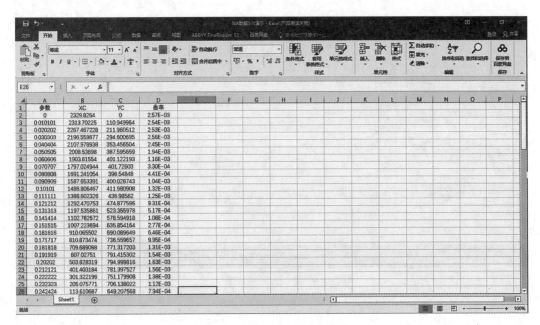

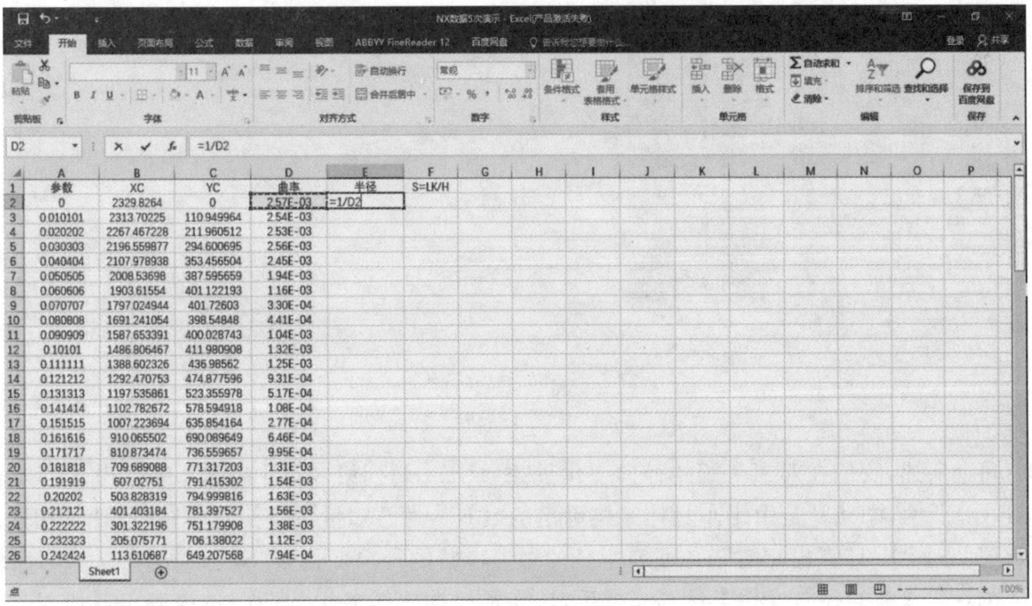

(a)

图 12.39　求得半径数据

（b）

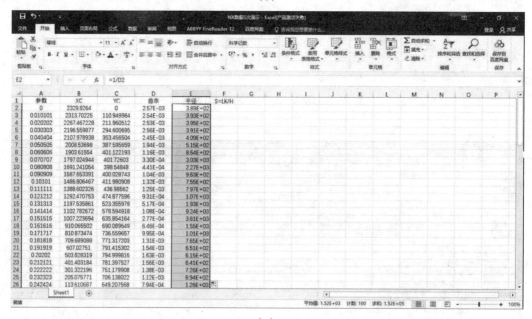

（c）

续图 12.39

　　同上所述，我们在对参考圆的径向变化量"S＝LK/H"列第一行中输入"＝3883/E2"，如图 12.40（a）所示，"3883"是由小车具体结构确定的"LK"，为已知量，进行与"半径"值计算相同的 Excel 列表操作，计算出相对于各回转半径的对参考圆的径向变化量"S"，如图 12.40（b）所示。

　　在对参考圆的径向变化量计算完成后，还需要根据曲线各段的凹凸性来确定各段对参考圆的径向变化量的正负值。如图 12.41 所示，小车运行在小车绕桩轨迹曲线凸处时，面向前进方向，小车前轮向左转动，摇杆相对于在参考圆时的平行于后轮轴的位置向后摆动，此时，凸轮相对于参考圆的对参考圆的径向变化量为负值。反之，小车运行在小车绕桩轨迹曲线凹处时，

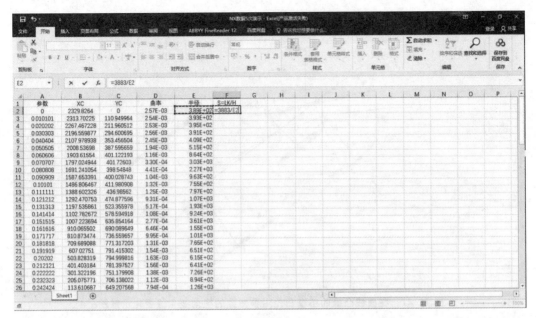

（a）

（b）

图 12.40　计算对参考圆的径向变化量

凸轮相对于参考圆的对参考圆的径向变化量为正值。

在 NX 下拉菜单栏里选择"分析"，如图 12.42 所示，在刷新的工具栏中选择"显示拐点"，显示出图 12.43 所示的 8 个拐点位置。

用鼠标左键单击"菜单"右下角的倒三角符号，在打开的下拉菜单中用鼠标左键单击"信息"，再用鼠标左键单击"点"，如图 12.44（a）所示，弹出点对话框，鼠标移至右侧顶点位置，捕捉右侧顶点接近点并高亮显示，如图 12.44（b）所示，单击鼠标左键，弹出信息对话框，显示该点信息，如图 12.44（c）所示。同样，查询出"1"号拐点的接近点坐标位置信息，如图 12.44（d）

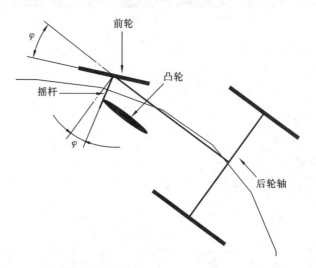

图 12.41 在曲线凸处的小车凸轮对参考圆的径向变化量变化示意图

图 12.42 NX 下拉菜单栏

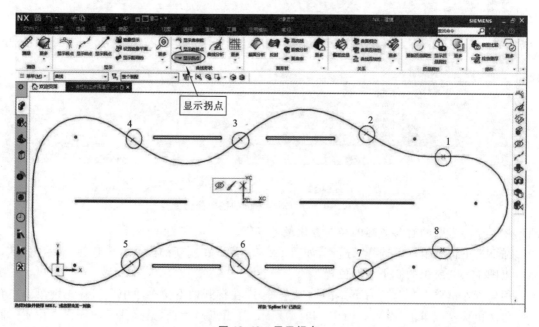

图 12.43 显示拐点

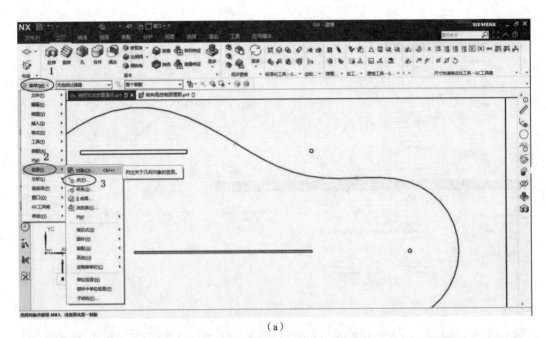

（a）

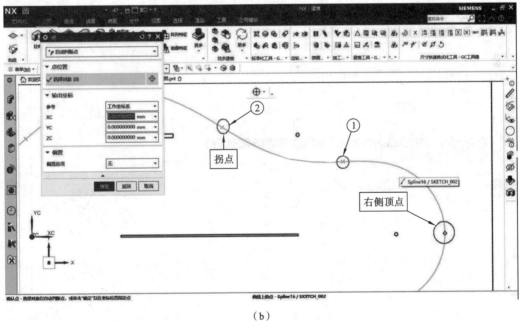

（b）

图 12.44 查询小车绕桩轨迹拐点信息

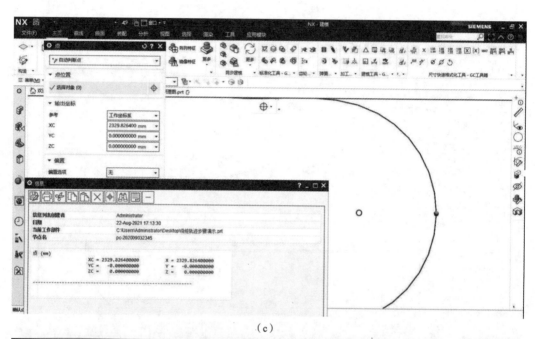

（c）

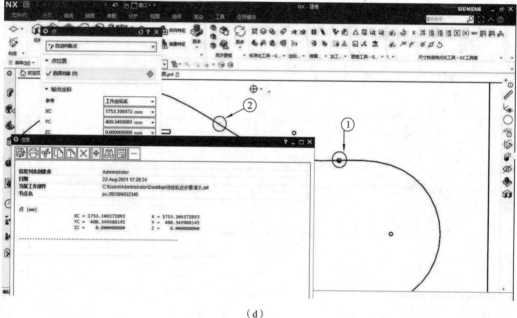

（d）

续图 12.44

所示。

　　在 Excel 表中找到与 NX 中查询得到的与右侧顶点和"1"号拐点接近点的坐标,从"曲率"列也可以看到,拐点接近点的曲率最接近零,如图 12.45(a)所示。用鼠标左键双击右侧顶点接近点对参考圆的径向变化量一栏,在其表达式前加上负号,如图 12.45(b)所示。按键盘回车键,用鼠标左键拖拽右侧顶点接近点对参考圆的径向变化量数据栏的右下角小方形图标到"1"号拐点所在行,将此段对参考圆的径向变化量的值都加上负号,如图 12.45(c)所示。同理,将其他绕桩轨迹凸处所对应的对参考圆的径向变化量都加上负号。

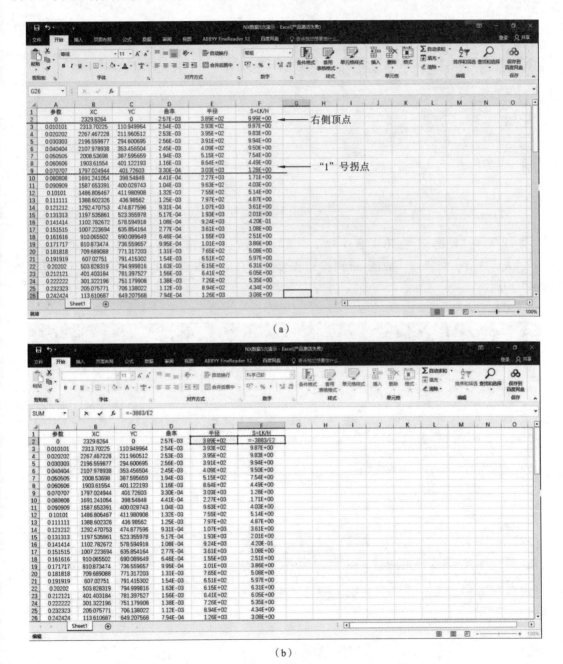

图 12.45　小车绕桩轨迹各凹凸段对参考圆的径向变化量正负的确定

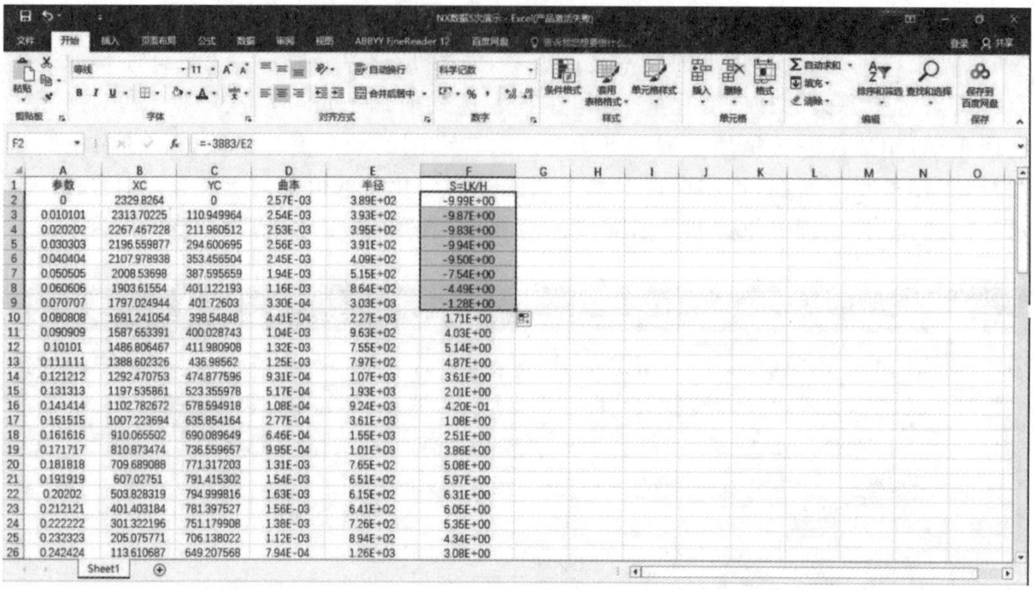

参数	XC	YC	曲率	半径	S=LK/H
0	2329.8264	0	2.57E-03	3.89E+02	-9.99E+00
0.010101	2313.70225	110.949964	2.54E-03	3.93E+02	-9.87E+00
0.020202	2267.467228	211.960512	2.53E-03	3.95E+02	-9.83E+00
0.030303	2196.559877	294.600695	2.56E-03	3.91E+02	-9.94E+00
0.040404	2107.978938	353.456504	2.45E-03	4.09E+02	-9.50E+00
0.050505	2008.53698	387.595659	1.94E-03	5.15E+02	-7.54E+00
0.060606	1903.61554	401.122193	1.16E-03	8.64E+02	-4.49E+00
0.070707	1797.024944	401.72603	3.30E-04	3.03E+03	-1.28E+00
0.080808	1691.241054	398.54848	4.41E-04	2.27E+03	1.71E+00
0.090909	1587.653391	400.028743	1.04E-03	9.63E+02	4.03E+00
0.10101	1486.806467	411.980908	1.32E-03	7.55E+02	5.14E+00
0.111111	1388.602326	436.98562	1.25E-03	7.97E+02	4.87E+00
0.121212	1292.470753	474.877596	9.31E-04	1.07E+03	3.61E+00
0.131313	1197.535861	523.355978	5.17E-04	1.93E+03	2.01E+00
0.141414	1102.782672	578.594918	1.08E-04	9.24E+03	4.20E-01
0.151515	1007.223694	635.854164	2.77E-04	3.61E+03	1.08E+00
0.161616	910.065502	690.089649	6.46E-04	1.55E+03	2.51E+00
0.171717	810.873474	736.559657	9.95E-04	1.01E+03	3.86E+00
0.181818	709.689088	771.317203	1.31E-03	7.65E+02	5.08E+00
0.191919	607.02751	791.415302	1.54E-03	6.51E+02	5.97E+00
0.20202	503.828319	794.999816	1.63E-03	6.15E+02	6.31E+00
0.212121	401.403184	781.397527	1.56E-03	6.41E+02	6.05E+00
0.222222	301.322196	751.179908	1.38E-03	7.26E+02	5.35E+00
0.232323	205.075771	706.138022	1.12E-03	8.94E+02	4.34E+00
0.242424	113.610687	649.207568	7.94E-04	1.26E+03	3.08E+00

(c)

续图 12.45

新建“极角”数据列，在第一行中输入“0”，如前所述，在第二行中输入表达式“＝A3 * 360”，“A3”是第一列“参数”的值，进而得到各参数所对应的各极角的值，如图 12.46(a)～图 12.46(c)所示。

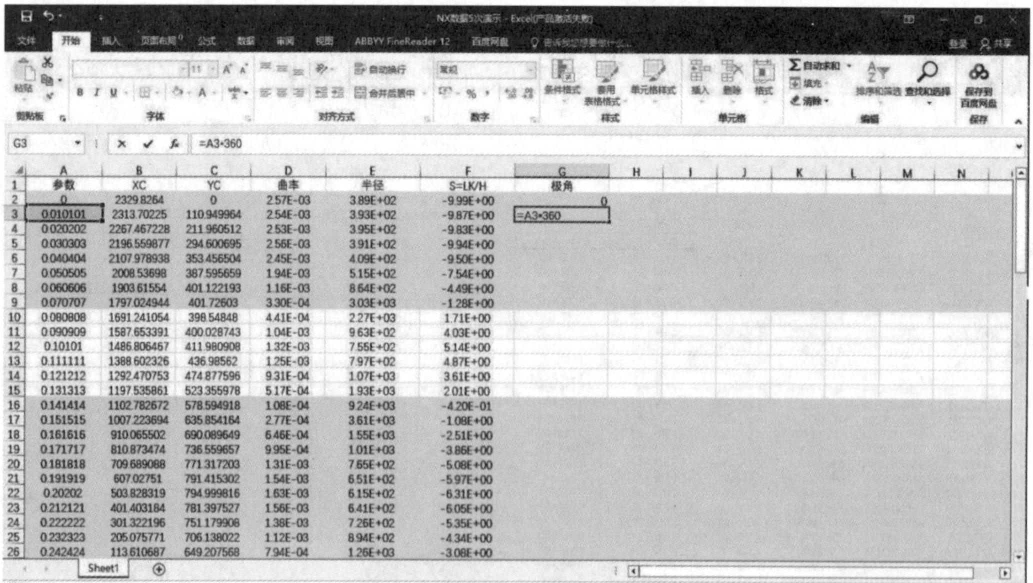

参数	XC	YC	曲率	半径	S=LK/H	极角
0	2329.8264	0	2.57E-03	3.89E+02	-9.99E+00	0
0.010101	2313.70225	110.949964	2.54E-03	3.93E+02	-9.87E+00	=A3*360
0.020202	2267.467228	211.960512	2.53E-03	3.95E+02	-9.83E+00	
0.030303	2196.559877	294.600695	2.56E-03	3.91E+02	-9.94E+00	
0.040404	2107.978938	353.456504	2.45E-03	4.09E+02	-9.50E+00	
0.050505	2008.53698	387.595659	1.94E-03	5.15E+02	-7.54E+00	
0.060606	1903.61554	401.122193	1.16E-03	8.64E+02	-4.49E+00	
0.070707	1797.024944	401.72603	3.30E-04	3.03E+03	-1.28E+00	
0.080808	1691.241054	398.54848	4.41E-04	2.27E+03	1.71E+00	
0.090909	1587.653391	400.028743	1.04E-03	9.63E+02	4.03E+00	
0.10101	1486.806467	411.980908	1.32E-03	7.55E+02	5.14E+00	
0.111111	1388.602326	436.98562	1.25E-03	7.97E+02	4.87E+00	
0.121212	1292.470753	474.877596	9.31E-04	1.07E+03	3.61E+00	
0.131313	1197.535861	523.355978	5.17E-04	1.93E+03	2.01E+00	
0.141414	1102.782672	578.594918	1.08E-04	9.24E+03	-4.20E-01	
0.151515	1007.223694	635.854164	2.77E-04	3.61E+03	-1.08E+00	
0.161616	910.065502	690.089649	6.46E-04	1.55E+03	-2.51E+00	
0.171717	810.873474	736.559657	9.95E-04	1.01E+03	-3.86E+00	
0.181818	709.689088	771.317203	1.31E-03	7.65E+02	-5.08E+00	
0.191919	607.02751	791.415302	1.54E-03	6.51E+02	-5.97E+00	
0.20202	503.828319	794.999816	1.63E-03	6.15E+02	-6.31E+00	
0.212121	401.403184	781.397527	1.56E-03	6.41E+02	-6.05E+00	
0.222222	301.322196	751.179908	1.38E-03	7.26E+02	-5.35E+00	
0.232323	205.075771	706.138022	1.12E-03	8.94E+02	-4.34E+00	
0.242424	113.610687	649.207568	7.94E-04	1.26E+03	-3.08E+00	

(a)

图 12.46　极角计算

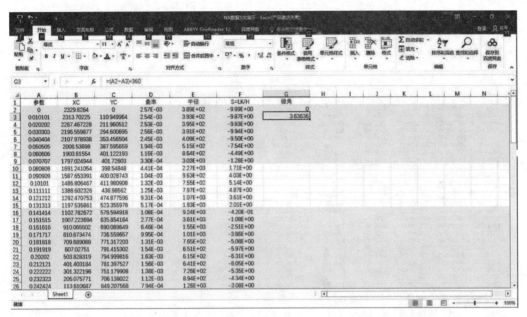

(b)

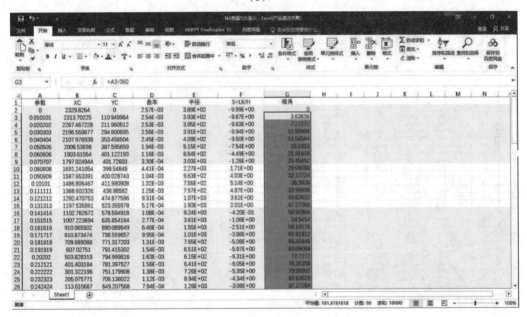

(c)

续图 12.46

　　新建"极径"数据列,在第一行中输入"＝100/2＋F2","100"是参考圆直径的值,"F2"是升高量,进而得到各参数所对应的各极径的值,如图 12.47(a)～图 12.47(c)所示。由于 NX 在拟合曲线导入外部点的坐标时,不支持极坐标形式,因此要将极角和极径转换为直角坐标。

　　新建"XC"数据列,先在第一行中输入"＝H2 ＊","H2"是极径,如图 12.48(a)所示,用鼠标左键单击"自动求和"的右下角倒三角符号,在弹出的下拉菜单中用鼠标左键单击"其他函

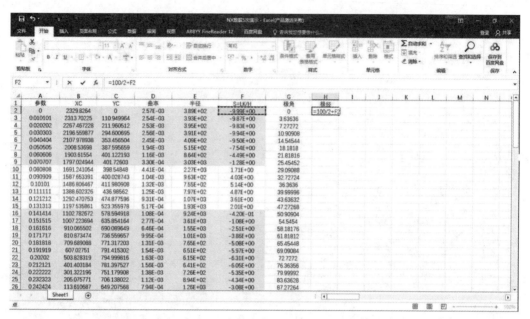

（a）

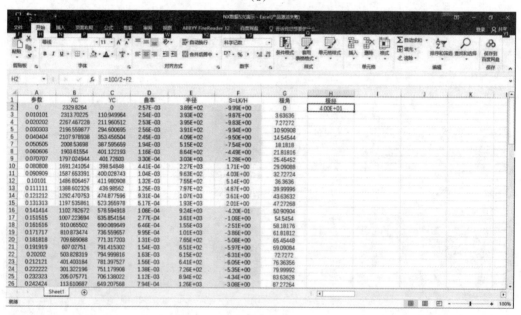

（b）

图 12.47 极径计算

数"，如图 12.48(b)所示，在弹出的插入函数对话框中，选择函数的类别为"数学与三角函数"，选择函数为"RADIANS"（度转为弧度），如图 12.48(c)所示，用鼠标左键单击对话框中的"确定"，弹出函数参数对话框，用鼠标左键单击同一行中的"极角"栏，极角便成为"RADIANS"的参数，此时"XC"数据列的第一行表达式变为"= H2 * RADIANS(G2)"，如图 12.48(d)所示，按键盘上的回车键，再次用鼠标左键双击此栏，表达式被再次打开，通过键盘将表达式改写为"= H2 * COS(RADIANS(G2))"，如图 12.48(e)所示，按键盘上的回车键，第一行的"XC"坐

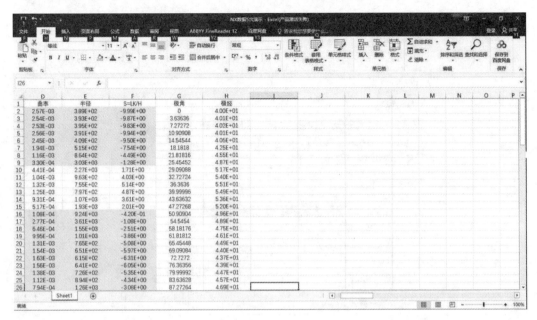

（c）

续图 12.47

标值计算完成,拖拽此栏右下角的方形符号,完成此列所有相对于各"极角"和"极径"的"XC"坐标值的计算。

图 12.48　凸轮 XC 坐标计算

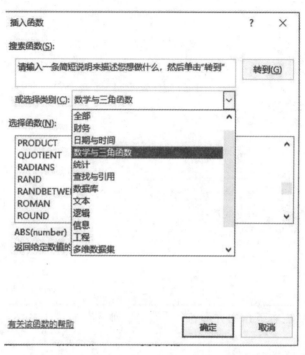

（b）

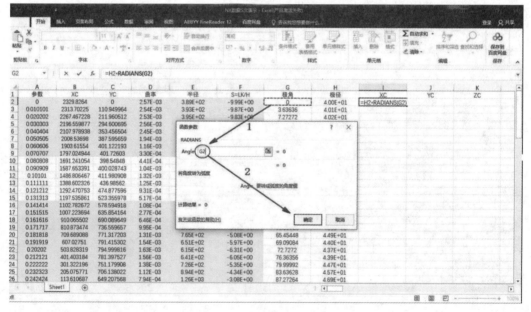

（c）

续图 12.48

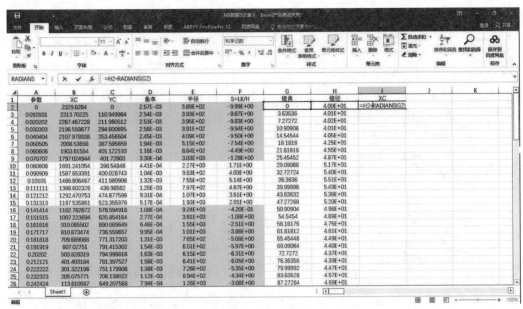

（d）

（e）

续图 12.48

全选"XC"数据列数据,单击鼠标右键,在弹出的快捷菜单中选择"设置单元格格式",如图 12.49(a)所示,在弹出的设置单元格格式对话框中选择"文本",如图 12.49(b)所示,单击对话框中的"确定",此列数据都转换为了十进制数值,如图 12.49(c)所示。

同样,新建"YC"数据列,在第一行中输入表达式"= H2 * SIN(RADIANS(G2))",如前所述,最终求得相对于各"极角"和"极径"的"YC"坐标值,如图 12.50(a)和图 12.50(b)所示。最后新建"ZC"数据列,并将 ZC 坐标值置零,如图 12.51 所示。

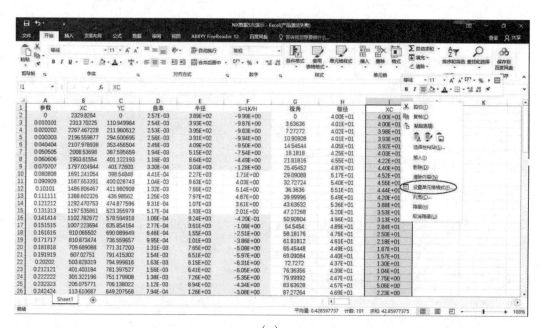

（a）

（b）

图 12.49　科学计数的值转为十进制数值

至此，就得到了凸轮轮廓各数据点的坐标数据，然后就可以将这些坐标数据导入 NX 软件中进行凸轮轮廓曲线的拟合。同时这个 Excel 表格可以成为一个模板，当需要重新绘制小车绕桩曲线轨迹或对已绘制的小车绕桩曲线轨迹进行编辑时，我们只需要在其他新建的 Excel 表格中，对从 NX 软件中得到的小车绕桩曲线轨迹各数据点的参数、X 坐标值、Y 坐标值、曲率数据进行分列整理，复制到 Excel 表格模板中相对应的列，就可以直接得到新的凸轮轮廓各数据点的坐标数据，但此时要注意路径曲线凹凸段拐点位置的变化。

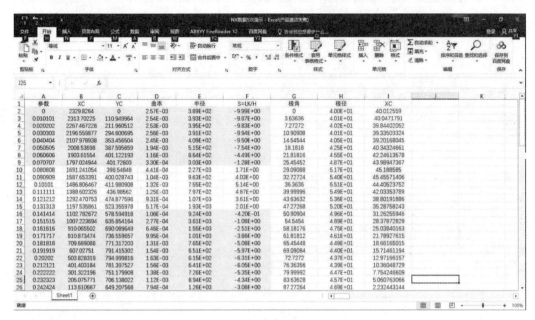

（c）

续图 12.49

（a）

图 12.50　"YC"坐标值计算

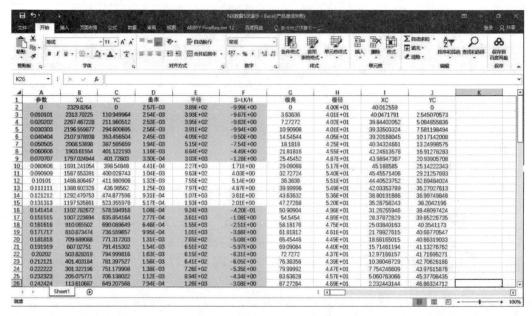

参数	XC	YC	曲率	半径	S=LK/H	极角	极径	XC	YC
0	2329.8264	0	2.57E-03	3.89E+02	-9.99E+00		4.00E+01	40.012559	0
0.010101	2313.70225	110.949964	2.54E-03	3.93E+02	-9.87E+00	3.63636	4.01E+01	40.0471791	2.545070573
0.020202	2267.467228	211.960512	2.54E-03	3.95E+02	-9.83E+00	7.27272	4.02E+01	39.84402052	5.084855836
0.030303	2196.559877	294.600695	2.56E-03	3.91E+02	-9.94E+00	10.90908	4.01E+01	39.33503324	7.581198494
0.040404	2107.978938	353.456504	2.54E-03	4.09E+02	-9.50E+00	14.54544	4.05E+01	39.20168045	10.17142008
0.050505	2008.53698	387.595659	1.94E-03	5.15E+02	-7.54E+00	18.1818	4.25E+01	40.34324661	13.24998575
0.060606	1903.61554	401.122193	8.64E-04	8.64E+02	-4.49E+00	21.81816	4.55E+01	42.24613578	16.91278283
0.070707	1797.024944	401.72603	3.30E-04	3.03E+03	-1.28E+00	25.45452	4.87E+01	43.98947367	20.93905708
0.080808	1691.241054	398.54848	4.41E-04	2.27E+03		29.09088	5.17E+01	45.188585	25.14222343
0.090909	1587.653391	400.028743	1.04E-03	9.63E+02	4.03E+00	32.72724	5.40E+01	45.45571406	29.21257693
0.10101	1486.806467	411.980908	1.32E-03	7.55E+02	-5.14E+00	36.3636	5.51E+01	44.40523752	32.69484024
0.111111	1388.602326	436.98562	1.25E-03	7.97E+02	4.87E+00	39.99996	5.49E+01	42.03353789	35.27027613
0.121212	1292.470753	474.877596	9.17E-04	1.07E+03	3.61E+00	43.63632	5.36E+01	38.80191886	35.99974984
0.131313	1197.535861	523.355978	5.17E-04	1.93E+03	2.01E+00	47.27268	5.20E+01	35.28758243	38.2042196
0.141414	1102.782672	578.594918	1.08E-04	9.24E+03	-4.20E-01	50.90904	4.96E+01	31.26255946	38.48097424
0.151515	1007.223694	635.854164	2.77E-04	3.61E+03	-1.08E+00	54.5454	4.89E+01	28.37872829	39.85226735
0.161616	910.065502	690.089649	6.44E-04	1.55E+03	-2.51E+00	58.18176	4.89E+01	25.03840163	40.3541173
0.171717	810.873474	736.559657	9.95E-04	1.01E+03	-3.86E+00	61.81812	4.61E+01	21.78927615	40.66770547
0.181818	709.689088	771.317203	1.31E-03	7.65E+02	-5.08E+00	65.45448	4.49E+01	18.66165015	40.86319033
0.191919	607.02751	791.415302	1.63E-03	6.51E+02	-5.97E+00	69.09084	4.40E+01	15.71461194	41.71695271
0.20202	503.828319	794.999816	1.63E-03	6.15E+02	-6.31E+00	72.7272	4.37E+01	12.97166157	41.71695271
0.212121	401.403184	781.397527	1.56E-03	6.41E+02	-6.05E+00	76.36356	4.39E+01	10.36048729	42.70626186
0.222222	301.322196	751.179908	1.38E-03	7.26E+02	-5.35E+00	79.99992	4.47E+01	7.754246609	43.97615876
0.232323	205.075771	706.138022	8.94E-04	8.94E+02	-4.34E+00	83.63628	4.57E+01	5.060763065	45.37708435
0.242424	113.610687	649.207568	7.94E-04	1.26E+03	-3.08E+00	87.27264	4.69E+01	2.232443144	46.86324712

（b）

续图 12.50

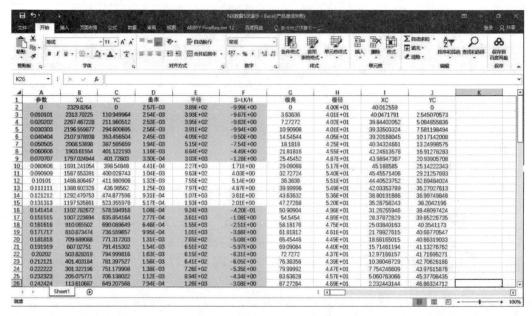

参数	XC	YC	曲率	半径	S=LK/H	极角	极径	XC	YC	ZC
0	2329.8264	0	2.54E-03	3.89E+02	-9.99E+00		4.00E+01	40.012559	0	0
0.010101	2313.70225	110.949964	2.54E-03	3.93E+02	-9.87E+00	3.63636	4.01E+01	40.0471791	2.545070573	0
0.020202	2267.467228	211.960512	2.54E-03	3.95E+02	-9.83E+00	7.27272	4.02E+01	39.84402052	5.084855836	0
0.030303	2196.559877	294.600695	2.56E-03	3.91E+02	-9.94E+00	10.90908	4.01E+01	39.33503324	7.581198494	0
0.040404	2107.978938	353.456504	2.54E-03	4.09E+02	-9.50E+00	14.54544	4.05E+01	39.20168045	10.17142008	0
0.050505	2008.53698	387.595659	1.94E-03	5.15E+02	-7.54E+00	18.1818	4.25E+01	40.34324661	13.24998575	0
0.060606	1903.61554	401.122193	8.64E-04	8.64E+02	-4.49E+00	21.81816	4.55E+01	42.24613578	16.91278283	0
0.070707	1797.024944	401.72603	3.30E-04	3.03E+03	-1.28E+00	25.45452	4.87E+01	43.98947367	20.93905708	0
0.080808	1691.241054	398.54848	4.41E-04	2.27E+03		29.09088	5.17E+01	45.188585	25.14222343	0
0.090909	1587.653391	400.028743	1.04E-03	9.63E+02	4.03E+00	32.72724	5.40E+01	45.45571406	29.21257693	0
0.10101	1486.806467	411.980908	1.32E-03	7.55E+02	-5.14E+00	36.3636	5.51E+01	44.40523752	32.69484024	0
0.111111	1388.602326	436.98562	1.25E-03	7.97E+02	4.87E+00	39.99996	5.49E+01	42.03353789	35.27027613	0
0.121212	1292.470753	474.877596	9.17E-04	1.07E+03	3.61E+00	43.63632	5.36E+01	38.80191886	35.99974984	0
0.131313	1197.535861	523.355978	5.17E-04	1.93E+03	2.01E+00	47.27268	5.20E+01	35.28758243	38.2042196	0
0.141414	1102.782672	578.594918	1.08E-04	9.24E+03	-4.20E-01	50.90904	4.96E+01	31.26255946	38.48097424	0
0.151515	1007.223694	635.854164	2.77E-04	3.61E+03	-1.08E+00	54.5454	4.89E+01	28.37872829	39.85226735	0
0.161616	910.065502	690.089649	6.44E-04	1.55E+03	-2.51E+00	58.18176	4.89E+01	25.03840163	40.3541173	0
0.171717	810.873474	736.559657	9.95E-04	1.01E+03	-3.86E+00	61.81812	4.61E+01	21.78927615	40.66770547	0
0.181818	709.689088	771.317203	1.31E-03	7.65E+02	-5.08E+00	65.45448	4.49E+01	18.66165015	40.86319033	0
0.191919	607.02751	791.415302	1.63E-03	6.51E+02	-5.97E+00	69.09084	4.40E+01	15.71461194	41.71695271	0
0.20202	503.828319	794.999816	1.63E-03	6.15E+02	-6.31E+00	72.7272	4.37E+01	12.97166157	41.71695271	0
0.212121	401.403184	781.397527	1.56E-03	6.41E+02	-6.05E+00	76.36356	4.39E+01	10.36048729	42.70626186	0
0.222222	301.322196	751.179908	1.38E-03	7.26E+02	-5.35E+00	79.99992	4.47E+01	7.754246609	43.97615876	0
0.232323	205.075771	706.138022	8.94E-04	8.94E+02	-4.34E+00	83.63628	4.57E+01	5.060763065	45.37708435	0
0.242424	113.610687	649.207568	7.94E-04	1.26E+03	-3.08E+00	87.27264	4.69E+01	2.232443144	46.86324712	0

图 12.51　"ZC"坐标值置零

12.3　利用凸轮坐标数据在 NX 软件中构建凸轮

在得到凸轮轮廓的 100 个点（实际是 99 个点，由于是封闭曲线，首点和尾点是一点）的坐标值后，就要将其导入 NX 软件中，利用"拟合曲线"曲线绘制功能，使用 NURBS 曲线对这些离散的点进行拟合，生成光滑的凸轮轮廓。为提高小车行走轨迹的准确性，要求凸轮机构中从动件适于低速运动、无冲击、速度曲线连续、加速度没有突变,我们采用 5 次 NURBS 曲线对凸轮轮廓进行拟合。

12.3.1　基于 NX 软件通过凸轮坐标数据拟合凸轮轮廓曲线

全选 Excel 表中的"XC""YC""ZC"坐标值,单击鼠标右键,在弹出的快捷菜单中选择"复制",如图 12.52(a)所示。新建"点数据-记事本"文本文件,并将复制的"XC""YC""ZC"坐标值粘贴到该文本文件中,如图 12.52(b)所示。在 NX 软件中用鼠标左键单击下拉菜单区的"文

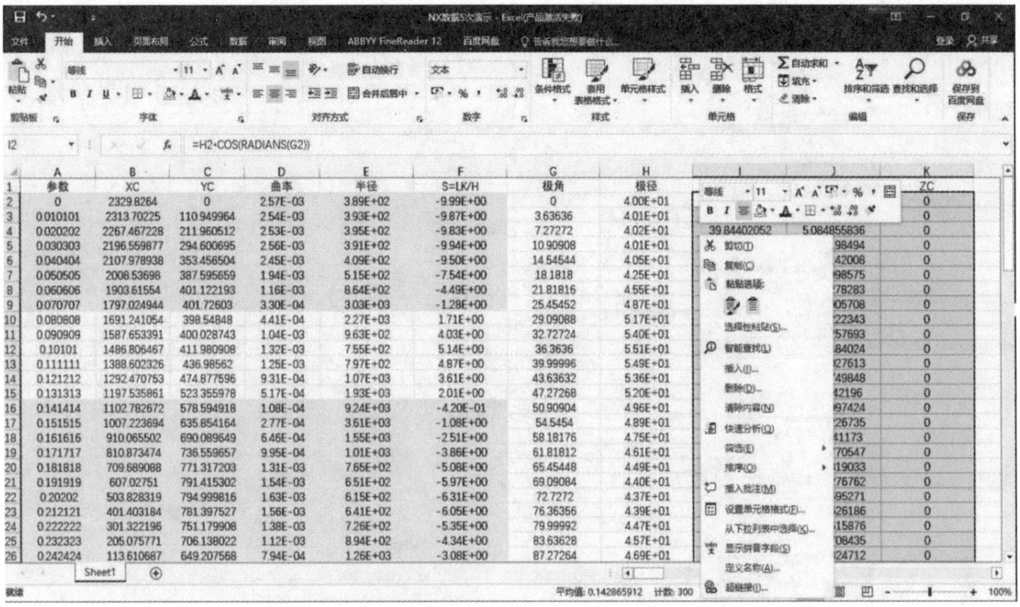

（a）

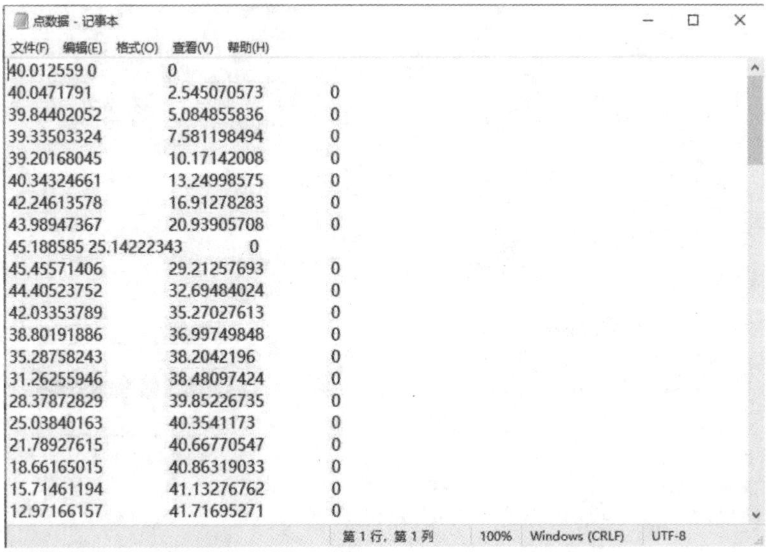

（b）

图 12.52　坐标数据导入 NX 软件

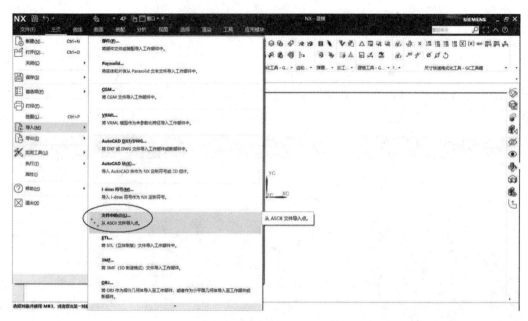

（c）

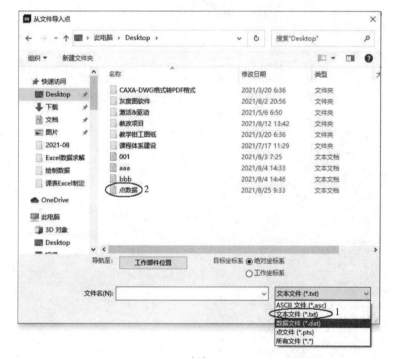

（d）

续图 12.52

件",在弹出的下拉菜单中用鼠标左键依次单击"导入"和"文件中的点",如图 12.52(c)所示,在弹出的"从文件导入点"的文件类型当中选择"文本文件(* . txt)",选择"点数据",单击"确定",如图 12.52(d)所示,"点数据"中的坐标便被导入 NX 软件中,并生成 99 个"现存"点。

用鼠标左键依次单击"菜单"下拉列表中的"插入""曲线""拟合曲线",如图 12.53(a)所示,在弹出的拟合曲线对话框中,用鼠标左键单击"目标""源"右侧下拉栏的倒三角符号,选择"自动判断",用鼠标左键单击"选择对象",在图形区单击选择起点和终点,在"参数设置"的"方法"下拉栏里选择"次数和公差",在"次数"栏里输入"5",定义 NURBS 拟合样条曲线为 5 次,

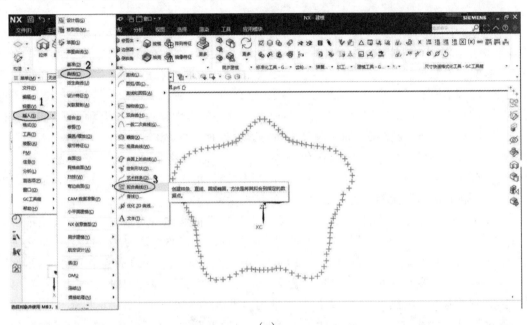

(a)

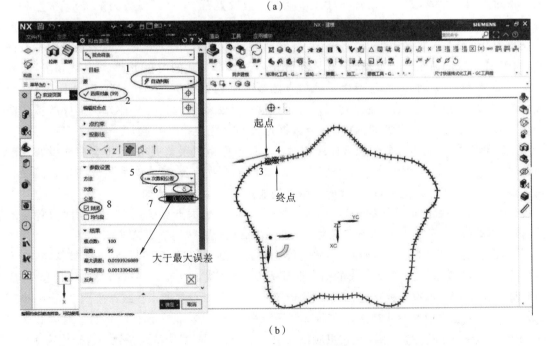

(b)

图 12.53　拟合样条

在"公差"栏里输入"0.02",定义拟合公差为 0.02 mm,勾选"封闭",定义拟合样条曲线为封闭曲线,单击"确定",凸轮轮廓曲线生成,如图 12.53(b)所示。"8"字形绕桩轨迹与环形绕桩轨迹类似,综合轨迹就是在求环形和"8"字形两组内的极角时,将极角等于参数乘以 360°变为等于参数乘以 180°,然后将两组反求得到的凸轮轴坐标数据按顺序粘贴到同一个文本当中,以此文本中的坐标来拟合凸轮轮廓,具体步骤就不再详细叙述。

12.3.2　凸轮轮廓的优化

　　NX 软件中在默认的参数设置下所得到的拟合曲线,不一定是当前应用场景所需要的最优拟合曲线。NX 软件的拟合曲线对话框中有"类型""目标""编辑拟合点""点约束""拟合条件""投影法""参数设置""结果""延伸"等选项,单击它们前面向右指向的三角符号,还可以看到它们下拉菜单中的子选项。乍看 NX 软件的"拟合曲线"选项过于繁杂,学习难度较大,不够简单智能,但正是因为如此,才反映了 NX 软件底层算法的强大,不局限于几种模式,我们可以通过丰富的选项设置,得到相对同一对象不同的数学处理方法,得到不同应用场景、不同需求和条件下的最优结果。西门子于 2007 年收购了 UG 系统,并将其更名为 NX,寓意为下一代数字化制造的领先者,作为不再局限于 CAD/CAM/CAE 集成的顶级制造业软件,其通过不断的升级将会转变成为智能制造提供解决方案的领先软件。

　　对于当前要优化的凸轮轮廓曲线,不需要对 NX 软件曲线拟合对话框中所有选项进行设置,只需要对用到的几个选项进行合理的设置。要想进行合理的设置,就必须对其选项之下各参数选项所包含的不同数学处理方法有深刻的理解。在选择拟合曲线的起点和终点后,如图 12.54(a)所示,将"参数设置"的"方法"设置为"x^{2^3} 次数和段数",并分别输入"5"和"94",可以看到在结果里生成了段数为 94,最大误差和平均误差分别为 0.1989227026 和 0.0354451692 的一条封闭拟合曲线,如图 12.54(b)所示。将"参数设置"的"方法"设置为"±. xx 次数和公差",如图 12.55(a)所示,在"次数"和"公差"里分别输入"5"和"0.1",可以看到在结果里生成了段数为 95,最大误差和平均误差分别为 0.2024255455 和 0.0087999415 的一条封闭拟合曲线,如图 12.55(b)所示。很显然,在段数和最大公差基本一致的前提下,"x^{2^3} 次数和段数"和"±. xx 次数和公差",两种方法所生成的拟合曲线的平均误差不在一个量级上,"±. xx 次数和公差"方法生成的拟合曲线的平均误差更小。这是什么原因呢?把两种方法生成的拟合曲线细节放大,可以看到,最初导入的 99 个数据点被小直线连接在一起,形成一个多边形。由"x^{2^3} 次数和段数"方法所生成的拟合曲线相对于多边形的距离误差更小,但拟合曲线没有精准地通过每一个数据点,如图 12.54(b)所示。由"±. xx 次数和公差"方法所生成的拟合曲线相对于多边形的距离误差更大,但拟合曲线精准地通过每一个数据点,如图 12.55(b)所示。"x^{2^3} 次数和段数"方法更注重整体的光顺,平均误差较大,此时数据点更像是多段样条曲线各段的控制顶点,即极点;而"±. xx 次数和公差"方法更注重拟合曲线能够更精准地通过每一个数据点,平均误差更小,但正是因为如此,一些不够光顺的小细节(凸处和凹处)将不能被忽略,拟合曲线没有"x^{2^3} 次数和段数"方法生成的拟合曲线光顺,在曲线上会有一些小的凹陷和凸起,造成局部曲率过大,当其曲率半径接近、小于或等于摇杆半径时,摇杆易被卡住或产生跳动,影响小车的运行。因此,在当前这种非精准的逆向造型场景中,要求凸轮轮廓具有较高的平滑度和光顺度,使得小车能够平稳运行,因此在这里应该采用"x^{2^3} 次数和段数"方法来拟合当前凸轮轮廓。

　　"x^{2^3} 次数和段数"方法中的最大段数由数据点数量所决定,但在当前的应用场景中也不是

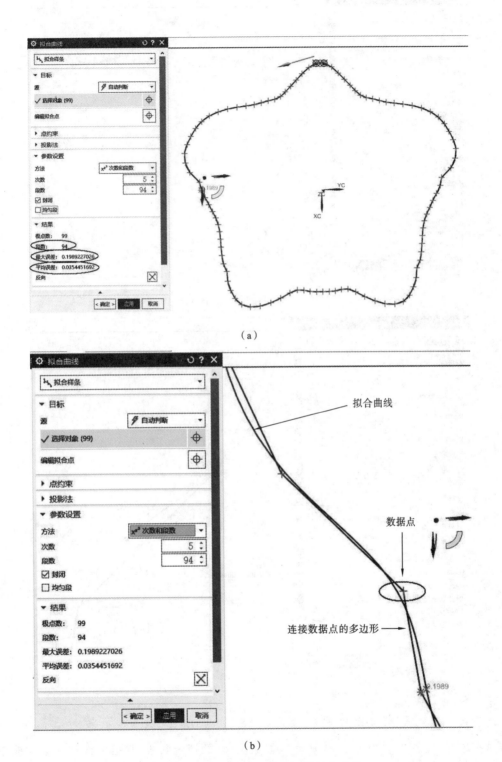

（a）

（b）

图 12.54　次数为 5、段数为 94 的拟合曲线

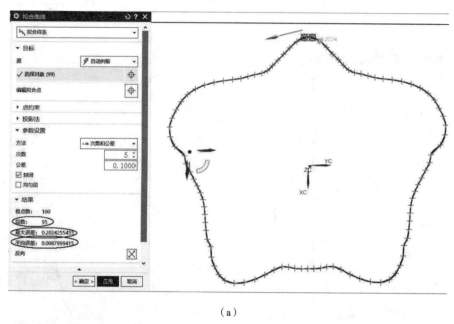

（a）

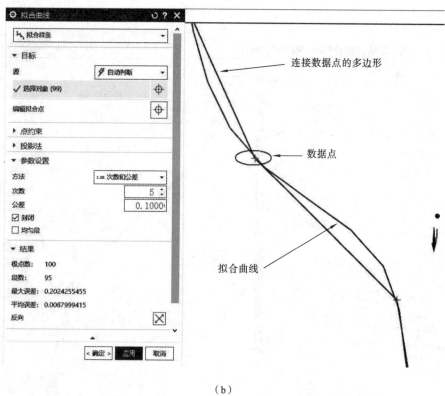

（b）

图 12.55　次数为 5、公差为 0.1 的拟合曲线

段数越多越好。图 12.56 所示为次数为 5、段数为 20 的拟合曲线，其最大误差和平均误差分别增大到 1.7199539813 和 0.6370700617，拟合曲线与数据点的距离也增大，但拟合曲线变得更加圆润和光顺，但其误差较大。图 12.57 所示为次数为 5、段数为 60 的拟合曲线，其最大误差和平均误差分别增大到 0.4901230167 和 0.0805168457，误差较小且相对于 94 段的拟合曲

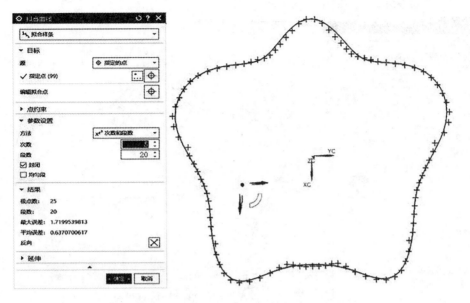

图 12.56　次数为 5、段数为 20 的拟合曲线

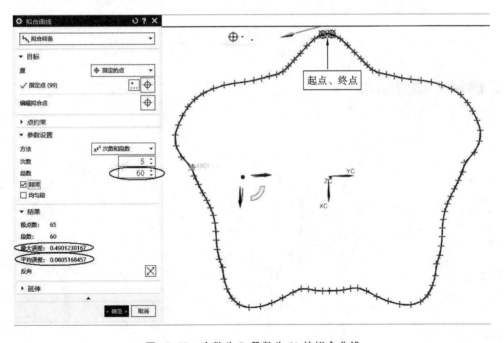

图 12.57　次数为 5、段数为 60 的拟合曲线

线更加圆润光顺。具体采用哪一种优化结果,可以结合曲率分析,如图 12.58 所示,5 次 60 段拟合曲线曲率梳的变化不够光滑,曲率变化大,如图 12.59 所示,5 次 25 段拟合曲线曲率梳的变化比较光滑,曲率变化小。而在当前的应用场景中,我们不需要凸轮控制的小车绕桩轨迹一定要与绘制的轨迹一致,绘制的轨迹只需要给出小车绕桩轨迹大致的趋势和方向,最终轨迹可以在允许的范围内变化,这个允许的范围就是小车绕桩轨迹到边界围框、中间隔板、障碍桩的最小距离,其要大于导向轮中心到从动轮中心的最小垂直距离。在此前提下,要尽量采用曲率梳光滑、曲率变化小的凸轮轮廓,提高凸轮轮廓曲线的连续性,从而使凸轮的从动件运动平稳、

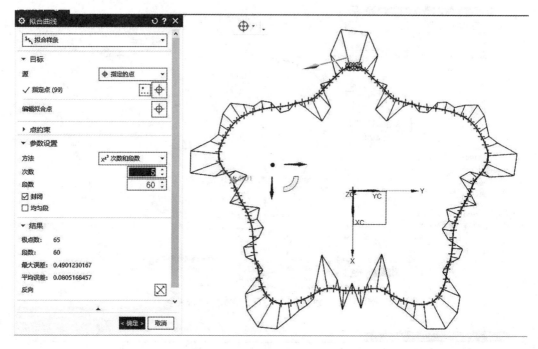

图 12.58　5 次 60 段拟合曲线

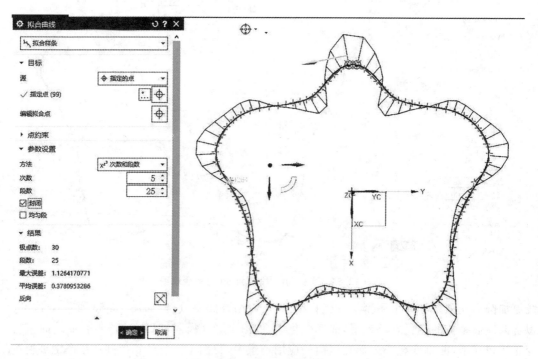

图 12.59　5 次 25 段拟合曲线

无刚性冲击,使小车运行平稳、无刚性冲击。同时可以通过 NX 软件对无碳小车的运行轨迹进行虚拟仿真,并通过无碳小车的装配调试,对理论轨迹进行验证,最终得到最优结果,这里就不再叙述。

12.4　凸轮机构设计时应注意的问题

在凸轮机构设计中应注意以下问题。

(1) 尽量减小轮廓的曲率,提高曲线轮廓的连续性。设计中主要考虑盘形凸轮和柱形凸轮,为了尽量减少摩擦,从动件要有滚动机构。

(2) K 尽量小,因为 $S=LK/H$,在 H 相同的条件下,所需 S 就越小,而 $\tan\varphi=S/K$,即 $\varphi=\arctan(S/K)$,而反正切函数是增函数,也就是说在前轮的转角相同的条件下,或者说在 H 相同的条件下,所需的升高量就越小,这样在基圆半径相同的条件下,凸轮轮廓曲线越平缓,压力角越小,小车运行越平稳。

(3) 当从动件的规律和杆长已定时,基圆半径直接影响压力角,基圆越大,在升高量变化相同的条件下,凸轮轮廓越平缓,压力角越小。若基圆过小,压力角增大,则会出现传动性能差,甚至"锁死"现象。因此在小车结构允许的条件下,要尽量增大凸轮的基圆半径。

(4) 在进行凸轮轮廓拟合时,应使凸轮理论轮廓曲线最小曲率半径大于摇杆半径,并且尽可能增大最小曲率半径,避免轮廓出现尖顶和较小的凹陷,导致小车运行不平稳或者出现卡死现象。

第13章 3D打印技术及应用

13.1 3D打印技术特点和影响

3D打印技术带来了世界性的制造业革命,被称为最有前景的新型生产方式,促进了传统制造业的转型升级。传统的制造设计完全依赖于生产工艺,而3D打印技术的出现颠覆了这一生产思路,使得在制造设计时不需要考虑生产工艺的问题,3D打印机可以成形任何复杂的结构。

3D打印具有如下优点。

(1) 数字制造 借助CAD等软件将产品结构数字化,驱动机器设备加工制造出零件。数字化文件还可借助网络进行传递,从而实现异地分散化制造的生产模式。

(2) 降维制造(分层制造) 把三维结构先分解成二维层状结构,逐层打印并累加形成三维实体。因此,理论上利用3D打印技术可以制造出任何复杂的结构,而且制造过程更柔性化。从制造物品的复杂性角度看,采用传统制造技术和手工制造的产品形状有限,制造形状的能力受制于所使用的工具,而3D打印技术具备明显优势,甚至可以制造出目前只能存在于设计之中、人们在自然界未曾见过的形状。应用3D打印设备可以突破传统制造技术的局限,开辟巨大的设计空间,设计人员可以完全按照产品的使用功能进行产品的设计,无须考虑产品的加工装配等诸多环节。

(3) 堆积制造 "从下而上"的堆积方式对于制造具有功能梯度、采用非匀质材料的产品更有优势。

(4) 直接制造 任何高性能、难成形的部件均可通过3D打印方式直接制造出来,不需要通过组装拼接等复杂过程来实现。

(5) 快速制造 3D打印制造工艺流程短、全自动,可实现现场制造,因此,3D打印更快速、更高效,适应产品多样化和个性化的需求。

(6) 精确的实体复制 类似于数字文件复制,3D打印将使得数字复制扩展到实体领域。通过3D扫描技术和打印技术的运用,人们可以十分精确地对实体进行扫描、复制操作。3D扫描技术和打印技术将共同提高实体世界和数字世界之间形态转换的分辨率,实现异地零件的精确复制。

3D打印具有如下缺点。

(1) 产品原型的制造精度相对低。

由于分层制造存在台阶效应,各层虽然都分解得非常薄,但在一定微观尺度下,仍会形成具有一定厚度的多级"台阶",造成精度上的偏差。同时,多数利用3D打印成型工艺制造的产品原型都需要后处理,当表面压力和温度同时升高时,由于材料的收缩与变形,产品原型的制造精度会进一步降低。

（2）材料性能差，产品力学性能有限。

3D 打印成型工艺由于是层层叠加的增材制造工艺，层与层之间即使结合得再紧密，3D 打印产品的材料性能也无法达到传统模具整体浇注成型的材料性能。这就意味着，如果在一定外力条件下，特别是层与层衔接处，打印的部件将非常容易解体。虽然出现了一些新的金属 3D 打印技术，但是要满足许多工业需求、机械用途或进一步机加工要求的话，还不太可能。目前，3D 打印设备制造的产品也多用于原型，要想达到作为功能性部件的要求，还具有相当的局限性。

（3）可打印材料有限，成本高昂。

目前，可用于 3D 打印的材料有 300 多种，多为塑料、光敏树脂、石膏、无机粉料等，制造精度、复杂性、强度等难以达到较高要求，这些材料主要应用于模型、玩具等产品领域。对于金属材料来说，如果液化成型难以实现，则只能采用粉末冶金方式，技术难度高，因此 很多金属材料在短期内很难实现实际应用。除了金属 3D 打印前期高昂的设备投入以外，日常工作中的金属粉末材料的投入成本也是巨大的。3D 打印材料成本是阻碍专业 3D 打印在各领域普及应用的重要因素之一。

13.2　熔融沉积成形技术应用实践

13.2.1　熔融沉积成形 3D 打印设备

目前快速成型设备在国内外均有很多生产厂家，产品外观结构、选择应用软件、局部功能结构都有所差异，同类设备的快速成型机理是一致的，现介绍 UP！个人便携式三维打印机（见图 13.1）。该打印机的特点是结构小巧，采用单喷头熔融挤压快速成型技术，成型快，成本低，操作简单、直观。通过学习，很容易制造出自己喜欢的模型。

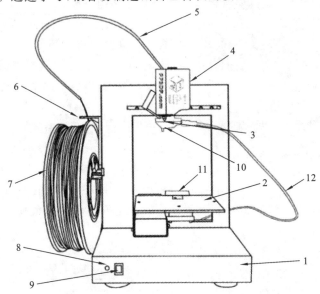

图 13.1　UP！个人便携式三维打印机正面图

1—基座；2—打印平台；3—喷嘴；4—喷头；5—丝管；6—材料挂；7—丝材；8—信号灯；
9—初始化按钮；10—水平校准器；11—自动对高块；12—3.5 mm 双头线

13.2.2　UP! 个人便携式三维打印机的使用步骤

1. 启动程序

双击计算机桌面上的"UP"图标,程序就会打开图 13.2 所示的主操作界面。

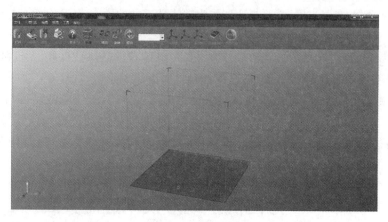

图 13.2　主操作界面

2. 载入一个 3D 模型

单击工具栏中"打开"按钮,选择一个想要打印的模型。注意:该打印机仅支持 STL 格式(为标准的 3D 打印输入文件格式)和 UP3 格式(为该打印机专用的压缩文件格式)的文件,以及 UPP(UP Project)格式(UP! 工程文件)。将鼠标移到模型上,单击鼠标左键,模型的详细资料会悬浮显示出来,如图 13.3 所示。

此时可进行如下操作。

(1) 卸载模型。

将鼠标移至模型上,单击鼠标左键选择模型,然后在工具栏中选择卸载,或者在模型上单击鼠标右键,会出现一个下拉菜单,选择卸载模型或者卸载所有模型(如果载入多个模型并想要全部卸载)。

(2) 保存模型。

选择模型,然后单击保存。文件就会以 UP3 格式保存,并且其大小是原 STL 文件大小的12%～18%,非常便于存档或者转换文件。此外,还可选

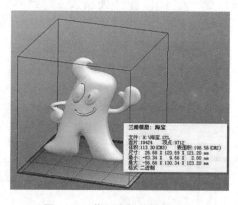

图 13.3　载入或卸载模型选项

中模型,单击菜单中的"文件-另存为工程"选项,保存为 UPP 格式,该格式可将当前所有模型及参数进行保存,当载入 UPP 文件时,将自动读取该文件所保存的参数,并替代当前参数。

(3) 合并模型。

通过修改菜单的合并按钮,可以将几个独立的模型合并成一个模型。只需要打开所有想要合并的模型,按照希望的方式排列在平台上,然后单击合并按钮。在保存文件后,所有的部件会被保存成一个单独的 UP3 文件。

3. 编辑模型视图

用鼠标单击菜单栏中"编辑"选项,可以通过不同的方式观察目标模型(也可通过单击菜单

栏下方的相应视图按钮实现)。

(1) 旋转:按住鼠标中键,移动鼠标,视图会旋转,可以从不同的角度观察模型。

(2) 移动:同时按住 Ctrl 键和鼠标中键,移动鼠标可以将视图平移。也可以用箭头键平移视图。

(3) 缩放:旋转鼠标滚轮,视图就会随之放大或缩小。

系统有 8 个预设的标准视图存储于工具栏的视图选项中。单击工具栏上的视图按钮可以找到如下功能。

(1) 移动模型:单击移动按钮,选择或者在文本框中输入想要移动的距离,然后选择想要移动的坐标轴。每单击一次坐标轴按钮,模型都会重新移动。当多个模型处于开放状态时,每个模型之间的距离至少要保持在 12 mm 以上。例如,沿着 Z 轴方向向上或者向下移动 5 mm,操作步骤为单击移动按钮,在文本框中输入"-5",单击 Z 轴。

(2) 旋转模型:单击工具栏上的旋转按钮,在文本框中选择或者输入想要旋转的角度,然后选择按照某个轴旋转。例如,将模型沿着 Y 轴防线旋转 30°,操作步骤为单击旋转按钮,在文本框中输入"30",单击 Y 轴。注意,正数表示逆时针旋转,负数表示顺时针旋转。

(3) 缩放模型:单击缩放按钮,在工具栏中选择或者输入一个比例,然后再次单击缩放按钮缩放模型;如果只想沿着一个方向缩放,则只选择这个方向轴即可。例如,统一将模型放大 2 倍。操作步骤为单击缩放按钮,在文本框内输入数值 2,再次单击缩放按钮将模型放到成型平台上。将模型放置于平台的适当位置,有助于提高打印的质量,请尽量将模型放置在平台的中央。

(4) 自动布局:单击工具栏最右边的自动布局按钮,软件会自动调整模型在平台上的位置。当平台上不止一个模型时,建议使用自动布局功能。

(5) 手动布局:单击 Ctrl 键,同时用鼠标左键选择目标模型,移动鼠标,拖动模型到指定位置。

4. 准备打印

(1) 初始化打印机。

在打印之前,需要初始化打印机。单击 3D 打印菜单下面的初始化选项,当打印机发出蜂鸣声,初始化即开始。打印喷头和打印平台将再次返回打印机的初始位置,准备好后将再次发出蜂鸣声。

(2) 准备打印平台。

打印前,必须将平台备好,才能保证模型稳固,不至于在打印的过程中发生偏移。这要借助平台自带的八个弹簧固定打印平板,在打印平台下方有八个小型弹簧,请将平板按正确方向置于平台上,然后轻轻拨动弹簧以便卡住平板,如图 13.4 所示。板上均匀分布孔洞,一旦打印开始,丝材将填充进板孔,这样可以为模型的后续打印提供更强有力的支撑结构。

(3) 打印设置选项。

单击软件"三维打印"选项内的"设置",将会出现图 13.5 所示的界面。

层片厚度:设定打印层厚,根据模型的不同,每层厚度设定为 0.2~0.4 mm。

支撑:在实际模型打印之前,打印机会先打印出一部分底层。当打印机开始打印时,它首先打印出一部分不坚固的丝材,沿着 Y 轴方向横向打印。打印机将持续横向打印支撑材料,直到开始打印主材料时打印机才开始一层层地打印实际模型。

表面层:该参数将决定打印底层的层数。例如,如果设置成 3,机器在打印实体模型之前会打印 3 层。但是这并不影响壁厚,所有的填充模式几乎是同一个厚度(接近 1.5 mm)。

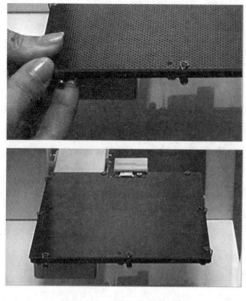

图 13.4　固定打印平板

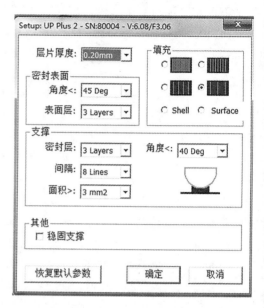

图 13.5　设置选项

角度：该参数决定添加支撑结构的时机。如果角度小，则系统自动添加支撑。

间隔：支撑材料线与线之间的距离。可根据支撑材料的用量、移除支撑材料的难易度、零件打印质量等经验来改变此参数。

5. 开始打印

启动 UP！软件，将打印材料插入送丝管。在菜单的维护对话框内单击"挤出"按钮，如图 13.6 所示。

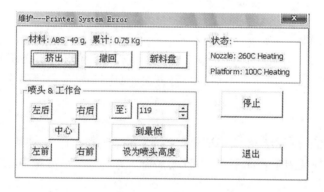

图 13.6　维护选项

在打印前请确保以下几点。

（1）连接 3D 打印机，并初始化机器。载入模型并将其放在软件窗口的适当位置。检查剩余材料是否足够使用（开始打印时，软件通常会提示剩余材料是否足够使用）。如果不够，请更换一卷新的丝材。

（2）单击 3D 打印菜单的预热按钮，打印机开始对平台加热。当温度达到 100 ℃时，开始打印。

单击打印按钮，在打印对话框中设置打印参数（如质量），如图 13.7 所示，单击"确定"按钮开始打印。

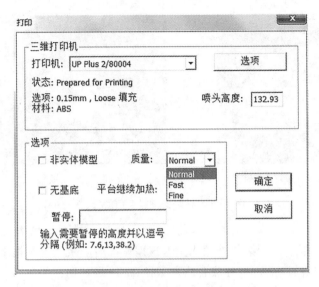

图 13.7　选择打印质量

质量:有 Normal(普通)、Fast(快速)、Fine(精细)三个选项。此选项也决定了打印机的成型速度。通常情况下,打印速度越慢,成型质量越好。对于模型高的部分,以最快的速度打印会因为打印时的颤动影响模型的成型质量。对于表面积大的模型,由于表面有多个部分,设置成"Fine"也容易出现问题,打印时间越长,模型的角落部分越容易卷曲。

非实体模型:所要打印的模型为非完全实体,若存在不完全面,请选择此项。

无基底:选择此项,打印模型前将不会产生基底。

平台继续加热:选择此项,平台将在开始打印模型后继续加热。

暂停:在方框内输入想要暂停打印的高度,当打印机打印至该高度时,将会自动暂停打印,直至单击"恢复打印位置"。需要注意的是,在暂停打印期间,喷嘴将会保持高温。

提示:开始打印后,也可以将计算机与打印机断开。打印任务会被存储至打印机内,进行脱机打印。

6. 移除模型

(1)当模型完成打印时,打印机会发出蜂鸣声,喷嘴和打印平台会停止加热。

(2)拧开平台底部的固定弹簧,从打印机上撤下打印平台。

(3)慢慢滑动铲刀,从模型下面把铲刀慢慢地滑动到模型下面,来回撬松模型。切记在撬模型时要佩戴手套以防烫伤。必须在撤出模型之前先撤下打印平台。如果不这样做,整个平台很可能会弯曲,从而导致喷头和打印平台的角度发生变化。

7. 移除支撑材料

模型由两部分组成:一部分是模型本身,另一部分是支撑材料。支撑材料和模型主材料的物理性能是一样的,只是支撑材料的密度小于主材料的密度,所以很容易从主材料上移除支撑材料。

图 13.8 所示为移除支撑材料前后模型。支撑材料可以用多种工具来移除。一部分可以很容易地用手拆除,越接近模型的支撑材料,使用钢丝钳或者尖嘴钳更容易移除。

8. 造型技术(数字模型的建立)

快速成型的制作需要前端的 CAD 数字模型支持,所有的快速成型制造方法都是由 CAD

（a）移除支撑材料后的模型　　　　　　　（b）移除支撑材料前的模型

图 13.8　移除支撑材料前后模型

数字模型经过切片处理后直接驱动的。因此构建 CAD 数字模型是快速成型技术实施前期的必做工作，而且 CAD 数字模型必须处理成快速成型系统所能接受的数据格式。

目前，基于数字化的产品造型方法有两种途径：一种是利用三维软件建模，另一种是利用仪器设备建模。

13.2.3　3D 打印问题解析与打印技巧

3D 打印机之所以被称为"神器"，是因为它可以让计算机上的任何"蓝图"转变成实物。事实上，用户常常在使用 3D 打印机的过程中会因操作不当或缺乏打印技巧而引起本不该发生的问题。一旦机器出现故障，模型的质量就会变得相当糟糕，甚至打印失败。本小节针对 3D 打印过程中经常出现的问题进行解析。另外，在实际操作中请务必参考设计说明书，必要时可在 3D 打印网站上搜索相关资料。

1. 打印平台调平

通常，每台 3D 打印机都配有调平控制系统，不同厂家生产的 3D 打印机配备的调平控制系统是不同的，但原理是相似的。这里的调平不仅指调整平台水平度，还指调整平台与喷嘴间距，使其在一个合理范围内。如果平台离喷嘴太远，则热熔丝无法黏紧平台；如果平台离喷嘴太近，则平台会影响喷嘴的出丝，导致打印失败。

打印平台的调平工作直接关系到打印作品的质量，新购买的或者长时间未使用的 3D 打印机在运行前都需要进行此项工作。平台与喷嘴间相差约 0.3 mm 为最佳距离，调平平台步骤如下。

（1）自动水平校准。

① 将打印平板置于打印工作台上，拨动工作台边缘的 8 个弹簧，将打印平板固定在打印平台上。

② 将 3.5 mm 双头线的插头插入水平校准器的插门，并将水平校准器放在喷头下侧，由水平校准器内置的磁铁将校准器固定在喷头[见图 13.9(a)]。

③ 将 3.5 mm 双头线另一端的插头插入打印机底部后侧的插口[见图 13.9(b)]。注意，3.5 mm 双头线应从打印机正面绕过机架插入打印机后侧的插口[见图 13.9(c)]，而不能直接从机架中间的孔中穿过[见图 13.9(d)]，以免工作台移动过程中挤压损坏 3.5 mm 双头线。

④ 单击控制软件中"三维打印"下拉菜单"自动水平校准"选项，水平校准器将会依次对平台的 9 个点进行校准[见图 13.9(e)]。

⑤ 自动水平校准完成时,控制软件弹出提示框,提示校准完成,并需在打印前设定喷头高度;单击"确定"按钮退出自动水平校准。

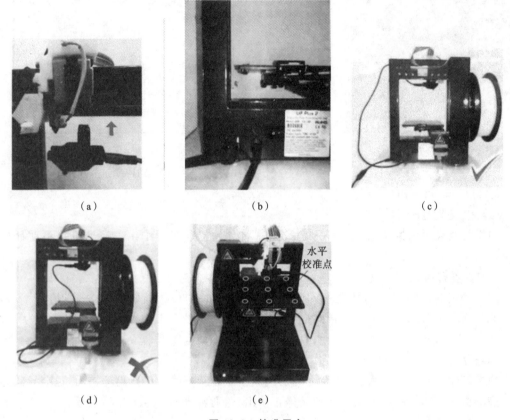

(a)　　　　　　　　　　(b)　　　　　　　　　　(c)

(d)　　　　　　　　　　(e)

图 13.9　校准平台

3D 打印机工作台自动水平校准数据保存在系统中,可单击控制软件中"3D 打印"下拉菜单中的"平台水平度校正"选项[见图 13.9(e)],观察 9 个校准点的数据。打印过程中,系统将自动对打印工件的水平尺寸进行补偿。

(2) 手动打印平台调平。

① 如图 13.10 所示,打印平台的调整是由底部弹簧和弹簧下方的螺母控制的。一般有三个调平螺母,来调整打印平台的水平度。若逆时针旋转螺母,则平台与喷嘴的距离会减小;若顺时针旋转螺母,则平台与喷嘴的距离会增大。

② 随后喷嘴依次移向平台某几个特定点。每次移动到特定点时,喷嘴暂停。打印机的调平工作喷嘴移动路径及暂停的特定点如图 13.11 所示。

喷嘴暂停时,将喷嘴降到一定高度,在平台与喷嘴间插入一张名片或 A4 纸,一边旋转螺母一边来回抽动名片,根据名片所受阻力的大小来调整平台与喷嘴的间距,直到能感觉喷嘴与名片之间有轻微的摩擦感为止,记下此时的喷嘴高度,将其作为下一个点的喷嘴高度基准。

③ 调整好平台与喷嘴一个特定点距离后,继续下一个特定点,操作方法同步骤②。

④ 所有的特定点调整结束后,每个调节螺母都得到调整。以上过程重复进行 2～3 次后,平台调平工作完成。

图 13.10　旋转螺母

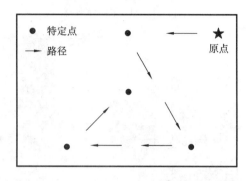

图 13.11　打印机的调平工作喷嘴移动路径
　　　　　及暂停的特定点

2. 3D 打印机不出丝

（1）检查料盘耗材。

如果料盘耗材有缠绕、打结等不良情况，则将导致打印过程中出现挤出机拉不动耗材的现象。

（2）查看打印设定温度。

询问经销商打印耗材的最佳打印温度，并更改设置，再次尝试打印。一般情况下，ABS（acrylonitrile butadiene styrene，丙烯腈、丁二烯和苯乙烯的共聚物）耗材的打印温度为 210～230 ℃，PLA（polylactide，聚乳酸）耗材的打印温度为 190～210 ℃。

（3）检查打印平台与喷嘴的间距。

如果打印平台离喷嘴太近，两者之间的距离不足以让喷嘴中的热熔丝挤出，也会导致不出丝。挤出机在打印第一层或第二层期间停止挤出，这通常表明平台离喷嘴太近。

（4）检查挤出机。

观察送丝齿轮是否跟转步进电动机轴，清理送丝齿轮内残留的耗材粉末，并调节送丝齿轮与导料轮间隙。

（5）查看喷嘴是否堵塞。

在打印温度合理的情况下，手动送丝观察是否有热熔丝从喷嘴中挤出。如果挤出的热熔丝朝挤出机方向卷曲，则表明喷嘴可能部分堵塞；如果喷嘴无出丝现象，则表明喷嘴完全堵塞。解决喷嘴堵塞的办法如下。

① 将打印温度适当提高 5～10 ℃，再次尝试打印，或许能够熔化喷嘴中的堵塞耗材。

② 退出耗材，加热喷嘴，尝试用金属件（六角扳手、钢丝钩、螺钉旋具等）带出残留物，可以多次反复操作。

③ 在加热情况下，用细钢丝或吉他弦从喷嘴下方疏通喷嘴。尝试将聚集在喷嘴壁上的杂质脱离，如图 13.12 所示。多次疏通后，再次手动送料，观察出丝效果。如果使用前 3 种方法效果不理想，则说明喷嘴内部堵塞物体积较大，需要使用第 4 种方法。

④ 固定加热块，用内六角扳手拆下喷嘴，并使用镊子或细钢丝清理喷嘴内部堵塞物或放入高温炉中加热，碳化堵塞物。清理完毕后，可将喷嘴放入超声波清洗机或丙酮溶液中清洁内部表面。

3. 热熔丝黏结问题

开始打印模型时，挤出的热熔丝无法黏牢打印平台的原因如下。

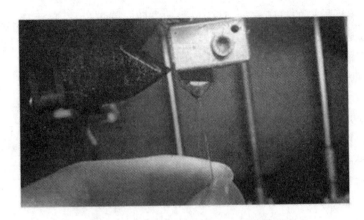

图 13.12　用细钢丝或吉他弦疏通喷嘴

（1）喷嘴与打印平台的间距较大或较小。

如果喷嘴与打印平台的间距较大，则挤出的热熔丝在接触到平台时已经冷却，失去黏着能力；如果其间距较小，则会导致出料不足或者刚刚黏在平台上的细丝被喷嘴蹭掉。

（2）打印平台温度太高或太低。

若 3D 打印机打印平台有加热功能，则打印 ABS 耗材时，平台温度应该稳定在 80～110 ℃；打印 PLA 耗材时，平台温度应该稳定在 60 ℃左右。

（3）打印平台是否贴有胶带。

一般情况下，为了更好地让热熔丝黏牢打印平台，打印 ABS 耗材时会在平台上粘贴高温膜，打印 PLA 耗材时会在平台上粘贴美纹纸。

（4）打印平台是否清洁。

打印平台表面的灰尘、划痕及油渍很大程度上会影响热熔丝的黏牢效果。解决的方法是：用一块无绒抹布加上一点外用酒精或清洗剂将平台表面擦拭干净。

（5）打印耗材的问题。

各厂家生产的打印耗材质量参差不齐，在保证以上 4 点原因正常的情况下，可以尝试更换一下打印耗材。

4. 翘边问题

翘边是指打印的模型在冷却过程中发生收缩，导致模型边缘翘起而脱离打印平台的现象，如图 13.13 所示。

图 13.13　翘边现象

翘边直接影响到模型的打印质量、打印成本和打印时间等,那么采用什么方法来更好地解决这个常发问题呢? 可以分别从"外力"和"内力"两个方面入手。

1)"外力"方面

(1) 使用辅助工具。

打印前,可以在平台上粘贴高温膜、美纹纸或涂抹口红胶,减少翘边现象。

(2) 更换打印平台材料。

购买一块与打印平台大小一致的 3 mm 厚磨砂玻璃,用夹子固定在平台上。打印时用平台加热功能,效果非常完美。如果 3D 打印机没有加热功能,则使用上述同样方法可以解决问题,只不过打印前粘贴美纹纸的工作会比较烦琐。

2)"内力"方面

(1) 打印底座(Raft)功能。

启用打印底座(Raft)功能会在整个模型底部额外产生一层薄片,使得模型底部不再与打印平台直接接触。底座增大了模型与打印平台的接触面积,减少了翘边现象。但是打印的底座与模型是牢牢粘在一起的,不太容易拆卸。

(2) 侧裙(Brim)功能。

如果使用 Slic3r 或 Simplify3D 打印软件做切片处理,则可以开启侧裙(Brim)功能。Brim 功能与 Raft 功能的原理类似,只不过 Brim 功能会从模型底层轮廓向外延伸出一层薄片,但模型底层与平台还是相互接触的。薄片的宽度建议设为 5 mm 以上,效果会比较明显。

(3) 加大第一层线宽。

线越宽,从喷嘴挤出的料就越多,热熔丝与打印平台挤压的力就越大,这样可以增大模型与平台的黏着力,进而减少翘边现象。

(4) 降低打印速度。

在一定程度上,降低 3D 打印机的打印速度也有助于避免翘边现象的出现。

5. 安全数码卡(SD 卡)识别问题

打印路径文件传给 3D 打印机可通过两种方式实现:计算机连接打印机进行文件传输;将文件复制到 SD 卡中,再将 SD 卡插入打印机卡槽中传输文件。

(1) SD 卡自身损坏。考虑 SD 卡是否损坏,可更换一张 SD 卡进行尝试。如果可以识别,则说明 SD 卡已经损坏。

(2) SD 卡槽排线损坏。如果更换 SD 卡后,依然不能识别,则需检查 SD 卡小板与控制板的排线情况。

(3) SD 卡小板损坏。如果 SD 卡与排线连接正常,则说明 SD 卡小板损坏,此时更换 SD 卡小板即可。

6. 打印过程中断

(1) 排除断电的可能。

(2) 若为 3D 打印机连接计算机打印,则先排除计算机故障,如休眠、死机或蓝屏等,建议使用 SD 卡脱机打印。

(3) 查看喷嘴和打印平台温度。若显示加热情况下的温度,则有可能为打印机电源功率不足,多试几次还是出现这种问题,就需要更换电源。

第 14 章　激光切割技术及应用

14.1　激光切割技术概述

切割是一种物理动作。狭义的切割是指用刀具等利器将物体(如食物、木料等硬度较低的物体)切开;广义的切割是指利用工具(如机床、火焰等)使物体在压力或高温的作用下断开。

在工业生产中,切割是焊接生产备料工序的重要加工方法。目前各种金属和非金属材料的切割已经成为现代工业生产(特别是焊接生产)中的一个重要工序,被焊接工件所需要的几何形状和尺寸,绝大多数是通过切割来实现的。

近年来,切割技术已经从传统的火焰切割发展到包括等离子弧切割、激光切割、高压水射流切割等在内的现代切割技术。现代工程材料的切割方法很多,大致可归纳为冷切割和热切割两大类。

冷切割是在常温下利用机械方法使材料分离,如剪切、锯切(条锯、圆片锯、砂片锯等)、铣切等,也包括近年来发展的水射流切割。

热切割是利用热能使材料分离,最常见的有气体火焰切割、等离子弧切割和激光切割等。现代焊接生产中钢材的切割主要采用热切割。热切割按物理现象可分为燃烧切割、熔化切割和升华切割三类,所有切割方法都是混合型的。燃烧切割是指在材料切口处燃烧加热,产生的氧化物被切割氧流吹出而形成切口;熔化切割主要是指在材料切口处加热熔化,熔化产物被高速及高温气体射流吹出而形成切口;升华切割主要是指在材料切口处加热气化,气化产物通过膨胀或被一种气体射流吹出而形成切口。

激光切割以其切割速度高、切缝窄、切割质量好、热影响区小、加工柔性大等优点在现代工业中得到广泛的应用,同时它也是激光加工技术中较为成熟的技术之一。

利用激光束的能量对材料进行热切割的方法称为激光切割。它可以切割金属材料和非金属材料,是一种多功能切割工艺方法。

14.2　影响激光切割质量的因素

在进行激光切割时,切割质量受到诸多因素的影响,如激光参数、材料参数、工艺参数、其他参数等,如图 14.1 所示。

影响激光切割的参数主要有:激光输出功率、切割速度、焦点位置及辅助气体相关参数等。在实际的加工过程中主要考虑以下几个因素。

1. 激光输出功率

激光是切割过程得以进行的主要能量来源,其输出功率大小将直接影响切割时的功率密度,激光输出功率是影响切割质量的重要因素。对于给定的激光功率密度和材料,切割速度符

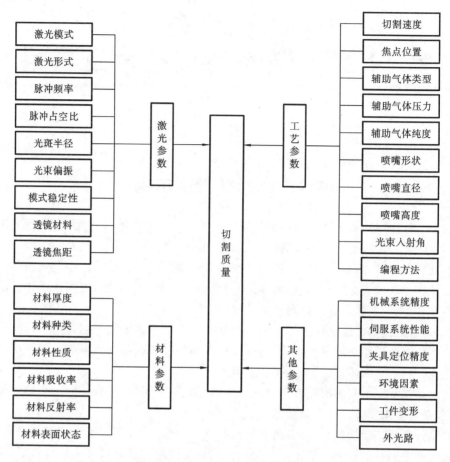

图 14.1　影响激光切割质量的因素

合一个经验式,只要在阈值以上,材料的切割速度与激光功率密度成正比,即增大功率密度可提高切割速度。这里所指的功率密度不但与激光输出功率有关,而且与光束质量(主要是模式)有关。对于连续波输出的激光器,激光输出功率大小和模式都会对切割质量产生重要影响。实际操作时,常常设置最大功率以获得高的切割速度,或用以切割较厚材料。但光束模式(光束能量在横截面上的分布)有时显得更加重要,而且,当提高激光输出功率时,模式常随之稍有变坏。可以发现,在小于最大功率状况下,焦点处获得最高激光功率密度,并获得最佳切割质量。

在其他条件不变时,激光输出功率增大,切缝宽度增大。实际上激光输出功率增大、切割速度变大时,切割质量仍然很好,切割速度范围也随之扩大,这样也提高了切割的质量稳定性和效率。

2. 切割速度

切割速度的变化意味着激光与材料相互作用时间的变化,使材料在单位面积上得到的激光能量发生变化。当其他参数不变时,切割速度越大,激光照射材料的时间越短,材料在单位面积上得到的能量越少。当切割速度较小时,激光与材料的作用时间过长,影响范围过大,使得切缝周围的材料也被熔化或气化,导致切缝较宽,切边粗糙,切割质量较差。随着切割速度的增大,当其处于一个合适的范围内时,激光能量密度恰好可以按切割要求将材料完全除去,形成光滑、均匀、宽度适中的切缝,得到较好的切割质量;当切割速度继续增大时,激光能量密度会降低,不足以将材料完全除去,这时切缝较窄,但是切割深度却无法达到要求。若切割速度增大到一个极限值,材料获得的能量低于作用阈值时,就无法进行切割。

可见,若能保证恒定的最佳切割速度,效果更好。用功率恒定的激光切割材料(特别是金属材料)时,在其他工艺参数恒定的情况下,激光切割速度可以有一个相对调节范围而仍能保持比较满意的切割质量。这种调节范围在切割薄金属时比切割厚件时的稍大。图 14.2 中上下两条曲线组合表示相应的切割速度允许的调节范围。上曲线表示

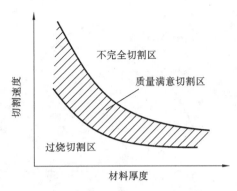

图 14.2 切割速度与材料厚度的关系

可获得贯穿切缝的最高切割速度,超过这个速度就只能在工件上开一道槽,即工件切不透,热熔材料不能被吹走,而且向上翻。下曲线表示可以保持较好切缝的最低速度,在这个速度以下,割缝的宽度就会超过激光束直径,而且凹凸不平,这种现象称为自燃。其原因是切割速度太低,使割缝横向产生铁与氧气的氧化反应,而且过多的热量堆积到材料中,热影响区也扩大,性能恶化。有时,切割速度偏慢也会导致排除热熔材料的速度变慢,热熔材料烧蚀切口表面,使切面很粗糙。因此,正常切割区就是居中的切割速度范围,越接近其上限,割缝越窄,越接近其下限,割缝越宽,而且当接近上限或下限时材料底面就会黏附熔渣。

3. 焦点位置

焦点位置直接影响到切缝宽度的大小,这是因为焦点处功率密度最高,当焦点处于最佳位置时,切缝宽度最小,切割深度最大,切边质量最好,切割效率最高。

焦点与材料表面的相对位置对切口质量的影响极大,包括切缝宽度、切割侧壁的形貌等。焦点位置可用离焦量来表示,当焦点位于材料上表面时定义离焦量为零,焦点位于材料表面上方时为正,下方为负,数值为焦点到表面的垂直距离。焦点的位置可以在材料上方、上表面、内部、下表面,这取决于材料的种类、厚度和切割要求,大多数情况下,焦点置于材料表面或稍微向下,且焦点在材料表面上下一定范围内都可以得到较好的切割效果。但是在某些场合却要求切割侧壁有一定的锥度,因此要根据具体的切割要求来确定焦点的位置。

焦点位置的控制应适当。对于 6 mm 以内金属薄板的切割,焦点在材料表面上下一定范围内都可整洁(不粘熔渣)地切割,但割缝宽度基本与焦点位置成线性增大,对于不同的激光切割机及不同的切缝宽度和质量要求,具体的焦点位置应由实验确定。为了实现稳定的高质量切割,焦点位置必须恒定。一般工业激光切割机都配有高度传感器,也就是采用 Z 轴跟踪系统自动跟踪喷嘴高度。高度跟踪系统为独立的闭环系统,通常只用两个外部命令"跟踪"和"抬起"即可。加工金属的激光切割机主要采用电容非接触式间隙传感器,跟踪精度为 $0.01\sim0.1$ mm,标称间隙为 $0.5\sim3$ mm,测量电极结构一般采用与喷嘴一体式结构或环式结构。非金属的切割一般采用机械式间隙传感器。

由于焦点处功率密度最高,在大多数情况下,切割时焦点位置刚好处在工件表面,或稍微在表面以下约 1/3 板厚处。在整个切割过程中,确保焦点与工件相对位置恒定是获得稳定的切割质量的重要条件。采用激光功率为 2.3 kW、切割不同厚度钢板时,焦点位置对切割质量的影响,如图 14.3 所示。

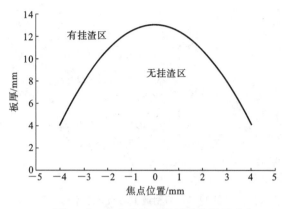

图 14.3　焦点位置对切割质量的影响

4. 辅助气体相关参数

一般情况下,材料切割都需要使用辅助气体,需要考虑所采用的辅助气体的类型、纯度和压力。

(1) 辅助气体的类型。通常辅助气体通道与激光同轴,用于从切割区吹掉熔渣,还可以冷却切割材料、减少热影响层和保证聚焦透镜不受污染。激光切割常用的辅助气体主要有氧气、氮气和空气。对部分金属材料和部分非金属材料,常使用压缩空气或惰性气体清除熔化和蒸发材料,同时抑制切割区过度燃烧。对大多数金属则使用活性气体(主要是氧气),其与炽热金属发生氧化放热反应,这部分附加能量可提高 $1/3 \sim 1/2$ 切割速度。

(2) 辅助气体的纯度和压力。激光切割对辅助气体的纯度有较高的要求,如果纯度低,则工件切不透或出现大量熔渣。一般要求辅助气体的纯度不小于 99.5%。在辅助气体确定的前提下,气体压力是个极为重要的因素。气体压力太小,气流清除不掉切割区的熔渣,会切不透或出现大量挂渣。如果气体压力增大,动量增大,排渣能力升高,可以使无挂渣的切割速度增大。但压力过大,切割面反而会粗糙,从而影响切割质量。激光氧助熔化切割时,氧气压力对切割速度的影响如图 14.4 所示,从图中可以看出,当板厚一定时,存在一个最佳氧气压力,使切割速度增大;当激光功率一定时,切割氧气压力的最佳值随着板厚的增大而减小。

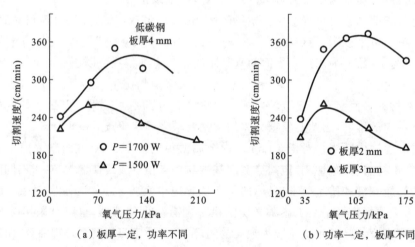

(a) 板厚一定,功率不同　　　　　　(b) 功率一定,板厚不同

图 14.4　氧气压力对切割速度的影响

14.3　E 系列激光雕刻机操作面板的使用

E 系列激光雕刻机操作面板如图 14.5 所示。

(1) "复位"键。

任何界面下,按"复位"键(或者系统上电时),主板将复位,机器将寻找原点。

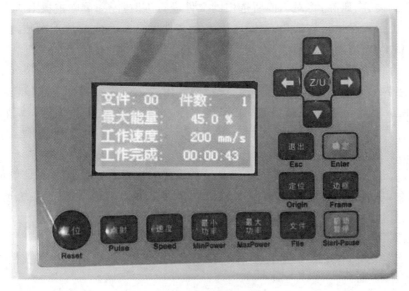

图 14.5 E 系列激光雕刻机操作面板

(2)"点射"键。

系统空闲界面、暂停界面、工作完成界面及提示是否断电续雕界面下,可以按"点射"键,点射时激光出光,出光时间可设置。当点射时间设置为 0 时,出光时间为"点射"键按下的时间,即按下时出光,弹起时关光;当点射时间不为 0 时,每按一次"点射"键,均出光一次,出光时间为所设置的点射时间值。按"点射"键时可同时联合按下方向键,进行手动切割。点射的激光能量为键盘上设置的最大能量值。其他界面下按"点射"键无效。若启用了水保护功能,且水保护发生故障时,点射不会出光,同时界面上提示错误信息。

(3)"最大功率"键。

四个主界面(空闲、运行、暂停、工作完成界面)下均可按此键,按下此键时,若厂家只配置了单个激光管,或者有双路激光管,但用户只使用了其中一路,则只显示该路激光管最大能量,若有两个激光管都使用,则显示这两个激光管的最大能量。

(4)"最小功率"键。

"最小功率"键显示界面和操作方式类似于"最大功率"键的。

(5)"速度"键。

四个主界面(空闲、运行、暂停、工作完成界面)下均可按此键,该键的操作方法类似于"最大功率"键的。

当个人计算机(PC)软件在生成切割/雕刻数据文件时,若最小能量、最大能量或速度参数中的某个或全部设置为 0 时,则对应参数将取空闲状态下键盘上所设置的数值。一旦启动工作后,显示界面上显示的是当前正在加工的图层的参数。

未启动工作时修改的功率和速度参数将影响以下操作:键盘上走边框、点射、手动移轴等。启动工作后再对这三个参数进行修改,则只影响当前正在进行加工的图层,不影响空闲状态下设置的键盘参数值,也不影响其他图层参数值。

(6)"文件"键。

在空闲或工作完成界面下可按"文件"键,有两个页面,按上、下键可以上下翻页,界面可进行如下操作:对内存文件的相关操作,如加工、走边框、工时预览、复制、删除等;对 U 盘文件的操作,如复制到内存、删除;将对当前所选中的文件进行工时计算;删除主板上所有内存文件数据,即对主板上的内存进行格式化;清除每个内存文件各自所对应的加工次数;显示当前机器已经加工的总次数;对总件数清零,重新计数。

(7)"启动/暂停"键。

在四个主界面下,均可按"启动/暂停"键。在空闲或工作完成界面下按该键,对被选中的文件进行加工,在运行界面下按该键,工作将暂停,在暂停界面下按该键,被暂停的工作将继续。

(8)"定位"键。

只在空闲或工作完成界面下按"定位"键时系统才响应。若系统选择的是单定位点逻辑,则按下该键后,主板将以当前机器的 X/Y 轴位置作为图形的相对原点;若系统选择的是多定位点逻辑,则任何时候按该键无效。

(9)"边框"键。

该"边框"键在空闲或工作完成界面下有效,按下该键,对当前选中的文件进行走边框操作。

(10)"退出"键、"确定"键。

在各个界面下,按"退出"键、"确定"键对本次操作予以确认或否定。

(11)方向键(上、下、左、右键)。

方向键除了用于修改参数、移动光标以外,还可用于移动运动轴。

在空闲或工作完成界面才可按 Fn 键,当按下该键时,可进行如下操作:Z 轴移动、各轴复位、点动设置、点射设置、定位点设置、恢复出厂参数、语言设置等。

14.4　E 系列激光雕刻机基本操作流程

第一步:安装激光器,接通冷却水和除尘通风系统。

接通水泵、气泵,打开排风扇或空气净化器,并检查冷却水循环是否正常。注意:严禁在冷却水循环不正常的情况下使用机器,以免损坏激光器。

第二步:连接电源线、打印线和地线。

连接好 E 系列激光雕刻机上的电源线、打印线和地线后,才可以打开雕刻机和计算机的电源开关。

第三步:调节光路。

E 系列激光雕刻机属于精密光学仪器,对光路调节要求较高,如果激光不是从每个镜片的中心射入,就会影响雕刻效果,建议每次工作前检查一下光路是否正常。

第四步:安装打印驱动、通用串行总线(USB)加密狗驱动和北京开天艺术雕刻软件(ACE软件)。

第五步:图文编辑。

进入 ACE 软件,利用 ACE 软件的各项功能编排雕刻和雕刻的内容,也可利用软件将事先做好的 *.Bmp 或 *.Plt 文件,读入 ACE 软件中。

第六步:加工定位。

排版完成后,先要定出加工位置才能放上加工材料。加工定位方法如下:取出待加工材料,先在工作台上贴一张纸,在排版已完成的基础上单击 ACE 软件中的"定位框"图标,雕刻机在白纸上划上定位框。

第七步:确定加工参数。

加工参数包括加工间隔、速度和电流等。加工间隔是指加工点阵位图时,是逐行逐列地输出还是有间隔地输出。这个加工参数只有雕刻和扫描中才有;加工速度是指横梁和小车的移动速度;加工电流是指激光器的电流。加工方式不同或材料、雕刻、切割深度不同,所用的加工参数也不同。在加工前需要根据材料的性质和加工要求来设置加工参数,通常需要实验来设定。当激光器使用时间较长时,输出功率会有所衰减,需适当加大输出电流。

第八步:放置加工材料,定焦距。

确定没有按下"手动出光"以后,在白纸上的定位框中放置加工材料,调节小车上升降台的高度,使加工表面到抽气罩下表面的距离为 8 mm,此时待加工表面位于聚焦镜的焦点平面上。

第九步:输出数据加工。

放好加工材料后,在计算机中生成数据并输出数据,这样雕刻机就开始加工了。

注意:输出数据前应确定已按下"高压开关",但不能按下"手动出光"。

第十步:加工完成。

加工完成后,会有声音提示。在加工过程中,若冷却水循环不正常,加工会自动停止,直到冷却水循环正常,加工才会继续进行。

加工完成后,清洁工作台,保持雕刻机的清洁。

参 考 文 献

[1] 吴朝春.无碳小车的机构与运动分析[J].电子制作,2013(13):36.

[2] 张井洋,王恒厂,陈春阳.S型无碳小车结构优化设计[J].机电信息,2015(36):154-155.

[3] 杨波,陈红,邵丹,等.基于轨迹分析的S型无碳小车设计[J].机电信息,2017(33):124-125.

[4] 施栩,刘伟霖,闵睿,等.基于余弦机构的S形无碳小车的优化设计[J].机械,2019,46(9):70-76.

[5] 杨国策.基于轨迹分析的S型无碳小车设计[J].现代制造技术与装备,2020(5):68-70.

[6] 涂文兵,肖宇航,陈齐平,等.基于四位一体科技创新活动体系的大学生综合素质培养模式[J].教育现代化,2019,6(A5):18-20.

[7] 张苗.论大学生创新性学习能力的自主构建[J].辽宁工业大学学报(社会科学版),2012,14(6):75-77.

[8] 屈林岩,谷建春.自主性学习·研究性学习·创新性学习[J].求索,2002(6):105-107.

[9] 刘智运.创新性学习——面向21世纪的学习理论[J].机械工业高教研究,2000(3):1-5.

[10] 张春林,赵自强.机械原理[M].北京:机械工业出版社,2013.

[11] 赵自强,张春林.机械原理[M].2版.北京:机械工业出版社,2016.

[12] 魏兵,熊禾根.机械原理[M].武汉:华中科技大学出版社,2007.

[13] 李树军.机械原理[M].沈阳:东北大学出版社,2000.

[14] 赵自强,张春林.机械原理习题集(英汉双语)[M].北京:机械工业出版社,2012.

[15] 张春林,余跃庆.机械原理教学参考书(下)[M].北京:高等教育出版社,2009.

[16] 黄秀琴.机械设计[M].北京:机械工业出版社,2018.

[17] 刘莹,吴宗泽.机械设计教程[M].3版.北京:机械工业出版社,2019.

[18] 李良军.机械设计[M].2版.北京:高等教育出版社,2010.

[19] 刘昌祺,刘庆立,蔡昌蔚.自动机械凸轮机构实用设计手册[M].北京:科学出版社,2013.

[20] 朱红,陈森昌.3D打印技术基础[M].武汉:华中科技大学出版社,2017.

[21] 吴国庆.3D打印成型工艺及材料[M].北京:高等教育出版社,2018.

[22] 王刚,黄仲佳.3D打印实用教程[M].合肥:安徽科学技术出版社,2016.

[23] 刘静,刘昊,程艳,等.3D打印技术理论与实践[M].武汉:武汉大学出版社,2018.

[24] 于彦东.3D打印技术基础教程[M].北京:机械工业出版社,2017.

[25] 赖周艺,朱铭强,郭峤.3D打印项目教程[M].重庆:重庆大学出版社,2015.

[26] 刘顺洪.激光制造技术[M].武汉:华中科技大学出版社,2011.

[27] 金冈　優.图解激光加工实用技术——加工操作要领与问题解决方案[M].北京:冶金工业出版社,2013.

[28] 张永康,崔承云,肖荣诗,等.先进激光制造技术[M].镇江:江苏大学出版社,2011.

[29] 丁源.Solidworks 2016 中文版从入门到精通[M].北京:清华大学出版社,2017.

[30] 天工在线.中文版 SOLIDWORKS 2018 从入门到精通:实战案例版[M].北京:中国水利水电出版社,2018.

[31] 许玢,李德英,等.SolidWorks 2018 中文版完全自学手册[M].北京:人民邮电出版社,2019.

[32] 杜志强,葛述卿,房建峰,等.基于 MATLAB 语言的机构设计与分析[M].上海:上海科学技术出版社,2011.